普通高等教育力学系列"十三五"规划教材

材料力学

主　编　任述光
副主编　吴明亮
参　编　薛晋霞　张　岚　魏　刚

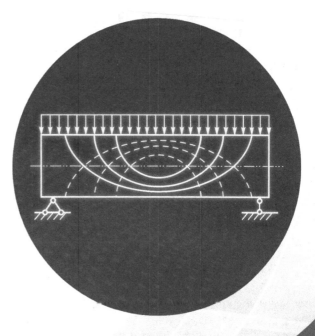

西安交通大学出版社
XI'AN JIAOTONG UNIVERSITY PRESS

内容简介

本书为普通高等教育"十三五"规划教材,是按照教育部力学基础课程教学指导委员会最新制订的"材料力学课程基本要求(A类)"编写的,是在作者主编的高等院校机械类"十二五"规划教材(上)的基础上改编而成,增加了能量方法、超静定问题及动载荷与交变应力等内容,可供48~72学时材料力学课程选用。教材编写过程中注重内容的编排和素材的选取,着眼基本概念及基本理论表述的确切与透彻。

教材编写过程中力求做到概念表达准确,文字精炼,层次分明,论述严谨,结构编排紧凑,叙述深入浅出。教材重视基础与应用,具有专业面向宽与教学适用性强等特点。

本书可作为高等院校机械、能源、动力、材料类专业材料力学课程的教材,也可供土建、水利类专业及有关工程技术人员参考和作为高等教育自学教材。

图书在版编目(CIP)数据

材料力学 / 任述光,吴明亮主编. —西安:西安交通大学出版社,2018.8(2024.12重印)
ISBN 978-7-5693-0745-0

Ⅰ.①材… Ⅱ.①任… ②吴… Ⅲ.①材料力学—高等学校—教材 Ⅳ.①TB301

中国版本图书馆CIP数据核字(2018)第149698号

书 名	材料力学
主 编	任述光
副 主 编	吴明亮
参 编	薛晋霞 张 岚 魏 刚
责任编辑	毛 帆
出版发行	西安交通大学出版社 (西安市兴庆南路1号 邮政编码710048)
网 址	http://www.xjtupress.com
电 话	(029)82668357 82667874(市场营销中心) (029)82668315(总编办)
传 真	(029)82668280
印 刷	西安五星印刷有限公司
开 本	787mm×1092mm 1/16 印张 24.375 字数 595千字
版次印次	2018年9月第1版 2024年12月第7次印刷
书 号	ISBN 978-7-5693-0745-0
定 价	65.00元

如发现印装质量问题,请与本社市场营销中心联系。
订购热线:(029)82665248 (029)82667874
投稿热线:(029)82668818 QQ:354528639
读者信箱:354528639@qq.com

版权所有 侵权必究

前　言

材料力学是高等院校许多工科专业必修的专业基础课,材料力学的理论和方法既可以解决工程实际问题,又是一些相关专业课程的基础。材料力学内容丰富,各专业对材料力学知识掌握的要求也不一样。随着教学改革的不断深入,由于其他课程的增加,材料力学教学课时普遍减少。为了适应教学改革和新工科发展的需要,针对48~72学时工科专业大学生的不同教学要求,编写一本内容精炼、专业适应性强、便于教学与自学,配套数字教学资源的材料力学教材十分必要。

本教材是根据教育部高等学校力学教学委员会对全国高等学校材料力学课程教学基本要求而编写的。在作者主编,由国防工业出版社2014年出版的《材料力学》上册的基础上,增加了能量方法,超静定问题及动荷载与交变应力三章内容,并对原书部分章节内容进行了调整、补充或删减,以适应不断深化的教学改革的要求。本书在编写过程中注重理论严谨、逻辑清晰、内容精炼、深入浅出,并有较丰富的习题,供学生选做。全书涵盖了材料力学课程(A类)教学内容的基本要求,重点阐述基本概念、基本理论,着眼于工程实际问题的解决,培养学生逻辑思维能力和运用所学知识解决工程实际问题的能力。

本书可作为高等院校机械类专业本科生的教材,也可作为水利、土木类专业本科生的教材,可供有关工程技术人员和高等教育自学参考。

本书由任述光、吴明亮、薛晋霞、张岚、魏刚编写。全书由任述光负责统稿,并对部分章节进行了补充和删减。

由于编者水平有限,加上时间仓促,书中难免有疏漏和不足之处,恳请各位同行专家和读者批评指正。

编　者
2018.8

目 录

第1章 绪论 (001)
1.1 材料力学的任务 (001)
1.2 变形固体的基本假设 (002)
1.3 外力及其分类 (002)
1.4 内力与应力 (004)
1.5 变形与应变 (007)
1.6 杆件变形的基本形式 (008)
习题 (010)

第2章 轴向拉伸和压缩 (012)
2.1 轴向拉伸和压缩的概念 (012)
2.2 轴力与轴力图 (012)
2.3 拉(压)杆的应力与圣维南原理 (015)
2.4 拉(压)杆的变形 (021)
2.5 材料拉伸和压缩时的力学性能 (025)
2.6 许用应力与强度条件 (033)
2.7 应力集中 (038)
2.8 拉压杆的简单超静定问题 (039)
习题 (047)

第3章 剪切与挤压的适用计算 (055)
3.1 剪切的概念 (055)
3.2 剪切的强度计算 (056)
3.3 挤压的强度计算 (058)
习题 (062)

第4章 扭转 (068)
4.1 扭转的概念 (068)
4.2 扭矩和扭矩图 (069)
4.3 剪切胡克定律 (071)
4.4 扭转应力与强度 (073)
4.5 扭转变形与刚度 (078)
4.6 非圆截面杆的扭转 (082)
习题 (085)

第5章 弯曲内力 (092)

- 5.1 弯曲的概念 (092)
- 5.2 梁的计算简图 (093)
- 5.3 梁的弯曲内力——剪力和弯矩 (096)
- 5.4 剪力图和弯矩图 (100)
- 5.5 微分关系法绘制剪力图和弯矩图 (104)
- 5.6 叠加法绘制弯矩图 (110)
- 习题 (115)

第6章 弯曲应力 (121)

- 6.1 弯曲正应力 (121)
- 6.2 弯曲切应力 (127)
- 6.3 弯曲的强度计算 (133)
- 6.4 提高弯曲强度的一些措施 (138)
- 6.5 开口薄壁杆件的弯曲中心 (144)
- 习题 (149)

第7章 弯曲变形 (156)

- 7.1 梁弯曲变形的基本概念 (156)
- 7.2 挠曲线的近似微分方程 (159)
- 7.3 积分法计算梁的变形 (159)
- 7.4 叠加法计算梁的变形 (165)
- 7.5 刚度条件及其应用 (177)
- 7.6 简单超静定梁 (179)
- 习题 (183)

第8章 应力及应变状态分析 (189)

- 8.1 应力状态概述 (189)
- 8.2 应力状态的实例 (191)
- 8.3 二向应力状态分析——解析法 (193)
- 8.4 二向应力状态分析——图解法 (198)
- 8.5 三向应力状态 (202)
- 8.6 平面应变状态分析 (203)
- 8.7 广义胡克定律 (205)
- 8.8 复杂应力状态下的比能 (210)
- 习题 (212)

第9章 强度理论 (220)
9.1 基本变形时构件的强度条件 (220)
9.2 复杂应力状态下强度条件的提出 (220)
9.3 常用的四种强度理论 (221)
9.4* 莫尔强度理论 (226)
习题 (229)

第10章 组合变形 (233)
10.1 组合变形的概念 (233)
10.2 斜弯曲 (234)
10.3 拉伸(压缩)与弯曲的组合 (239)
10.4 扭转与弯曲的组合 (248)
习题 (251)

第11章 压杆稳定 (259)
11.1 压杆稳定性的概念 (259)
11.2 两端铰支细长压杆的临界力 (261)
11.3 不同杆端约束细长压杆的临界力 (263)
11.4 欧拉公式的适用范围和经验公式 (265)
11.5 压杆稳定性计算 (268)
11.6 提高压杆稳定性的措施 (274)
习题 (275)

第12章 能量方法 (281)
12.1 杆件基本变形的应变能 (281)
12.2 虚功原理 (286)
12.3 单位荷载法与莫尔积分 (287)
12.4 卡氏定理 (290)
12.5 最小势能原理 (293)
习题 (295)

第13章 超静定问题 (300)
13.1 超静定结构的概念 (300)
13.2 简单的超静定问题 (302)
13.3 力法求解超静定结构 (305)
13.4 利用对称性简化超静定结构的计算 (314)
习题 (318)

第14章 动荷载与交变应力 (325)
- 14.1 考虑惯性力的应力计算 (325)
- 14.2 杆件受冲击时的应力和变形 (329)
- 14.3 冲击韧性 (335)
- 14.4 交变应力与疲劳破坏 (336)
- 习题 (343)

附录 (349)
- 附录Ⅰ 截面的几何性质 (349)
- 附录Ⅱ 常用截面的几何性质计算公式 (360)
- 附录Ⅲ 简单荷载作用下梁的转角和挠度 (362)
- 附录Ⅳ 型钢表 (364)

参考文献 (382)

第1章 绪 论

1.1 材料力学的任务

各种机械或工程结构都是由许多零件或结构元件所组成的,这些不可再拆卸的零件或结构元件统称为构件,如建筑物的梁和柱,机床的轴,发动机连杆等。在工作中,每一构件都受到一定的外力,例如,提升重物的钢丝绳承受重物的拉力,车床主轴受齿轮啮合力和切削力的作用,桥墩要承受桥梁及桥上物体的重力的作用。这些作用于物体的外力统称为荷载。构件受到外力作用时,其形状与尺寸也发生改变,构件尺寸与形状的改变称为变形。构件的变形分为两类:一类为外力消除后可以完全恢复的变形,称为弹性变形;另一类为外力消除后不能消失的变形,称为塑性变形或残余变形。

为保证工程结构或机械的正常工作,构件应有足够的能力负担起应当承受的荷载。因此,构件一般应满足以下方面的要求:

(1) **强度要求**——构件应有足够的抵抗破坏和失效的能力。构件不能折断,提升重物的钢丝绳不允许被拉断,储气罐不应爆破,不能产生显著的塑性变形等。构件抵抗破坏和抵抗塑性变形的能力称为强度。

(2) **刚度要求**——构件应有足够的抵抗弹性变形的能力。有些构件工作时虽然不会出现强度不够而破坏,但如果出现较大变形也会影响到其正常工作。例如机床主轴或床身变形过大,将影响加工精度,吊车大梁变形过大会引起吊车的爬坡等。构件抵抗弹性变形的能力称为刚度。

(3) **稳定性要求**——构件应有足够的保持原有平衡形态的能力。千斤顶的螺杆、内燃机的挺杆应始终保持原有直线平衡形态。构件丧失保持原有平衡形态的能力称为失稳,构件失稳在工程上也是不允许的。例如桥梁结构的受压杆件失稳,将可能导致桥梁结构的整体或局部塌毁。

构件的强度、刚度和稳定性统称为构件的承载能力。提高构件承载能力往往需要用优质材料或加大截面尺寸,以保证构件工作时的安全可靠。但是由此又可能造成材料浪费与结构笨重。可见,安全可靠与经济性之间有矛盾。材料力学的任务就是在满足强度、刚度和稳定性的要求下,为设计既经济又安全、可靠的构件,提供必要的理论基础和计算方法。

在研究构件的承载能力时,材料在外力作用下表现出的变形和破坏等方面的性能,这些性能要通过实验来测定,还有一些尚无理论结果的问题,也必须借助实验方法来解决。因此,实验分析和理论研究同是材料力学解决问题的方法。

1.2 变形固体的基本假设

材料力学一般研究固体材料的力学性能。固体因外力作用而变形(包括物体尺寸的改变和形状的改变),称为变形固体或可变形固体。固体有多方面的属性,研究的角度不同,侧重面各不相同。材料在外力作用下所表现出来的性能称为材料的力学性能或机械性质(主要指在外力作用下材料变形与所受外力之间的关系,以及材料抵抗变形与破坏的能力)。研究构件的强度、刚度和稳定性时,为简化分析,略去一些次要因素,掌握与问题有关的主要属性,抽象出材料理想化的力学模型,对变形固体做如下假设:

(1) 连续性假设:认为组成固体的物质毫无空隙地充满了固体的体积,即认为物质是密实的。按此假设,受力构件中的一些力学量(例如各点的位移等),即可采用坐标的连续函数表示,并采用无限小的极限分析方法。实际上,组成固体的粒子之间存在着空隙并不连续,但这种空隙与构件的尺寸相比极其微小,可以忽略不计,认为固体在其整个体积内是连续的。

(2) 均匀性假设:均匀性假设就是假定构件内各处的力学性能相同。对于实际材料,其基本组成部分的力学性能往往存在不同程度的差异。例如,金属是由大量微小晶粒所组成,每个晶粒的力学性能不完全相同。但是,由于构件的尺寸远大于其组成部分尺寸(例如 $1\ mm^3$ 的钢材中包含了数万甚至数十万晶粒),固体的力学性能是各晶粒的力学性能的统计平均值,因此,按照统计学观点,仍可将材料看成是均匀的,所以各处的力学性能是相同的。

(3) 各向同性假设:材料一点处无论沿任何方向,力学性能都是相同的,具备这种性质的材料称为各向同性材料,否则称为各向异性材料。玻璃、工程塑料即为典型的各向同性材料。金属的单个晶粒是各向异性的,但由于金属物质是由大量的晶粒所组成,而且晶粒的排列是杂乱无章的,因此,金属材料在各个方向的性质就接近相同了。至于由增强纤维和基体材料组成的复合材料、木材等,就是各向异性材料。

1.3 外力及其分类

1.3.1 外力

研究对象以外的其他物体作用于研究对象上的力称为外力,包括荷载和支座的约束力。按照作用方式,外力可以分为集中力与分布力。集中力就是作用于物体某一点上的力。很多情况下,力并非作用于物体的某一点上,而是作用于物体的一部分长度、表面上或作用于物体的整个体积上。连续分布在物体一部分长度上的力称为线分布力,例如楼板对梁的作用力;连续分布在物体表面上(或部分表面上)的外力称为表面力或面力,例如接触压力、土压力、流体压力等;作用于物体的整个体积的外力则称为体积力或体力,例如重力和惯性力等等。

物体内各点所受体积力一般是不同的。为了表明物体在某一点 M 所受体积力大小和方向,在这一点取物体的一小部分体积,它包含着 M 点,设它的体积为 ΔV,作用于 ΔV 的外力为 ΔF,则外力在此体积的平均集度为 $\dfrac{\Delta F}{\Delta V}$,如果所取的体积不断缩小,则 ΔF 和 $\dfrac{\Delta F}{\Delta V}$ 都将不断地改变大小、方向和作用点。若体力为连续分布,当 ΔV 无限减小而趋于 M 点,则 $\dfrac{\Delta F}{\Delta V}$ 将趋于一极限值,以 f 表示这一极限,即

$$\lim_{\Delta V \to 0} \frac{\Delta F}{\Delta V} = f$$

这个极限矢量 f 就是物体在 M 点所受的体积力,简称体力,它即为外力在 M 点的集度。因为 ΔV 是标量,所以 f 的方向就是 ΔF 的极限方向,作用于 M 点。体积力的量纲是 [力][长度]$^{-3}$。

与体积力的情况相同,分布在物体表面上(或部分表面上)的外力称为表面力或面力。为了表明物体在某一点 M 所受面力大小和方向,在这一点取物体表面的一小部分面积,它包含着 M 点,设它的面积为 ΔS,作用于 ΔS 的外力为 ΔF,则外力在此面积的平均集度为 $\dfrac{\Delta F}{\Delta S}$。如果所取的面积不断缩小,则 ΔF 和 $\dfrac{\Delta F}{\Delta S}$ 都将不断地改变大小、方向和作用点。如果面力为连续分布,当 ΔS 无限减小而趋于 M 点,则 $\dfrac{\Delta F}{\Delta S}$ 将趋于一极限值,以 p 表示这一极限,即

$$\lim_{\Delta V \to 0} \frac{\Delta F}{\Delta S} = p$$

这个极限矢量 p 就是物体在 M 点所受的面积力,它即为外力在 M 点的集度。因为 ΔS 是标量,所以 p 的方向就是 ΔF 的极限方向,作用于 M 点。它的量纲是 [力][长度]$^{-2}$。

作用于物体单位长度上的力称为线分布力,若一点 M 处 Δl 长度上作用的力为 ΔF,当 Δl 无限减小而趋于 M 点时,$\dfrac{\Delta F}{\Delta l}$ 的极限称为这点的荷载集度,以 q 表示,即

$$\lim_{\Delta V \to 0} \frac{\Delta F}{\Delta l} = q$$

q 的方向就是 ΔF 的极限方向,作用于 M 点。它的量纲是 [力][长度]$^{-1}$。

对于作用于物体表面上的集中力,可以看作是在表面上极小面积内作用的分布面力,只是它的面力集度趋于无限大。

1.3.2 分类

按照荷载随时间变化的情况,可分为静荷载和动荷载。随时间变化极其缓慢或不随时间变化的荷载称为**静荷载**,如起重机以极缓慢的速度吊装重物时所受到的力,测定工程材料的力学性能时试验所用的加载速度控制在一定范围内的荷载。其特征是在加载过程中,构件的加速度很小可以忽略不计。随时间变化显著或使构件中各质点产生明显加速度的荷载,称为**动荷载**。按其随时间变化方式,动荷载又分为交变荷载和冲击荷载。例如当齿轮转动时,作用于每一个齿上的力都是随时间作周期性变化的,称为**交变荷载**,如图 1-1 所示;冲击荷载则是物体的运动在瞬时内发生突然的变化所引起的荷载,例如急刹车时飞轮的轮轴,锻造时汽锤的锤杆和冲床的冲头工作时都受到**冲击荷载**的作用。

材料在静荷载和动荷载作用下的性能颇不相同,分析方法也有差异。因为静荷载问题比较简单,所建立的理论和分析方法又可作为解决动荷载问题的基础,所以本书先研究静荷

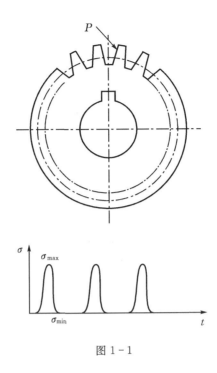

图 1-1

载问题,书中没有特别指明的荷载都为静荷载。

1.4 内力与应力

1.4.1 内力与截面法

物体因受外力作用而变形,内部各部分之间因相对位置改变而引起的相互作用就是内力。即使不受外力的作用,物体的各质点之间依然存在着相互作用力——固有内力。而材料力学中所说的内力是指外力作用下、上述相互作用力的变化量,称为"附加内力"。它随外力的增加而加大,到达某一限度时就会引起构件的破坏,它与强度是密切相关的。材料力学中常用构件某个截面上的所受的力来表征其内力,它是截面上各点分布内力系向截面内一点简化的宏观体现。通常向截面几何中心(形心)简化。

受外力作用而处于平衡的构件,要计算其内力,一般用截面法,它是求解构件内力的基本方法。

截面法就是假想地用一平面,将构件截开,从而揭示和确定内力的方法。如图 1-2 所示,欲求构件 $m-m$ 截面的内力,可将其归纳为以下四个步骤:

① 欲求某一截面上的内力时,就假想用一平面沿该截面把构件切开,分成两部分。
② 任意地留下一部分作为研究对象,并舍弃另一部分。
③ 用作用于截面上的内力代替弃去部分对留下部分的作用。
④ 建立留下部分的平衡方程,确定未知的内力。作用在留下部分的外力和截面内力构成平衡力系,对留下部分列静力平衡方程方程,就可以计算出截面内力。

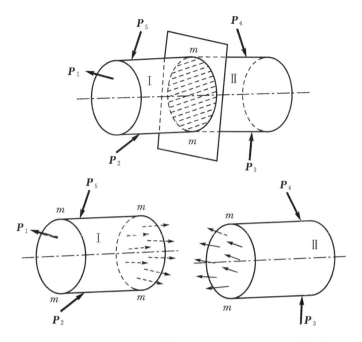

图 1-2

按照连续性假设,在 $m-m$ 截面上各点处都有内力作用,所以内力是分布于截面上的一个分布力系。把分布力系向截面上某一点简化后得到的**主矢**和**主矩**,称为截面上的**内力**。为方便起见,一般将力系向截面几何中心(形心)简化。工程中通常求杆件横截面内力,如图 1-3 所示,这时,以横截面几何中心为原点,以杆件轴线为 x 轴,横截面内任意正交的两个方向为 y 轴和 z 轴,在横截面内建立右手正交坐标系 $Oxyz$,设截面内力向形心 O 简化后的主矢为 F,主矩为 M_O。将主矢分解为平行坐标轴的分量,其中平行轴线(x 轴)的分量 F_N 称为轴力,截面内平行 y 轴和平行 z 轴的分量 F_{sy} 和 F_{sz} 称为剪力。将主矩 M_O 分解为平行三个坐标轴的力偶矩矢量,其中矢量线沿 x 轴的力偶称为扭矩(作用面在横截面内),以 T 表示,另外还有作用线分别沿 y 轴和 z 轴的力偶(作用在 xOz 平面和 xOy 平面),称为弯矩,分别以 M_y 和 M_z 表示。

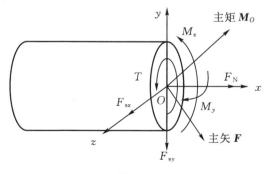

图 1-3

例 1-1 已知小型压力机机架受力 F_P,F'_P 的作用,如图 1-4(a)所示,试求:立柱截面 m-n 上的内力。

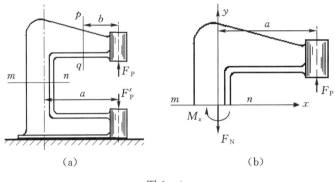

图 1-4

解 (1)假想从 m-n 面将机架截开,将机架分成两部分;
(2)取上部为研究对象;
(3)画出截面以上部分的外力 F_P 和截面内力 F_N,M_z(如图 1-4(b)所示);
(4)列留下部分的平衡方程

$$\sum F_y = 0; \quad F_P - F_N = 0$$
$$F_N = F_P$$
$$\sum M_O = 0; \quad F_P \cdot a - M_z = 0$$
$$M_z = F_P \cdot a$$

读者试求 p-q 截面上的内力。

1.4.2 应力

内力的大小并不能说明分布内力系在截面内某一点处的强弱程度。

为了研究物体在其内部某一点 M 处的内力,假想用经过 M 点的一个截面 m-m 将物体分为Ⅰ、Ⅱ两部分。将部分Ⅰ撇开,留下部分Ⅱ,如图 1-5(a)所示。部分Ⅰ将在截面 m-m 上作用一定的内力于部分Ⅱ。截面内力反映了截面宏观上的受力大小,但并不能反映一点处受力的强弱程度,反映一点处受力强弱程度的是截面上该点的应力。在 m-m 截面上取包含 M 点的微小面积 ΔA,作用于 ΔA 面积上的内力为 ΔP。

假定内力连续分布,令 ΔA 无限减小而趋于 M 点时,则 $\dfrac{\Delta P}{\Delta A}$ 的极限 p 就是物体在截面 m-m 上 M 点的**应力**,也就是

$$\lim_{\Delta A \to 0} \frac{\Delta \boldsymbol{P}}{\Delta A} = \boldsymbol{p} \tag{1-1}$$

应力 p 在其作用截面上的法向分量称为**正应力**,用 σ 表示;在作用截面内的分量称为**切应力**或**剪应力**,用 τ 表示。当一点的应力与该点截面法线方向成 α 角时(如图 1-5(b)所示),则截面上该点的正应力大小为

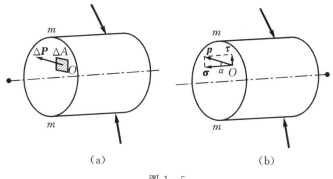

图 1-5

$$\sigma = p\cos\alpha \tag{1-2}$$

切应力大小为

$$\tau = p\sin\alpha \tag{1-3}$$

在国际单位制中,应力的单位是牛/平方米(N/m^2),称为帕斯卡或简称为帕(Pa),1 Pa $= 1\ N/m^2$。工程中应力的常用单位是兆帕(MPa)或吉帕(GPa)。

$$1\ MPa = 10^6\ Pa, \quad 1\ GPa = 10^9\ Pa$$

1.5 变形与应变

材料力学研究固体的变形,除了为研究构件的刚度外,还因固体由外力引起的变形与内力的分布有关。

图 1-6(a)中的固体,限制其刚体位移后,其上任一点 M 的位移全是由变形引起的。设想在 M 点附近取边长为 $\Delta x, \Delta y, \Delta z$ 的微小直角六面体(当六面体的边长趋于无限小时称为单元体)变形后,六面体的边长和棱边的夹角都将发生变化。把上述六面体投影于 xOy 平面内(放大)。变形前平行于 x 轴的线段 MN 原长为 Δx,变形后 M 和 N 分别位移到 M' 和 N'。$M'N'$ 的长度为 $\Delta x + \Delta s$。这里 $\Delta s = \overline{M'N'} - \overline{MN}$,其代表线段 MN 的长度变化。比值

$$\varepsilon_m = \frac{\overline{M'N'} - \overline{MN}}{\overline{MN}} = \frac{\Delta s}{\Delta x} \tag{1-4}$$

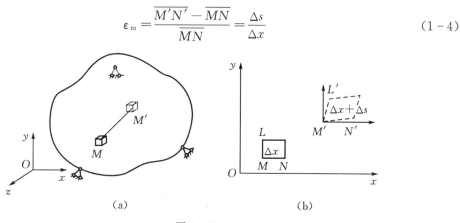

图 1-6

表示线段每单位长度的平均伸长或缩短,称为线段 MN 的平均应变。逐渐缩小 N 点和 M 点的距离使 $\overline{MN}$ 趋近于零,则 ε_m 的极限

$$\varepsilon = \lim_{\overline{MN} \to 0} \frac{\overline{M'N'} - \overline{MN}}{\overline{MN}} = \lim_{\Delta x \to 0} \frac{\Delta s}{\Delta x} \tag{1-5}$$

称为 M 点沿 x 方向的**线应变**或**正应变**。如果线段 MN 内各点沿 x 方向的变形程度是均匀的,则平均应变是 M 点的应变。否则,只有式(1-5)定义的应变才是 M 点的应变。同样可以定义 M 点沿 y 和 z 方向的应变。

固体的变形还表现在正交线段的夹角也将发生变化,例如在图 1-6(b)中,变形前 MN 和 ML 正交,变形后 $M'N'$ 和 $M'L'$ 的夹角变为 $\angle L'M'N'$,变形前后角度的变化是 $\frac{\pi}{2} - \angle L'M'N'$。当 N 和 L 趋近于 M 时,上述角度变化的极限值

$$\gamma = \lim_{\substack{\overline{MN} \to 0 \\ \overline{ML} \to 0}} \frac{\pi}{2} - \angle L'M'N' \tag{1-6}$$

称为 M 点在 x、y 平面内的**角应变**或**剪应变**(**切应变**)。

线应变 ε 和角应变 γ 是度量一点处变形程度的两个基本量,它们是没有量纲的。

构件的实际变形一般是极其微小的,材料力学研究的问题也仅限于小变形的情况,认为无论是变形或因变形引起的位移,其大小都远小于构件的最小尺寸。所以在列构件的力的平衡方程时仍可用变形前的形状和尺寸,即忽略构件的变形,这种方法称为原始尺寸原理。利用这一原理,使许多十分复杂的问题,变得较为简单了。

图 1-7 中,支架的各杆因受力而变形,引起荷载作用点 B 的位移。但因位移分量 δ_1 和 δ_2 都是非常小的量,所以当列各杆的力和荷载 F 在节点 B 的平衡方程时,仍可用支架变形前的形状和尺寸,即不计支架的变形,它使计算得到很大简化。否则为求出 AB 和 BC 两杆所受的力,

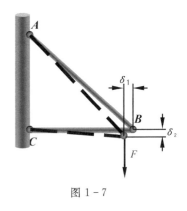

图 1-7

应先列出节点 B 的平衡方程。列平衡方程时又要考虑支架形状和尺寸变化引起的两杆夹角的变化,而这些变化在求得两杆受力之前又是未知的,问题就变得十分复杂了。

正因为位移和应变都是很小的量,所以这些量的二次方以上的量或乘积与其一次方相比,就可作为高阶小量。

1.6 杆件变形的基本形式

1.6.1 构件的分类

工程上构件的种类很多,如杆、板、壳、块等,而材料力学主要研究长度远大于横截面尺寸的构件,这类构件称为杆件或简称杆。垂直杆件长度方向的截面称为横截面。

横截面中心(形心)的连线称为轴线,轴线为直线的杆称为直杆,轴线为曲线或折线的称为曲杆或折杆。如图 1-8 所示。

各横截面尺寸不变的杆叫做等截面杆,截面变化的称为变截面杆,工程中常见的是等截面直杆。它是材料力学主要的研究对象。除杆件外,工程中常见的构件还有平板、壳体和实体构件,如图1-9所示。

厚度方向尺寸远远小于另外两个方向尺寸的构件称为板或壳,平分构件厚度的面称为中面,中面为平面的称为板,中面为曲面的称为壳。板和壳在石油、化工容器、船舶和现代建筑中使用较多。

当构件长、宽、高三向尺寸相差不多(同一数量级)时称为块体或实体构件,如机器的底座、建筑中的挡土墙等等。

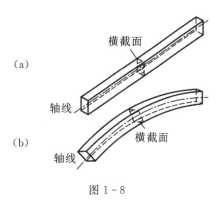

图 1-8

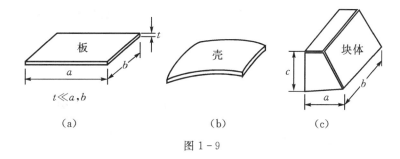

图 1-9

1.6.2 杆件变形的基本形式

杆件受力有各种情况,相应有不同的变形形式。就杆件一点周围的微分单元体来说,它的变形可以由线应变和剪应变来描述。所有单元体变形的积累就形成杆件的整体变形。杆件变形的基本形式有以下四种:

1. 拉伸或压缩

图1-10所示为简易吊车。在荷载 P 作用下 AC 杆受到拉伸,而 BC 杆受到压缩。这类变形是由于受到大小相等、方向相反、作用线与杆轴线重合的一对外力作用引起的,表现为杆件长度发生伸长或缩短。如桁架杆、活塞杆和起吊重物的钢索等。

2. 剪切

图1-11表示一铆钉联接两块钢板,在荷载 P 作用下,铆钉受到剪切。这类变形是由于受到大小相等、方向相反、相互平行的力引起的,表现为受剪杆件的两部

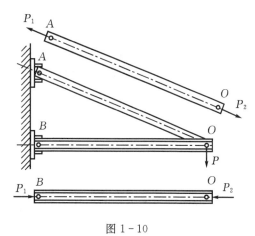

图 1-10

分沿外力作用方向发生相对错动。机械中常用的联接件,如键、销钉、螺栓等一般会产生剪切变形。

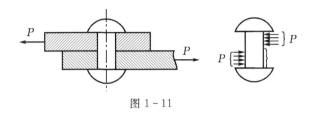

图 1-11

3.扭转

图 1-12 所示的汽车转向轴,在受到作用于方向盘上的外力偶 M 作用时,轴的另一端会受到来自转向机构的传来的阻力偶 M,发生扭转变形。这类变形是由于受到大小相等、方向相反,作用面都垂直于杆轴的两个力偶引起的,表现为杆件的任意两个横截面发生绕杆轴线的相对转动。如机器中的传动轴,一般会产生扭转变形。

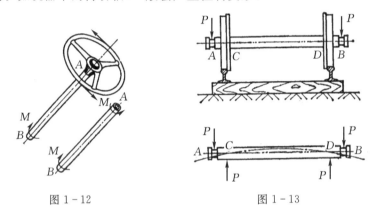

图 1-12　　　　图 1-13

4.弯曲

图 1-13 所示的火车轮轴受到来自于车厢的力的作用,所发生的变形即为弯曲变形。这类变形是由垂直于杆件轴线的横向力,或由作用于包含杆轴的纵向平面内的一对大小相等,方向相反的力偶引起的,表现为杆件轴线由直线弯曲为曲线。在工程中,受弯杆件是最常见的情形之一。例如桥式起重机的大梁,各种心轴及屋梁等。

工程中还有一些杆件同时发生上述两种以上基本变形,称为组合变形。

习　题

1-1　刚体静力学中力的平移定理在求变形体的约束力时是否有效?在求内力时是否有效?

1-2　如图所示为一悬臂式吊车架,在横梁 AB 的中点 D 作用一集中荷载 $P=25$ kN,分析两杆的变形形式,并求距端面 B 2.0 m 的截面Ⅰ-Ⅰ(图中虚线所示)内力。

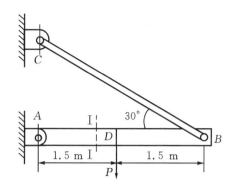

习题 1-2 图

1-3 如图所示平板变形后 ab 边伸长了 $0.025\ \text{mm}$，求 ab 边的平均应变和 ab、ad 两边夹角的变化。

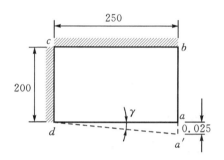

习题 1-3 图

1-4 圆形薄板的半径为 $R=80\ \text{mm}$，变形后半径增量为 $\Delta R=3\times 10^{-3}\ \text{mm}$，试求沿半径方向和外圆周方向的平均应变。

第2章 轴向拉伸和压缩

ZHOUXIANGLASHENHEYASUO

2.1 轴向拉伸和压缩的概念

工程实际中，发生轴向拉伸或压缩变形的构件很多，例如图 2-1(a)所示的悬臂吊车的拉杆，图 2-1(b)所示的液压传动机构中油缸的活塞杆，还有图 2-2 桁架结构中的桁杆等，作用于杆上的外力(或外力合力)的作用线与杆的轴线重合。在这种轴向荷载作用下，杆件以轴向伸长或缩短为主要变形形式，称为**轴向拉伸**或**轴向压缩**。以轴向拉压为主要变形的杆件，称为拉(压)杆。

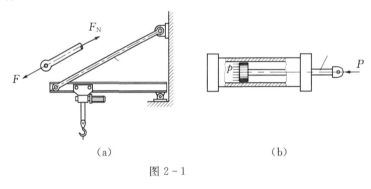

图 2-1

实际拉(压)杆的端部连接情况和传力方式是各不相同的，但在讨论时可以将它们简化为一根等截面的直杆(等直杆)，两端的力系用合力代替，其作用线与杆的轴线重合，则其计算简图如图 2-3 所示。

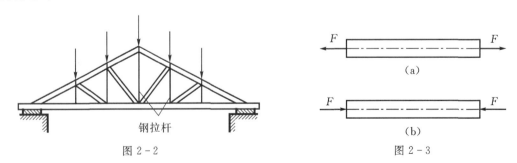

图 2-2

图 2-3

2.2 轴力与轴力图

在研究杆件的强度、刚度等问题时，都需要首先求出杆件的内力。关于内力的概念及其计算方法,已在上一章中阐述。如图 2-4(a)所示,等直杆在拉力的作用下处于平衡,欲求某横截面 $m-m$ 上的内力,按截面法,先假想用一平面将杆沿 $m-m$ 截面切开,留下任一部分作为隔离体进行分析,并将去掉部分对留下部分的作用以分布在截面 $m-m$ 上各点的内力来代替(如图 2-4(b)所示)。对于留下部分而言,截面 $m-m$ 上的内力就成为外力。由于整个杆件处于平衡状态,杆件的任一部分均应保持平衡。于是,杆件横截面 $m-m$ 上的内力系的合力 F_N 与其左端外力 F 形成共线力系,由平衡条件

$$\sum F_x = 0, \quad F_N - F = 0$$

得
$$F_N = F$$

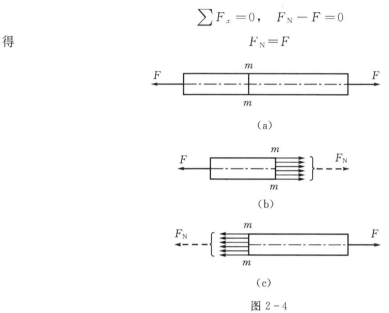

图 2-4

F_N 为杆件横截面 $m-m$ 上的内力,其作用线与杆的轴线重合,即垂直于横截面并通过其形心,这种内力称为**轴力**,它是横截面分布内力系的合力。

若在分析时取右段为隔离体(如图 2-4(c)所示),从右段的平衡条件可以确定截面上的轴力与前述左段上的轴力数值相等而指向相反。事实上,对于左右两段,它们是作用力和反作用力。

对于压杆,同样可以通过上述过程求得其任一横截面上的轴力 F_N。为了研究方便,规定**轴力正负号**:当轴力的方向与截面的外法线方向一致时,杆件受拉,称为拉力,规定为正号;当轴力的方向与截面的外法线方向相反时,杆件受压,称为压力,规定为负号。

当杆受到多个轴向外力作用时,在杆不同位置的横截面上,轴力往往不同。为了形象而清晰地表示横截面上的轴力沿轴线变化的情况,可用平行于轴线的坐标表示横截面的位置,用垂直于轴线的坐标表示横截面上轴力的数值,正的轴力(拉力)画在坐标轴的上侧,负的轴力(压力)画在坐标轴的下侧(通常省略表示坐标轴方向的箭头)。这样绘出的轴力沿杆件轴线变化的图线,称为**轴力图**。

例 2-1 一等直杆所受外力如图 2-5(a)所示,试求各段截面上的轴力,并作杆的轴力图。

解 在 AB 段范围内任一横截面处将杆切开,取左段为隔离体(如图 2-5(b)所示),假

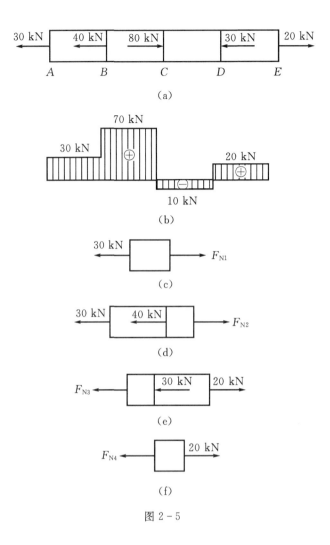

图 2-5

定轴力 F_{N1} 为拉力(以后未知方向的轴力都假设为拉力),由平衡方程

$$\sum F_x = 0, \quad F_{N1} - 30 = 0$$

得
$$F_{N1} = 30 \text{ kN}$$

结果为正值,表明 F_{N1} 的假定指向与实际指向相同,故 F_{N1} 为拉力。

同理,可求得 BC 段内任一横截面上的轴力 F_{N2}(如图 2-5(c)所示)大小为

$$F_{N2} = 30 + 40 = 70 \text{ kN}$$

在求 CD 段内的轴力时,将杆截开后取右段为隔离体(如图 2-5(d)所示),因为右段杆上包含的外力较少,由平衡方程

$$\sum F_x = 0, \quad -F_{N3} - 30 + 20 = 0$$

得
$$F_{N3} = -30 + 20 = -10 \text{ kN}$$

结果为负值,说明 F_{N3} 为压力。

同理,可得 DE 段内任一横截面上的轴力 F_{N4} 为

$$F_{N4} = 20 \text{ kN}$$

按上述作轴力图的规则,作出杆件的轴力图(如图 2-5(f)所示)。$F_{N,\max}$ 发生在 BC 段内的任一横截面上,其值为 70 kN。

由上述计算可见,在求轴力时,先假设未知轴力为拉力后,则结果前的正负号,既表明所设轴力的方向是否正确,也符合轴力的正负号规定,因而不必要在结果后再注"压"或"拉"字。

2.3 拉(压)杆的应力与圣维南原理

由上一章知,要判断受力构件的危险程度,是否发生强度失效,仅知道某个截面上内力的大小是不够的,还需要求出截面上各点的应力或最大应力。下面首先研究拉(压)杆横截面上的应力。

2.3.1 拉(压)杆横截面上的应力

要确定拉(压)杆横截面上的应力,必须了解其内力系在横截面上的分布规律。由于内力分布与变形有关,因此,首先通过实验来观察杆的变形。取一等截面直杆,如图 2-6(a)所示,事先在其表面刻两条相邻的横截面的边界线(ab 和 cd)和若干条与轴线平行的纵向线,然后在杆的两端沿轴线施加一对拉力 F 使杆发生变形,此时可观察到:①所有纵向线发生伸长,且伸长量相等;②横截面边界线发生相对平移。ab、cd 分别移至 a_1b_1、c_1d_1,但仍为直线,并仍与纵向线垂直(如图 2-6(b)所示),根据这一现象可作出如下假设:变形前为平面的横截面,变形后仍为平面,只是相对地沿轴向发生了平移,这个假设称为平面假设。

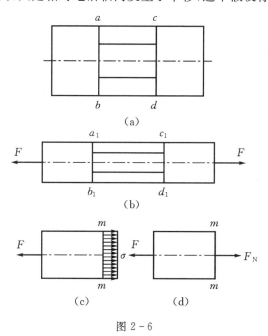

图 2-6

根据这一假设,任意两横截面间的各纵向纤维的伸长均相等。由于拉(压)杆横截面上的内力为轴力,其方向垂直于横截面,且通过截面的形心,而截面上各点处应力与微面积 dA 之乘积的合成即为该截面上的内力。显然,截面上各点处的切应力不可能合成为一个垂直于截面的轴力。所以,与轴力相应的只可能是垂直于截面的正应力 σ,设轴力为 F_N,横截面面积为 A,由此可得

$$F_N = \int_A \sigma dA$$

根据实验现象和材料均匀性假设,在弹性变形范围内,变形相同时,受力也相同,于是可知,内力系在横截面上均匀分布,即横截面上各点的应力可用求平均值的方法得到。

$$\sigma = \frac{F_N}{A} \quad (2-1)$$

式中,若 F_N 为拉力,则 σ 为拉应力,若 F_N 为压力,则 σ 为压应力。σ 的正负规定与轴力相同,拉应力为正,压应力为负,如图 2-6(c) 和图 2-6(d) 所示。

2.3.2 拉(压)杆斜截面上的应力

以上研究了拉(压)杆横截面上的应力,为了更全面地了解杆内的应力情况,现在研究斜截面上的应力。如图 2-7(a) 所示拉杆,利用截面法,沿任一斜截面 $m-m$ 将杆截开,取左段杆为研究对象,该截面的方位以其外法线 On 与 x 轴的夹角 α 表示。由平衡条件可得斜截面 $m-m$ 上的内力 F_α 为

$$F_\alpha = F$$

由前述分析可知,杆件横截面上的应力均匀分布,由此可以推断,斜截面 $m-m$ 上的应力 p_α 也为均匀分布(如图 2-7(b) 所示),且其方向必与杆轴平行。设斜截面的面积为 A_α,A_α 与横截面面积 A 的关系为 $A_\alpha = A/\cos\alpha$。于是

$$p_\alpha = \frac{F_\alpha}{A_\alpha} = \frac{F}{A}\cos\alpha = \sigma_0 \cos\alpha \quad (2-2)$$

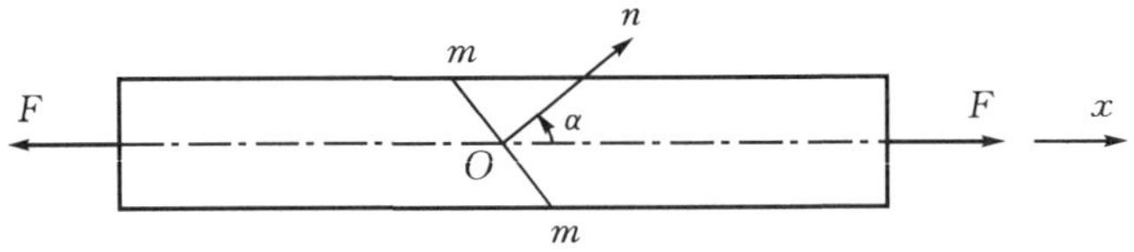

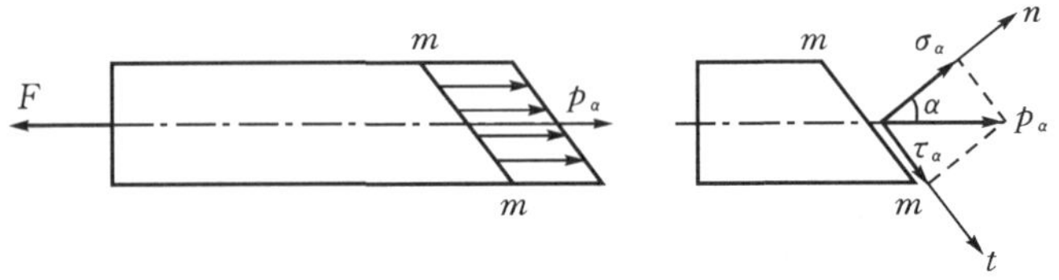

图 2-7

式中,$\sigma_0 = \dfrac{F}{A}$ 为拉杆在横截面($\alpha = 0$)上的正应力。

将总应力 p_a 沿截面法向与切向分解(如图 2-7(c)所示),得斜截面上的正应力与切应力分别为

$$\sigma_\alpha = p_\alpha \cos\alpha = \sigma_0 \cos^2\alpha \quad (2-3)$$

$$\tau_\alpha = p_\alpha \sin\alpha = \frac{\sigma_0}{2}\sin 2\alpha \quad (2-4)$$

上列两式表达了通过拉压杆内任一点处不同方位截面上的正应力 σ_α 和切应力 τ_α 随截面方位角 α 的变化而变化。通过一点的所有不同方位截面上的应力的集合,称为该点处的应力状态。由式(2-3)和式(2-4)可知,在所研究的拉杆中,一点处的应力状态由其横截面上的正应力 σ_0 即可完全确定,这样的应力状态称为单轴应力状态。关于应力状态的问题将在第 8 章中详细讨论。

由式(2-3)和式(2-4)可知,通过拉压杆内任一点不同方位截面上的正应力 σ_α 和切应力 τ_α 随 α 角而变化。

(1)当 $\alpha = 0$ 时,正应力最大,其值为

$$\sigma_{\max} = \sigma_0 \quad (2-5)$$

即拉压杆的最大正应力在横截面上。

(2)当 $\alpha = 45°$ 时,切应力最大,其值为

$$\tau_{\max} = \frac{\sigma_0}{2} \quad (2-6)$$

即拉压杆的最大切应力在与杆轴线成 $45°$ 的斜截面上。

为便于应用上述公式,现对方位角与切应力的正负号作如下规定:以该点横截面外法线 x 轴为始边,按方位角 α(小于等于 $90°$)转到该点斜截面外法线方向,转动为逆时针则方位角为正,转动为顺时针则方位角为负;斜截面外法线 On 沿顺时针方向旋转 $90°$,切应力与该方向同向为正,反向则为负。按此规定,如图 2-7(c)所示的 α 与 τ_α 均为正。

当等直杆受几个轴向外力作用时,由轴力图可求得其最大轴力 $F_{N,\max}$,那么杆内的最大正应力为

$$\sigma_{\max} = \frac{F_{N,\max}}{A} \quad (2-7)$$

最大轴力所在的横截面称为危险截面,横截面上的最大正应力称为最大工作应力。对于等截面杆,最大工作应力一定在危险截面上,但对于变截面杆,最大工作应力也可能出现在危险截面以外的其他截面上。

例 2-2 一正方形截面的阶梯形砖柱,其受力情况、各段长度及横截面尺寸(单位:mm)如图 2-8(a)所示。已知 $P = 50$ kN。试求荷载引起的最大工作应力。

解 首先作柱的轴力图,如图 2-8(b)所示。由于此柱为变截面杆,应分别求出每段柱的横截面上的正应力,从而确定全柱的最大工作应力。

Ⅰ、Ⅱ两段柱横截面上的正应力,分别由已求得的轴力和已知的横截面尺寸算得

$$\sigma_1 = \frac{F_{N1}}{A_1} = \frac{-50 \times 10^3}{240 \times 240} = -0.87 \text{ MPa} \quad (压应力)$$

$$\sigma_2 = \frac{F_{N2}}{A_2} = \frac{-150 \times 10^3}{370 \times 370} = -1.10 \text{ MPa} \quad (压应力)$$

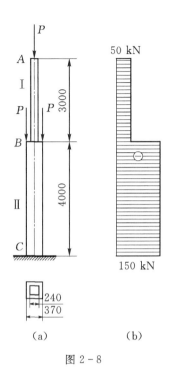

(a) (b)

图 2-8

由上述结果可见,砖柱的最大工作应力在柱的下段,其值为 1.10 MPa,是压应力。

例 2-3 一钻杆简图如图 2-9(a)所示,上端固定,下端自由,长为 l,截面面积为 A,材料容重为 γ。试分析该杆由自重引起的横截面上的应力沿杆长的分布规律。

解 应用截面法,在距下端距离为 x 处将杆截开,取下段为隔离体(如图 2-9(b)所示),设下段杆的重量为 $G(x)$,则有

$$G(x) = xA\gamma \qquad (a)$$

设横截面上的轴力为 $F_N(x)$,则由平衡条件

$$\sum F_x = 0, \quad F_N(x) - G(x) = 0 \qquad (b)$$

将式(a)值代入式(b),得

$$F_N(x) = A \cdot \gamma \cdot x$$

即 $F_N(x)$ 为 x 的线性函数。

当 $x = 0$ 时, $F_N(0) = 0$

当 $x = l$ 时, $F_N(l) = F_{N,\max} = A \cdot \gamma \cdot l$

式中 $F_{N,\max}$ 为轴力的最大值,即在上端截面轴力最大,轴力图如图 2-9(c)所示。那么横截面上的应力为

$$\sigma(x) = \frac{F_N(x)}{A} = \gamma \cdot x$$

即应力沿杆长是 x 的线性函数。

当 $x = 0$ 时，$\sigma(0) = 0$

当 $x = l$ 时，$\sigma(l) = \sigma_{\max} = \gamma \cdot l$

式中 $\sigma_{\max}$ 为应力的最大值，它发生在上端截面，不同横截面 x 正应力分布类似于轴力图。

例 2-4* 气动吊钩的汽缸如图 2-10(a)、(b)所示，内径 $D = 180$ mm，壁厚 $\delta = 8$ mm，气压 $p = 2$ MPa，活塞杆直径 $d = 10$ mm，试求汽缸横截面 $B-B$ 及纵向截面 $C-C$ 上的应力。

解 汽缸内的压缩气体将使汽缸体沿纵横方向胀开，在汽缸的纵、横截面上产生拉应力。

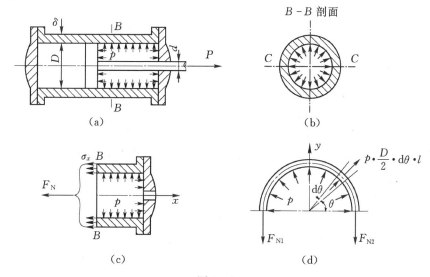

图 2-10

(1) 求横截面 $B-B$ 上的应力。取 $B-B$ 截面右侧部分为研究对象(如图 2-10(c)所示)，由平衡条件

$$\sum F_x = 0, \quad \frac{\pi}{4}(D^2 - d^2)p - F_N = 0$$

当 $D \gg d$ 时，得 $B-B$ 截面上的轴力为

$$F_N \approx \frac{\pi}{4} D^2 p$$

$B-B$ 截面的面积为

$$A = \pi \cdot (D + \delta) \cdot \delta = \pi \cdot (D\delta + \delta^2) \approx \pi D \delta$$

那么横截面 $B-B$ 上的应力为

$$\sigma_x = \frac{F_N}{A} \approx \frac{\frac{\pi}{4} D^2 p}{\pi D \delta} = \frac{Dp}{4\delta} = \frac{180 \times 2}{4 \times 8} = 11.25 \text{ MPa}$$

σ_x 称为薄壁圆筒的轴向应力。

(2) 求纵截面 $C-C$ 上的应力。取长为 l 的半圆筒为研究对象(如图 2-10(d)所示),由平衡条件

$$\sum F_y = 0, \quad \int_0^\pi \left(p \cdot \frac{D}{2} \cdot d\theta \cdot l\right)\sin\theta - 2F_{N1} = 0$$

得 $C-C$ 截面上的内力为

$$2F_{N1} = plD$$

$C-C$ 截面的面积为

$$A_1 = 2l\delta$$

当 $D \geqslant 20\delta$ 时,可认为应力沿壁厚近似均匀分布,那么纵向截面 $C-C$ 上的应力为

$$\sigma_y = \frac{2F_{N1}}{A_1} = \frac{plD}{2l\delta} = \frac{pD}{2\delta} = \frac{180 \times 2}{2 \times 8} = 22.5 \text{ MPa}$$

σ_y 称为薄壁圆筒的周向应力。计算结果表明:周向应力是轴向应力的两倍。

2.3.3 圣维南原理

前面我们假定拉压杆横截面上的应力均匀分布。事实上,当作用在杆端的轴向外力,沿端面非均匀分布时,外力作用点附近各截面的应力,也为非均匀分布。但圣维南(Saint Venant)原理指出,力作用于杆端方式的不同,只会使与杆端距离不大于杆的横向尺寸的范围内受到影响。**圣维南原理**的具体表述为:如果把物体一小部分边界上的面力,变换为分布不同但静力等效的面力(主矢相同,对任一点的主矩也相同),那么近处的应力分布将有显著的改变,但是远处所受的影响可以略去不计。

此原理已被大量试验与计算所证实。例如,如图 2-11(a)所示承受集中力 F 作用的杆,其截面高度为 h,在 $x = h/4$ 与 $x = h/2$ 的横截面 1-1 与 2-2 上,应力虽为非均匀分布(如图 2-11(b)所示),但在 $x = h$ 的横截面 3-3 上,应力则趋向均匀(如图 2-11(c)所示)。故在拉(压)杆的应力计算中,都以式(2-1)为准。

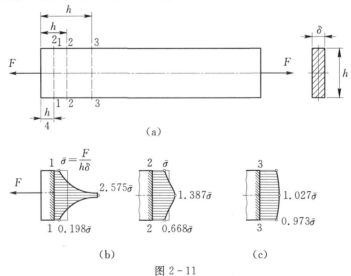

图 2-11

2.4 拉(压)杆的变形

2.4.1 胡克定律

实验表明,当拉杆沿其轴向伸长时,其横向将缩短(如图2-12(a)所示);压杆则相反,轴向缩短时,横向增大(如图2-12(b)所示)。

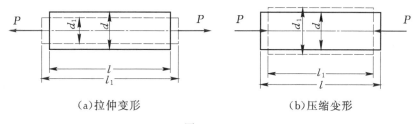

(a)拉伸变形　　　　　　(b)压缩变形

图 2-12

设 l、d 为直杆变形前的长度与高度(直径),l_1、d_1 为直杆变形后的长度与高度(直径),则轴向和横向变形分别为

$$\Delta l = l_1 - l$$
$$\Delta d = d_1 - d$$

Δl 与 Δd 称为绝对变形。由轴向变形特点可知 Δl 与 Δd 符号相反。

实验结果表明:如果所施加的荷载使杆件的变形处于弹性范围内,杆的轴向变形 Δl 与杆所承受的轴向荷载 P、杆的原长 l 成正比,而与其横截面面积 A 成反比,即

$$\Delta l \propto \frac{Pl}{A}$$

引进比例常数 E,则有

$$\Delta l = \frac{Pl}{EA} \tag{2-8a}$$

由于 $P = F_N$,故上式可改写为

$$\Delta l = \frac{F_N l}{EA} \tag{2-8b}$$

这一关系式称为**胡克定律**。式中的比例常数 E 称为材料的**弹性模量**,其量纲为 $ML^{-1}T^{-2}$,单位为 Pa。E 的数值随材料而异,可通过实验测定,其值表征材料抵抗弹性变形的能力。EA 称为杆的**拉伸(压缩)刚度**,对于长度相等且受力相同的杆件,其拉伸(压缩)刚度越大则杆件的变形越小。Δl 的正负与轴力 F_N 一致。

当拉、压杆有两个以上的外力或各段刚度不一时,需先画出轴力图,然后按式(2-8b)分段计算各段的变形,各段变形的代数和即为杆的总变形:

$$\Delta l = \sum_i \frac{F_{Ni} l_i}{(EA)_i} \tag{2-9}$$

式(2-9)适用于等截面杆或分段为等截面的阶梯杆。当杆横截面积连续变化时,设面积 A 为杆轴线坐标 x 的连续函数,杆件的轴向变形计算应先取微段 dx,如图2-13所示,微段 dx

可视其横截面积 $A(x)$，轴力 $F_N(x)$ 不变，应用胡克定律求得微段 dx 的轴向变形为

$$d(\Delta l) = \frac{F_N(x)dx}{EA(x)} \tag{2-10}$$

则整个杆件的变形为

$$\Delta l = \int_l \frac{F_N(x)dx}{EA(x)} \tag{2-11}$$

例 2-5 图 2-13 中自由悬挂的变截面杆是圆锥体。其上下两端的直径分别为 d_2 和 d_1。试求由载荷 P 引起的轴向变形（不计自重的影响）。设杆长 l 及弹性模量 E 均已知。

解 设坐标为 x 时，横截面的直径为 d，则

$$d = d_1\left(1 + \frac{d_2 - d_1}{d_1} \frac{x}{l}\right)$$

$$A(x) = \frac{\pi}{4}d^2 = \frac{\pi}{4}d_1^2\left(1 + \frac{d_2 - d_1}{d_1} \frac{x}{l}\right)^2$$

轴力是常量，即 $F_N(x) = P$，由公式 (2-11) 求得整个杆件的伸长为

$$\Delta l = \int_l \frac{F_N(x)dx}{EA(x)}$$

$$= \int_0^l \frac{4Pdx}{\pi E d_1^2 \left(1 + \frac{d_2 - d_1}{d_1} \frac{x}{l}\right)^2} = \frac{4Pl}{\pi E d_1 d_2}$$

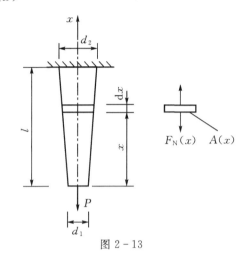

图 2-13

2.4.2 泊松比

绝对变形的大小只反映杆的总变形量，并不能完全说明杆的变形程度。因此，为了度量杆的变形程度，还需计算单位长度内的变形量。对于轴力为常量的等截面直杆，其变形处处相等。可将 Δl 除以 l，Δd 除以 d 表示单位长度的变形量，即

$$\varepsilon = \frac{\Delta l}{l} \tag{2-12a}$$

$$\varepsilon' = \frac{\Delta d}{d} \tag{2-12b}$$

ε 称为纵向线应变；ε' 称为横向线应变。应变是单位长度的变形，是无量纲的量。由于 Δl 与 Δd 具有相反符号，因此 ε 与 ε' 也具有相反的符号。将式 (2-8b) 代入式 (c)，得胡克定律的另一表达形式为

$$\varepsilon = \frac{\sigma}{E} \tag{2-13}$$

式 (2-13) 表明，**在一定范围内正应力与线应变成正比**。显然，式 (2-13) 中的纵向线应变 ε 和横截面上正应力的正负号也是相对应的。式 (2-13) 是经过改写后的胡克定律，它不仅适用于拉（压）杆，而且还可以更普遍地用于所有的单轴应力状态，故通常又称为单轴应力状态下的胡克定律。

实验表明,当拉(压)杆内应力不超过某一限度时,横向线应变ε'与纵向线应变ε之比的绝对值为一常数,即

$$\mu = \left| \frac{\varepsilon'}{\varepsilon} \right| \tag{2-14}$$

μ称为**横向变形因数**或**泊松比**,是无量纲的量,其数值随材料而异,是通过实验测定的。

弹性模量E和泊松比μ都是材料的弹性常数。几种常用材料的E和μ值可参阅表2-1。

表 2-1 常用金属材料的 E、μ 的数值

材料名称	材料牌号	E/GPa	μ
低碳钢	Q235	200~210	0.25~0.33
中碳钢	45	205	
合金钢		186~216	0.24~0.33
灰口铸铁		60~162	0.23~0.27
球墨铸铁		150~180	
铜及其合金		72.6~128	0.31~0.742
铝合金	LY12	70	0.33
混凝土		15.2~36	0.16~0.18
木材(顺纹)		9~12	

必须指出,当沿杆长度为非均匀变形时,式(2-12a)并不反映沿长度各点处的纵向线应变。对于各处变形不均匀的情形(如图2-14所示),则必须考核杆件上某点沿轴向的微段dx的变形,并以微段dx的相对变形来度量杆件局部(该点处)的变形程度。这时有

$$\varepsilon_x = \frac{\Delta dx}{dx} = \frac{\frac{F_N dx}{EA(x)}}{dx} = \frac{\sigma_x}{E} \tag{2-15}$$

可见,无论变形均匀还是不均匀,正应力与线应变之间的关系都是相同的。

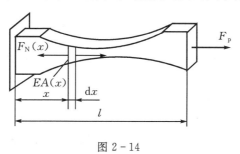

图 2-14

例 2-6 已知阶梯形直杆受力如图2-15(a)所示,材料的弹性模量$E=200$ GPa,杆各段的横截面面积分别为$A_{AB}=A_{BC}=1500$ mm^2,$A_{CD}=1000$ mm^2。要求:

(1) 作轴力图；
(2) 计算杆的总伸长量。

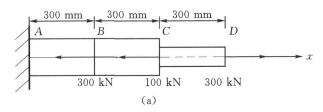

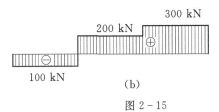

图 2-15

解 (1) 画轴力图。因为在 A、B、C、D 处都有集中力作用，所以 AB、BC 和 CD 三段杆的轴力各不相同。应用截面法得

$$F_{NAB} = 300 - 100 - 300 = -100 \text{ kN}$$
$$F_{NBC} = 300 - 100 = 200 \text{ kN}$$
$$F_{NCD} = 300 \text{ kN}$$

轴力图如图 2-15(b)所示。

(2) 求杆的总伸长量。因为杆各段轴力不等，且横截面面积也不完全相同，因而必须分段计算各段的变形，然后求和。各段杆的轴向变形分别为

$$\Delta l_{AB} = \frac{F_{NAB} l_{AB}}{EA_{AB}} = \frac{-100 \times 10^3 \times 300}{200 \times 10^3 \times 1500} = -0.1 \text{ mm}$$

$$\Delta l_{BC} = \frac{F_{NBC} l_{BC}}{EA_{BC}} = \frac{200 \times 10^3 \times 300}{200 \times 10^3 \times 1500} = 0.2 \text{ mm}$$

$$\Delta l_{CD} = \frac{F_{NCD} l_{CD}}{EA_{CD}} = \frac{300 \times 10^3 \times 300}{200 \times 10^3 \times 1000} = 0.45 \text{ mm}$$

杆的总伸长量为

$$\Delta l = \sum_{i=1}^{3} \Delta l_i = -0.1 + 0.2 + 0.45 = 0.55 \text{ mm}$$

例 2-7 如图 2-16(a)所示实心圆钢杆 AB 和 AC 在杆端 A 点铰接，在 A 点有作用铅垂向下的力 F。已知 $F = 30$ kN，两杆直径分别为 $d_{AB} = 10$ mm，$d_{AC} = 14$ mm，钢的弹性模量 $E = 200$ GPa。试求 A 点在铅垂方向的位移。

解 ① 利用静力平衡条件求二杆的轴力。由于两杆受力后伸长，而使 A 点有位移，为求出各杆的伸长，应先求出各杆的轴力。在微小变形情况下，求各杆的轴力时可将角度的微小变化忽略不计。在节点 A 处同时切断两杆，以节点 A 为研究对象，它受到荷载 F 和两杆轴力作用，受力如图 2-16(b)所示，由节点 A 的平衡条件，有

$$\sum F_x = 0, \quad F_{NC} \sin 30° - F_{NB} \sin 45° = 0$$

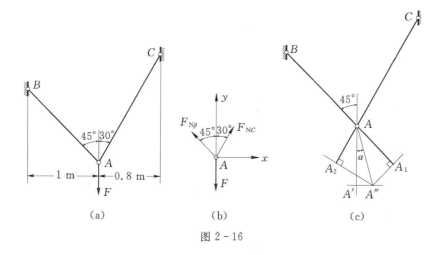

图 2-16

$$\sum F_y = 0, \quad F_{NC}\cos 30° + F_{NB}\cos 45° - F = 0$$

解得各杆的轴力为

$$F_{NB} = 0.518F = 15.53 \text{ kN}, \quad F_{NC} = 0.732F = 21.96 \text{ kN}$$

② 计算杆 AB 和 AC 的伸长。利用胡克定律,有

$$\Delta l_{BA} = \frac{F_{NB}l_{BA}}{EA_{BA}} = \frac{15.53 \times 10^3 \times \sqrt{2}}{200 \times 10^9 \times \frac{\pi}{4} \times (0.01)^2} = 1.399 \text{ mm}$$

$$\Delta l_{CA} = \frac{F_{NC}l_{CA}}{EA_{CA}} = \frac{21.96 \times 10^3 \times 0.8 \times 2}{200 \times 10^9 \times \frac{\pi}{4} \times (0.014)^2} = 1.142 \text{ mm}$$

③ 利用图解法求 A 点在铅垂方向的位移。如图 2-16(c)所示,设两杆没有铰链约束,在轴力作用下 AC 伸长 $\overline{AA_2}$,AB 伸长 $\overline{AA_1}$,即 $\overline{AA_1} = \Delta l_{BA}$,$\overline{AA_2} = \Delta l_{CA}$。分别过 AB 和 AC 伸长后端点 A 所在的位置点 A_1 和 A_2 作二杆的垂线,相交于点 A'',再过点 A'' 作水平线,与过点 A 的铅垂线交于点 A',则 $\overline{AA'}$ 便是点 A 的铅垂位移。由图中的几何关系得

$$\frac{\Delta l_{BA}}{\overline{AA''}} = \cos(45° - \alpha), \quad \frac{\Delta l_{CA}}{\overline{AA''}} = \cos(30° + \alpha)$$

可得

$$\tan\alpha = 0.12, \quad \alpha = 6.87°$$
$$\overline{AA''} = 1.778 \text{ mm}$$

所以点 A 的铅垂位移为

$$\overline{AA'} = \overline{AA''}\cos\alpha = 1.778\cos 6.87° = 1.765 \text{ mm}$$

2.5 材料拉伸和压缩时的力学性能

如第 1 章所述,材料力学研究受力构件的强度和刚度等问题。而构件的强度和刚度,除了与构件的几何尺寸及受力方式有关外,还与材料的力学性能有关。实验指出,材料的力学

性能不仅决定于材料本身的成分、组织以及冶炼、加工、热处理等过程,而且决定于加载方式、应力状态和温度。本节主要介绍工程中常用材料在常温、静载条件下的力学性能。

在常温、静载条件下,材料常分为塑性和脆性材料两大类,下面重点讨论金属材料在拉伸和压缩时的力学性能。

2.5.1 金属材料的拉伸和压缩试验

在进行金属材料拉伸试验时,先将材料加工成符合国家标准(例如,GB 228—2002《金属材料室温拉伸试验方法》)的试样。为了避开试样两端受力部分对测试结果的影响,试验前先在试样的中间等直部分上划两条横线(如图 2-17 所示),当试样受力时,横线之间的一段杆中任何横截面上的应力均相等,这一段即为杆的工作段,其长度称为标距,试验时量测工作段的变形。常用的试样有圆截面和矩形截面两种。为了能比较不同粗细的试样在拉断后工作段的变形程度,通常对圆截面标准试样的标距长度 l 与其横截面直径 d 的比例加以规定;矩形截面标准试样,则规定其标距长度 l 与横截面面积 A 的比例。常用的标准比例有两种,即

$$l=10d \quad 和 \quad l=5d \quad (对圆截面试样)$$

或

$$l=11.3\sqrt{A} \quad 和 \quad l=5.65\sqrt{A} \quad (对矩形截面试样)$$

压缩试样通常用圆形截面或正方形截面的短柱体(如图 2-18 所示),其长度 l 与横截面直径 d 或边长 b 的比值一般规定为 1.5~3,比值不能过大,以避免试样在试验过程中由于荷载偏心等因素被压弯。

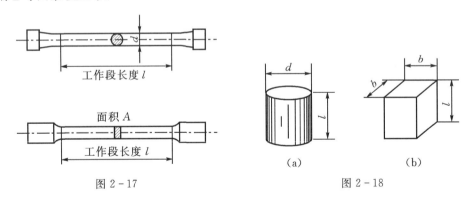

图 2-17　　　　　　　　　　图 2-18

拉伸或压缩试验时使用的设备是微机控制万能材料试验机。万能材料试验机由机架、加载系统、测力示值系统、载荷位移记录系统以及夹具、附具等 5 个基本部分组成。关于试验机的具体构造和原理,可参阅有关材料力学实验书籍。

2.5.2 低碳钢拉伸时的力学性能

将准备好的低碳钢试样装到试验机上,开动试验机使试样两端受轴向拉力 F 的作用。当力 F 由零逐渐增加时,试样逐渐伸长,用仪器测量标距 l 的伸长 Δl,将各 F 值与相应的 Δl 之值记录下来,直到试样被拉断时为止。然后,以 Δl 为横坐标,力 F 为纵坐标,在纸上标

出若干个点,以曲线相连,可得一条 $F-\Delta l$ 曲线,如图 2-19 所示,称为低碳钢的拉伸曲线或拉伸图。一般万能试验机可以自动绘出拉伸曲线。

低碳钢试样的拉伸图只能反映被测试样的力学性能,因为该图的横坐标和纵坐标均与试样的几何尺寸有关。为了消除试样尺寸的影响,将拉伸图中的 F 值除以试样横截面的原面积,即用应力 $\sigma=\dfrac{F}{A}$ 来表示;将 Δl 除以试样工作段的原长 l,即用应变 $\varepsilon=\dfrac{\Delta l}{l}$ 来表示。这样,所得曲线即与试样的尺寸无关,而可以代表同一类材料的力学性质,称为应力-应变曲线或 σ-ε 曲线,如图 2-20 所示。

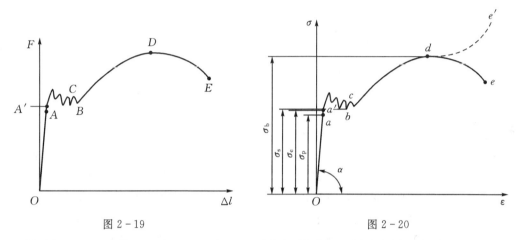

图 2-19　　　　图 2-20

低碳钢是工程中使用最广泛的材料之一,同时,低碳钢试样在拉伸试验中所表现出的变形与抗力之间的关系也比较典型。由 σ-ε 曲线图可见,低碳钢在整个拉伸试验过程中大致可分为 4 个阶段。

1. 弹性阶段(图 2-20 中的 Oa' 段)

这一阶段试样的变形完全是弹性的,全部卸除荷载后,试样将恢复其原长,这一阶段称为弹性阶段。

这一阶段曲线可分为两段:一是 Oa 段,是一条直线,它表明在这段范围内,应力与应变成正比,即

$$\sigma=E\varepsilon$$

比例系数 E 即为材料的弹性模量,在图 2-20 中 $E=\tan\alpha$。此式所表明的关系即胡克定律。直线最高点 a 所对应的应力值 σ_p,称为材料的**比例极限**,Oa 段称为线性弹性区。低碳钢的比例极限 $\sigma_p=200$ MPa。

另一段 aa' 为非直线段,它表明应力与应变成非线性关系。试验表明,只要应力不超过 a' 点所对应的应力 σ_e,其变形是完全弹性的,称 σ_e 为材料的**弹性极限**,其值与 σ_p 接近,所以在工程应用上,对比例极限和弹性极限一般不作严格区别。

2. 屈服阶段

在应力超过弹性极限后,试样的伸长急剧地增加,而万能试验机的荷载读数却在很小的范围内波动,即试样承受的荷载基本不变而试样却不断伸长,好像材料暂时失去了抵抗变形的能力,这种现象称为屈服,这一阶段则称为屈服阶段。屈服阶段出现的变形,是不可恢复

的塑性变形。若试样经过抛光,则在试样表面可以看到一些与试样轴线成 45°角的条纹(如图 2-21(a)所示),这是由材料沿试样的最大切应力所在面发生滑移而出现的现象,称为**滑移线**。

在屈服阶段内,应力 σ 有幅度不大的波动,称最高点 c 为上屈服点,称最低点 b 为下屈服点,如图 2-20 所示。试验指出,加载速度等很多因素对上屈服值的影响较大,而下屈服值则较为稳定。因此将下屈服点所对应的应力 σ_s,称为材料的**屈服强度**或**屈服极限**。低碳钢的屈服极限 $\sigma_s \approx 240$ MPa。

3. 强化阶段

试样经过屈服阶段后,材料的内部结构得到了重新调整。在此过程中材料不断发生强化,试样中的抗力不断增长,材料抵抗变形的能力有所提高,表现为变形曲线自 c 点开始又继续上升,直到最高点 d 为止,这一现象称为强化,这一阶段称为**强化阶段**。其最高点 d 所对应的应力 σ_b,称为材料的**强度极限**。低碳钢的强度极限 $\sigma_b \approx 400$ MPa。

对于低碳钢来讲,屈服极限 σ_s 和强度极限 σ_b 是衡量材料强度的两个重要指标。

若在强化阶段某点 m 停止加载,并逐渐卸除荷载(如图 2-21(b)所示),变形将退到点 n。如果立即重新加载,变形将重新沿直线 nm 到达点 m,然后大致沿着曲线 mde 继续增加,直到拉断。材料经过这样处理后,其比例极限和屈服极限将得到提高,而拉断时的塑性变形减少,即塑性降低了。这种通过卸载的方式而使材料的性质获得改变的做法称为**冷作硬化**。在工程中常利用冷作硬化来提高钢筋和钢缆绳等构件在线弹性范围内所能承受的最大荷载。值得注意,若试样拉伸至强化阶段后卸载,经过一段时间后再受拉,则其线弹性范围的最大荷载还有所提高,如图 2-21(b)中 $nfgh$ 所示。这种现象称为**冷作时效**。

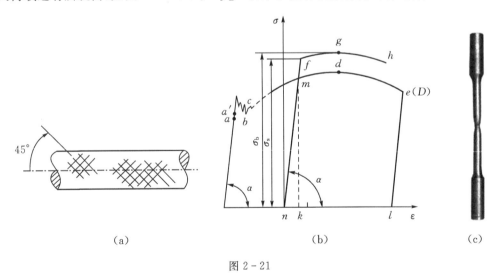

图 2-21

钢筋冷拉后,其抗压的强度指标并不提高,所以在钢筋混凝土中,受压钢筋不用冷拉。

4. 局部变形阶段

试样从开始变形到 σ-ε 曲线的最高点 d,在工作长度 l 范围内沿纵向的变形是均匀的。但自 d 点开始,到 e 点断裂时为止,变形将集中在试样的某一较薄弱的区域内,如图 2-21

(c)所示,该处的横截面面积显著地收缩,出现"缩颈"现象。在试样继续变形的过程中,由于"缩颈"部分的横截面面积急剧缩小,因此,荷载读数(即试样的抗力)反而降低,如图 2-19 中的 DE 曲线段。在图 2-20 中实线 de 是以变形前的横截面面积除拉力 F 后得到的,所以其形状与图 2-19 中的 DE 曲线段相似,也是下降。但实际缩颈处的应力仍是增长的,如图 2-20 中虚线 de' 所示。

为了衡量材料的塑性性能,通常以试样拉断后的标距长度 l_1 与其原长 l 之差除以 l 的比值(表示成百分数)来表示。

$$\delta = \frac{l_1 - l}{l} \times 100\% \qquad (2-16)$$

δ 称为**延伸率**或**伸长率**,低碳钢的延伸率 δ 为 20%~30%。此值的大小表示材料在拉断前能发生的最大塑性变形程度,是衡量材料塑性的一个重要指标。工程上一般认为 $\delta \geqslant 5\%$ 的材料为塑性材料,$\delta < 5\%$ 的材料为脆性材料。

衡量材料塑性的另一个指标为**截面收缩率**,用 ψ 表示,其定义为

$$\psi = \frac{A - A_1}{A} \times 100\% \qquad (2-17)$$

其中,A_1 为试样拉断后断口处的最小横截面面积。低碳钢的截面收缩率 ψ 一般在 60% 左右。

2.5.3 其他金属材料在拉伸时的力学性能

对于其他金属材料,σ-ε 曲线并不都像低碳钢那样具备四个阶段。如图 2-22 所示为另外几种典型的金属材料在拉伸时的 σ-ε 曲线。可以看出,这些材料的共同特点是延伸率 δ 均较大,它们和低碳钢一样都属于塑性材料。但是有些材料(如铝合金)没有明显的屈服阶段,国家标准规定,取塑性应变为 0.2% 时所对应的应力值作为其**名义屈服极限**,以 $\sigma_{0.2}$ 表示(如图 2-23 所示)。确定 $\sigma_{0.2}$ 的方法是:在 ε 轴上取 0.2% 的点,过此点作平行于 σ-ε 曲线的直线段的直线(斜率亦为 E),与 σ-ε 曲线相交的点所对应的应力即为 $\sigma_{0.2}$。

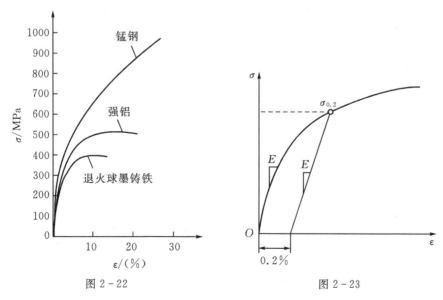

图 2-22　　　　　　　　图 2-23

有些材料,如铸铁、陶瓷等发生断裂前没有明显的塑性变形,这类材料称为脆性材料。图 2-24 是铸铁在拉伸时的 σ-ε 曲线,这是一条微弯曲线,即应力应变不成正比。但由于直到拉断时试样的变形都非常小,且没有屈服阶段、强化阶段和局部变形阶段,因此,在工程计算中,通常取总应变为 0.1% 时 σ-ε 曲线的割线(如图 2-24 所示的虚线)斜率来确定其弹性模量,称为**割线弹性模量**。衡量脆性材料拉伸强度的唯一指标是材料的拉伸强度 σ_b。

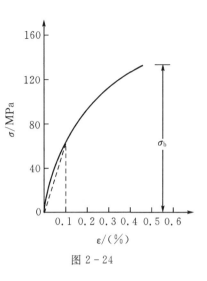

图 2-24

2.5.4 金属材料在压缩时的力学性能

下面介绍低碳钢在压缩时的力学性能。将短圆柱体压缩试样置于万能试验机的承压平台间,加载使之发生压缩变形。与拉伸试验相同,可绘出试样在试验过程的缩短量 Δl 与抗力 F 之间的关系曲线,称为试样的压缩图。为了使得到的曲线与所用试样的横截面面积和长度无关,同样可以将压缩图改画成 σ-ε 曲线,如图 2-25 实线所示。为了便于比较材料在拉伸和压缩时的力学性能,在图中以虚线绘出了低碳钢在拉伸时的 σ-ε 曲线。

由图 2-25 可以看出:低碳钢在压缩时的弹性模量、弹性极限和屈服极限等与拉伸时基本相同,但过了屈服极限后,曲线逐渐上升,这是因为在试验过程中,试样的长度不断缩短,横截面面积不断增大,其对载荷的抵抗能力不断增大,而计算名义应力时仍采用试样的原面积。此外,由于试样的横截面面积越来越大,使得低碳钢试样的压缩强度 σ_{bc} 无法测定。

从图 2-25 所示可知,从低碳钢拉伸试验的结果可以了解其在压缩时的力学性能。多数金属都有类似低碳钢的性质,所以塑性材料压缩时,在屈服阶段以前的特征值,都可用拉伸时的特征值,只是把拉换成压而已。但也有一些金属,例如铬钼硅金钢,在拉伸和压缩时的屈服极限并不相同,因此,对这些材料需要做压缩试验,以确定其压缩屈服极限。

塑性材料的试样在压缩后的变形如图 2-26 所示。试样的两端面由于受到摩擦力的影响,变形后试样呈鼓状。

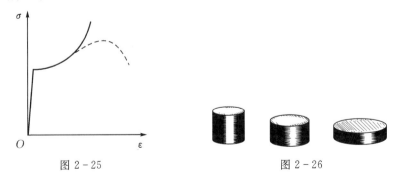

图 2-25　　　　　　　　图 2-26

与塑性材料不同,脆性材料在拉伸和压缩时的力学性能有较大的区别。如图 2-27 所示,绘出了铸铁在拉伸(虚线)和压缩(实线)时的 σ-ε 曲线,比较这两条曲线可以看出:①无论拉伸还是压缩,铸铁的 σ-ε 曲线都没有明显的直线阶段,所以应力-应变关系只是近似地符合胡克定律;②铸铁在压缩时无论强度还是延伸率都比在拉伸时要大得多,因此这种材料宜用作受压构件。

铸铁试样受压破坏的情形如图 2-28 所示,其破坏面与轴线大致成 35°~40°倾角。

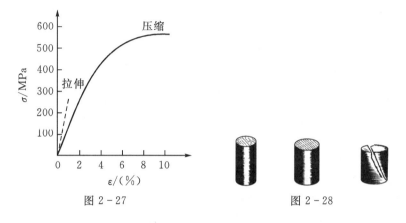

图 2-27　　　　　　　　　图 2-28

2.5.5　几种非金属材料的力学性能

1.混凝土

混凝土是由水泥、石子和砂加水搅拌均匀经水化作用后而成的人造材料,是典型的脆性材料。混凝土的拉伸强度很小,约为压缩强度的 1/5~1/20(如图 2-29 所示),因此,一般都用作压缩构件。混凝土的标号也是根据其压缩强度标定的。

试验时将混凝土做成正立方体试样,两端由压板传递压力,压坏时有两种形式:①压板与试样端面间加润滑剂以减小摩擦力,压坏时沿纵向开裂,如图 2-30(a)所示;②压板与试样端面间不加润滑剂,由于摩擦力大,压坏时是靠近中间剥落而形成两个对接的截锥体,如图 2-30(b)所示。两种破坏形式所对应的压缩强度也有差异。

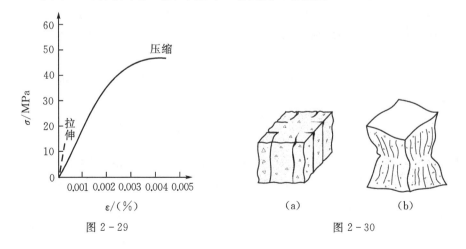

图 2-29　　　　　　　　　图 2-30

2.木材

木材的力学性能随应力方向与木纹方向间倾角大小的不同而有很大的差异,即木材的力学性能具有方向性,是各向异性材料。如图 2-31 所示为木材在顺纹拉伸、顺纹压缩和横纹压缩的 σ-ε 曲线,由图可见,顺纹压缩的强度要比横纹压缩的高,顺纹压缩的强度稍低于顺纹的拉伸强度,但受木节等缺陷的影响较小,因此在工程中广泛用作柱、斜撑等承压构件。由于木材的力学性能具有方向性,因而在设计计算中,其弹性模量 E 和许用应力 $[\sigma]$,都应随应力方向与木纹方向间倾角的不同而采用不同的数量,详情可参阅《木结构设计规范》。

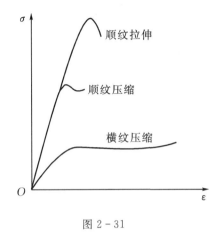

图 2-31

3.玻璃钢

玻璃钢是由玻璃纤维作为增强材料,与热固性树脂粘合而成的一种复合材料。玻璃钢的主要优点是重量轻、强度高、成型工艺简单、耐腐蚀、抗震性能好,且拉、压时的力学性能基本相同,因此,玻璃钢作为结构材料在工程中得到广泛应用。

2.5.6 塑性材料和脆性材料的主要区别

综合上述关于塑性材料和脆性材料的力学性能,归纳其区别如下。

(1)多数塑性材料在弹性变形范围内,应力与应变成正比关系,符合胡克定律;多数脆性材料在拉伸或压缩时 σ-ε 图一开始就是一条微弯曲线,即应力与应变不成正比关系,不符合胡克定律,但由于 σ-ε 曲线的曲率较小,所以在应用上假设它们成正比关系。

(2)塑性材料断裂时延伸率大,塑性性能好;脆性材料断裂时延伸率很小,塑性性能很差。所以塑性材料可以压成薄片或抽成细丝,而脆性材料则不能。

(3)表征塑性材料力学性能的指标有弹性模量、弹性极限、屈服极限、强度极限、延伸率和截面收缩率等;表征脆性材料力学性能的只有弹性模量和强度极限。

(4)多数塑性材料在屈服阶段以前,抗拉和抗压的性能基本相同,所以应用范围广;多数脆性材料抗压性能远大于抗拉性能,且价格低廉又便于就地取材,所以主要用于制作受压构件。

(5)塑性材料承受动荷载的能力强,脆性材料承受动荷载的能力很差,所以承受动荷载作用的构件多由塑性材料制作。

值得注意的是,在常温、静载条件下,根据拉伸试验所得材料的延伸率,将材料区分为塑性材料和脆性材料。但是,材料是塑性的还是脆性的,将随材料所处的温度、加载速度和应力状态等条件的变化而不同。例如,具有尖锐切槽的低碳钢试样,在轴向拉伸时将在切槽处发生突然的脆性断裂。又如,将铸铁放在高压介质下作拉伸试验,拉断时也会发生塑性变形和"缩颈"现象。

2.6 许用应力与强度条件

2.6.1 许用应力

前面已经介绍了杆件在拉伸或压缩时最大工作应力的计算,以及材料在荷载作用下所表现的力学性能。但是,杆件是否会因强度不够而发生破坏,只有把杆件的最大工作应力与材料的强度指标联系起来,才有可能作出判断。

前述试验表明,当正应力达到强度极限 σ_b 时,会引起断裂;当正应力达到屈服极限 σ_s 时,将产生屈服或出现显著的塑性变形。构件工作时发生断裂是不容许的,构件工作时发生屈服或出现显著的塑性变形一般也是不容许的。所以,从强度方面考虑,断裂是构件破坏或失效的一种形式,同样,屈服也是构件失效的一种形式,是一种广义的破坏。

根据上述情况,通常将强度极限与屈服极限统称为极限应力,并用 σ_u 表示。对于脆性材料,强度极限是唯一强度指标,因此以强度极限作为极限应力;对于塑性材料,由于其屈服应力 σ_s 小于强度极限 σ_b,故通常以屈服应力作为极限应力。对于无明显屈服阶段的塑性材料,则用 $\sigma_{0.2}$ 作为极限应力 σ_u。

在理想情况下,为了充分利用材料的强度,似应使材料的工作应力接近于材料的极限应力,但实际上这是不可能的,原因主要有如下的一些不确定因素:

(1)用在构件上的外力常常估计不准确。

(2)计算简图往往不能精确地符合实际构件的工作情况。

(3)实际材料的组成与品质等难免存在差异,不能保证构件所用材料完全符合计算时所作的理想均匀假设。

(4)结构在使用过程中偶尔会遇到超载的情况,即受到的荷载超过设计时所规定的荷载。

(5)极限应力值是根据材料试验结果按统计方法得到的,材料产品的合格与否也只能凭抽样检查来确定,所以实际使用材料的极限应力有可能低于给定值。

所有这些不确定的因素,都有可能使构件的实际工作条件比设想的要偏于危险。除以上原因外,为了确保安全,构件还应具有适当的强度储备,特别是对于因破坏将带来严重后果的构件,更应给予较大的强度储备。

由此可见,杆件的最大工作应力 σ_{max} 应小于材料的极限应力 σ_u,而且还要有一定的安全裕度。因此,在选定材料的极限应力后,除以一个大于 1 的系数 n,所得结果称为**许用应力**,即

$$[\sigma] = \frac{\sigma_u}{n} \qquad (2-18)$$

式中 n 称为安全因数。确定材料的许用应力就是确定材料的**安全因数**。确定安全因数是一项严肃的工作,安全因数定低了,构件不安全,定高了则浪费材料。各种材料在不同工作条件下的安全因数或许用应力,可从有关规范或设计手册中查到。在一般静强度计算中,对于塑性材料,按屈服应力所规定的安全因数 n_s,通常取为 1.5~2.2;对于脆性材料,按强度极限所规定的安全因数 n_b,通常取为 3.0~5.0,甚至更大。

2.6.2 强度条件

根据以上分析,为了保证拉(压)杆在工作时不致因强度不够而破坏,杆内的最大工作应力 $\sigma_{\max}$ 不得超过材料的许用应力 $[\sigma]$,即

$$\sigma_{\max} = \left(\frac{F_N}{A}\right)_{\max} \leqslant [\sigma] \qquad (2-19a)$$

式(2-19a)即为拉(压)杆的**强度条件**。对于等截面杆,上式即变为

$$\sigma_{\max} = \frac{F_{N,\max}}{A} \leqslant [\sigma] \qquad (2-19b)$$

利用上述强度条件,可以解决下列 3 种强度计算问题。

(1)强度校核。已知荷载、杆件尺寸及材料的许用应力,根据强度条件校核是否满足强度要求。

(2)选择截面尺寸。已知荷载及材料的许用应力,确定杆件所需的最小横截面面积。对于等截面拉(压)杆,其所需横截面面积为

$$A \geqslant \frac{F_{N,\max}}{[\sigma]}$$

(3)确定承载能力。已知杆件的横截面面积及材料的许用应力,根据强度条件可以确定杆能承受的最大轴力,即

$$F_{N,\max} \leqslant A[\sigma]$$

然后根据平衡方程即可求出承载力。

最后还需指出,如果最大工作应力 $\sigma_{\max}$ 超过了许用应力 $[\sigma]$,但只要不超过许用应力的 5%,在工程计算中仍然是允许的。

在以上计算中,都要用到材料的许用应力。几种常用材料在一般情况下的许用应力值见表 2-2。

表 2-2 几种常用材料的许用应力约值

材料名称	牌号	轴向拉伸/MPa	轴向压缩/MPa
低碳钢	Q235	140~170	140~170
低合金钢	16Mn	230	230
灰口铸铁		35~55	160~200
木材(顺纹)		5.5~10.0	8~16
混凝土	C20	0.44	7
混凝土	C30	0.6	10.3

说明:适用于常温、静载和一般工作条件下的拉杆和压杆。

下面通过例题来说明上述 3 类问题的具体解法。

例 2-8 螺纹内径 $d = 15 \text{ mm}$ 的螺栓,紧固时所承受的预紧力为 $F = 22 \text{ kN}$。若已知螺栓的许用应力 $[\sigma] = 150 \text{ MPa}$,试校核螺栓的强度是否足够。

解 ① 确定螺栓所受轴力。应用截面法,很容易求得螺栓所受的轴力即预紧力,有
$$F_N = F = 22 \text{ kN}$$

② 计算螺栓横截面上的正应力。根据拉伸与压缩杆件横截面上正应力计算公式(2-1),螺栓在预紧力作用下,横截面上的正应力为
$$\sigma = \frac{F_N}{A} = \frac{F}{\frac{\pi d^2}{4}} = \frac{4 \times 22 \times 10^3}{3.14 \times 15^2} = 124.6 \text{ MPa}$$

③ 应用强度条件进行校核。已知许用应力为
$$[\sigma] = 150 \text{ MPa}$$
螺栓横截面上的实际工作应力为
$$\sigma = 124.6 \text{ MPa} < [\sigma] = 150 \text{ MPa}$$
所以,螺栓的强度是足够的。

例 2-9 一钢筋混凝土组合屋架,如图 2-32(a)所示,受均布荷载 q 作用,屋架的上弦杆 AC 和 BC 由钢筋混凝土制成,下弦杆 AB 为 Q235 钢制成的圆截面钢拉杆。已知:$q=10$ kN/m,$l=8.8$ m,$h=1.6$ m,钢的许用应力$[\sigma]=170$ MPa,试设计钢拉杆 AB 的直径。

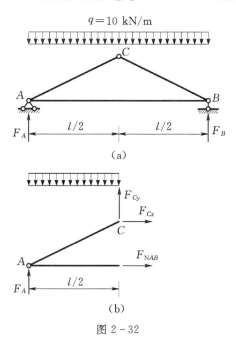

图 2-32

解 ① 求支座反力 F_A 和 F_B,因屋架及荷载左右对称,所以
$$F_A = F_B = \frac{1}{2}ql = \frac{1}{2} \times 10 \times 8.8 = 44 \text{ kN}$$

② 用截面法求拉杆内力 F_{NAB},取左半个屋架为隔离体,受力如图 2-32(b)所示。由
$$\sum M_C = 0, \quad F_A \times 4.4 - q \times \frac{l}{2} \times \frac{l}{4} - F_{NAB} \times 1.6 = 0$$
得

$$F_{NAB} = \left(F_A \times 4.4 - \frac{1}{8}ql^2\right)/1.6 = \frac{44 \times 4.4 - \frac{1}{8} \times 10 \times 8.8^2}{1.6} = 60.5 \text{ kN}$$

③ 设计 Q235 钢拉杆的直径。

由强度条件

$$\frac{F_{NAB}}{A} = \frac{4F_{NAB}}{\pi d^2} \leqslant [\sigma]$$

得

$$d \geqslant \sqrt{\frac{4F_{NAB}}{\pi[\sigma]}} = \sqrt{\frac{4 \times 60.5 \times 10^3}{\pi \times 170}} = 21.29 \text{ mm}$$

例 2-10 防水闸门用一排支杆支撑着,如图 2-33(a)所示,AB 为其中一根支撑杆。各杆为 $d = 100$ mm 的圆木,其许用应力 $[\sigma] = 10$ MPa。试求支杆间的最大距离。

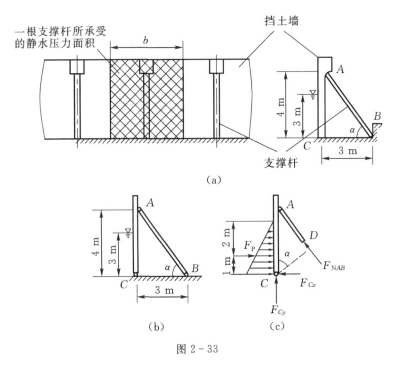

图 2-33

解 这是一个实际问题,在设计计算过程中首先需要进行适当地简化,画出简化后的计算简图,然后根据强度条件进行计算。

① 计算简图。防水闸门在水压作用下可以稍有转动,下端可近似地视为铰链约束。AB 杆上端支撑在闸门上,下端支撑在地面上,两端均允许有转动,故亦可简化为铰链约束。于是 AB 杆的计算简图如图 2-33(b)所示。

② 计算 AB 杆的内力。水压力通过防水闸门传递到 AB 杆上,如图 2-33(a)中阴影部分所示,每根支撑杆所承受的总水压力为

$$F_P = \frac{1}{2}\gamma h^2 b$$

其中,γ 为水的容重,其值为 10 kN/m^3;h 为水深,其值为 3 m;b 为两支撑杆中心线之间的距离。于是有

$$F_P = \frac{1}{2} \times 10 \times 10^3 \times 3^2 \times b = 45 \times 10^3 b$$

根据图 2-33(c)所示的受力图,由平衡条件

$$\sum M_C = 0, \quad -F_P \times 1 + F_{NAB} \times \overline{CD} = 0$$

其中

$$\overline{CD} = 3 \times \sin\alpha = 3 \times \frac{4}{\sqrt{3^2 + 4^2}} = 2.4 \text{ m}$$

得

$$F_{NAB} = \frac{F_P}{2.4} = \frac{45 \times 10^3 b}{2.4} = 18.75 \times 10^3 b$$

③ 根据 AB 杆的强度条件确定间距 b 的值。

由强度条件

$$\sigma = \frac{F_{NAB}}{A} = \frac{4 \times 18.75 \times 10^3 b}{\pi \times d^2} \leqslant [\sigma]$$

得

$$b \leqslant \frac{[\sigma] \times \pi \times d^2}{4 \times 18.75 \times 10^3} = \frac{10 \times 10^6 \times 3.14 \times 0.1^2}{4 \times 18.75 \times 10^3} = 4.19 \text{ m}$$

例 2-11 三角架 ABC 由 AC 和 BC 两根杆组成,如图 2-34(a)所示。杆 AC 由两根 No.14a 的槽钢组成,许用应力$[\sigma] = 160 \text{ MPa}$;杆 BC 为一根 No.22a 的工字钢,许用应力为 $[\sigma] = 100 \text{ MPa}$。求荷载 F 的许可值$[F]$。

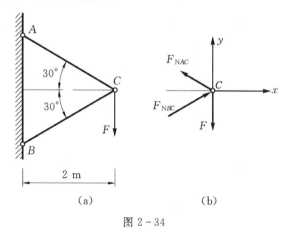

图 2-34

解 ① 求两杆内力。取节点 C 为研究对象,其受力如图 2-34(b)所示。节点 C 的平衡方程为

$$\sum F_x = 0, \quad F_{NBC} \times \cos\frac{\pi}{6} - F_{NAC} \times \cos\frac{\pi}{6} = 0$$

$$\sum F_y = 0, \quad F_{NBC} \times \sin\frac{\pi}{6} + F_{NAC} \times \sin\frac{\pi}{6} - F = 0$$

解得

$$F_{NBC} = F_{NAC} = F \qquad (a)$$

② 计算各杆的许可轴力。由附录型钢表查得杆 AC 和 BC 的横截面面积分别为 $A_{AC} = 18.51 \times 10^{-4} \times 2 = 37.02 \times 10^{-4} \text{ m}^2$,$A_{BC} = 42 \times 10^{-4} \text{ m}^2$。根据强度条件

$$\sigma = \frac{F_N}{A} \leqslant [\sigma]$$

得两杆的许可轴力为

$$[F_N]_{AC} = (160 \times 10^6) \times (37.02 \times 10^{-4}) = 592.32 \times 10^3 (\text{N}) = 592.32 \text{ kN}$$
$$[F_N]_{BC} = (100 \times 10^6) \times (42 \times 10^{-4}) = 420 \times 10^3 (\text{N}) = 420 \text{ kN}$$

③ 求许可荷载。将$[F_N]_{AC}$和$[F_N]_{BC}$分别代入式(a),便得到按各杆强度要求所算出的许可荷载为

$$[F]_{AC} = [F_N]_{AC} = 592.32 \text{ kN}$$
$$[F]_{BC} = [F_N]_{BC} = 420 \text{ kN}$$

所以该结构的许可荷载应取$[F] = 420 \text{ kN}$。

2.7 应力集中

2.7.1 应力集中的概念

由 2.3 节知,对于等截面直杆在轴向拉伸或压缩时,除两端受力的局部地区外,截面上的应力是均匀分布的。但在工程实际中,由于构造与使用等方面的需要,许多构件常常带有沟槽(如螺纹)、孔和圆角(构件由粗到细的过渡圆角)等,情况就不一样了。在外力作用下,构件在形状或截面尺寸有突然变化处,将出现局部的应力骤增现象。例如,如图 2-35(a)所示的含圆孔的受拉薄板,圆孔处截面 A-A 上的应力分布如图 2-35(b)所示,在孔的附近处应力骤然增加,而离孔稍远处应力就迅速下降并趋于均匀。这种由杆件截面骤然变化而引起的局部应力骤增现象,称为**应力集中**。

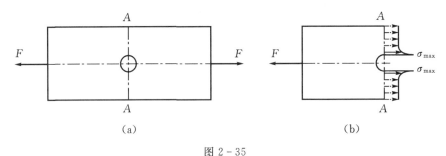

图 2-35

应力集中的程度用所谓理论**应力集中因数** K 表示,其定义为

$$K = \frac{\sigma_{\max}}{\sigma_{\text{nom}}} \qquad (2-20)$$

式中，σ_{max} 为最大局部应力；σ_{nom} 为该截面上的名义应力(轴向拉压时即为截面上的平均应力)。

值得注意，杆件外形的骤变越剧烈，应力集中的程度越严重。同时，应力集中是一种局部的应力骤增现象，如图 2-35(b) 中具有小孔的均匀受拉平板，在孔边处的最大应力约为平均应力的 3 倍，而距孔稍远处，应力即趋于均匀。而且，应力集中处不仅最大应力急剧增加，其应力状态也与无应力集中时不同。

2.7.2 应力集中对构件强度的影响

对于由脆性材料制成的构件，当由应力集中所形成的最大局部应力到达强度极限时，构件即发生破坏。因此，在设计脆性材料构件时，应考虑应力集中的影响。

对于由塑性材料制成的构件，应力集中对其在静荷载作用下的强度则几乎无影响。因为当最大应力 σ_{max} 达到屈服应力 σ_s 后，如果继续增大荷载，则所增加的荷载将由同

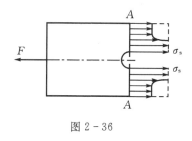

图 2-36

一截面的未屈服部分承担，以致屈服区域不断扩大(如图 2-36 所示)，应力分布逐渐趋于均匀化。所以，在研究塑性材料构件的静强度问题时，通常可以不考虑应力集中的影响。但在动荷载作用下，则不论是塑性材料，还是脆性材料制成的杆件，都应考虑应力集中的影响。

2.8 拉压杆的简单超静定问题

2.8.1 超静定的概念

在前面所讨论的问题中，杆件或杆系的约束力以及内力只要通过静力平衡方程就可以求得，这类问题称为**静定问题**。但在工程实际中，我们还会遇到另外一种情况，其杆件的内力或结构的约束力的数目超过静力平衡方程的数目，以至单凭静力平衡方程不能求出全部未知力，这类问题称为**超静定问题**。未知力数目与独立平衡方程数目之差，称为**超静定次数**。图 2-37(a) 所示的杆件，上端 A 固定，下端 B 也固定，上下两端各有一个约束力，但我们只能列出一个静力平衡方程，不能解出这两个约束力，这是一个一次超静定问题。如图 2-37(b) 所示的杆系结构，三杆铰接于 A，铅垂外力 F 作用于 A 铰。由于平面汇交力系可知仅有两个独立的平衡方程，显然，仅由静力平衡方程不可能求出三根杆的内力，故也为一次超静定问题。再如图 2-37(c) 所示的水平刚性杆 AB，A 端铰支，还有两拉杆约束，此也为一次超静定问题。本章只讨论简单的一次超静定问题。

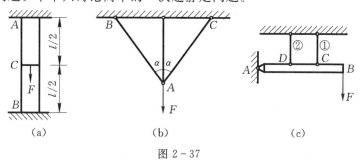

图 2-37

在求解超静定问题时,除了利用静力平衡方程以外,还必须考虑杆件的实际变形情况,列出变形的补充方程,并使补充方程的数目等于超静定次数。结构在正常工作时,其各部分的变形之间必然存在着一定的几何关系,称为**变形协调条件**。解超静定问题的关键在于根据变形协调条件写出几何方程,然后将联系杆件的变形与内力之间的物理关系(如胡克定律)代入变形几何方程,即得所需的补充方程。下面通过具体例子来加以说明。

例 2-12 两端固定的等直杆 AB,在 C 处承受轴向力 F(如图 2-38(a)所示),杆的拉压刚度为 EA,试求两端的支反力。

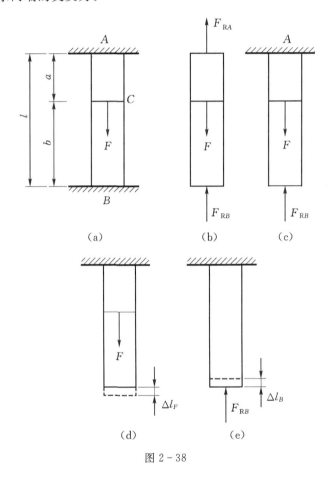

图 2-38

解 根据前面的分析可知,该问题为一次超静定,须找一个补充方程。为此,从下列 3 个方面来分析。

(1)静力方面。杆的受力如图 2-38(b)所示。可写出一个平衡方程为

$$\sum F_y = 0, \quad F_{RA} + F_{RB} - F = 0 \tag{a}$$

(2)几何方面。由于是一次超静定问题,暂时将下固定端 B 的约束解除,以未知约束力 F_{RB} 来代替此约束对杆 AB 的作用,则得一静定杆(如图 2-38(c)所示),受已知力 F 和未知力 F_{RB} 作用而变形。设杆由力 F 引起的变形为 Δl_F(如图 2-38(d)所示),由 F_{RB} 引起的变形为 Δl_B(如图 2-38(e)所示)。但由于 B 端原是固定的,不能上下移动,杆的总长保持不

变,由此应有下列几何关系

$$\Delta l_F + \Delta l_B = 0 \tag{b}$$

(3)物理方面。由胡克定律,有

$$\Delta l_F = \frac{Fa}{EA}, \quad \Delta l_B = -\frac{F_{RB}l}{EA} \tag{c}$$

将式(c)代入式(b)即得补充方程

$$\frac{Fa}{EA} - \frac{F_{RB}l}{EA} = 0 \tag{d}$$

最后,联立解方程(a)和(d)得

$$F_{RA} = \frac{Fb}{l}, \quad F_{RB} = \frac{Fa}{l}$$

求出反力后,即可用截面法分别求得 AC 段和 BC 段的轴力。

例 2-13 有一钢筋混凝土立柱,受轴向压力 P 作用,如图 2-39 所示。E_1、A_1 和 E_2、A_2 分别表示钢筋和混凝土的弹性模量及横截面面积,试求钢筋和混凝土的内力和应力各为多少?

解 设钢筋和混凝土的内力分别为 F_{N1} 和 F_{N2},利用截面法,根据平衡方程

$$\sum F_y = 0, \quad F_{N1} + F_{N2} = P \tag{a}$$

这是一次超静定问题,必须根据变形协调条件再列出一个补充方程。由于立柱受力后缩短 Δl,刚性顶盖向下平移,所以柱内两种材料的缩短量应相等,可得变形几何方程为

$$\Delta l_1 = \Delta l_2 \tag{b}$$

由物理关系知

$$\Delta l_1 = \frac{F_{N1}l}{E_1 A_1}, \quad \Delta l_2 = \frac{F_{N2}l}{E_2 A_2} \tag{c}$$

将式(c)代入式(b)得到补充方程为

$$\frac{F_{N1}l}{E_1 A_1} = \frac{F_{N2}l}{E_2 A_2} \tag{d}$$

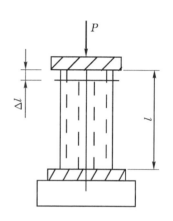

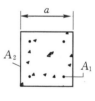

图 2-39

联立解方程(a)和(d)得

$$F_{N1} = \frac{E_1 A_1}{E_1 A_1 + E_2 A_2} P = \frac{P}{1 + \dfrac{E_2 A_2}{E_1 A_1}}$$

$$F_{N2} = \frac{E_2 A_2}{E_1 A_1 + E_2 A_2} P = \frac{P}{1 + \dfrac{E_1 A_1}{E_2 A_2}}$$

可见

$$\frac{F_{N1}}{F_{N2}} = \frac{E_1 A_1}{E_2 A_2}$$

即两种材料所受内力之比等于它们的抗拉(压)刚度之比。

又
$$\sigma_1 = \frac{F_{N1}}{A_1} = \frac{E_1}{E_1 A_1 + E_2 A_2} P$$

$$\sigma_2 = \frac{F_{N2}}{A_2} = \frac{E_2}{E_1 A_1 + E_2 A_2} P$$

可见
$$\frac{\sigma_1}{\sigma_2} = \frac{E_1}{E_2}$$

即两种材料所受应力之比等于它们的弹性模量之比。

例 2-14 在图 2-40(a)所示结构中,假设 ACB 梁为刚杆,杆 1、2、3 的横截面面积均为 A,材料相同。试求三杆的轴力。

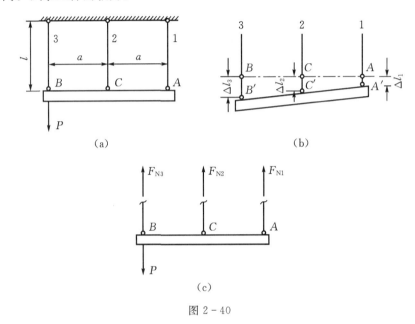

图 2-40

解 取横梁 AB 及 1、2、3 杆的部分为研究对象(图 2-40(c)),静力平衡方程为

$$\sum F_y = 0, \quad F_{N1} + F_{N2} + F_{N3} - P = 0$$

$$\sum M_B = 0, \quad 2F_{N1}a + F_{N2}a = 0$$

本题中有三个未知量 F_{N1}、F_{N2}、F_{N3},以上仅得到两个独立的平衡方程,故还不能求得解答。

现考虑变形协调方面,设在载荷 P 作用下,横梁移动到 $A'B'$(图 2-40(b)),则杆 1、2、3 的伸长量分别为 Δl_1、Δl_2、Δl_3。从而,根据图 2-40(b)可得变形协调关系为

$$\Delta l_1 + \Delta l_3 = 2\Delta l_2$$

联系受力与变形的物理关系即胡克定律为

$$\Delta l_1 = \frac{F_{N1} l}{EA}, \quad \Delta l_2 = \frac{F_{N2} l}{EA}, \quad \Delta l_3 = \frac{F_{N3} l}{EA}$$

联立求解以上三方面方程可得

$$F_{N1} = -\frac{P}{6}, \quad F_{N2} = -\frac{P}{3}, \quad F_{N3} = \frac{5P}{6}$$

上述的求解方法和步骤，对一般的超静定问题都是适用的，现总结如下：
(1) 列出静力平衡方程，确定静不定次数；
(2) 列出变形协调条件，其数目应与静不定次数相等；
(3) 列出物理方程；
(4) 联立求解以上方程，得到全部未知量。

2.8.2 装配应力

杆件在制造过程中，其尺寸有微小的误差是在所难免的。在静定问题中，这种误差本身只会使结构的几何形状略有改变，并不会在杆中产生附加的内力。如图 2-41(a)所示的两根长度相同的杆件组成一个简单构架，若由于两根杆制成后的长度(图中实线表示)均比设计长度(图中虚线表示)超出了 δ，则装配好以后，只是两杆原应有的交点 C 下移一个微小的距离 Δ 至 C' 点，两杆的夹角略有改变，但杆内不会产生内力。但在超静定问题中，情况就不同了。例如图 2-41(b)所示的超静定桁架，若由于两斜杆的长度制造得不准确，均比设计长度长出些，这样就会使三杆交不到一起，而实际装配往往需强行完成，装配后的结构形状如图 2-41(b)所示，设三杆交于 C'' 点(介于 C 与 C' 之间)，由于各杆长度均有所变化，因而在结构尚未承受载荷作用时，各杆就已经有了应力，这种应力称为装配应力(或初应力)。计算装配应力的关键仍然是根据变形协调条件列出变形几何方程。下面通过具体例子来加以说明。

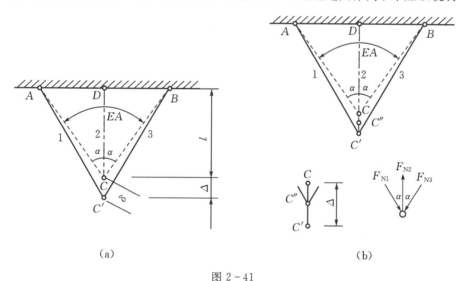

图 2-41

例 2-15　两铸件用两钢杆 1、2 连接，其间距为 $l=200$ mm (如图 2-42(a)所示)现需将制造的过长 $\Delta e=0.11$ mm 的铜杆 3 (如图 2-42(b)所示)装入铸件之间，并保持三杆的轴线平行且有间距 a。试计算各杆内的装配应力。已知：钢杆直径 $d=10$ mm，铜杆横截面为 20 mm×30 mm 的矩形，钢的弹性模量 $E=210$ GPa，铜的弹性模量 $E_3=100$ GPa。铸铁很厚，其变形可略去不计。

解　本题中三根杆的轴力均为未知，但平面平行力系只有两个独立的平衡方程，故为一次超静定问题。

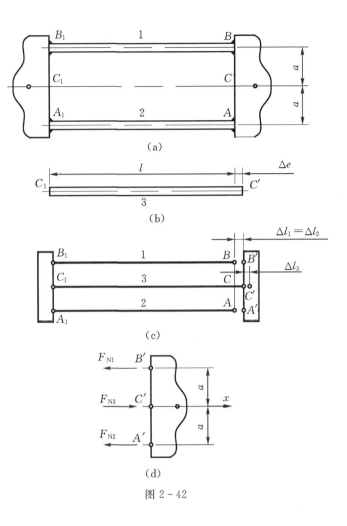

图 2-42

因铸铁可视为刚体,其变形协调条件是三杆变形后的端点须在同一直线上。由于结构对称于杆3,故其变形关系如图2-42(c)所示。从而可得变形几何方程为

$$\Delta l_3 = \Delta e - \Delta l_1 \tag{a}$$

物理关系为

$$\Delta l_1 = \frac{F_{N1} l}{EA} \tag{b}$$

$$\Delta l_3 = \frac{F_{N3} l}{E_3 A_3} \tag{c}$$

以上两式中的 A 和 A_3 分别为钢杆和铜杆的横截面面积。式(c)中的 l 在理论上应是杆3的原长 $l + \Delta e$,但由于 Δe 与 l 相比甚小,故用 l 代替。

将(b)、(c)两式代入式(a),即得补充方程

$$\frac{F_{N3} l}{E_3 A_3} = \Delta e - \frac{F_{N1} l}{EA} \tag{d}$$

在建立平衡方程时,由于上面已判定1、2两杆伸长而杆3缩短,故须相应地假设杆1、2的

轴力为拉力而杆 3 的轴力为压力。于是,铸铁的受力如图 2-42(d)所示。由对称关系可知

$$F_{N1} = F_{N2} \tag{e}$$

另一平衡方程为

$$\sum F_x = 0, \quad F_{N3} - F_{N1} - F_{N2} = 0 \tag{f}$$

联解(d)、(e)、(f)三式,整理后即得装配内力为

$$F_{N1} = F_{N2} = \frac{\Delta e E A}{l} \left[\frac{1}{1 + 2\dfrac{EA}{E_3 A_3}} \right]$$

$$F_{N3} = \frac{\Delta e E_3 A_3}{l} \left[\frac{1}{1 + \dfrac{E_3 A_3}{2EA}} \right]$$

所得结果均为正,说明原先假定杆 1、2 为拉力和杆 3 为压力是正确的。

各杆的装配应力为

$$\sigma_1 = \sigma_2 = \frac{F_{N1}}{A} = \frac{\Delta e E}{l} \left[\frac{1}{1 + 2\dfrac{EA}{E_3 A_3}} \right]$$

$$= \frac{(0.11 \times 10^{-3}) \times (210 \times 10^9)}{0.2} \times \left[\frac{1}{1 + \dfrac{2 \times (210 \times 10^9) \times \dfrac{\pi}{4} \times (10 \times 10^{-3})^2}{(100 \times 10^9) \times (20 \times 10^{-3}) \times (30 \times 10^{-3})}} \right]$$

$$= 74.53 \times 10^{-6} \text{ Pa} = 74.53 \text{ MPa}$$

$$\sigma_3 = \frac{F_{N3}}{A_3} = \frac{\Delta e E_3}{l} \left[\frac{1}{1 + \dfrac{E_3 A_3}{2EA}} \right] = 19.51 \text{ MPa}$$

从上面的例题可以看出,在超静定问题里,杆件尺寸的微小误差,会产生相当可观的装配应力。这种装配应力既可能引起不利的后果,也可能带来有利的影响。土建工程中的预应力钢筋混凝土构件,就是利用装配应力来提高构件承载能力的例子。

2.8.3 温度应力

在工程实际中,结构物或其部分杆件往往会遇到因温度的升降而产生伸缩。在均匀温度场中,静定杆件或杆系由温度引起的变形伸缩自由,一般不会在杆中产生内力。但在超静定问题中,由于有了多余约束,由温度变化所引起的变形将受到限制,从而在杆内产生内力及与之相应的应力,这种应力称为温度应力或热应力。计算温度应力的关键也是根据杆件或杆系的变形协调条件及物理关系列出变形补充方程式。与前面不同的是,杆的变形包括

两部分,即由温度变化所引起的变形,以及与内力相应的弹性变形。

例 2-16 如图 2-43(a)所示,①、②、③杆用铰相连接,当温度升高 $\Delta t=20℃$ 时,求各杆的温度应力。已知:杆①与杆②由铜制成,弹性模量 $E_1=E_2=100$ GPa,$\varphi=30°$,线膨胀系数 $\alpha_1=\alpha_2=16.5\times 10^{-6}/(℃)$,横截面积 $A_1=A_2=200$ mm²;杆③由钢制成,其长度 $l=1$ m,$E_3=200$ GPa,$A_3=100$ mm²,$\alpha_3=12.5\times 10^{-6}/(℃)$。

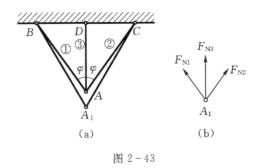

图 2-43

解 设 F_{N1}、F_{N2}、F_{N3} 分别代表三杆因温度升高所产生的内力,假设均为拉力,考虑 A 铰的平衡(如图 2-43(b)所示),则有

$$\sum F_x=0, \quad F_{N1}\sin\varphi-F_{N2}\sin\varphi=0, \quad 得 F_{N1}=F_{N2} \tag{a}$$

$$\sum F_y=0, \quad 2F_{N1}\cos\varphi+F_{N3}=0, \quad 得 F_{N1}=-\frac{F_{N3}}{2\cos\varphi} \tag{b}$$

变形几何关系为

$$\Delta l_1=\Delta l_3\cos\varphi \tag{c}$$

物理关系(温度变形与内力弹性变形)为

$$\Delta l_1=\alpha_1\Delta t\frac{l}{\cos\varphi}+\frac{F_{N1}\dfrac{l}{\cos\varphi}}{E_1 A_1} \tag{d}$$

$$\Delta l_3=\alpha_3\Delta t l+\frac{F_{N1}l}{E_3 A_3} \tag{e}$$

将(d)、(e)两式代入式(c)得

$$\alpha_1\Delta t\frac{l}{\cos\varphi}+\frac{F_{N1}l}{E_1 A_1\cos\varphi}=\left(\alpha_3\Delta t l+\frac{F_{N3}l}{E_3 A_3}\right)\cos\varphi \tag{f}$$

联立求解(a)、(b)、(f)三式,得各杆轴力

$$F_{N3}=1492 \text{ N}$$

$$F_{N1}=F_{N2}=-\frac{F_{N3}}{2\cos\varphi}=-860 \text{ N}$$

杆①与杆②承受的是压力,杆③承受的是拉力,各杆的温度应力为

$$\sigma_1=\sigma_2=\frac{F_{N1}}{A_1}=-\frac{860}{200}=-4.3 \text{ MPa}$$

$$\sigma_3=\frac{F_{N3}}{A_3}=\frac{1492}{100}=14.92 \text{ MPa}$$

习 题

2-1 试求图示各杆的指定截面轴力并作出轴力图。

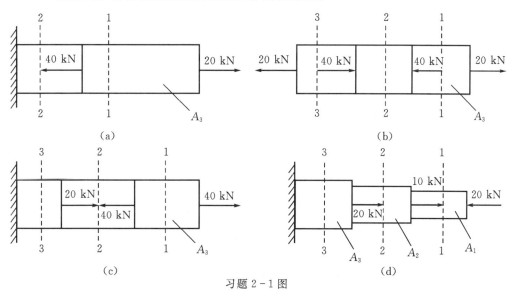

习题 2-1 图

2-2 拔河时,绳子的受力情况如图所示,已知各个运动员双手的合力为:$P_1=400$ N,$P_2=300$ N,$P_3=350$ N,$P_4=350$ N,$P_5=250$ N,$P_6=450$ N,试作出绳子轴力图。

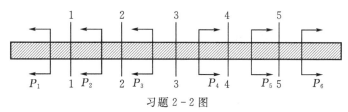

习题 2-2 图

2-3 试求习题 2-1 图(a)、(d)中各杆在指定截面上的正应力。已知各横截面面积为:$A_1=200$ mm²,$A_2=300$ mm²,$A_3=400$ mm²。

(答案:图(a):$\sigma_1=50$ MPa,$\sigma_2=-50$ MPa;图(d):$\sigma_1=100$ MPa,$\sigma_2=-33.33$ MPa,$\sigma_3=25$ MPa)

2-4 图示为承受轴向拉力 $P=10$ kN 的等直杆,已知杆的横截面面积 $A=100$ mm²。试求出 $\alpha=0°、30°、45°、60°、90°$ 时各斜截面上的正应力和剪应力。

习题 2-4 图

(答案:$\alpha=0°$ 时:$\sigma_\alpha=100$ MPa,$\tau_\alpha=0$; $\alpha=30°$ 时:$\sigma_\alpha=75$ MPa,$\tau_\alpha=43.3$ MPa;
$\alpha=45°$ 时:$\sigma_\alpha=50$ MPa,$\tau_\alpha=50$ MPa; $\alpha=60°$ 时:$\sigma_\alpha=25$ MPa,$\tau_\alpha=43.3$ MPa;
$\alpha=90°$ 时:$\sigma_\alpha=0$,$\tau_\alpha=0$)

2-5 图示为一等直杆,其横截面面积为 A,材料的弹性模量为 E,受力情况如图所示。试作杆的轴力图,并求杆下端点 D 的位移。

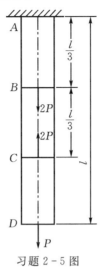

习题 2-5 图

(答案:$\Delta_D = \dfrac{Pl}{3EA}$)

2-6 有一两端固定的水平钢丝如图中虚线所示。已知钢丝横截面的直径 $d=1$ mm,当在钢丝中点 C 悬挂一集中荷载 P 后,钢丝产生的应变达到 0.09%,钢丝的弹性模量 $E = 0.2 \times 10^6$ MPa,试问此时

(1) 钢丝内的应力为多大?

(2) 钢丝在点 C 处下降的距离为多少?

(3) 荷载 P 是多大?

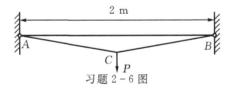

习题 2-6 图

(答案:(1) $\sigma = 180$ MPa;(2) $\Delta_C = 42.5$ mm;(3) $P = 11.996$ N)

2-7 有一横截面为矩形的变截面杆,厚度为 t,高度由 b_1 变到 b_2,如图所示。若已知杆的弹性模量为 E,试导出由轴向力 P 使杆产生的伸长 Δl 的表达式。

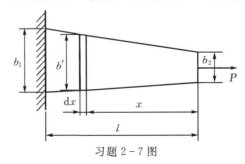

习题 2-7 图

(答案：$\Delta l = \dfrac{Pl}{Et(b_1-b_2)} \ln \dfrac{b_1}{b_2}$)

2-8 图示为一个三角形托架。已知：杆 AC 是圆截面钢杆，许用应力 $[\sigma]=170$ MPa；杆 BC 是正方形截面木杆，许用压应力 $[\sigma_a]=12$ MPa；荷载 $P=60$ kN。试选择钢杆的圆截面直径 d 和木杆的正方形截面边长 a。

(答案：$d=26$ mm，$a=95$ mm)

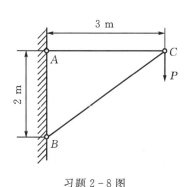

习题 2-8 图

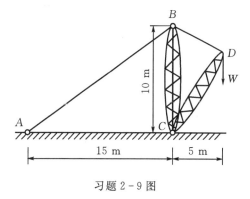

习题 2-9 图

2-9 如图所示的起重机，其杆 BC 由钢丝绳 AB 拉住，若要吊起 $W=100$ kN 的重物，试根据附表所列钢丝绳的许用拉力选择钢丝绳 AB 的直径。

钢丝绳的直径/mm	21.5	24	26
许用拉力/kN	60	73	86

(答案：$d=21.5$ mm)

2-10 图示为一钢桁架，所有各杆都是由二等边角钢所组成。已知角钢的材料为钢 Q235，其许用应力 $[\sigma]=170$ MPa，试为杆 AC 和 CD 选择所需角钢的型号。

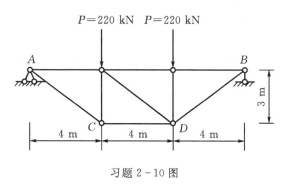

习题 2-10 图

(答案：AC 杆 2L80×80×7，CD 杆 2L75×75×6)

2-11 如图所示的简易起重设备，其杆 AB 是由两根不等边角钢 L63×40×4 所组成。已知角钢的材料为钢 Q235，许用应力为 $[\sigma]=170$ MPa，每一角钢的截面面积为 4.058 cm²，问当用此起重设备提起 $W=15$ kN 的荷载时，杆 AB 是否安全？

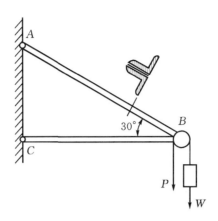

习题 2-11 图

(答案：$\sigma_{AB}=73.8$ MPa，安全)

2-12 一起重机钢吊索承受荷载后，从原长 13.500 m 拉长到 13.507 m，$E=200$ GPa，求：
(1) 这时吊索的应变为多少？
(2) 如果吊索为钢，问需多大应力才能产生这一应变。
(3) 如果吊索的横截面积为 4×10^{-4} m^2，问吊索的吊重为多少？
(答案：(1) $\varepsilon=5.187\times 10^{-4}$；(2) $\sigma=103.8$ MPa；(3) $P=41.52$ kN)

2-13 长度 $l=0.5$ m，直径 $d=1$ mm 的几种金属丝，当受到 10 N 的拉力时，分别伸长 Δl（如表），若材料应力、应变关系均成线性关系，试分别绘出这些材料的线性应力、应变关系图，并确定它们的弹性模量 E。

材料	金	银	钢	铁	铅
伸长 Δl/mm	0.079	0.09	0.032	0.064	0.38

(答案：$E_{金}=80.6$ GPa，$E_{银}=70.8$ GPa，$E_{钢}=199.0$ GPa，$E_{铁}=99.45$ GPa，$E_{铅}=16.8$ GPa)

2-14 已知一试件，直径 $d_0=10$ mm，$l_0=50$ mm，拉伸试验到屈服阶段所得到荷载 P_s 及伸长 Δl 记录如下。试件断裂后，l_0 从 50 mm 改变为 $l_1=58.3$ mm，颈缩处直径 $d_1=6.2$ mm。

P_s/kN	4.07	9.5	17.6	25.7	29.8	32.5	35.2	36.6	37.9	39.3	39.5
$\Delta l/(10^{-6}$ m)	7.5	25.0	50.0	75.0	90.0	108	128	150	183	220	295

(1) 试精确作出试件在屈服阶段前的应力、应变曲线，并在图上确定材料的比例极限 σ_P、屈服极限 σ_s 和弹性模量 E。
(2) 求材料的延伸率和断面收缩率。
(答案：$\delta=16.6\%$，$\psi=61.6\%$)

2-15 如图所示一钢试件，$E=200$ GPa，比例极限 $\sigma_p=200$ MPa，直径 $d=10$ mm。其

标距 $l_0=100$ mm 之内用放大 500 倍的引伸仪测量变形,试问:

(1)当引伸仪上的读数为伸长 25 mm 时,试件的相对变形、应力及所受荷载各为多少?

(2)当引伸仪上读数为 60 mm 时,应力等于多少?

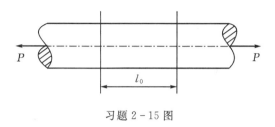

习题 2-15 图

(答案:(1)$\varepsilon=5\times10^{-4}$,$\sigma=100$ MPa,$P=7.85$ kN;(2)$\varepsilon>\varepsilon_p$,不能求出应力)

2-16 平板拉伸试件如图所示,宽度 $b=29.8$ mm,厚度 $h=4.1$ mm,在拉伸试验时,每增加 2 kN 拉力,利用电阻丝测得沿轴线方向产生应变 $\varepsilon_1=120\times10^{-6}$,横向应变 $\varepsilon_2=-38\times10^{-6}$。求试件材料的弹性模量 E 及横向变形系数 μ。

(答案:$E=205$ GPa,$\mu=0.317$)

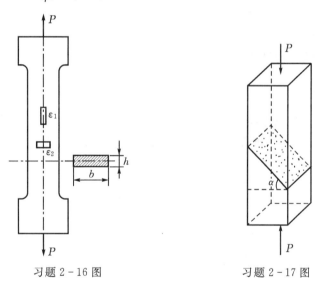

习题 2-16 图　　　　　　习题 2-17 图

2-17 横截面尺寸为 75 mm×75 mm 的短木柱如图所示,承受轴向压力。欲使木柱任意截面的正应力不超过 2.4 MPa,剪应力不超过 0.77 MPa,求其最大荷载 P。

(答案:$P=8.66$ kN)

2-18 钢制正方形框架,边长 $a=400$ mm,重力 $G=500$ N 用麻绳套在框架外面起吊,如图所示。已知此麻绳在 290 N 的拉力作用下将被拉断。

(1)如麻绳长为 1.7 m,试校核其极限荷载。

(2)因为改变麻绳的起吊角 α 可使此麻绳不断,问麻绳的长度至少应为多少?

(答案:(1)$P=417$ N,不安全;(2)$l_{min}=1.988$ m)

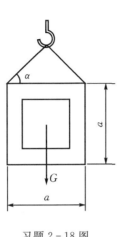

习题 2-18 图　　　　习题 2-19 图

2-19　图示为二杆所组成的杆系，AB 为钢杆，其截面面积 $A_1=600\ \text{mm}^2$，钢的许用应力 $[\sigma]=140\ \text{MPa}$。BC 为木杆，截面面积 $A_2=30\times10^3\ \text{mm}^2$，其许用拉应力 $[\sigma_t]=8\ \text{MPa}$，许用压应力 $[\sigma_c]=3.5\ \text{MPa}$。求最大许可荷载 P。

（答案：$P_{允许}=88.6\ \text{kN}$）

2-20　图示结构中梁 AB 为刚体。杆 1 及杆 2 由同一材料做成，$[\sigma]=160\ \text{MPa}$，$P=40\ \text{kN}$，$E=200\ \text{GPa}$。

(1)求两杆所需的截面积。

(2)如果求刚梁 AB 只作向下平移，不作转动，此两杆的截面积应为多少？

（提示：从既要保证两杆强度，又要保证规定的两杆变形条件考虑。）

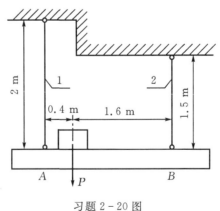

习题 2-20 图

（答案：(1)$A_1=200\ \text{mm}^2$，$A_2=50\ \text{mm}^2$；(2)$A_1=267\ \text{mm}^2$，$A_2=50\ \text{mm}^2$）

2-21　图示结构的刚梁吊在同一材料的两根钢杆上，其 $[\sigma]=160\ \text{MPa}$，制造误差 $\delta=0.1\ \text{mm}$，$E=200\ \text{GPa}$，如面积 $A_1:A_2=2$，试选择二杆的截面面积。

（答案：$A_1=1384\ \text{mm}^2$，$A_2=692\ \text{mm}^2$）

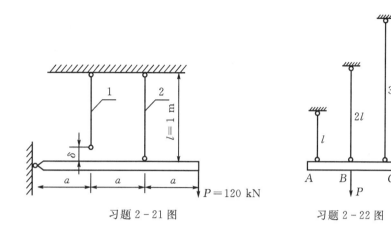

习题 2-21 图   习题 2-22 图

2-22 刚性梁 ABC，由材料相同、横截面面积相等的三根直杆支持，其结构和受力如图，试分析三杆的受力分配比(图中 AB=BC)。

(答案：$F_{N1}:F_{N2}:F_{N3}=1:1:1$)

2-23 刚性梁 ABC 由材料相同、截面积相等的三根立柱支承，其结构和受力如图，如使刚性梁保持水平，求：

(1)加力点的位置 x。

(2)此时各立柱中的轴力。

(答案：(1)$x=0.514$ m；(2)$F_{N1}=21.4$ kN，$F_{N2}=F_{N3}=14.3$ kN)

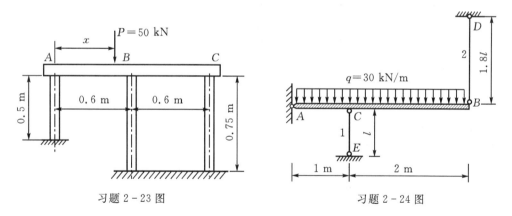

习题 2-23 图   习题 2-24 图

2-24 在图示结构中，AB 为一刚杆，BD 和 CE 为二钢链杆。已知杆 BD 的横截面面积 $A_1=400$ mm²，杆 CE 的横截面面积 $A_2=200$ mm²，钢材的许用应力 $[\sigma]=170$ MPa。若在刚杆 AB 上作用有均布荷载 $q=30$ kN/m，试校核钢杆 BD 和 CE 的强度。

(答案：$\sigma_{CE}=96.5$ MPa，$\sigma_{BD}=161$ MPa)

2-25 在图示结构中，刚杆 AB 由链杆 AD、CE 和 BF 所支承。已知三链杆的横截面面积均为 A，许用应力均为 $[\sigma]$，试求此结构的许用荷载 P 的大小。

(答案：$[P] \leqslant 2.5[\sigma]A$)

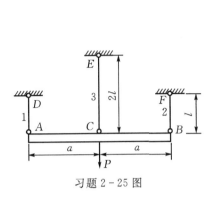
习题 2-25 图

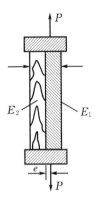
习题 2-26 图

2-26 将材料不同但形状尺寸相同的两杆,并联地固接在位于杆两端的刚性板上,如图所示。已知材料的弹性模量 $E_1 > E_2$。若要使两杆都发生均匀的拉伸,试求拉力 P 应有的偏心距 e。

(答案:$e = \dfrac{b(E_1 - E_2)}{2(E_1 + E_2)}$)

2-27 有一阶梯形钢杆如图所示,两段的横截面面积分别为 $A_1 = 1000 \text{ mm}^2$,$A_2 = 500 \text{ mm}^2$。在 $t_1 = 5℃$ 时将杆的两端固定,试求当温度升高至 $t_2 = 25℃$ 时,在杆各段中引起的温度应力。已知钢材的线膨胀系数 $\alpha = 12.5 \times 10^{-6}/℃$,$E = 200$ GPa。

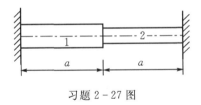
习题 2-27 图

(答案:$\sigma_1 = -66.6$ MPa,$\sigma_2 = -33.3$ MPa)

2-28 铁路轨道上的钢轨是在温度为 13℃ 时焊接起来的。若由于太阳的暴晒使钢轨的温度升高到了 43℃,问在轨道中将产生多大的温度应力。已知钢材的线膨胀系数 $\alpha = 12.5 \times 10^{-6}/℃$,弹性模量 $E = 200$ GPa。

(答案:$\sigma_t = 72$ MPa)

第 3 章 剪切与挤压的适用计算

3.1 剪切的概念

在工程实际中,存在许多与剪切有关的问题,特别是在连接件中,例如胶结缝的抗剪强度问题,焊缝的抗剪强度问题,铆钉、螺栓连接的抗剪强度问题,冲床冲孔和轮与轴的销钉或键连接问题。如图 3-1(a)所示螺栓联接两块钢板,当钢板受到一对外力作用时,钢板上的力作用于螺栓,使螺栓受到剪切,如图 3-1(b)和(c)。

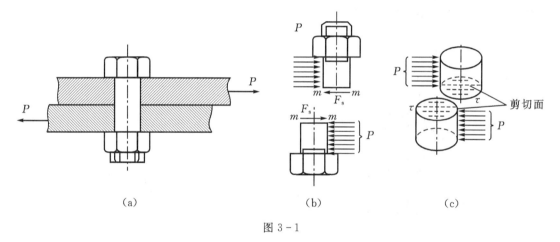

图 3-1

剪切的主要受力特点是构件受到与其轴线相垂直的大小相等、方向相反、作用线相距很近的一对外力的作用(图 3-2(a)),构件的变形主要表现为沿着与外力作用线平行的剪切面(m-n 面)发生相对错动(图 3-2(b))。

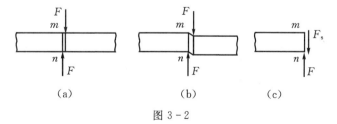

图 3-2

工程中的一些联接件,如键、销钉、螺栓及铆钉等,都是主要承受剪切作用的构件。构件剪切面上的内力可用截面法求得,将构件沿剪切面 m-n 假想地截开,保留一部分,例如由左部分的平衡,可知剪切面上必有与外力平行且与横截面相切的内力 F_s(图 3-2(c))的作用。F_s 称为剪力,根据平衡方程 $\sum F_y = 0$,可求得 $F_s = F$。剪切破坏时,构件将沿剪切面(如图 3-1(b),3-2(b)所示的 $m-m$ 及 $m-n$ 面)被剪断。只有一个剪切面的情况,称为单剪切,如图 3-1(a),3-2(a)所示。具有两个剪切面的情况称为双剪切,如图 3-3(a)中的销钉。

受剪构件除了承受剪切外,往往同时伴随着挤压、弯曲和拉伸等作用。在图 3-1 中没有完全给出构件所受的外力和剪切面上的全部内力,而只是给出了主要的受力和内力。实际受力和变形比较复杂,因而对这类构件的工作应力进行理论上的精确分析是困难的。工程中对这类构件的强度计算,一般采用在试验和经验基础上建立起来的比较简便的计算方法,称为剪切的实用计算或工程计算。

3.2 剪切的强度计算

图 3-3(a)为一种剪切试验装置的简图,试件的受力情况如图 3-3(b)所示,这是模拟某种销钉联接的工作情形。当载荷 F 增大至破坏载荷 F_b 时,试件在剪切面 $m-m$ 及 $n-n$ 处被剪断。这种具有两个剪切面的情况,称为双剪切。由图 3-3(c)可求得剪切面上的剪力为

$$F_s = \frac{F}{2}$$

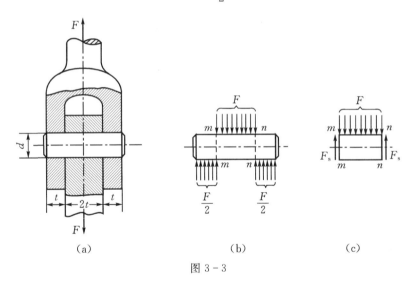

图 3-3

由于受剪构件的变形及受力比较复杂,剪切面上的应力分布规律很难用理论方法确定,因而工程上一般采用实用计算方法来计算受剪构件的应力。在这种计算方法中,假设应力在剪切面内是均匀分布的。若以 A 表示销钉横截面面积,则应力为

$$\tau = \frac{F_s}{A} \tag{3-1}$$

τ 与剪切面相切,称为切应力。以上计算是以假设"切应力在剪切面上均匀分布"为基础的,如图 3-1(c)所示,实际上它只是剪切面内的一个"平均切应力",所以也称为**名义切应力**。

当 F 达到某个强度极限值 F_b 时,此时的切应力称**剪切极限应力**,记为 τ_b。对于上述剪

切试验,剪切极限应力为

$$\tau_b = \frac{F_b}{2A}$$

将 τ_b 除以安全系数 n,即得到许用切应力

$$[\tau] = \frac{\tau_b}{n}$$

式中 n 为规定的安全系数。这样,**剪切**计算的**强度条件**可表示为

$$\tau = \frac{F_s}{A} \leqslant [\tau] \tag{3-2}$$

实验指出,在静荷载作用下,同一种材料在纯剪切和拉伸时的力学性能之间存在一定的关系,因而通常可以从材料的许用拉应力 $[\sigma]$ 值来确定其许用切应力 $[\tau]$ 值。

剪切强度计算时,有时候受剪切的面不一定是平面,这时候必须弄清楚是哪个面受剪切,正确计算剪切面的面积。

例 3-1 图 3-4 中,已知钢板厚度 $t=10\text{ mm}$,其剪切极限应力 $\tau_b=300\text{ MPa}$。若用冲床将钢板冲出直径 $d=25\text{ mm}$ 的孔,问需要多大的冲剪力 F?

解 剪切面就是钢板内被冲头冲出的圆柱体的侧面,如图 3-4(b)所示。其面积为

$$A = \pi d t = \pi \times 25 \times 10 = 785 \text{ mm}^2$$

冲孔所需的冲力应为

$$F \geqslant A\tau_b = 785 \times 10^{-6} \times 300 \times 10^6 = 236 \text{ kN}$$

例 3-2 图 3-5 所示装置常用来确定胶接处的抗剪强度,若已知破坏时的荷载为 10 kN,试求胶接处的极限剪应力。

解 首先取零件①为研究对象,画出其受力图(图 3-5(b))。根据平衡条件可求得受剪面上的剪力 F_s 为

$$\sum F_y = 0, \quad 2F_s - P = 0$$

$$F_s = \frac{P}{2} = \frac{10}{2} = 5 \text{ kN} \tag{a}$$

由图 3-5(a)可知,胶接处的胶缝面积即为受剪面的面积:

$$A_s = 0.03 \times 0.01 = 3 \times 10^{-4} \text{ m}^2 \tag{b}$$

将式(a)和式(b)代入公式 $\tau = \frac{F_s}{A}$,得到胶接处的极限剪应力为

$$\tau = \frac{F_s}{A_s} = \frac{5 \times 10^3}{3 \times 10^{-4}} = 16.7 \text{ MPa}$$

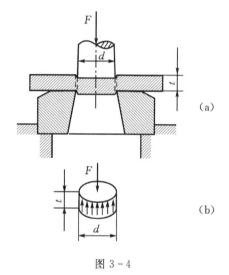

图 3-4

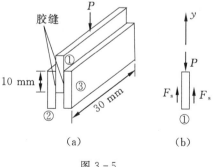

图 3-5

3.3 挤压的强度计算

一般情况下,联接件在承受剪切作用的同时,在联接件与被联接件之间传递压力的接触面上还发生局部受压的现象,称为**挤压**。例如,图 3-6(b)给出了销钉或销孔承受挤压力作用的情况,挤压力以 F_{bs} 表示。当挤压力超过一定限度时,联接件或被联接件在挤压面附近产生明显的塑性变形,称为挤压破坏。在有些情况下,构件在剪切破坏之前可能首先发生挤压破坏,所以需要建立挤压强度条件。图 3-6(a)中销钉与被联接件的实际挤压面为半个圆柱面,其上的挤压应力也不是均匀分布的,销钉与被联接件的挤压应力的分布情况在弹性范围内,如图 3-6(a)所示。

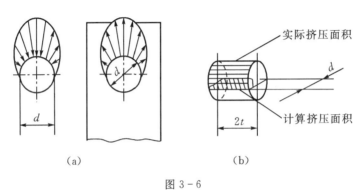

图 3-6

由于挤压应力分布较为复杂,计算最大挤压应力比较困难,与上面解决剪强度的计算方法类同,可按构件的名义挤压应力建立**挤压强度条件**

$$\sigma_{bs} = \frac{F_{bs}}{A_{bs}} \leqslant [\sigma_{bs}] \tag{3-3}$$

式中,A_{bs} 为挤压面积,当挤压面为平面时,其等于实际接触面积,挤压面为柱面时等于实际挤压面的投影面(直径平面)的面积,见图 3-6(b);σ_{bs} 为挤压应力;$[\sigma_{bs}]$ 为许用挤压应力。

如图 3-3 中的销钉,在销钉中部 $m-n$ 段,挤压力 F_{bs} 等于 F,挤压面积 A_{bs} 等于 $2td$;在销钉端部两段,挤压力均为 $\frac{F}{2}$,挤压面积为 td。

许用应力值通常可根据材料、联接方式和载荷情况等实际工作条件在有关设计规范中查得。一般地,许用切应力 $[\tau]$ 要比同样材料的许用拉应力 $[\sigma]$ 小,而许用挤压应力则比 $[\sigma]$ 大。

对于**塑性材料** $[\tau] = (0.6 \sim 0.8)[\sigma]$
  $[\sigma_{bs}] = (1.5 \sim 2.5)[\sigma]$
对于**脆性材料** $[\tau] = (0.8 \sim 1.0)[\sigma]$
  $[\sigma_{bs}] = (0.9 \sim 1.5)[\sigma]$

本章所讨论的剪切与挤压的实用计算与其他章节的一般分析方法不同。由于剪切和挤压问题的复杂性,很难得出与实际情况相符的理论分析结果,所以工程中主要是采用以实验为基础而建立起来的实用计算方法。

例 3-3 图 3-7(a)表示齿轮用平键与轴联接(图中只画出了轴与键,没有画齿轮)。已知轴的直径 $d=70$ mm,键的尺寸为 $b\times h\times l=20$ mm$\times 12$ mm$\times 100$ mm,传递的扭转力偶矩 $T_e=2$ kN·m,键的许用应力 $[\tau]=60$ MPa,$[\sigma_{bs}]=100$ MPa。试校核键的强度。

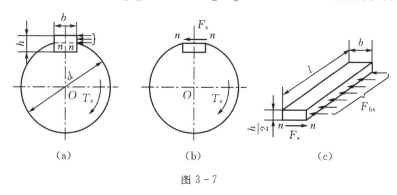

图 3-7

解 首先校核键的剪切强度。将键沿 $n-n$ 截面假想地分成两部分,并把 $n-n$ 截面以下部分和轴作为一个整体来考虑(图 3-7(b))。因为假设在 $n-n$ 截面上的切应力均匀分布,故 $n-n$ 截面上剪力 F_s 为

$$F_s = A\tau = bl\tau$$

对轴心取矩,由平衡条件 $\sum M_O=0$,得

$$F_s \frac{d}{2} = bl\tau \frac{d}{2} = T$$

故

$$\tau = \frac{2T}{bld} = \frac{2\times 2\times 10^3}{20\times 100\times 70\times 10^{-9}} \text{ Pa} = 28.6 \text{ MPa} < [\tau]$$

可见该键满足剪切强度条件。

其次校核键的挤压强度。考虑键在 $n-n$ 截面以上部分的平衡(图 3-7(c)),在 $n-n$ 截面上的剪力为 $F_s=bl\tau$,右侧面上的挤压力为

$$F_{bs} = A_{bs}\sigma_{bs} = \frac{h}{2}l\sigma_{bs}$$

由水平方向的平衡条件得

$$F_s = F_{bs} \quad \text{或} \quad bl\tau = \frac{h}{2}l\sigma_{bs}$$

由此求得

$$\sigma_{bs} = \frac{2b\tau}{h} = \frac{2\times 20\times 28.6}{12} \text{ MPa} = 95.3 \text{ MPa} < [\sigma_{bs}]$$

故平键也符合挤压强度要求。

例 3-4 电瓶车挂钩用插销联接,如图 3-8(a)所示。已知 $t=8$ mm,插销材料的许用切应力 $[\tau]=30$ MPa,许用挤压应力 $[\sigma_{bs}]=100$ MPa,牵引力 $F=15$ kN。试选定插销的直径 d。

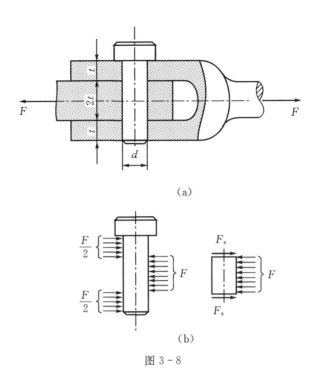

图 3-8

解 插销的受力情况如图 3-8(b)所示,可以求得

$$F_s = \frac{F}{2} = \frac{15}{2} = 7.5 \text{ kN}$$

先按抗剪强度条件进行设计

$$A \geqslant \frac{F_s}{[\tau]} = \frac{7500}{30 \times 10^6} = 2.5 \times 10^{-4} \text{ m}^2$$

即

$$\frac{\pi d^2}{4} \geqslant 2.5 \times 10^{-4} \text{ m}^2$$

$$d \geqslant 0.0178 \text{ m} = 17.8 \text{ mm}$$

再用挤压强度条件进行校核

$$\sigma_{bs} = \frac{F_{bs}}{A_{bs}} = \frac{F}{2td} = \frac{15 \times 10^3}{2 \times 8 \times 17.8 \times 10^{-6}} \text{ Pa} = 52.7 \text{ MPa} < [\sigma_{bs}]$$

所以挤压强度条件也是足够的。查机械设计手册,最后采用 $d = 20$ mm 的标准圆柱销钉。

例 3-5 图 3-9(a)所示拉杆,用四个直径相同的铆钉固定在另一个板上,拉杆和铆钉的材料相同,试校核铆钉和拉杆的强度。已知 $F = 80$ kN,$b = 80$ mm,$t = 10$ mm,$d = 16$ mm,$[\tau] = 100$ MPa,$[\sigma_{bs}] = 300$ MPa,$[\sigma] = 150$ MPa。

解 根据受力分析,此结构有三种破坏可能,即铆钉被剪断或产生挤压破坏,或拉杆被拉断。

① 铆钉的抗剪强度计算。

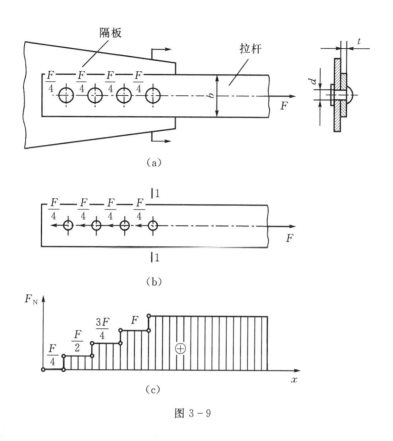

图 3-9

当各铆钉的材料和直径均相同,且外力作用线通过铆钉组剪切面的形心时,可以假设各铆钉剪切面上的剪力相同。所以,对于图 3-9(a)所示铆钉组,各铆钉剪切面上的剪力均为

$$F_s = \frac{F}{4} = \frac{80}{4} = 20 \text{ kN}$$

相应的切应力为

$$\tau = \frac{F_s}{A} = \frac{20 \times 10^3}{\frac{\pi}{4} \times 16^2 \times 10^{-6}} \text{ Pa} = 99.5 \text{ MPa} < [\tau]$$

② 铆钉的挤压强度计算。

四个铆钉受挤压力为 F,每个铆钉所受到的挤压力 F_{bs} 为

$$F_{bs} = \frac{F}{4} = 20 \text{ kN}$$

由于挤压面为半圆柱面,则挤压面积应为其投影面积,即

$$A_{bs} = td$$

故挤压应力为

$$\sigma_{bs} = \frac{F_{bs}}{A_{bs}} = \frac{20 \times 10^3}{10 \times 16 \times 10^{-6}} \text{ Pa} = 125 \text{ MPa} < [\sigma_{bs}]$$

③ 拉杆的强度计算。

其危险面为 1-1 截面,所受到的拉力为 F,危险截面面积为 $A_1=(b-d)t$,故最大拉应力为

$$\sigma=\frac{F}{A_1}=\frac{80\times 10^3}{(80-16)\times 10\times 10^{-6}}\text{ Pa}=125\text{ MPa}<[\sigma]$$

根据以上强度计算,铆钉和拉杆均满足强度要求。

习　题

3-1　试校核图示联接销钉的抗剪强度。已知 $F=100$ kN,销钉直径 $d=30$ mm,材料的许用切应力 $[\tau]=60$ MPa。若强度不够,应改用多大直径的销钉?

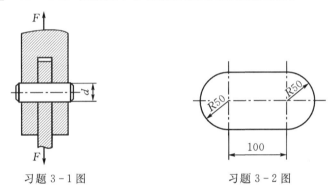

习题 3-1 图　　　　　　习题 3-2 图

3-2　在厚度 $t=5$ mm 的钢板上,冲出一个形状如图所示的孔,钢板剪切极限应力 $\tau_b=300$ MPa,求冲床所需的冲力 F。

3-3　如图所示冲床的最大冲力为 400 kN,被剪钢板的剪切极限应力 $\tau_b=360$ MPa,冲头材料的 $[\sigma]=440$ MPa,试求在最大冲力下所能冲剪的圆孔的最小直径 $d_{\min}$ 和板的最大厚度 $t_{\max}$。

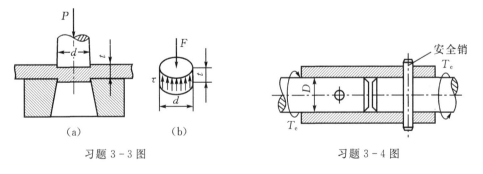

习题 3-3 图　　　　　　习题 3-4 图

3-4　销钉式安全联轴器所传递的扭矩需小于 300 N·m,否则销钉应被剪断,使轴停止工作,试设计销钉直径 d。已知轴的直径 $D=30$ mm,销钉的剪切极限应力 $\tau_b=360$ MPa。

3-5　图示轴的直径 $d=80$ mm,键的尺寸 $b=24$ mm,$h=14$ mm。键的许用切应力 $[\tau]=40$ MPa,许用挤压应力 $[\sigma_{bs}]=90$ MPa。若由轴通过键所传递的扭转力偶矩 $T_e=3.2$ kN·m,试求所需键的长度 l。

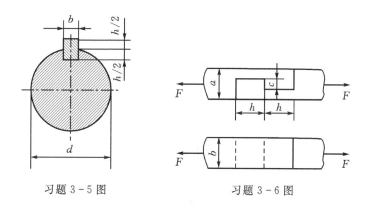

习题 3-5 图 　　　　　　　　习题 3-6 图

3-6　木榫接头如图所示。$a=b=120\text{ mm}, h=350\text{ mm}, c=45\text{ mm}, F=40\text{ kN}$。试求接头的剪切和挤压应力。

3-7　图示凸缘联轴节传递的扭矩 $T_e=3\text{ kN·m}$。四个直径 $d=12\text{ mm}$ 的螺栓均匀地分布在 $D=150\text{ mm}$ 的圆周上。材料的许用切应力 $[\tau]=90\text{ MPa}$,试校核螺栓的抗剪强度。

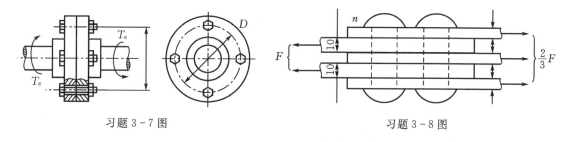

习题 3-7 图 　　　　　　　　　　　　习题 3-8 图

3-8　厚度各为 10 mm 的两块钢板,用直径 $d=20\text{ mm}$ 的铆钉和厚度为 8 mm 的三块钢板联接起来,如图所示。已知 $F=270\text{ kN}, [\tau]=100\text{ MPa}, [\sigma_{bs}]=280\text{ MPa}$,试求所需要的铆钉数目 n。

3-9　图示螺钉受拉力 F 作用。已知材料的剪切许用应力 $[\tau]$ 和拉伸许用应力 $[\sigma]$ 之间的关系为 $[\tau]=0.6[\sigma]$。试求螺钉直径 d 与钉头高度 h 的合理比值。

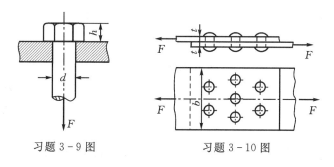

习题 3-9 图　　　　　　　　习题 3-10 图

3-10　两块钢板用 7 个铆钉联接如图所示。已知钢板厚度 $t=6\text{ mm}$,宽度 $b=200\text{ mm}$,铆钉直径 $d=18\text{ mm}$。材料的许用应力 $[\sigma]=160\text{ MPa}, [\tau]=100\text{ MPa}, [\sigma_{bs}]=240\text{ MPa}$。载荷 $F=150\text{ kN}$。试校核此接头的强度。

3-11 用夹剪剪断直径为 3 mm 的铅丝。若铅丝的剪切极限应力为 100 MPa，试问需要多大的力 F？若销钉 B 的直径为 8 mm，试求销钉内的切应力。

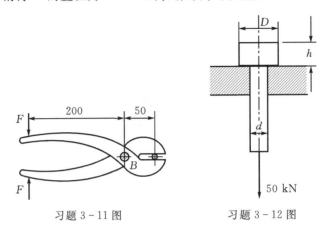

习题 3-11 图   习题 3-12 图

3-12 试校核图示拉杆头部的剪切强度和挤压强度。已知图中尺寸 $D=32$ mm，$d=20$ mm，$h=12$ mm，杆的许用剪应力$[\tau]=100$ MPa，许用挤压应力$[\sigma_{bs}]=240$ MPa。

3-13 水轮发电机组的卡环尺寸如图所示。已知轴向荷载 $P=1450$ kN，卡环材料的许用剪切力$[\tau]=80$ MPa，许用挤压应力$[\sigma_{bs}]=150$ MPa，试对卡环进行强度校核。

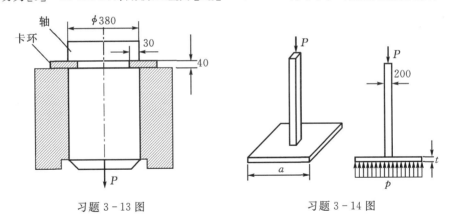

习题 3-13 图   习题 3-14 图

3-14 正方形截面的混凝土柱，其横截面边长为 200 mm，其基底为边长 $a=1$ m 的正方形混凝土板。柱承受轴向压力 $P=100$ kN，如图所示。假设地基对混凝土板的支反力为均匀分布，混凝土的许用剪应力为$[\tau]=1.5$ MPa，问为使柱不穿过板，混凝土板所需的最小厚度 t 应为多少？

3-15 拉力 $P=80$ kN 的螺栓连接如下图所示。已知 $b=80$ mm，$t=10$ mm，$d=22$ mm，螺栓的许用剪应力$[\tau]=130$ MPa，钢板的许用挤压应力$[\sigma_{bs}]=300$ MPa，许用拉应力$[\sigma]=170$ MPa。试校核该接头的强度。

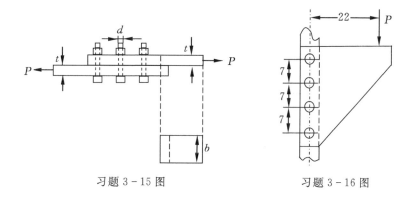

习题 3-15 图　　　　　习题 3-16 图

3-16　一托架如图所示。已知外力 $P=35$ kN，铆钉的直径 $d=20$ mm，铆钉都受单剪。求最危险的铆钉截面上剪应力的数值及方向。

3-17　矩形截面木拉杆的接头如图所示。已知轴向拉力 $P=50$ kN，截面宽度 $b=250$ mm，木材的顺纹许用挤压应力 $[\sigma_{bs}]=10$ MPa，顺纹的许用剪应力 $[\tau]=1$ MPa，试求接头处所需的尺寸 l 和 a。

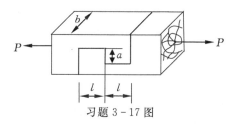

习题 3-17 图

3-18　在木桁架的支座部位，斜杆以宽度 $b=60$ mm 的榫舌和下弦杆连接在一起，如图所示。已知木材斜纹许用压应力 $[\sigma]_{30°}=5$ MPa，顺纹许用剪应力 $[\tau]=0.8$ MPa，作用在桁架斜杆上压力 $P_1=20$ kN。试按强度条件确定榫舌的高度 t（即榫接的深度）和下弦杆末端的长度 l。

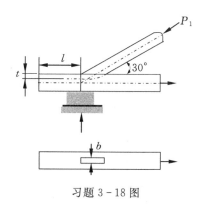

习题 3-18 图

3-19　图示金属结构是由两块截面为 180 mm×10 mm 的钢板组成，用 7 个铆钉联接着。铆钉的 $d=20$ mm，板用 35 号钢，铆钉用 Q235 钢。$P=150$ kN，试校核该联接的强度。

已知:35 号钢的 $\sigma_s=315$ MPa;Q235 钢的的 $\sigma_s=240$ MPa;$[\tau]=0.7[\sigma]$;$[\sigma_{bs}]=1.7[\sigma]$;安全系数 $n_s=1.4$。

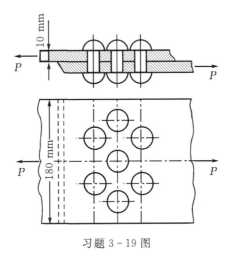

习题 3-19 图

(答案:$\tau=68.3$ MPa$<[\tau]$,$\sigma_{bs}=107$ MPa$<[\sigma_{bs}]$,$\sigma_{max}=107$ MPa$<[\sigma]$,铆接件安全)

3-20 为了使压力机在最大压力 $P=160$ kN 时重要机件不发生破坏,在压力机冲头内装有保险器——压塌块,如图所示。保险器材料采用 HT20-40 铸铁,其极限剪应力 $\tau=360$ MPa。试设计保险器尺寸 δ。

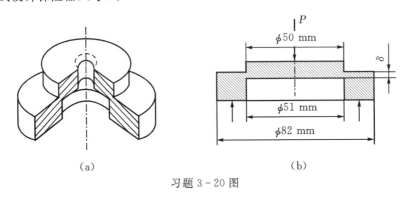

习题 3-20 图

(答案:$\delta=2.83$ mm)

3-21 已知钢板的厚度 $t=10$ mm,钢板的剪切强度极限为 $\tau_b=340$ MPa,若要用冲床

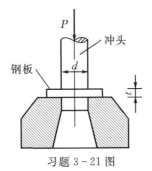

习题 3-21 图

在钢板上冲击直径为 $d=18$ mm 的圆孔,问需要多大的冲剪力 P?

(答案:$P=192.2$ kN)

3-22 某钢闸门与其吊杆之间是用钢销轴连接的,其构造如图所示。已知闸门与吊杆都是采用 3 号钢,销轴则采用 5 号钢;按机械零件计算时,5 号钢的许用挤压应力 $[\sigma_{bs}]=$ 90 MPa 抗剪许用应力 $[\tau]=70$ MPa,3 号钢的许用挤压应力 $[\sigma_{bs}]=80$ MPa,试确定此连接中钢销轴的直径 d。

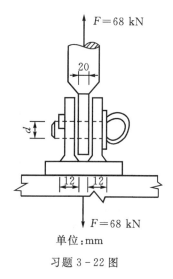

单位:mm

习题 3-22 图

(答案:$d=42.5$ mm)

第4章 扭转

4.1 扭转的概念

扭转是杆件变形的一种基本形式。在工程实际中以扭转为主要变形的杆件也是比较常见的,例如图4-1所示汽车方向盘的操纵杆,两端分别受到驾驶员作用于方向盘上的外力偶和转向器的反力偶的作用;图4-2所示为水轮机与发电机的连接主轴,两端分别受到由水作用于叶片的主动力偶和发电机的反力偶的作用;图4-3所示为机器中的传动轴,它也同样受主动力偶和反力偶的作用,使轴发生扭转变形。

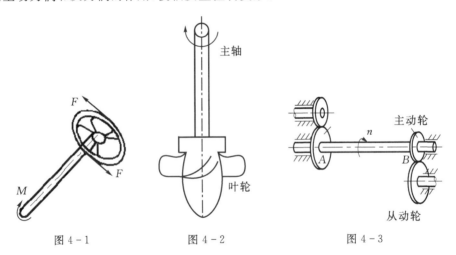

图4-1　　　　　图4-2　　　　　图4-3

这些实例的共同特点是:在杆件的两端作用两个大小相等、方向相反、且作用平面与杆件轴线垂直的力偶,使杆件的任意两个截面都发生绕杆件轴线的相对转动。这种形式的变形称为**扭转变形**(见图4-4)。以扭转变形为主的杆件称为轴。若杆件的截面为圆形的轴称为圆轴。

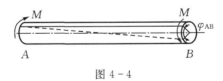

图4-4

4.2 扭矩和扭矩图

4.2.1 外力偶矩

作用在轴上的外力偶矩,可以通过将外力向轴线简化得到,但是,在多数情况下,则是通过轴所传递的功率和轴的转速求得。如图 4-5 所示,已知电机的功率和轴的转速,则可计算出作用于轴的转矩,它们的关系式为

$$M = 9550 \frac{P}{n} \quad (4-1)$$

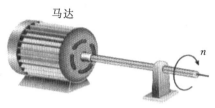

图 4-5

其中:M——外力偶矩,N·m;
$\quad P$——轴所传递的功率,kW;
$\quad n$——轴的转速,r/min。

外力偶的方向可根据下列原则确定:输入的力偶矩若为主动力矩则与轴的转动方向相同;输入的力偶矩若为被动力矩则与轴的转动方向相反。

若功率单位为马力(hp),而 1 马力 = 733.5 N·m/s,应用与上述相同的方法,可得到功率为 N 马力时外力偶矩的计算公式

$$M = 7024 \frac{N}{n} \quad (4-2)$$

其中:N——轴所传递的功率,hp。

4.2.2 扭矩

作用在轴上的外力偶知道后,就可以由截面法计算轴中的内力。圆轴在外力偶的作用下,其横截面上将产生连续分布内力,这一分布内力应组成一作用在横截面内的合力偶,从而与作用在垂直于轴线平面内的外力偶相平衡。由分布内力组成的作用于横截面的合力偶的力偶矩,称为**扭矩**,用 T 表示。扭矩的单位和外力偶矩的单位相同,均为 N·m 或 kN·m。

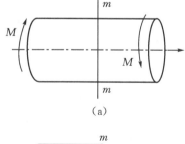

当作用在轴上的外力偶矩确定之后,应用截面法可以很方便地求得轴上的各横截面内的扭矩。如图 4-6(a)所示的杆,在其两端有一对大小相等、转向相反,其矩为 M 的外力偶作用。为求杆任一截面 $m-m$ 的扭矩,可假想地将杆沿截面 $m-m$ 切开分成两段,考察其中任一部分的平衡,例如图 4-6(b)中所示截面的左端,由平衡条件

$$\sum M_x(F) = 0$$

可得

$$T = M$$

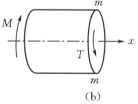

图 4-6

注意,在上面的计算中,我们是以杆截面的左段为隔离体。如果以杆截面的右端为隔离体,则在同一横截面上所求得的扭矩与上面求得的扭矩在数值上完全相同,但转向却恰恰相反。为了使从左段杆和右段杆求得的扭矩不仅有相同的数值而且有相同的正负号,我们对扭矩的正负号作如下规定:

用右手的四指表示扭矩的旋转方向,则右手的大拇指所表示的方向即为扭矩的矢量方向。如果扭矩的矢量方向和截面外向法线的方向相同,则扭矩为正号;如果扭矩的矢量方向和截面外向法线的方向相反,则扭矩为负号。这种用右手确定扭矩正负号的方法叫做**右手螺旋法则**。如图 4-7 所示。

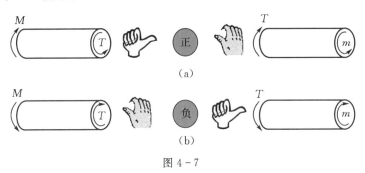

图 4-7

按照这一规定,圆轴上同一截面的扭矩(左与右)便具有相同的正负号。应用截面法求扭矩时,一般都采用设正法,即先假设截面上的扭矩为正,若计算所得的符号为负号,则说明扭矩转向与假设方向相反。

当一根轴同时受到三个或三个以上外力偶矩作用时,其各段横断面上的扭矩须分段应用截面法计算。

4.2.3 扭矩图

为了形象地表达扭矩沿杆横截面的变化情况,我们通常把扭矩随截面位置的变化绘成图形,称为**扭矩图**。绘制扭矩图时,先按照选定的比例尺,以受扭杆横截面沿杆轴线的位置 x 为横坐标,以横截面上的扭矩 T 为纵坐标,建立 $T-x$ 直角坐标系。然后将各段截面上的扭矩画在 $T-x$ 坐标系中。绘图时一般规定将正号的扭矩画在横坐标轴的上侧,将负号的扭矩画在横坐标轴的下侧。

例 4-1 传动轴如图 4-8(a)所示,主动轮 A 输入功率 $N_A=50$ 马力,从动轮 B、C、D 输出功率分别为 $N_B=N_C=15$ 马力,$N_D=20$ 马力,轴的转速为 $n=300$ r/min。试画出轴的扭矩图。

解 按公式(4-2)算出作用于各轮上的外力偶矩

$$M_A = 7024 \frac{N_A}{n} = 7024 \times \frac{50}{300} = 1170 \text{ N} \cdot \text{m}$$

$$M_B = M_C = 7024 \frac{N_B}{n} = 7024 \times \frac{15}{300} = 351 \text{ N} \cdot \text{m}$$

$$M_D = 7024 \frac{N_D}{n} = 7024 \times \frac{20}{300} = 468 \text{ N} \cdot \text{m}$$

从受力情况看出，轴在 BC、CA、AD 三段内，各截面上的扭矩是不相等的。现在用截面法，根据平衡方程计算各段内的扭矩。

在 BC 段内，$T_1 = -M_B = -351 \text{ N·m}$；
在 CA 段内，$T_2 = -M_C - M_B = -702 \text{ N·m}$；
在 AD 段内，$T_3 = M_D = 468 \text{ N·m}$；
所以 $T_{\max} = 702 \text{ N·m}$。

对同一根轴，若把主动轮 A 安置于轴的一端，例如放在右端，则轴上转矩分布如图 4-8 所示。这时，扭矩图如图 4-8(g) 所示，轴的最大扭矩是 $|T_{\max}| = 1170 \text{ N·m}$。可见，传动轴上主动轮和从动轮安置的位置不同，轴所承受的最大扭矩也就不同。两者相比，显示图 4-8(a) 所示布局比较合理，即从动轮功率尽量对称布置在主动轮两侧。

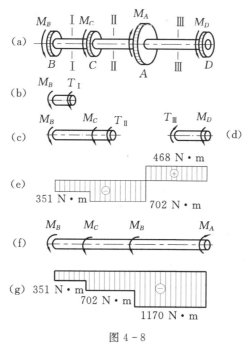

图 4-8

4.3 剪切胡克定律

4.3.1 薄壁圆筒扭转时横截面上的应力

薄壁圆筒受扭横截面应力的求解也是一个超静定问题，以图 4-9(a) 所示等厚度薄壁圆筒为例，受扭前在其表面上用圆周线和纵向线画成方格，通过扭转试验来寻找受扭变形的几何关系，从而推测横截面应力分布情况。

由试验可知，扭转变形后(图 4-9(b))，由于截面 $n-n$ 与截面 $m-m$ 的相对转动，圆筒表面上的方格变成了平行四边形，但圆筒沿轴线及沿周线的长度都没有变化。这表明在圆筒横截面及包含半径的纵向截面上也无正应力，横截面上只有剪应力 τ，它组成与外力偶矩 M 相平衡的内力系。由于沿着圆周上的各点的变形情况相同，又由于圆筒壁厚度 t 与直径

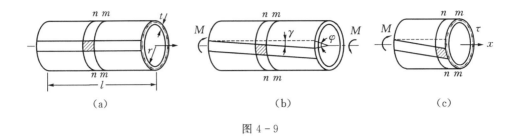

图 4-9

相比甚小,故可以假定沿着筒壁的厚度剪应力是均匀分布的,沿圆周各点的应力相同。现假想将圆筒截成两部分,研究其中一部分(图 4-9(c)),由静力学关系 $\sum M_x = 0$ 得

$$M = T = \int_A \tau dA \cdot r = \tau \cdot r \int_A dA = \tau \cdot r(2\pi \cdot r \cdot t)$$

从而求出

$$\tau = \frac{T}{2\pi r^2 t} = \frac{M}{2\pi r^2 t} \tag{4-3}$$

式中:r 为中径,t 为壁厚。

4.3.2 纯剪切、剪应力互等定理

用相邻的两个横截面和两个包含轴线的径向面及与圆柱表面平行的两个柱面,从薄壁圆筒中取出一微小直角六面体,它在轴向、周向和径向的尺寸分别为 dx、dy 和 dz,称为单元体,见图 4-10(a)。单元体的左、右两个面是横截面的一部分,所以并无正应力,只有剪应力,而且剪应力垂直于径向棱边,数值相等但方向相反,于是组成一个力偶矩为 $(\tau dz dy)dx$ 的力偶,由单元体的平衡 $\sum F_x = 0$ 可知,上下两个面存在大小相等,方向相反的剪应力 τ',上、下两个面的剪应力组成力偶矩为 $(\tau' dz dx)dy$ 的力偶。由平衡方程 $\sum M_z = 0$ 得

$$(\tau dz dy)dx = (\tau' dx dz)dy$$

从而求得

$$\tau = \tau' \tag{4-4}$$

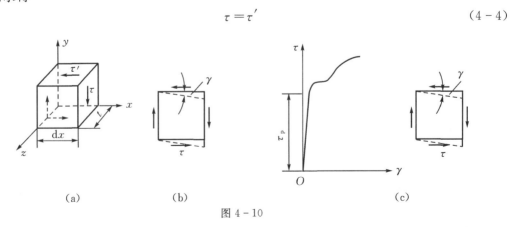

图 4-10

上式表明:**在微元体相互垂直的两个平面上,垂直于公共棱边的剪应力必然数值相等,**

方向则共同指向或共同背离这一棱边。这就是剪应力互等定理。只在单元体的两对相互垂直的面上有剪应力,而其他面上无任何应力的单元体,称为**纯剪切应力状态单元体**。

4.3.3 剪应变、剪切胡克定律

上述单元体前、后面上无任何应力,故可将其投影到平行前后两个面的平面上,简化为用平面图表示,如图 4-10(b)所示。纯剪切单元体的相对两侧面将发生微小的相对错动,使原来相互垂直的两个棱边的夹角改变了一个微量 γ,这正是由(1-6)式定义的剪应变。由图 4-9 可以看出,γ 也就是表面纵向线变形后的倾角。设 φ 为薄壁圆筒两端面的相对转角,l 为圆筒的长度,则剪应变 γ 为

$$\gamma \approx \tan\gamma = \frac{r\varphi}{l} \quad (4-5)$$

根据薄壁圆筒的扭转试验可知,当剪应力不超过材料的剪切比例极限 τ_p 时,扭转角 φ 与所施加的外力偶矩 M 成正比。而由式(4-3)可知,横截面上的剪应力 τ 与扭矩 T 成正比;又由式(4-5)可知,剪应变 γ 与 φ 成正比。所以,由上述的试验可推得这样的结论:**当剪应力不超过材料的剪切比例极限 τ_p 时,剪应变 γ 与剪应力 τ 成正比**(图 4-10(c)),这一结论也由试验所证实,称为材料的**剪切胡克定律**,表示为

$$\tau = G\gamma \quad (4-6)$$

式中,比例常数 G 称为**剪切弹性模量**,简称为**切变模量**,它也是只与材料有关的弹性常数。在讨论拉伸和压缩时,曾得到两个弹性常数 E、μ;可以证明,对各向同性材料,三个弹性常数 E、G、μ 之间存在如下关系

$$G = \frac{E}{2(1+\mu)} \quad (4-7)$$

4.4 扭转应力与强度

4.4.1 圆轴扭转时横截面上的应力

为了得到圆轴扭转时横截面上的应力及其分布规律,我们可进行扭转试验,通过试验现象总结扭转变形的几何关系,结合物理关系与静力关系,可以推导出圆轴扭转时横截面各点应力计算公式。取一实心圆杆,在其表面上画一系列与轴线平行的纵向线和一系列表示圆轴横截面的圆周线,将圆轴的表面划分为许多的小矩形,如图 4-11 所示。若在圆轴的两端加上一对大小相等、转向相反、其矩为 M 的外力偶,使圆轴发生扭转变形。当扭转变形很小时,我们就可以观察到如图 4-11(b)所示的变形情况:

(1)圆轴变形后,所有与轴线平行的纵向线都倾斜了一个相同的角度,但仍近似为直线;

(2)原来的圆周线仍然保持为垂直于轴线的圆周线,它的尺寸和形状基本上没有变动,各圆周线的间距也没有改变;各圆周线所代表的横截面都好像是"刚性圆盘"一样,只是在自己原有的平面内绕轴线旋转了一个角度;

(3)圆轴原来表面上的小方格变成平行四边形。

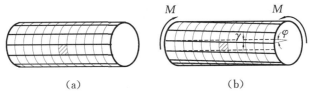

图 4 - 11

根据从试验观察到的这些现象,进行分析推理,可以假设:在变形微小的情况下,圆轴扭转时各横截面仍保持为平面,且形状、大小和相互间的距离均不变,半径仍为直线,横截面在变形时如同刚性平面一样,绕轴线旋转了一个角度。这个假设就是圆轴扭转时的平面假设(或称刚性平面假设)。根据此假设得到的应力与变形计算公式已为实验所证实。

下面,综合考虑变形、物理和静力三方面的因素来建立受扭圆轴的应力和变形计算公式。

1. 几何关系

用 φ 表示圆轴两端面之间的相对转角,称为扭转角。从圆轴中用相距为 $\mathrm{d}x$ 的两个横截面 m_1-m_1 和 n_1-n_1 取出微段(如图 4 - 12(a)所示),再用通过 BC 和 AD 的纵向平面切开微段,如图 4 - 12(b)所示,若截面 n_1-n_1 相对截面 m_1-m_1 的转角为 $\mathrm{d}\varphi$,则根据平面假设,半径 O_2C 转动到了 O_2C',转动的角度为 $\mathrm{d}\varphi$。于是表面方格 $ABCD$ 的 CD 边相对 AB 边错动了微小距离 $\overline{CC'}=R\mathrm{d}\varphi$,因而引起原为直角的 $\angle CBA$ 发生改变,改变量为

$$\gamma = \frac{\overline{CC'}}{BC} = R\frac{\mathrm{d}\varphi}{\mathrm{d}x} \tag{4-8a}$$

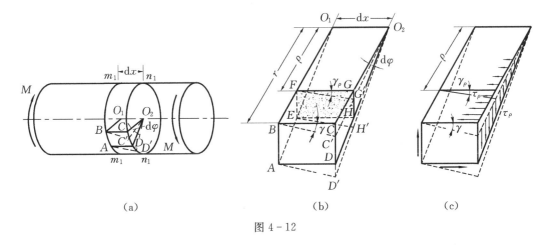

图 4 - 12

这即是圆轴边缘上一点 C 的剪应变。显然,剪应变发生在垂直于半径 O_2C 的平面内。

根据变形后横截面仍为平面,半径仍为直线的假定,用相同的方法,并参考图 4 - 12(c),可求得距圆心为 ρ 处的剪应变为

$$\gamma_\rho = \frac{\rho \mathrm{d}\varphi}{\mathrm{d}x} \tag{4-8b}$$

γ_ρ 也发生在垂直于半径 O_2C 的平面内。上式中 $\dfrac{\mathrm{d}\varphi}{\mathrm{d}x}$ 是扭转角 φ 沿 x 轴的变化率,对一

个给定的截面来说,它是常量。**因此,圆轴在扭转时其横截面上各点的切应变与该点至截面形心的距离 ρ 成正比。**

2.物理关系

由剪切胡克定律,横截面上必有与半径垂直的切应力存在(见图 4-13(a)),以 τ_ρ 表示横截面上距圆心为 ρ 处的剪应力,故有

$$\tau_\rho = G\gamma_\rho \tag{4-9a}$$

以式(4-9a)代入式(4-8b),得

$$\tau_\rho = G\rho\frac{d\varphi}{dx} \tag{4-9b}$$

这表明,横截面上任一点的剪应力与该点到圆心的距离 ρ 成正比。因为 γ_ρ 发生在垂直于半径的平面内,所以剪应力 τ_ρ 也垂直于半径。由剪应力互等定理,则在纵向截面也有剪应力,在横截面和纵向截面上,沿半径剪应力的分布如图 4-12(c)所示。

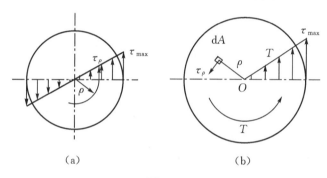

图 4-13

3.静力关系

式(4-9b)中的 $\dfrac{d\varphi}{dx}$ 可由静力关系确定。由式(4-9b)式可知,扭转切应力的分布如图 4-13(b)所示,在圆轴横截面各微面积上的微剪力对圆心的力矩的总和就是扭矩 T。因微面积 dA 上的微剪力 $\tau_\rho dA$ 对圆心的力矩为 $\rho\tau_\rho dA$,整个横截面上所有微力矩之和为 $\int_A \rho\tau_\rho dA$,故有

$$T = \int_A \rho\tau_\rho dA = G\frac{d\varphi}{dx}\int_A \rho^2 dA \tag{4-10}$$

定义

$$I_p = \int_A \rho^2 dA \tag{4-11}$$

为**极惯性矩**,它是一个只与截面的几何形状和面积有关的量,其量纲为[长度]^4,则

$$\frac{d\varphi}{dx} = \frac{T}{GI_p} \tag{4-12}$$

由此得

$$\tau_\rho = T\rho/I_p \tag{4-13a}$$

显然,当 $\rho=0$ 时,$\tau=0$;当 $\rho=R$ 时,切应力最大,其值为

$$\tau_{\max}=\frac{TR}{I_p} \tag{4-13b}$$

令 $W_t=I_p/R$,则式(4-13b)为

$$\tau_{\max}=\frac{T}{W_t} \tag{4-13c}$$

其中,W_t 称为**抗扭截面系数**,它也是一个只与截面的几何形状和面积有关的量,其量纲为[长度]³。

注意:式(4-13a,b)及式(4-13c)均以平面假设为基础推导而得,试验表明,只有对横截面不变的圆轴,平面假设才是正确的。所以这些公式只适用于等直圆杆。对于圆截面沿轴线变化缓慢的小锥度锥形杆,也可近似地用这些公式计算。此外,公式推导过程中用了胡克定律,故只能限定圆轴的 $\tau_{\max}$ 不超过材料的比例极限时方可应用。

4.4.2 极惯性矩 I_p 和抗扭截面系数 W_t

公式(4-12a,b)、(4-13)中引进了截面的极惯性矩和抗扭截面系数,下面来计算这两个量。

1.实心圆轴截面

设圆轴的直径为 d,在截面任一半径 r 处,取宽度为 dr 的圆环作为微元面积。此微元面积 $dA=2\pi \cdot r \cdot dr$,如图 4-14 所示。

根据极惯性矩的定义 $I_p=\int_A \rho^2 dA$,得到

$$I_p=\int_A \rho^2 dA=2\pi\int_0^{\frac{d}{2}} r^3 dr=\frac{\pi \cdot d^4}{32}\approx 0.1d^4 \tag{4-14a}$$

抗扭截面系数

$$W_t=\frac{I_p}{d/2}=\frac{\pi \cdot d^3}{16}\approx 0.2d^3 \tag{4-14b}$$

2.空心圆轴截面

设空心圆轴截面的内、外径分别为 d 和 D。微元面积仍为 $dA=2\pi \cdot r \cdot dr$,只是积分的下限由 0 变为 $\frac{d}{2}$,于是得到

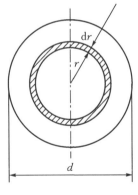

图 4-14

$$I_p=\int_A \rho^2 dA=2\pi\int_{\frac{d}{2}}^{\frac{D}{2}} r^3 dr=\frac{\pi(D^4-d^4)}{32}$$

或写成

$$I_p=\frac{\pi D^4}{32}(1-\alpha^4) \tag{4-15a}$$

其中 $\alpha=\frac{d}{D}$ 为内、外径之比。抗扭截面系数为

$$W_t=\frac{I_p}{D/2}=\frac{\pi \cdot D^3}{16}(1-\alpha^4) \tag{4-15b}$$

4.4.3 圆轴扭转强度计算

为了保证受扭圆轴安全可靠地工作,必须使轴横截面上的最大切应力不超过材料的许用切应力,即

$$\tau_{max} \leqslant [\tau] \tag{4-16a}$$

此即圆轴扭转时的"强度计算准则"又称为"**扭转强度条件**"。对于等截面圆轴,切应力的最大值由下式确定:

$$\tau_{max} = \frac{T_{max}}{W_t} \tag{4-16b}$$

这时最大扭矩 T_{max} 作用的截面称为危险面。对于阶梯轴,由于各段轴的抗扭截面系数不同,最大扭矩作用面不一定是危险面。这时,需要综合考虑扭矩与抗扭截面系数的大小,判断可能产生最大切应力的危险截面。所以在进行扭转强度计算时,一般要画出扭矩图。

根据扭转强度条件,可解决以下三类强度问题:

(1) 扭转强度校核。已知轴的横截面尺寸,轴上所受的外力偶矩(或传递的功率和转速),以及材料的扭转许用切应力。校核轴能否安全工作。

(2) 圆轴截面尺寸设计。已知轴所承受的外力偶矩(或传递的功率及轴的转速),以及材料的扭转许用切应力。圆轴的截面尺寸应满足

$$W_t \geqslant \frac{T}{[\tau]} \tag{4-17}$$

(3) 确定圆轴的许可载荷。已知圆轴的截面尺寸和材料的扭转许用切应力,求轴所能承受的最大扭矩

$$T \leqslant [\tau] W_t \tag{4-18}$$

再根据轴上外力偶的作用情况,确定轴上所承受的许可载荷(或传递的功率)。

例 4 - 2 由无缝钢管制成的汽车传动轴 AB,外径 $D=90$ mm,壁厚 $t=2.5$ mm,材料为 45 钢。使用时的最大扭矩为 $T_{max}=1.5$ kN·m。如材料的 $[\tau]=60$ MPa,试校核 AB 轴的扭转强度。

解 由 AB 轴的截面尺寸计算抗扭截面模量

$$\alpha = \frac{d}{D} = \frac{90 - 2 \times 2.5}{90} = 0.944$$

$$W_t = \frac{\pi D^3}{16}(1 - \alpha^4) = \frac{\pi \times 90^3}{16}(1 - 0.944^4) = 29400 \text{ mm}^3$$

轴的最大剪应力为

$$\tau_{max} = \frac{T}{W_t} = \frac{1500}{29400 \times 10^{-9}} = 51 \text{ MPa} < [\tau]$$

所以 AB 轴满足强度条件,安全。

例 4 - 3 已知实心圆轴,承受的最大扭矩为 $T_{max}=1.5$ kN·m,轴的直径 $d_1=53$ mm。求:

(1) 在最大切应力相同的条件下,用空心圆轴代替实心圆轴,当空心轴外径 $D_2=90$ mm 时的内径值;

(2) 两轴的重量之比。

解 (1)求实心轴横截面上的最大切应力

$$\tau_{max} = \frac{T_{max}}{W_t} = \frac{16 T_{max}}{\pi \cdot d_1^3} = \frac{16 \times 1.5 \times 10^6}{\pi \times 53^3} = 51.3 \text{ MPa}$$

(2)求空心轴的内径。因为两轴的最大切应力相等,故

$$\tau_{max(空)} = \tau_{max(实)} = 51.3 \text{ MPa}$$

而

$$\tau_{max(空)} = \frac{16 T_{max}}{\pi D_2^3 (1-\alpha^4)} = 51.3 \text{ MPa}$$

由此解得

$$\alpha = \sqrt[4]{1 - \frac{16 T_{max}}{\pi D_2^3 \times 51.3}} = \sqrt[4]{1 - \frac{16 \times 1.5 \times 10^6}{\pi \times 90^3 \times 51.3}} = 0.945$$

因此,空心轴的内径

$$d_2 = \alpha \cdot D_2 = 0.945 \times 90 = 85.1 \text{ mm}$$

(3)求两轴的重量比。因为两轴的长度和材料都相同,故两者的重量之比等于面积之比,即

$$\frac{A_{(空)}}{A_{(实)}} = \frac{D_2^2 - d_2^2}{d_1^2} = \frac{90^2 - 85.1^2}{53^2} = 0.305$$

可见,在保证最大切应力相同的条件下,空心轴的重量比实心轴轻得多。显然,采用空心轴能减轻构件的重量、节省材料,因而更为合理。

空心轴的这种优点在于圆轴受扭时,横截面上的切应力沿半径方向线性分布的特点所决定的。由于圆轴截面中心区域切应力很小,当截面边缘上各点的应力达到扭转许用切应力时,中心区域各点的切应力却远远小于扭转许用切应力值。因此,这部分材料没有得到充分利用。若把轴心附近的材料向边缘移动,使其成为空心轴,则截面的极惯性矩和抗扭截面系数将会有较大增加,使截面上的切应力分布趋于均匀。并由此而减小最大切应力的数值,提高圆轴的承载能力,但其加工工艺较复杂,成本较高。

4.5 扭转变形与刚度

工程设计中,对于承受扭转变形的圆轴,除了要求足够的强度外,还要求有足够的刚度,即要求轴在弹性范围内的扭转变形不能超过一定的限度。例如,机器的传动轴如扭转角过大,将会使机器在运转时产生较大的振动;车床结构中的传动丝杠,其相对扭转角不能太大,否则将会影响车刀进给动作的准确性,降低加工的精度。又如,发动机中控制气门动作的凸轮轴,如果相对扭转角过大,会影响气门启闭时间等。

对某些重要的轴或者传动精度要求较高的轴,均要进行扭转变形计算。圆轴扭转时两个横截面相对转动的角度 φ,称为扭转角,它可以反映圆轴的扭转变形大小。当等截面圆轴相距为 l 的两个横截面内的扭矩为常量 T 时,由式(4-12)积分可得扭转角 φ 的计算公式为

$$\varphi = \frac{Tl}{GI_p} \tag{4-19}$$

式中:φ——扭转角,rad;

T——某段轴的扭矩,N·m;

l——相应两横截面间的距离,m;

G——轴材料的切变模量,GPa;

I_p——横截面的极惯性矩,m⁴。

式中的 GI_p 反映了轴的材料及截面形状和尺寸对弹性扭转变形的影响,称为圆轴的"**抗扭刚度**"。外力偶矩一定的情况下,抗扭刚度 GI_p 越大,相对扭转角 φ 就越小。

式(4-19)为相距为 l 的两个横截面的相对转角,要完全反映某截面处扭转变形的程度,需要用到式(4-12)式给出的单位长度的扭转角 θ

$$\theta = \frac{d\varphi}{dx} = \frac{T}{GI_p} = \varphi/l \qquad (4-20a)$$

式(4-20a)给出的 θ 单位为弧度/米(rad/m),如用度/米(°/m)为单位,则上式为

$$\theta = \frac{\varphi}{l} = \frac{T}{GI_p} \times \frac{180}{\pi} \qquad (4-20b)$$

轴工作时,其最大单位长度扭转角不能超过许可值,即

$$\theta \leqslant [\theta] \qquad (4-21)$$

$[\theta]$ 称为许用单位长度扭转角,不同用途的传动轴对于 $[\theta]$ 值的大小有不同的限制(可查有关手册),式(4-21)进行的相关计算称为**扭转刚度条件**。

例 4-4 图 4-15(a)所示阶梯圆轴,已知 AB 段直径 $D_1=75$ mm,BC 段直径 $D_2=50$ mm;A 轮输入功率 $P_1=35$ kW,C 轮的输出功率 $P_3=15$ kW,轴的转速为 $n=200$ r/min,轴材料的切变模量 $G=80$ GPa,$[\tau]=60$ MPa,轴的许用单位长度扭转角 $[\theta]=2°$/m。

(1)试求该轴的强度和刚度。

(2)如果强度和刚度都有富裕,试分析,在不改变 C 轮输出功率的前提下,A 轮的输入功率可以增加到多大?

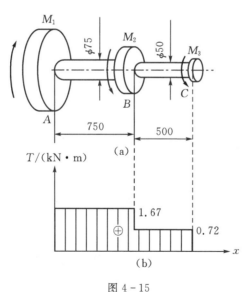

图 4-15

解 (1)校核轴的强度和刚度。

①计算外力偶矩。

$$M_1 = 9550 \frac{P_1}{n} = 9550 \times \frac{35}{200} = 1671 \text{ N·m} \approx 1.67 \text{ kN·m}$$

$$M_3 = 9550 \frac{P_3}{n} = 9550 \times \frac{15}{200} = 716.2 \text{ N·m} \approx 0.72 \text{ kN·m}$$

有力偶平衡条件

$$M_2 = M_1 - M_3 = 1.67 - 0.72 = 0.95 \text{ kN·m}$$

② 应用截面法计算各段的扭矩并画扭矩图。

AB 段 $T_1 = M_1 = 1.67$ kN·m

BC 段 $T_3 = M_3 = 0.72$ kN·m

由此画出扭矩图,如图 4-15(b)所示。

③ 计算应力,校核强度。

从扭矩图看,AB 段扭矩最大;从截面尺寸看,BC 段直径最小。因而不能直接确定最大切应力发生在哪一段截面上。比较两端内的最大切应力:

AB 段 $\tau_1 = \dfrac{T_1}{W_{t1}} = \dfrac{1.67 \times 10^6}{\dfrac{\pi}{16} \times 75^3} = 20.2$ MPa

BC 段 $\tau_2 = \dfrac{T_2}{W_{t2}} = \dfrac{0.718 \times 10^6}{\dfrac{\pi}{16} \times 50^3} = 29.2$ MPa

全轴内横截面上的最大切应力为

$$\tau_{\max} = 29.2 \text{ MPa} < [\tau] = 60 \text{ MPa}$$

所以,轴的强度满足要求。

④ 计算扭转角,校核刚度。

由于 AB 和 BC 段的扭矩和截面都不相同,故需分段计算 θ,找出 $\theta_{\max}$,根据式 (4-20b)得

AB 段 $\theta_1 = \dfrac{T_1}{GI_{p1}} \times \dfrac{180° \times 10^3}{\pi} = \dfrac{1.67 \times 10^6 \times 180° \times 10^3}{80 \times 10^3 \times \dfrac{\pi}{32} \times 75^4 \times \pi} = 0.39 \text{ °/m}$

BC 段 $\theta_2 = \dfrac{T_2}{GI_{p2}} \times \dfrac{180° \times 10^3}{\pi} = \dfrac{0.716 \times 10^6 \times 180° \times 10^3}{80 \times 10^3 \times \dfrac{\pi}{32} \times 50^4 \times \pi} = 0.84°/\text{m}$

因 $\theta_{\max} = \theta_2 = 0.84°/\text{m} < [\theta] = 2°/\text{m}$,所以轴的刚度满足要求。

(2) 计算 A 轮的最大输入功率。

因为 C 轮的输出功率不变,即 BC 段的扭矩不变。所以,这段轴的强度和刚度都是安全的,故只需根据 AB 段的强度和刚度条件确定这段轴所能承受的最大扭矩。而这段轴的扭矩等于作用在 A 轮上的外力偶矩,由此即可求得 A 轮上所能输入的最大功率。

根据强度条件

$$T_{1,\max} \leqslant [\tau] W_{t1} = 60 \times \frac{\pi}{16} \times 75^3 = 4.97 \text{ kN·m}$$

根据刚度条件

$$T_{1,\max} \leqslant [\theta]GI_{p1} = 2 \times \frac{\pi}{180 \times 10^3} \times 80 \times 10^3 \times \frac{\pi}{32} \times 75^4 = 8.7 \text{ kN·m}$$

考虑到既要满足强度要求又要满足刚度要求,故取两者中的较小者,即 $T_{1,\max} = 4.97$ kN·m。于是,A 轮的输入功率

$$P_1 = \frac{Tn}{9550} = \frac{T_{1,\max} \cdot n}{9550} = \frac{4.97 \times 10^3 \times 200}{9550} = 104 \text{ kW}$$

例 4-5 图 4-15(a)为某组合机床主轴箱内第 4 轴的示意图。轴上有 Ⅱ、Ⅲ、Ⅳ 三个齿轮,动力由 5 轴经齿轮 Ⅲ 输送到 4 轴,再由齿轮 Ⅱ 和 Ⅳ 带动 1、2 和 3 轴。1 和 2 轴同时钻孔,共消耗功率 0.756 kW;3 轴扩孔,消耗功率 2.98 kW。若 4 轴转速为 183.5 r/min,材料为 45 钢,$G = 80$ GPa。取 $[\tau] = 40$ MPa,$[\theta] = 1.5°/$m。试设计轴的直径。

解 为了分析 4 轴的受力情况,先由公式(4-1)计算作用于齿轮 Ⅱ 和 Ⅳ 上的外力偶矩:

$$M_{\text{Ⅱ}} = 9549 \frac{P_{\text{Ⅱ}}}{n} = 9549 \times \frac{0.756}{183.5} = 39.3 \text{ N·m}$$

$$M_{\text{Ⅳ}} = 9549 \frac{P_{\text{Ⅳ}}}{n} = 9549 \times \frac{2.98}{183.5} = 155 \text{ N·m}$$

$M_{\text{Ⅱ}}$ 和 $M_{\text{Ⅳ}}$ 同为阻抗力偶矩,故转向相同。若 5 轴经齿轮 Ⅲ 传给 4 轴的主动力偶矩为 $M_{\text{Ⅲ}}$,则 $M_{\text{Ⅲ}}$ 的转向应该与阻抗力偶矩的转向相反。于是由平衡方程,$\sum m_x = 0$ 得

$$M_{\text{Ⅲ}} - M_{\text{Ⅱ}} - M_{\text{Ⅳ}} = 0$$
$$M_{\text{Ⅲ}} = M_{\text{Ⅱ}} + M_{\text{Ⅳ}} = 39.3 + 155 = 194.3 \text{ N·m}$$

根据作用于 4 轴上 $M_{\text{Ⅱ}}$、$M_{\text{Ⅳ}}$ 和 $M_{\text{Ⅲ}}$ 的数值,作扭矩图如图 4-16(c)所示。从扭矩图看出,在齿轮 Ⅲ 和 Ⅳ 之间,轴的任一横截面上的扭矩皆为最大值,且 $T_{\max} = 155$ N·m。由强度条件

$$\tau_{\max} = \frac{T_{\max}}{W_t} = \frac{16 T_{\max}}{\pi D^3} \leqslant [\tau]$$

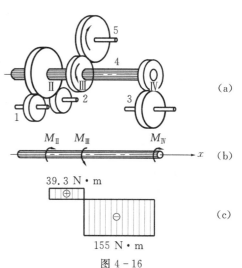

图 4-16

可得

$$D = \sqrt[3]{\frac{16 T_{\max}}{\pi [\tau]}} = \sqrt[3]{\frac{16 \times 155}{\pi \times 40 \times 10^6}} = 0.0272 \text{ m}$$

其次,由刚度条件

$$\theta_{\max} = \frac{T_{\max}}{GI_p} \times \frac{180}{\pi} = \frac{T_{\max}}{G \times \frac{\pi}{32} D^4} \times \frac{180}{\pi} \leqslant [\theta]$$

可得

$$D = \sqrt[4]{\frac{32 T_{\max} \times 180}{G \pi^2 [\theta]}} = \sqrt[4]{\frac{32 \times 155 \times 180}{80 \times 10^9 \times \pi^2 \times 1.5}}$$
$$= 0.0297 \text{ m}$$

要使轴同时满足强度和刚度条件,D 应取 0.0297 m。

例 4-6* 设有 A、B 两个凸缘的圆轴(图 4-17(a)),在扭转外力偶矩 M 作用下发生了变形。这时把一个薄壁圆筒与轴的凸缘焊接在一起,然后解除 M(图 4-17(b))。设轴和

筒的抗扭刚度分别是 $G_1 I_{p1}$ 和 $G_1 I_{p2}$,试求轴内和筒内的扭矩。

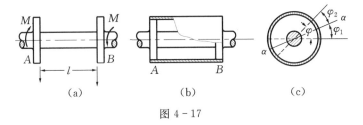

图 4-17

解 由于筒与轴的凸缘焊接在一起,外加扭转力偶矩 M 解除后,圆轴必然力图恢复其扭转变形,而圆筒则阻抗其恢复。这就使得在轴内和筒内分别出现扭矩 T_1 和 T_2。设想用横截面把轴与筒切开,因这时已无外力偶矩,平衡方程是

$$T_1 - T_2 = 0$$

仅由上式不能解出两个扭矩,所以这是一个一次超静定问题,应再寻求一个变形协调方程。

焊接前轴在 M 作用下的扭转角为

$$\varphi = \frac{Tl}{GI_p} = \frac{Tl}{G_1 I_{p1}}$$

这就是凸缘 B 的水平直径相对于 A 转过的角度(图 4-17(c))。在筒与轴相焊接并解除 M 后,因受筒的阻抗,轴的上述变形不能完全恢复,最后协调的位置为 aa。这时圆轴余留的扭转角为 φ_1,而圆筒的扭转角为 φ_2。显然

$$\varphi_1 + \varphi_2 = \varphi$$

利用公式(4-19)和以上各式,可得

$$\frac{T_1 l}{G_1 I_{p1}} + \frac{T_2 l}{G_2 I_{p2}} = \frac{Ml}{G_1 I_{p1}}$$

$$T_1 = T_2 = \frac{M G_2 I_{p1}}{G_1 I_{p1} + G_2 I_{p2}}$$

4.6 非圆截面杆的扭转

工程中还可能遇到非圆截面杆的扭转,例如,农业机械用方形截面杆做传动轴,曲轴的曲柄是矩形截面;在航空、船舶的结构上薄壁截面的杆承受扭矩。非圆截面杆受扭后,横截面由原来的平面变为曲面(图 4-18),这一现象称为**截面翘曲**。平面假设对非圆截面杆件的扭转已不再适用。

图 4-18 所示的矩形截面杆扭转时,各横截面的翘曲如不受任何限制,则任意两横截面的翘曲情况应完全相同。此时各纵向纤维的长度均未改变,由此可以推断出横截面上只有剪应力,而不会产生正应力,这种扭转称为**自由扭转**。图 4-19(a)即表示工字钢的自由扭转。若由于约束条件或受力条件的限制,造成杆件各横截面的翘曲程度不同,这势必引起相邻两截面间纵向纤维的长度改变。于是横截面上除剪应力外还有正应力,这种情况称为**约束扭转**。图 4-19(b)所示一端固定一端自由的工字钢即为约束扭转。像工字钢、槽钢等薄壁杆件,约束扭转时横截面上的正应力往往是相当大的。但一些实体杆件,如横截面为矩形或椭圆形的杆件,因约束扭转而引起的正应力很小,与自由扭转并无太大差别。

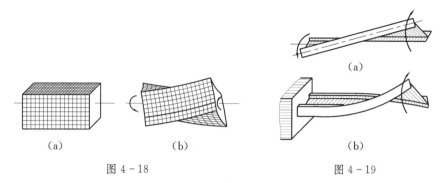

图 4-18　　　　　　　　图 4-19

可以证明,杆件扭转时,横截面上边缘各点的剪应力都与截面边界相切。这是因为边缘各点的剪应力如不与边界相切,总可分解为边界切线方向的分量 τ_t 和法线方向的分量 τ_n (图 4-20(a))。根据剪应力互等定理,τ_n 应与杆件外表面上的剪应力相等。但在外表面上无剪应力,即 $\tau_n' = \tau_n = 0$。这样,在边缘各点上就只可能有沿边界切线方向的剪应力 τ_t。在横截面的凸角处(图 4-20(b))a 点切应力应等于零,建议读者自行证明。

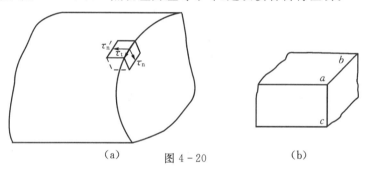

图 4-20

非圆截面杆的自由扭转,一般在弹性力学中讨论。这里我们不加推导地引用弹性力学的一些结果,并只限于矩形截面杆扭转的情况。这时,横截面上的剪应力分布略如图 4-21 所示。边缘各点的剪应力形成与边界相切的顺流。四个角点上剪应力等于零。最大剪应力发生于矩形长边的中点,且按下列公式计算:

$$\tau_{\max} = \frac{T}{\alpha h b^2} \tag{4-22}$$

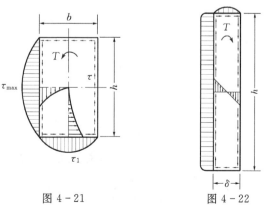

图 4-21　　　　　　　　图 4-22

式中 α 是一个与矩形截面边长比值 h/b 有关的系数,其数值已列入表 4-1 中。短边中点的剪应力 τ_1 是短边上的最大剪应力,并按以下公式计算:

$$\tau_1 = \nu \tau_{\max} \tag{4-23}$$

式中 $\tau_{\max}$ 是长边中点的最大剪应力。系数 ν 与比值 h/b 有关,已列入表 4-1 中。

表 4-1 矩形截面杆扭转的因数 α, β 和 ν

h/b	1.0	1.2	1.5	2.0	2.5	3.0	4.0	6.0	8.0	10.0	∞
α	0.208	0.219	0.231	0.246	0.258	0.267	0.282	0.299	0.307	0.313	0.333
β	0.141	0.166	0.196	0.229	0.249	0.263	0.281	0.299	0.307	0.313	0.333
ν	1.000	0.930	0.858	0.796	0.767	0.753	0.745	0.743	0.743	0.743	0.743

杆件两端相对扭转角 φ 的计算公式是

$$\varphi = \frac{Tl}{G\beta hb^3} = \frac{Tl}{GI_t} \tag{4-24}$$

式中 $GI_t = G\beta hb^3$ 称为杆件的抗扭刚度。β 也是与比值 h/b 有关的系数,已列入表 4-1 中。

当 $h/b > 10$ 时,截面成为狭长矩形。这时 $\alpha = \beta \approx \dfrac{1}{3}$,如以 δ 表示狭长矩形短边的长度,则公式(4-22)和(4-24)化为

$$\tau_{\max} = \frac{T}{\frac{1}{3}h\delta^2}, \quad \varphi = \frac{T}{G\frac{1}{3}h\delta^3} \tag{4-25}$$

例 4-7 某柴油机曲轴的曲柄截面 I-I 可以认为是矩形的(图 4-23)。在实用计算中,其扭转剪应力近似地按矩形截面杆受扭计算。若 $b = 22$ mm,$h = 102$ mm,已知曲柄所受扭矩为 $T = 281$ N·m,试求这一矩形截面上的最大剪应力。

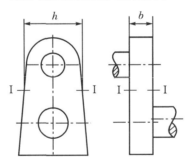

图 4-23

解 由截面 I-I 的尺寸求得

$$\frac{h}{b} = \frac{102}{22} = 4.64$$

查表 4-1,并利用插入法,求出 $\alpha = 0.287$,于是,由公式(4-22)得

$$\tau_{\max} = \frac{T}{\alpha hb^2} = \frac{218}{0.287 \times 102 \times 10^{-3}(22 \times 10^{-3})^2} = 19.8 \text{ MPa}$$

习 题

4-1 用截面法求图示各杆在截面1-1、2-2、3-3上的扭矩。指出扭矩的符号,作出各杆扭矩图。

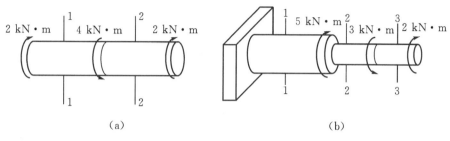

习题4-1图

(答案:图(a):$T_1=2$ kN·m,$T_2=-2$ kN·m;
图(b):$T_1=-4$ kN·m,$T_2=1$ kN·m,$T_3=-2$ kN·m)

4-2 直径 $D=50$ mm 的圆轴受扭矩 $T=2.15$ kN·m 的作用。试求距轴心10 mm处的切应力,并求横截面上的最大切应力。

(答案:$\tau=35.0$ MPa,$\tau_{max}=87.5$ MPa)

4-3 圆轴的直径 $d=50$ mm,转速 $n=120$ r/min,该轴横截面上的最大切应力为 60 MPa。问:传递的功率是多少千瓦?

(答案:$P=18.9$ kW)

4-4 某实心轴的许用扭转切应力$[\tau]=35$ MPa,截面上的扭矩 $T=1$ kN·m。求此轴应有的直径。

(答案:$d=52.3$ mm)

4-5 以外径 $D=120$ mm 的空心轴来代替直径 $d=100$ mm 的实心轴,在强度相同的条件下,问:可节省材料百分之几?

(答案:50%)

4-6 图示一实心圆轴,直径 $d=100$ mm,两端受到外力偶矩 $M=14$ kN·m 的作用,试计算:
(1) C 截面上半径 $\rho=30$ mm处的切应力;
(2) 横截面上的最大切应力。

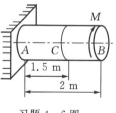

习题4-6图

(答案:(1) $\tau_\rho=42.78$ MPa;(2) $\tau_{max}=71.3$ MPa)

4-7 船用推进器的轴,一段是 $d=280$ mm 的实心轴,另一段是 $\dfrac{D_1}{D}=0.5$ 的空心轴。若两段产生的最大切应力相等,试求空心轴的外直径 D。

(答案:$D=286$ mm)

4-8 图示一直径为 80 mm 的等截面圆轴,上面作用的外力偶矩 $M_1=1000$ N·m,$M_2=600$ N·m,$M_3=200$ N·m,$M_4=200$ N·m。要求:

(1)作出此轴的扭矩图;
(2)求出此轴各段内的最大切应力;
(3)如果将外力偶矩 M_1 和 M_2 的作用位置互换一下,圆轴的直径是否可以减小?

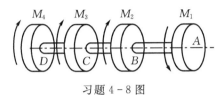

习题 4-8 图

(答案:(2)$\tau_{AB}=9.95$ MPa,$\tau_{BC}=3.98$ MPa;$\tau_{CD}=1.99$ MPa)

4-9 有一承受扭矩 $T=3.7$ kN·m 作用的圆轴,已知轴材料许用切应力$[\tau]=60$ MPa,切变模量 $G=79$ GPa,许用单位长度扭转角$[\theta]=0.3$ °/m。试确定圆轴应有的最小直径。

(答案:$d=97.7$ mm)

4-10 发电量为 1500 kW 的水轮机主轴如图示。$D=550$ mm,$d=300$ mm,正常转速 $n=250$ r/min。材料的许用剪应力$[\tau]=500$ MPa。试校核水轮机主轴的强度。

(答案:$\tau=19.2$ MPa)

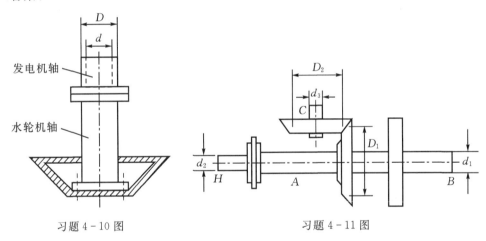

习题 4-10 图   习题 4-11 图

4-11 图示轴 AB 的转速 $n=120$ r/min,从 B 轮输入功率 $P=44.1$ kW,功率的一半通过锥形齿轮传送给轴 C,另一半由水平轴 H 输出。已知 $D_1=60$ cm,$D_2=24$ cm,$d_1=10$ cm,$d_2=8$ cm,$d_3=6$ cm,$[\tau]=20$ MPa。试对各轴进行强度校核。

(答案:$\tau_{AB,max}=17.9$ MPa,$\tau_{H,max}=17.55$ MPa,$\tau_{C,max}=16.55$ MPa)

4-12 图示阶梯形圆轴直径分别为 $d_1=40$ mm,$d_2=70$ mm,轴上装有三个带轮。已知由轮 3 输入的功率为 $P_3=30$ kW,轮 1 输出的功率为 $P_1=13$ kW,轴做匀速转动,转速 $n=200$ r/min,材料的许用剪应力$[\tau]=60$ MPa,$G=80$ GPa,许用扭转角$[\theta]=2$ °/m。试校核轴的强度和刚度。

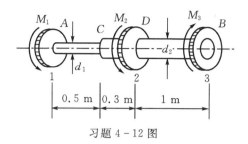

习题 4-12 图

(答案:$\tau_{1,\max}=49.42$ MPa$\leqslant[\tau]$,$\tau_{2,\max}=21.28$ MPa$\leqslant[\tau]$,$\theta_{1,\max}=1.77$ °/m,$\theta_{2,\max}=0.435°$/m)

4-13 实心轴和空心轴由牙嵌式离合器连接在一起,如图所示。已知轴的转速为 $n=100$ r/min,传递的功率 $P=7.5$ kW,材料的许用剪应力$[\tau]=40$ MPa。试选择实心轴直径 d_1 和内外径比值为 1/2 的空心轴外径 D_2。

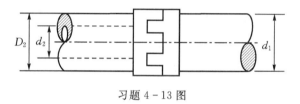

习题 4-13 图

(答案:$d_1=45$ mm,$D_2=46$ mm)

4-14 图示传动轴的转速为 $n=500$ r/min,主动轮 1 输入功率 $P_1=368$ kW,从动轮 2、3 分别输出功率 $P_2=147$ kW,$P_3=221$ kW。已知$[\tau]=70$ MPa,$[\theta]=1$ °/m,$G=80$ GPa。

(1) 确定 AB 段的直径 d_1 和 BC 段的直径 d_2;

(2) 若 AB 和 BC 两段选用同一直径,试确定其数值。

(3) 主动轮和从动轮的位置如可以重新安排,试问怎样安置才比较合理?

(答案:(1)$d_1\geqslant 80$ mm,$d_2\geqslant 67$ mm)

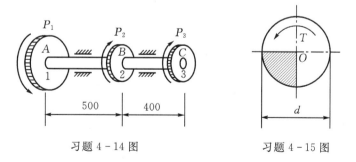

习题 4-14 图   习题 4-15 图

4-15 设圆轴横截面上的扭矩为 T,试求四分之一截面上内力系的合力的大小、方向及作用点与圆心 O 之间的距离 a。

(答案:$F_{sx}=\dfrac{4T}{3\pi d}$,$F_{sy}=\dfrac{4T}{3\pi d}$,$F_s=\dfrac{4\sqrt{2}}{3\pi d}T$,$\alpha=\dfrac{\pi}{4}$,$a=\dfrac{3\pi d}{16\sqrt{2}}$)

4-16 图示圆截面杆的左端固定,沿轴线作用集度为 t 的均布力偶矩。试导出计算截面 B 的扭转角的公式。

(答案:$\varphi_{BA} = \dfrac{tl^2}{2GI_p}$)

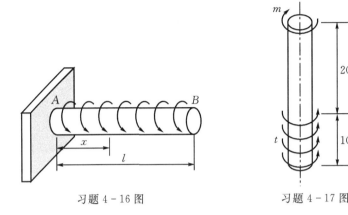

习题 4-16 图　　　　习题 4-17 图

4-17 将钻头简化成直径为 20 mm 的圆截面杆,在头部受均布阻抗扭矩 t 的作用,许用剪应力为 $[\tau]=70$ MPa,$G=80$ GPa。求:

(1)许可的 m;

(2)上、下两端的相对扭转角。

(答案:$m=110$ N·m,$\varphi=1.26°$)

4-18 一钻探机的功率为 10 kW,转速 $n=180$ r/min。钻杆钻入土层的深度 $l=40$ m。如土壤对钻杆的阻力可看作是均匀分布的力偶,试求分布力偶的集度 m,并作钻杆的扭矩图。

(答案:$m=0.0133$ kN)

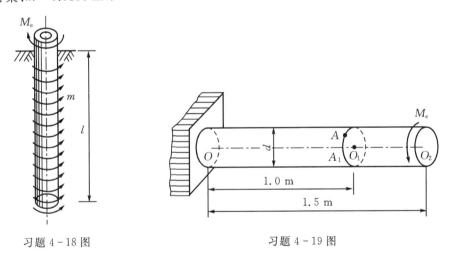

习题 4-18 图　　　　习题 4-19 图

4-19 直径 $d=50$ mm 的等直圆杆,在自由端截面上承受外力偶 $M_e=6$ kN·m,而在圆杆表面上的 A 点将移动到 A_1 点,如图所示。已知 $\Delta s = \widehat{A_1 A} = 3$ mm,圆杆材料的弹性模量 $E=210$ GPa,试求泊松比 ν。

(提示：各向同性材料的三个弹性常数 E、G、ν 间存在如下关系：$G=\dfrac{E}{2(1+\nu)}$。)

(答案：$\nu=0.289$)

4-20 直径 $d=25$ mm 的钢圆杆，受轴向拉 60 kN 作用时，在标距为 200 mm 的长度内伸长了 0.113 mm。当其承受一对扭转外力偶矩 $M_e=0.2$ kN·m 时，在标距为 200 mm 的长度内相对扭转了 $0.732°$ 的角度。试求钢材的弹性常数 E、G 和 ν。

(答案：$E=216.448$ GPa，$G=\dfrac{E}{2(1+\nu)}$，$\nu=0.325$)

4-21 长度相等的两根受扭圆轴，一为空心圆轴，一为实心圆轴，两者的材料相同，受力情况也一样。实心轴直径为 d；空心轴的外径为 D，内径为 d_0，且 $\dfrac{d_0}{D}=0.8$。试求当空心轴与实心轴的最大切应力均达到材料的许用切应力（$\tau_{\max}=[\tau]$），扭矩 T 相等时的重量比和刚度比。

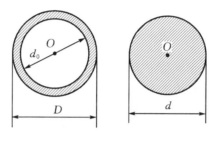

习题 4-21 图

(答案：$\dfrac{W_1}{W_2}=0.512$，$\dfrac{GI_{p1}}{GI_{p2}}=1.192$)

4-22 全长为 l，两端面直径分别为 d_1，d_2 的圆台形杆，在两端各承受一外力偶矩 M_e，如图所示。试求杆两端面间的相对扭转角。

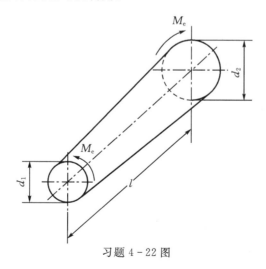

习题 4-22 图

(答案：$\varphi=\dfrac{32M_e l}{3\pi G}\left(\dfrac{d_1^2+d_1 d_2+d_2^2}{d_1^3 d_2^3}\right)$)

4-23 已知实心圆轴的转速 $n=300$ r/min,传递的功率 $P=330$ kW,轴材料的许用切应力 $[\tau]=60$ MPa,切变模量 $G=80$ GPa。若要求在 2 m 长度的相对扭转角不超过 $1°$,试求该轴的直径。

(答案:$d=111.3$ mm)

4-24 图示等直圆杆,已知外力偶 $M_A=2.99$ kN·m,$M_B=7.20$ kN·m,$M_C=4.21$ kN·m,许用切应力 $[\tau]=70$ MPa,许可单位长度扭转角 $[\varphi']=1°/m$,切变模量 $G=80$ GPa。试确定该轴的直径 d。

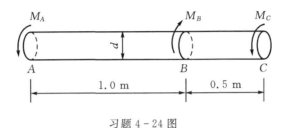

习题 4-24 图

(答案:$d \geqslant 74.4$ mm)

4-25 阶梯形圆杆,AE 段为空心,外径 $D=140$ mm,内径 $d=100$ mm;BC 段为实心,直径 $d=100$ mm。外力偶矩 $M_A=18$ kN·m,$M_B=32$ kN·m,$M_C=14$ kN·m,许用切应力 $[\tau]=80$ MPa,许可单位长度扭转角 $[\varphi']=1.2°/m$,切变模 $G=80$ GPa。试校核该轴的强度和刚度。

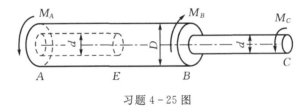

习题 4-25 图

(答案:$\tau_{AB,\max}=45.166$ MPa,$\varphi'_{AB}=0.462°/m$;$\tau_{BC,\max}=71.302$ MPa,$\varphi'_{BC}=1.02°/m$)

4-26 AB 和 CD 两轴的 B、C 两端以凸缘相连接,A、D 两端则都是固定端。由于两个凸缘的螺钉孔的中心线未能完全对正,形成一个角度为 φ 的误差。当两个凸缘由螺钉联接后,试度求两轴的装配扭矩。

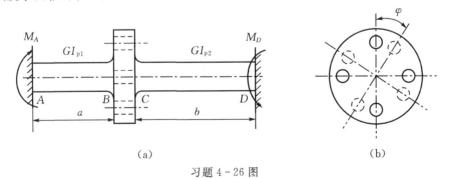

习题 4-26 图

(答案：$M_A = M_D = \dfrac{\varphi G_1 G_2 I_{p1} I_{p2}}{a G_2 I_{p2} + b G_1 I_{p1}}$)

4-27 图示结构中，AB 和 CD 两杆的尺寸相同。AB 为钢杆，CD 为铝杆，两种材料的切变模量之比为 $G_{钢} : G_{铝} = 3 : 1$。若不计 BE 和 ED 两杆的变形，试问 P 将以怎样的比例分配于 AB 和 CD 杆上。

(答案：$3P/4$ 和 $P/4$)

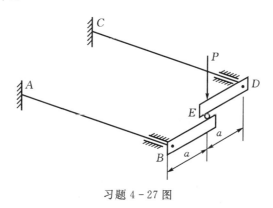

习题 4-27 图

第5章 弯曲内力

5.1 弯曲的概念

弯曲是工程中较为常见的变形之一,而弯曲的内力,应力及变形在计算上相对于杆件的其他变形(如轴向拉压、扭转)而言,都较为复杂。

当等杆件受到垂直于杆轴的外力(横向力)作用或在纵向平面内受到力偶作用时(图5-1),杆轴由直线弯成曲线,这种变形称为**弯曲**。以弯曲变形为主的杆件称为**梁**。梁是一类常用的杆件,几乎在各类工程中都占有重要地位。

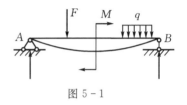

图 5-1

例如房屋建筑中的楼面梁,受到面荷载和梁自重的作用,将发生弯曲变形(图5-2(a)、(b)),起重机大梁(图5-3(a)、(b))受到荷载和自重的作用等,都是以弯曲变形为主。

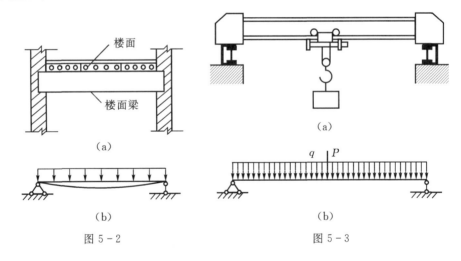

图 5-2   图 5-3

工程中常见的梁,其横截面往往有一根对称轴,如图5-4(a)、(b)、(c)、(d)所示,这根对称轴与梁轴所组成的平面,称为纵向对称平面(图5-4(e))。如果作用在梁上的外力(包括荷载和支座反力)和外力偶都位于纵向对称平面内,梁变形后,轴线将在此纵向对称平面内弯曲,称为**对称弯曲**。若梁不具有纵向对称面,或者虽有纵向对称面,但横向力或力偶不在纵向对称面内,这种弯曲统称为**非对称弯曲**。

梁的轴线弯曲后所在的平面与荷载作用的平面相重合的弯曲,称为平面弯曲。对称弯曲就是工程实际中常见的一种**平面弯曲**。以后讨论的弯曲问题,不附加说明时,都指的是平

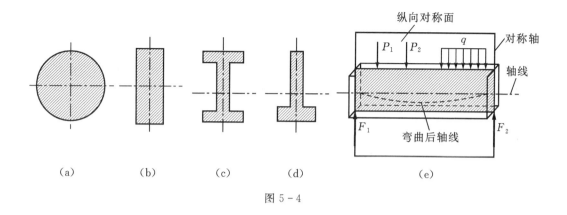

(a)　　　　(b)　　　　(c)　　　　(d)　　　　　　(e)

图 5-4

面弯曲问题。平面弯曲是一种最简单,也是最常见的弯曲变形。

5.2 梁的计算简图

一般情况下,梁的支承条件和梁上作用的荷载比较复杂,为了便于分析和计算,对梁应进行必要的简化,用其**计算简图**(如图 5-2(b)和图 5-3(b))来代替工程实际中的梁。确定梁的计算简图时,应尽量符合梁的实际情况,在保证计算结果足够精确的前提下,尽可能使计算过程简单。

5.2.1 梁的形状简化

由于梁的截面形状和尺寸,对内力的计算并无影响,通常可用梁的轴线来代替实际的梁。例如,图 5-5(a)所示的火车轴,在计算时就以其轴线 AB 来表示(图 5-5(b));图 5-2(a)和图 5-3(a)所示的梁分别用图 5-2(b)和图 5-3(b)所示的轴线表示。

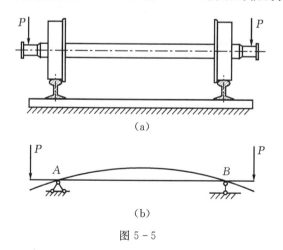

图 5-5

5.2.2 荷载的简化

作用在梁上的荷载可以简化为以下三种类型。

1. 集中荷载

对图 5-5(a) 所示的火车轮轴，车体的重量通过轴承作用于车轴的两端，该作用力与车轴的接触长度与梁的长度相比甚小，可视为荷载集中作用于一点，这种荷载称为集中荷载，或集中力，如图 5-5(b) 中的荷载 P 所示。集中荷载的单位为牛顿(N) 或千牛顿(kN)。

2. 分布荷载

图 5-3(a) 所示起重机大梁的电葫芦及起吊的重物，也是集中力，用如图 5-3(b) 中的集中力 P 所示。但是该大梁的自重，连续地作用在整个大梁的长度上，可将其简化为分布荷载。这时，梁上任一点的受力用荷载集度 q 表示，其单位为 kN/m 或 N/m，如图 5-3(b) 中的均布荷载 q 表示。

3. 集中力偶

图 5-6(a) 所示的锥齿轮，只讨论与轴平行的集中力 P_x。当我们研究轴 AB 的变形时，由于该力 P_x 是直接作用在齿轮上的，有必要将 P_x 平移到轴上。于是，作用在锥齿轮上的力 P_x 等效于一个沿 AB 梁的轴向外力 P_x 和一个作用在梁 AB 纵向平面内的矩为 $M_0 = P_x r$ 的力偶(图 5-6(b))。力偶矩的常用单位为 N·m 或 kN·m。

5.2.3 约束的简化

作用在梁上的外力，除荷载外还有支座反力。为了分析支座反力，必须先对梁的约束进行简化。梁的支座按它对梁在荷载作用面内的约束作用的不同，可以简化为以下三种常见的形式。

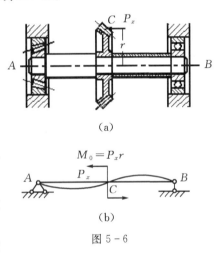

图 5-6

1. 可动铰支座

如图 5-6(a) 中的径向轴承 B 所示，在图示平面内，轴承只限制端面 B 沿垂直于轴线的移动，不能限制其轴向移动和绕端面内某一直径的转动。因此，支座 B 对梁 AB 仅有一个垂直梁轴线的支座反力。结构中的滑动轴承、桥梁下的滚轴支座等，都可简化为可动铰支座。

2. 固定铰支座

如图 5-6(a) 中的止推轴承 A，它将限制轴的左端面沿任意方向的移动，但不能限制端面绕直径轴的转动，称为固定铰支座。固定铰支座有两个支反力，通常表示为沿梁轴线方向和垂直梁轴线方向的两个支反力。一般地，止推轴承和桥梁下的固定支座等，都可简化为固定铰支座，如图 5-5(b) 和 5-6(b) 中的支座 A 所示。

3. 固定端

图 5-7(a) 为车床上的车刀及其刀架。车刀的一端用螺钉压紧固定于刀架上，使车刀压紧部分对刀架既不能有相对的移动，也不能有相对的转动，这种约束即可简化为固定端支座，如图 5-7(b) 中梁 AB 的 B 端所示。固定端的约束反力用一个反力偶和一对相互垂直的支反力表示。

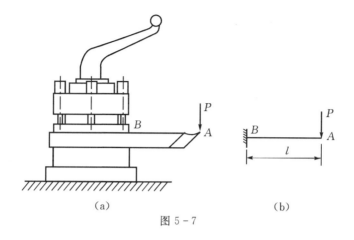

图 5-7

5.2.4 单跨静定梁的类型

经过对梁的形状、荷载和支座的简化,便可以得到梁的计算简图。若梁的全部支反力可以用静力平衡方程求出,这种梁称为**静定梁**。若梁只有一个或两个支座支承,则称为单跨梁。单跨静定梁一般有 3 种基本形式。

1. 悬臂梁

梁的一端为固定端约束,另一端自由的梁称为悬臂梁,如图 5-7(b)中所示的车刀 AB。

2. 简支梁

梁的两端分别由一个固定铰支座和一个可动铰支座约束的梁称为简支梁,如图 5-2(b)、5-3(b)和图 5-6(b)中的梁 AB。

3. 外伸梁

梁由一个固定铰支座和一个可动铰支座约束,梁的一端或两端伸出支座外的梁称为外伸梁,如图 5-5(b)中所示的火车轮轴。梁在两支座之间的长度称为跨度。

三种单跨静定梁的简图分别如图 5-8(a)、(b)、(c)所示。

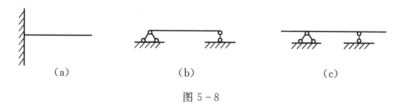

图 5-8

梁的支反力或内力不能完全由平衡方程确定的梁,称为**超静定梁**。必须强调指出,梁的静定与否是根据梁的计算简图分析支反力而定的,而梁的简化应尽量符合梁的实际受力情况。如图 5-3(a)所示的起重机大梁和 5-5(a)所示的火车轮轴,工作时这些梁如向左或向右偏移,总会有一端的轨道能起到阻碍梁偏移的作用。因此,可将梁两端的约束简化为一个固定铰支座和一个可动铰支座。但若机械地认为梁的两端都是轨道,应全部简化为固定铰支座,则这些梁就是超静定梁了。这样,不但在进行受力分析时比静定梁复杂,更主要的是这种简化和梁的实际受力情况不相符合,分析时会带来很大的误差。

5.3 梁的弯曲内力——剪力和弯矩

为了计算梁的强度和刚度问题,在求得梁的支座反力后,就必须计算梁的内力。下面将着重讨论梁的内力的计算方法。

5.3.1 截面法求内力

1. 剪力和弯矩

图 5-9(a)所示为一简支梁,荷载 F 和支座反力 F_{Ay}、F_B 是作用在梁的纵向对称平面内的平衡力系。现用截面法分析任一截面 $m-m$ 上的内力。假想将梁沿 $m-m$ 截面分为两段,现取左段为研究对象,从图 5-9(b)可见,因有支座反力 F_{Ay} 作用,为使左段满足 $\sum F_y = 0$,截面 $m-m$ 上必然有与 F_{Ay} 等值、平行且反向的内力 F_s 存在,这个内力 F_s 称为**剪力**;同时,因 F_{Ay} 对截面 $m-m$ 的形心 O 点有一个力矩 $F_{Ay}a$ 的作用,为满足 $\sum M_O = 0$,截面 $m-m$ 上也必然有一个与力矩 $F_{Ay}a$ 大小相等且转向相反的内力偶矩 M 存在,这个内力偶矩 M 称为**弯矩**。由此可见,梁发生弯曲时,横截面上一般同时存在着两个内力,即剪力和弯矩。

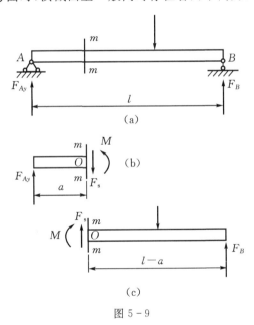

图 5-9

剪力的常用单位为 N 或 kN,弯矩的常用单位为 N·m 或 kN·m。

剪力和弯矩的大小,可由左段(或右段)梁的静力平衡方程求得,即

$$\sum F_y = 0, \quad F_{Ay} - F_s = 0, \quad 得\ F_s = F_{Ay}$$

$$\sum M_O = 0, \quad F_{Ay} \cdot a - M = 0, \quad 得\ M = F_{Ay} \cdot a$$

如果取右段梁作为研究对象,同样可求得截面 $m-m$ 上的 F_s 和 M,根据作用与反作用力的关系,它们与从左段梁求出 $m-m$ 截面上的 F_s 和 M 大小相等,方向相反,如图 5-9(c)所示。

2.剪力和弯矩的正、负号规定

为了使从左、右两段梁求得同一截面上的剪力 F_s 和弯矩 M 具有相同的正负号,对剪力和弯矩的正负号特作如下规定:

(1)剪力的正负号:截面剪力对梁段(隔离体)内一点的力矩顺时针时为正(图 5-10(a));反之,为负(图 5-10(b))。亦即留下部分为截面左侧时,指向下的剪力为正,留下部分为截面右侧时,指向上的剪力为正;反之则为负。

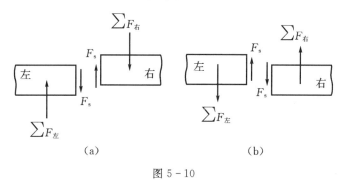

图 5-10

(2)弯矩的正负号:使截面临近微段产生下侧受拉变形的弯矩为正(图 5-11(a));反之,为负(图 5-11(b))。亦即截面上弯矩使得截面附近发生向下凸变形时为正,使得截面附近发生上凸的变形时为负。

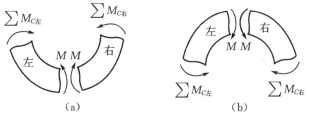

图 5-11

用截面法求指定截面上的剪力和弯矩的步骤如下:

(1)计算支座反力(悬臂梁一般不计算支座反力也可以用截面法计算出截面内力,但简支梁和外伸梁一般要先计算出支座反力才能计算出截面内力);

(2)用假想的截面在需求内力处将梁截成两段,取其中任一段为研究对象;

(3)画出研究对象的受力图(截面上的 F_s 和 M 都先假设为正的方向);

(4)建立留下部分的平衡方程,求出内力。

下面举例说明用截面法计算指定截面上的剪力和弯矩。

例 5-1 简支梁如图 5-12(a)所示。已知 $F_1=30$ kN,$F_2=30$ kN,试求截面 1—1 上的剪力和弯矩。

解 ①求支座反力,考虑梁的整体平衡

$$\sum M_B=0, \quad F_1\times 5+F_2\times 2-F_{Ay}\times 6=0$$

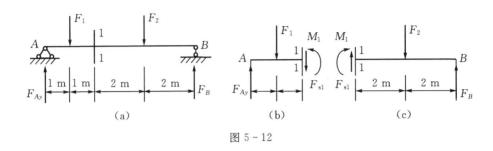

图 5-12

$$\sum M_A = 0, \quad -F_1 \times 1 - F_2 \times 4 + F_B \times 6 = 0$$

得 $\quad F_{Ay} = 35 \text{ kN}(\uparrow), \quad F_B = 25 \text{ kN}(\uparrow)$

校核 $\quad \sum F_y = F_{Ay} + F_B - F_1 - F_2 = 35 + 25 - 30 - 30 = 0$

②求截面 1-1 上的内力。

在截面 1-1 处将梁截开,取左段梁为研究对象,画出其受力图,内力 F_{s1} 和 M_1 均先假设为正的方向(图 5-12(b)),列平衡方程

$$\sum F_y = 0, \quad F_{Ay} - F_1 - F_{s1} = 0$$
$$\sum M_1 = 0, \quad -F_{Ay} \times 2 + F_1 \times 1 + M_1 = 0$$

得
$$F_{s1} = F_{Ay} - F_1 = 35 - 30 = 5 \text{ kN}$$
$$M_1 = F_{Ay} \times 2 - F_1 \times 1 = 35 \times 2 - 30 \times 1 = 40 \text{ kN·m}$$

求得 F_{s1} 和 M_1 均为正值,表示截面 1-1 上内力的实际方向与假定的方向相同;按内力的符号规定,剪力、弯矩都是正的。所以,画受力图时一般要先假设内力为正的方向,由平衡方程求得结果的正负号,就能直接代表内力本身的正负。

如取 1-1 截面右段梁为研究对象(图 5-12(c)),可得出同样的结果。

例 5-2 悬臂梁,其尺寸及梁上荷载如图 5-13 所示,求截面 1-1 上的剪力和弯矩。

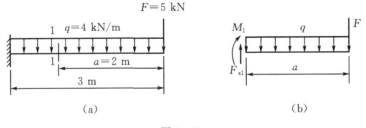

图 5-13

解 对于悬臂梁不需求支座反力,可取右段梁为研究对象,其受力图如图 5-13(b)所示。

列平衡方程

$$\sum F_y = 0, \quad F_{s1} - qa - F = 0$$

$$\sum M_1 = 0, \quad -M_1 - qa \cdot \frac{a}{2} - Fa = 0$$

得

$$F_{s1} = qa + F = 4 \times 2 + 5 = 13 \text{ kN}$$

$$M_1 = -\frac{qa^2}{2} - Fa = -\frac{4 \times 2^2}{2} - 5 \times 2 = -18 \text{ kN} \cdot \text{m}$$

求得 F_{s1} 为正值，表示 F_{s1} 的实际方向与假定的方向相同；M_1 为负值，表示 M_1 的实际方向与假定的方向相反。所以，按梁内力的符号规定，1-1 截面上的剪力为正，弯矩为负。

5.3.2 简便法求内力

通过上述例题，可以总结出直接根据外力计算梁内力的规律，省略重新画受力分析图列平衡方程的过程。

1. 求剪力

上述计算剪力是对截面左(或右)段梁建立力的投影平衡方程，经过移项后得到

$$F_s = \sum F_y$$

上式说明：梁内任一横截面上的剪力在数值上等于该截面一侧所有外力在垂直于轴线方向投影的代数和。若外力对截面内一点的力矩为顺时针方向时，等式右方投影的力取正号(参见图 5-10(a))；反之，取负号(参见图 5-10(b))。此规律可记为"顺转剪力正"；或者说截面以左向上的外力投影取正号，截面以右向下的外力投影取正号；反之外力投影取负号。可记为"左上右下，剪力正"，即截面左侧向上的外力在截面引起正号的剪力，向下的外力引起负号的剪力；截面右侧向下的外力在截面引起正号的剪力，向上的外力引起负号的剪力。

2. 求弯矩

计算弯矩是对截面左(或右)段梁建立力矩平衡方程，经过移项后可得

$$M = \sum M_C \quad \text{或} \quad M = \sum M_C$$

上两式说明：梁内任一横截面上的弯矩在数值上等于该截面一侧所有外力(包括力偶)对该截面形心力矩的代数和。将所求截面固定，若外力矩使所考虑的梁段截面附近微段产生下凸弯曲变形时(即上部受压，下部受拉)，等式右方取正号(参见图 5-11(a))；反之，取负号(参见图 5-11(b))。此规律可记为"下凸弯矩正"。或者说向上的外力产生正号弯矩，向下的外力产生负号弯矩；截面以左顺时针的外力偶产生正号弯矩，截面以右逆时针的外力偶产生正号弯矩。反之产生负号弯矩。可记为"左顺右逆，弯矩为正"。

利用上述规律直接由外力求梁内力的方法称为简便法。用简便法求内力可以省去画受力图和列平衡方程，从而简化计算过程。现举例说明。

例 5-3 用简便法求图 5-14 所示简支梁 1-1 截面上的剪力和弯矩。

解 ① 求支座反力。由梁的整体平衡求得

$$F_{Ay} = 8 \text{ kN}(\uparrow), \quad F_B = 7 \text{ kN}(\uparrow)$$

② 计算 1-1 截面上的内力。

由 1-1 截面以左部分的外力来计算内力，根据外力产生的剪力和弯矩的正负号规则，可得

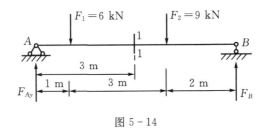

图 5-14

$$F_{s1} = F_{Ay} - F_1 = 8 - 6 = 2 \text{ kN}$$
$$M_1 = F_{Ay} \times 3 - F_1 \times 2 = 8 \times 3 - 6 \times 2 = 12 \text{ kN} \cdot \text{m}$$

5.4 剪力图和弯矩图

在计算梁的强度和刚度问题时,除了要计算指定截面的剪力和弯矩外,还必须知道剪力和弯矩沿梁轴线的变化规律,从而找到梁内剪力和弯矩的最大值以及它们所在的截面位置,这可以通过作剪力图和弯矩图得知。

1.剪力方程和弯矩方程

从上节的讨论可以看出,梁内各截面上的剪力和弯矩一般随截面的位置而变化的。若横截面的位置用沿梁轴线的坐标 x 来表示,则各横截面上的剪力和弯矩都可以表示为坐标 x 的函数,即

$$F_s = F_s(x), \quad M = M(x)$$

以上两个函数式表示梁内剪力和弯矩沿梁轴线的变化规律,分别称为**剪力方程**和**弯矩方程**。

2.剪力图和弯矩图

为了形象地表示剪力和弯矩沿梁轴线的变化规律,可以根据剪力方程和弯矩方程分别绘制**剪力图**和**弯矩图**。以沿梁轴线的横坐标 x 表示梁横截面的位置,以纵坐标表示相应横截面上的剪力或弯矩,习惯上以向上的方向作为纵坐标的正方向,把正剪力、弯矩画在 x 轴上方,负剪力、弯矩画在 x 轴下方,但画图时常常省略不画坐标轴的正方向;但有些技术部门,例如我国土木建筑部门,在画弯矩图时,常采用纵坐标向下为正,正号弯矩画在 x 轴下方,负号弯矩画在 x 轴上方(即纵标画在梁截面受拉侧)。

例 5-4 简支梁受均布荷载作用如图 5-15(a)所示,试写出剪力方程与弯矩方程,画出梁的剪力图和弯矩图。

解 ①求支座反力:因对称关系,可得

$$F_{Ay} = F_B = \frac{1}{2}ql \; (\uparrow)$$

②列剪力方程和弯矩方程:取距 A 点为 x 处的任意截面,将梁假想截开,考虑左段平衡,可得

$$F_s(x) = F_A - qx = \frac{1}{2}ql - qx \quad (0 < x < l) \tag{a}$$

$$M(x) = F_{Ay}x - \frac{1}{2}qx^2 = \frac{1}{2}qlx - \frac{1}{2}qx^2 \quad (0 \leqslant x \leqslant l) \tag{b}$$

③画剪力图和弯矩图：由式(a)可见，$F_s(x)$ 是 x 的一次函数，即剪力方程为一直线方程，剪力图是一条斜直线。当

$$x \to 0 \text{ 时}, \quad F_{sA} \to \frac{ql}{2}$$

$$x \to l \text{ 时}, \quad F_{sB} \to -\frac{ql}{2}$$

根据这两个截面的剪力值，画出剪力图，如图 5-15(b)所示。

由式(b)知，$M(x)$ 是 x 的二次函数，说明弯矩图是一条二次抛物线，应至少计算三个截面的弯矩值，才可描绘出曲线的大致形状。当

$$x = 0 \text{ 时}, \quad M_A = 0$$

$$x = \frac{l}{2} \text{ 时}, \quad M_C = \frac{ql^2}{8}$$

$$x = l \text{ 时}, \quad M_B = 0$$

在坐标平面确定上述三点，用光滑曲线连接此三点，画出弯矩图，如图 5-15(c)所示。按土木建筑部门规定，则弯矩图如图(d)所示。本教材如无特别指明时，弯矩图按第一种规定的画法。

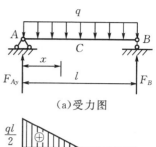
(a)受力图

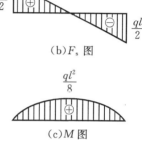
(b)F_s 图

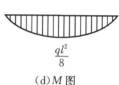
(c)M 图

(d)M 图

图 5-15

从剪力图和弯矩图中可知，受均布荷载作用的简支梁，其剪力图为斜直线，弯矩图为二次抛物线；最大剪力发生在两端支座处，绝对值为 $|F_s|_{max} = \frac{1}{2}ql$；而最大弯矩发生在剪力为零的跨中截面上，其绝对值为 $|M|_{max} = \frac{1}{8}ql^2$。

结论：在均布荷载作用的梁段，剪力图为斜直线，弯矩图为二次抛物线。在剪力等于零的截面上弯矩有极值。

例 5-5 简支梁受集中力作用如图 5-16(a)所示，试画出梁的剪力图和弯矩图。

解 ①求支座反力。由梁的整体平衡条件得

$$\sum M_B = 0, \quad F_{Ay} = \frac{Fb}{l}(\uparrow)$$

$$\sum M_A = 0, \quad F_B = \frac{Fa}{l}(\uparrow)$$

校核

$$\sum F_y = F_{Ay} + F_B - F = \frac{Fb}{l} + \frac{Fa}{l} - F = 0$$

②列剪力方程和弯矩方程。梁在 C 处有集中力作用，故 AC 段和 CB 段的剪力方程和弯矩方程不相同，要分段列出。

AC 段：距 A 端为 x_1 的任意截面处将梁假想截开，并考虑左段梁平衡，列出剪力方程和弯矩方程为

$$F_s(x_1) = F_{Ay} = \frac{Fb}{l} \quad (0 < x_1 < a) \tag{a}$$

$$M(x_1) = F_{Ay}x_1 = \frac{Fb}{l}x_1 \quad (0 \leqslant x_1 \leqslant a) \tag{b}$$

CB 段：距 A 端为 x_2 的任意截面处假想截开，并考虑左段的平衡，列出剪力方程和弯矩方程为

$$F_s(x_2) = F_{Ay} - F = \frac{Fb}{l} - F = -\frac{Fa}{l} \quad (a < x_2 < l) \tag{c}$$

$$M(x_2) = F_{Ay}x_2 - F(x_2 - a) = \frac{Fa}{l}(l - x_2) \quad (a \leqslant x_2 \leqslant l) \tag{d}$$

③画剪力图和弯矩图：根据剪力方程和弯矩方程画剪力图和弯矩图。

F_s 图：AC 段剪力方程 $F_s(x_1)$ 为常数，其剪力值为 $\frac{Fb}{l}$，剪力图是一条平行于 x 轴的直线，且在 x 轴上方。CB 段剪力方程 $F_s(x_2)$ 也为常数，其剪力值为 $-\frac{Fa}{l}$，剪力图也是一条平行于 x 轴的直线，但在 x 轴下方。画出全梁的剪力图，如图 5-16(b)所示。

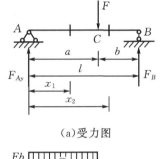

(a)受力图

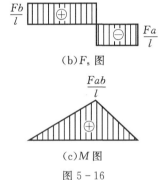

(b)F_s 图

(c)M 图

图 5-16

M 图：AC 段弯矩 $M(x_1)$ 是 x_1 的一次函数，弯矩图是一条斜直线，只要计算两个截面的弯矩值，就可以画出弯矩图。当

$x_1 = 0$ 时， $M_A = 0$

$x_1 = a$ 时， $M_C = \frac{Fab}{l}$

根据计算结果，可画出 AC 段弯矩图。

CB 段弯矩 $M(x_2)$ 也是 x_2 的一次函数，弯矩图仍是一条斜直线。当

$x_2 = a$ 时， $M_C = \frac{Fab}{l}$

$x_2 = l$ 时， $M_B = 0$

由上面两个弯矩值，画出 CB 段弯矩图。整梁的弯矩图如图 5-16(c)所示。

从剪力图和弯矩图中可见，简支梁受集中荷载作用，当 $a > b$ 时，$|F_s|_{max} = \frac{Fa}{l}$，发生在 BC 段的任意截面上；$|M|_{max} = \frac{Fab}{l}$，发生在集中力作用处的截面上。若集中力作用在梁的跨中，则最大弯矩发生在梁的跨中截面上，其值为 $M_{max} = \frac{Fl}{4}$。

结论：在无荷载梁段剪力图为与梁轴线平行的平行线，弯矩图为斜直线。在集中力作用处，左右截面上的剪力图发生突变，其突变值等于该集中力的大小；而弯矩图出现转折，即出现尖点，尖点方向与该集中力方向相反。

例 5-6 如图 5-17(a)所示简支梁受集中力偶作用，试画出梁的剪力图和弯矩图。

解 ①求支座反力：由整梁平衡得

$$\sum M_B = 0, \quad F_{Ay} = \frac{M}{l}(\uparrow)$$

$$\sum M_A = 0, \quad F_B = -\frac{M}{l}(\downarrow)$$

校核 $\sum F_y = F_{Ay} + F_B = \dfrac{M}{l} - \dfrac{M}{l} = 0$

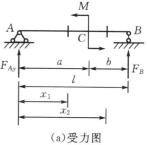

(a)受力图

②列剪力方程和弯矩方程：在梁的 C 截面的集中力偶 m 作用，分两段列出剪力方程和弯矩方程。

AC 段：在 A 端为 x_1 的截面处假想将梁截开，考虑左段梁平衡，列出剪力方程和弯矩方程为

$$F_s(x_1) = F_{Ay} = \frac{M}{l} \quad (0 < x_1 \leqslant a) \tag{a}$$

$$M(x_1) = F_{Ay} x_1 = \frac{M}{l} x_1 \quad (0 \leqslant x_1 < a) \tag{b}$$

CB 段：在 A 端为 x_2 的截面处假想将梁截开，考虑左段梁平衡，列出剪力方程和弯矩方程为

$$F_s(x_2) = F_{Ay} = \frac{M}{l} \quad (a \leqslant x_2 < l) \tag{c}$$

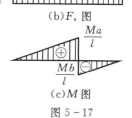

(b)F_s 图

(c)M 图

图 5-17

$$M(x_2) = F_{Ay} x_2 - M = -\frac{M}{l}(l - x_2) \quad (a < x_2 \leqslant l) \tag{d}$$

③画剪力图和弯矩图：F_s 图：由(a)、(c)式可知，梁在 AC 段和 CB 段剪力都是常数，其值为 $\dfrac{M}{l}$，故剪力是一条在 x 轴上方且平行于 x 轴的直线。画出剪力图如图 5-17(b)所示。

M 图：由式(b)、(d)可知，梁在 AC 段和 CB 段内弯矩都是 x 的一次函数，故弯矩图是两段斜直线。

AC 段：

当 $x_1 = 0$ 时，$M_A = 0$

当 $x_1 = a$ 时，$M_{C左} = \dfrac{Ma}{l}$

CB 段：

当 $x_2 = a$ 时，$M_{2右} = -\dfrac{Mb}{l}$

当 $x_2 = l$ 时，$M_B = 0$

画出弯矩图如图 5-17(c)所示。

由内力图可见，简支梁只受一个力偶作用时，剪力图为同一条平行线，而弯矩图是两段平行的斜直线，在集中力偶处左右截面上的弯矩发生了突变。

结论：梁在集中力偶作用处，左右截面上的剪力无变化，而弯矩出现突变，其突变值等于该集中力偶矩。

例 5-7 试列出图 5-18 所示梁的剪力方程和弯矩方程，画剪力图和弯矩图，并求出 $F_{s,max}$ 和 M_{max}。设 q, l, F, M_e 均为已知。

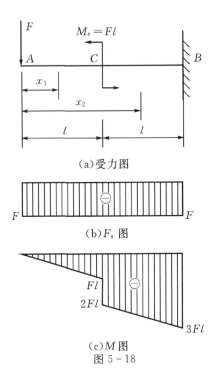

图 5-18

解 ①列剪力方程和弯矩方程。

建坐标系如图,对 AC 段取 x_1 截面左边为研究对象,可得剪力方程和弯矩方程分别为

$$F_s(x_1) = -F \quad (0 < x_1 \leqslant l)$$
$$M(x_1) = -Fx_1 \quad (0 \leqslant x_1 \leqslant l)$$

同理,对 CB 段可得剪力方程和弯矩方程分别为

$$F_s(x_2) = -F_2 \quad (0 < x_2 \leqslant 2l)$$
$$M(x_2) = -Fx_2 - M_e = -Fx_2 - Fl \quad (0 \leqslant x_2 \leqslant 2l)$$

②绘制剪力图和弯矩图。

由剪力方程可知,剪力图在 AC、CB 段均为水平直线,可由一个端点的剪力值定位绘制如图所示。$F_{s,max}$ 发生于 AB 段内,大小为 F。

由弯矩方程可知,弯矩图在 AC、CB 段均为斜直线,可由两个端点的弯矩值定位绘制如图。M_{max} 发生于 B 左截面,大小为 $3Fl$。

5.5 微分关系法绘制剪力图和弯矩图

5.5.1 荷载集度、剪力和弯矩之间的微分关系

上一节从直观上总结出剪力图、弯矩图的一些规律和特点。现进一步讨论剪力、弯矩图与荷载集度之间的关系。

如图 5-19(a)所示,梁上作用有任意的分布荷载 $q(x)$,设 $q(x)$ 以向上为正,取 A 为坐标原点,x 轴以向右为正,现取分布荷载作用下的一微段 dx 来研究(图 5-19(b))。

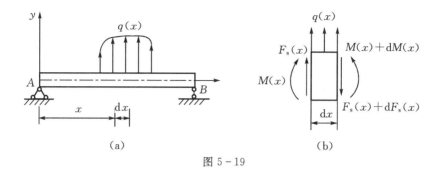

图 5-19

由于微段的长度 dx 非常小,因此,在微段上作用的分布荷载 $q(x)$ 可以认为是均布的。微段左侧横截面上的剪力是 $F_s(x)$、弯矩是 $M(x)$;微段右侧截面上的剪力是 $F_s(x)+dF_s(x)$、弯矩是 $M(x)+dM(x)$,并设它们都为正值。考虑微段的平衡,由

$$\sum F_y = 0, \quad F_s(x) + q(x)dx - [F_s(x) + dF_s(x)] = 0$$

得

$$\frac{dF_s(x)}{dx} = q(x) \tag{5-1}$$

梁上任一横截面上的剪力对截面位置 x 的一阶导数等于作用在该截面处的分布荷载集度。这一微分关系的几何意义是,剪力图上某点切线的斜率等于相应截面处的分布荷载集度。再由

$$\sum M_C = 0, \quad -M(x) - F_s(x)dx - q(x)dx\frac{dx}{2} + [M(x) + dM(x)] = 0$$

上式中,C 点为右侧横截面的形心,经过整理,并略去二阶微量 $q(x)\frac{(dx)^2}{2}$ 后,得

$$\frac{dM(x)}{dx} = F_s(x) \tag{5-2}$$

梁上任一横截面上的弯矩对截面位置 x 的一阶导数等于该截面上的剪力。这一微分关系的几何意义是,弯矩图上某点切线的斜率等于相应截面上剪力。

将式(5-2)两边求导,可得

$$\frac{d^2 M(x)}{dx^2} = q(x) \tag{5-3}$$

梁上任一横截面上的弯矩对截面位置 x 的二阶导数等于该截面处的分布荷载集度。这一微分关系的几何意义是,弯矩图上某点的曲率等于相应截面处的荷载集度。由分布荷载集度的正负可以确定弯矩图的凹凸方向。

将式(5-1)两边同乘以,并沿梁的两横截面 A 与 B 间进行积分,得

$$F_{sB} - F_{sA} = \int_{x_A}^{x_B} q(x)dx \quad (x_B > x_A) \tag{5-4}$$

即截面 B 与截面 A 的剪力之差,等于该两截面间荷载集度图的面积或分布荷载的合力。这里要求两截面 B 与 A 间分布荷载 $q(x)$ 连续,且无集中力。

同理,利用式(5-2),得

$$M_B - M_A = \int_{x_A}^{x_B} F_s(x) dx \quad (x_B > x_A) \tag{5-5}$$

即截面 B 与截面 A 的弯矩之差,等于该两截面间剪力图的面积。这里要求两截面 B 与 A 间剪力函数 $F_s(x)$ 连续,且无集中力偶。

当某一截面的剪力或弯矩已知时,利用上述积分关系式,可以计算或校核另一截面的剪力或弯矩。

5.5.2 用微分关系法绘制剪力图和弯矩图

利用弯矩、剪力与荷载集度之间的微分关系及其几何意义,可总结出下列一些规律,以用来校核或绘制梁的剪力图和弯矩图。

1. 在无荷载梁段

即 $q(x)=0$ 时,由式(5-1)可知,$F_s(x)$ 是常数,即剪力图是一条平行于梁的轴线 x 的直线;又由式(5-2)可知该段弯矩图上各点切线的斜率为常数,因此,弯矩图是一条斜直线。

2. 均布荷载梁段

即 $q(x)=$ 常数时,由式(5-1)可知,剪力图上各点切线的斜率为常数,即 $F_s(x)$ 是 x 的一次函数,剪力图是一条斜直线;又由式(5-3)可知,$M(x)$ 是 x 的二次函数,该段弯矩图为二次抛物线。这时,根据一点处荷载集度的指向不同,该点处梁的微段变形后可能出现两种情况,当荷载集度指向下(负),微段向下凸,截面弯矩为正号,弯矩图向上凸,如图 5-15(c) 所示;当荷载集度指向上(正),微段向上凸,截面弯矩为负号。

3. 弯矩的极值

由 $\dfrac{dM(x)}{dx}=F_s(x)=0$ 可知,在 $F_s(x)=0$ 的截面处,$M(x)$ 具有极值。即剪力等于零的截面上,弯矩具有极值;除了剪力为零的截面弯矩取极值外,在剪力突变(且正负号改变)的截面上,弯矩也有极值。如图 5-20(c) 中的截面 B、C 处。

将弯矩、剪力、荷载集度的关系及剪力图和弯矩图的一些特征汇总整理为表 5-1,以供参考。

表 5-1 在几种载荷上剪力图与弯矩图的特征

梁段上的外力情况	向下的均布荷载 q	无荷载	集中力 $F \downarrow C$	集中力偶 $M_e \curvearrowright C$
剪力图上的特征	向下方倾斜的直线 $\oplus$ 或 $\ominus$	水平直线,一般为 $\oplus$ 或 $\ominus$	在 C 处有突变	在 C 处无变量
弯矩图上的特征	上凸的二次抛物线	一般为斜直线	在 C 处有尖角	在 C 处有突变
最大弯矩所在截面的可能位置	在 $F_s=0$ 的截面		在剪力突变的截面	在紧靠 C 点的某一侧的截面

利用上述荷载、剪力和弯矩之间的微分关系及规律,可更简捷地绘制梁的剪力图和弯矩图,其步骤如下:

(1)分段,即根据梁上外力及支承等情况将梁分成若干段;凡集中力、集中力偶作用点,分布荷载起始和结束点及支座作用点均应作为分段的分界点,称这些点处的截面为控制界面。

(2)根据各段梁上的荷载情况,判断其剪力图和弯矩图的大致形状;

(3)利用计算内力的简便方法,直接求出若干控制截面上的 F_s 值和 M 值;

(4)逐段直接绘出梁的 F_s 图和 M 图。

例 5-8 一外伸梁,梁上荷载如图 5-20(a)所示,已知 $l=4$ m,利用微分关系绘出外伸梁的剪力图和弯矩图。

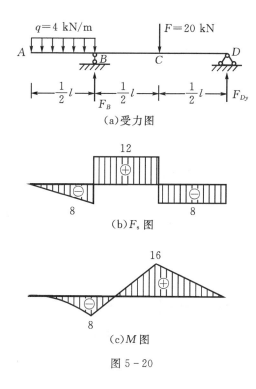

图 5-20

解 ① 求支座反力:$F_B=20$ kN(↑), $F_{Dy}=8$ kN(↑)

② 根据梁上的外力情况将梁分段,将梁分为 AB、BC 和 CD 三段。

③ 计算控制截面剪力,画剪力图:AB 段梁上有均布荷载,该段梁的剪力图为斜直线,其控制截面剪力为

$$F_{sA}=0$$

$$F_{sB^-}=-\frac{1}{2}ql=-\frac{1}{2}\times 4\times 4=-8 \text{ kN}$$

BC 和 CD 段均为无荷载区段,剪力图均为水平线,其控制截面剪力为

$$F_{sB^+} = -\frac{1}{2}ql + F_B = -8 + 20 = 12 \text{ kN}$$

$$F_{sC^-} = -\frac{1}{2}ql + F_B = -8 + 20 = 12 \text{ kN}$$

$$F_{sC^+} = F_{sD} = -F_{Dy} = -8 \text{ kN}$$

式中截面位置处的上标"—"、"+"分别表示该截面稍左或稍右。画出剪力图如图 5-20(b)所示。

④计算控制截面弯矩,画弯矩图:AB 段梁上有均布荷载,该段梁的弯矩图为二次抛物线。因 q 向下(q<0),所以曲线向下凸,其控制截面弯矩为

$$M_A = 0$$

$$M_B = -\frac{1}{2}ql \cdot \frac{l}{4} = -\frac{1}{8} \times 4 \times 4^2 = -8 \text{ kN} \cdot \text{m}$$

BC 段与 CD 段均为无荷载区段,弯矩图均为斜直线,其控制截面弯矩为

$$M_B = -8 \text{ kN} \cdot \text{m}$$

$$M_C = F_{Dy} \cdot \frac{l}{2} = 8 \times 2 = 16 \text{ kN} \cdot \text{m}$$

$$M_D = 0$$

画出弯矩图如图 5-21(c)所示。

从以上看到,对本题来说,只需算出 F_{sB^-}、F_{sB^+}、F_{sD} 和 M_B、M_C,就可画出梁的剪力图和弯矩图。

例 5-9 一简支梁,尺寸及梁上荷载如图 5-21(a)所示,利用微分关系绘出此梁的剪力图和弯矩图。

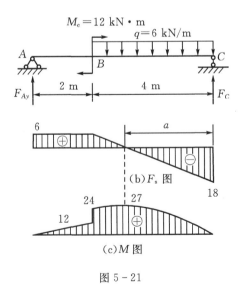

图 5-21

解 ①求支座反力:$F_{Ay} = 6 \text{ kN}(\uparrow)$, $F_C = 18 \text{ kN}(\uparrow)$。

② 根据梁上的荷载情况,将梁分为 AB 和 BC 两段,逐段画出内力图。
③ 计算控制截面剪力,画剪力图:AB 段为无荷载区段,剪力图为水平线,其控制截面剪力为
$$F_{sA} = F_{Ay} = 6 \text{ kN}$$
BC 为均布荷载段,剪力图为斜直线,其控制截面剪力为
$$F_{sB} = F_{Ay} = 6 \text{ kN}$$
$$F_{sC} = -F_C = -18 \text{ kN}$$
画出剪力图如图 5-21(b)所示。
④ 计算控制截面弯矩,画弯矩图:AB 段为无荷载区段,弯矩图为斜直线,其控制截面弯矩为
$$M_A = 0$$
$$M_{B左} = F_{Ay} \times 2 = 12 \text{ kN} \cdot \text{m}$$
BC 为均布荷载段,由于 q 向下,弯矩图为凸向下的二次抛物线,其控制截面弯矩为
$$M_{B右} = F_{Ay} \times 2 + M_e = 6 \times 2 + 12 = 24 \text{ kN} \cdot \text{m}$$
$$M_C = 0$$
从剪力图可知,此段弯矩图中存在着极值,应该求出极值所在的截面位置及其大小。
设弯矩具有极值的截面距右端的距离为 x,由该截面上剪力等于零的条件可求得 x 值,即
$$F_s(x) = -F_C + qx = 0$$
$$x = \frac{F_C}{q} = \frac{18}{6} = 3 \text{ m}$$
弯矩的极值为
$$M_{\max} = F_C \cdot x - \frac{1}{2}qx^2 = 18 \times 3 - \frac{6 \times 3^2}{2} = 27 \text{ kN} \cdot \text{m}$$
画出弯矩图如图 5-21(c)所示。
对本题来说,反力 F_{Ay}、F_C 求出后,便可直接画出剪力图。而弯矩图,也只需确定 $M_{B左}$、$M_{B右}$ 及 $M_{\max}$ 值,便可画出。

例 5-10 试用 F_s、M 与 q 之间的微分关系判断图 5-22(a)所示梁的内力图形态,画出内力图。

解 ① 求支反力。
$$\sum M_A = 0: \quad F_{By} \cdot 3a - \frac{1}{2} \cdot q \cdot (2a)^2 - qa \cdot a = 0, \quad F_{By} = qa$$
$$\sum F_y = 0: \quad F_{Ay} + F_{By} - q \cdot 2a - qa = 0, \quad F_{Ay} = 2qa$$
② 判断内力图形态并作内力图。
AC 段:q 为常数,且 $q<0$,F_s 图从左到右为向下的斜直线,M 图为向上凸的抛物线。C 截面处,有集中力 F 作用,F_s 图突变,$F_{sC} = qa$,M 图不光滑,弯矩值为 $\frac{3}{2}qa^2$。

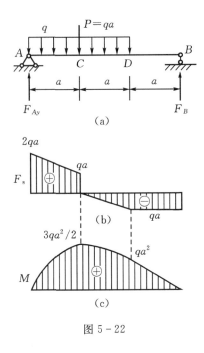

图 5-22

CD 段：q 为常数，且 $q<0$，F_s 图从左到右为向下的斜直线，M 图为向上凸的抛物线。

DB 段：$q=0$，F_s 图为水平直线，且 $F_s<0$；M 图从左到右为向下的斜直线，截面 D 弯距 qa^2。

根据以上特点，绘剪力与弯矩图，如图 5-22(b)、(c) 所示。

5.6 叠加法绘制弯矩图

1. 叠加原理

由于在小变形条件下，梁的内力、支座反力、应力和变形等参数均与荷载呈线性关系，每一荷载单独作用时引起的某一参数不受其他荷载的影响。所以，梁在 n 个荷载共同作用时所引起的某一参数（内力、支座反力、应力和变形等），等于梁在各个荷载单独作用时所引起同一参数的代数和，这种关系称为**叠加原理**（图 5-23）。

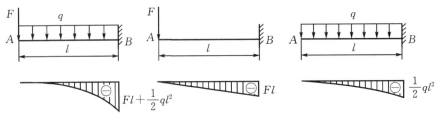

图 5-23 叠加原理

2.叠加法画矩图

根据叠加原理来绘制梁的内力图的方法称为叠加法。由于剪力图一般比较简单,因此不用叠加法绘制。下面只讨论用叠加法作梁的弯矩图。其方法为,先分别作出梁在每一个荷载单独作用下的弯矩图,然后将各弯矩图中同一截面上的弯矩代数相加,即可得到梁在所有荷载共同作用下的弯矩图。

为了便于应用叠加法绘内力图,在表 5-2 中给出了梁在简单荷载作用下的剪力图和弯矩图,可供查用。

例 5-11 试用叠加法画出图 5-24 所示简支梁的弯矩图。

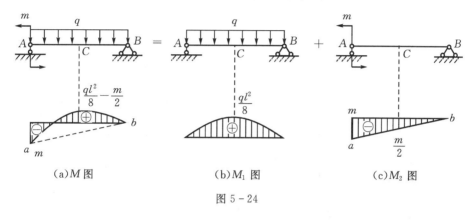

(a)M 图　　　　(b)M_1 图　　　　(c)M_2 图

图 5-24

解 ①先将梁上荷载分为集中力偶 m 和均布荷载 q 两组。

②分别画出 m 和 q 单独作用时的弯矩图 M_1 和 M_2(图 5-24(b)、(c))。

③然后将这两个弯矩图相叠加。叠加时,是将相应截面的纵坐标代数相加。叠加方法如图 5-24(a)所示。先作出直线形的弯矩图 M_1(即 ab 直线,可用虚线画出),再以 ab 为基准线作出曲线形的弯矩图 M_2。这样,将两个弯矩图相应纵坐标代数相加后,就得到 m 和 q 共同作用下的最后弯矩图 M(图 5-24(a))。由于绘抛物线的大致形状最少需要三个点,这里取截面为 A、B、C,即

A 截面弯矩为

$$M_A = -m + 0 = -m$$

B 截面弯矩为

$$M_B = 0 + 0 = 0$$

跨中 C 截面弯矩为

$$M_C = \frac{ql^2}{8} - \frac{m}{2}$$

叠加时宜先画直线形的弯矩图,再叠加上曲线形或折线形的弯矩图。

由上例可知,用叠加法作弯矩图,一般不能直接求出最大弯矩的精确值,若需要确定最大弯矩的精确值,应找出剪力 $F_s = 0$ 的截面位置,求出该截面的弯矩,即得到最大弯矩的精确值。

表 5-2 简单荷载作用下梁的弯矩图

梁的形式与荷载	弯矩图
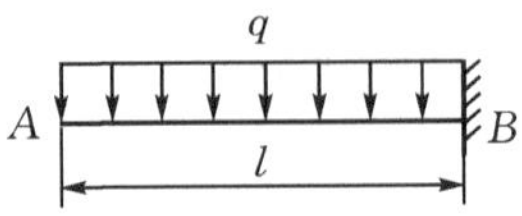 悬臂梁 AB，长 l，均布荷载 q	 $\dfrac{1}{2}ql^2$（负）
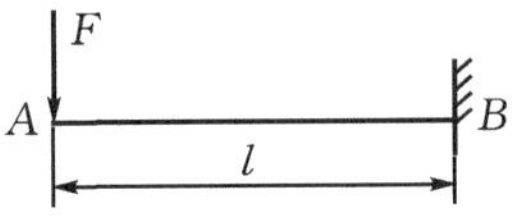 悬臂梁 AB，长 l，自由端集中力 F	 Fl（负）
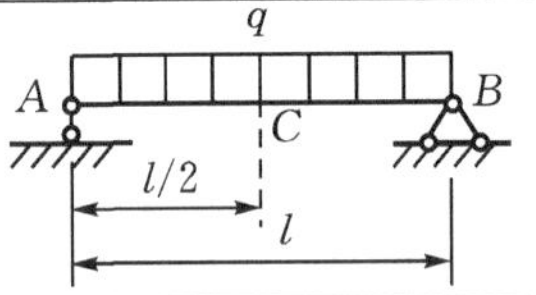 简支梁 AB，长 l，均布荷载 q，中点 C	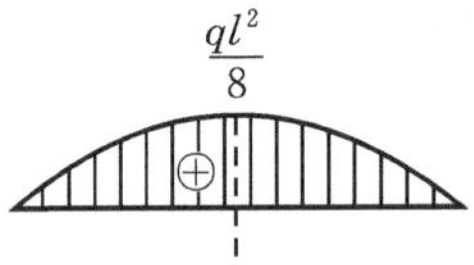 $\dfrac{ql^2}{8}$（正）
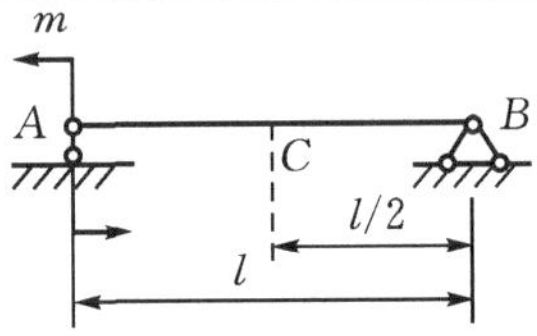 简支梁 AB，长 l，A 端集中力偶 m，中点 C	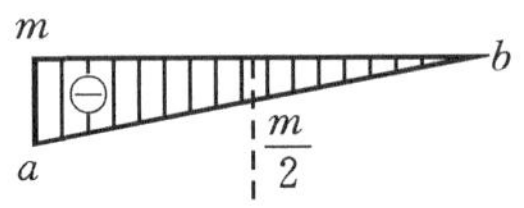 m 到 $\dfrac{m}{2}$ 到 b（负）
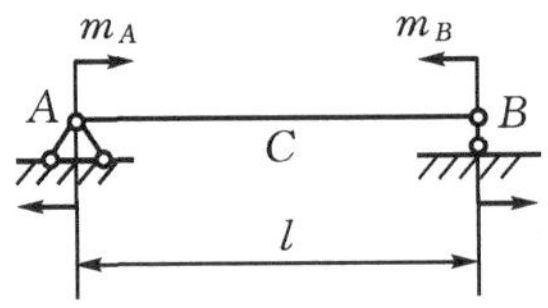 简支梁 AB，长 l，两端力偶 m_A、m_B	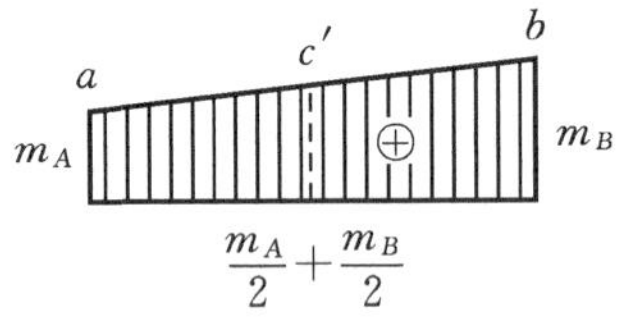 m_A、m_B，中点 $\dfrac{m_A}{2}+\dfrac{m_B}{2}$（正）
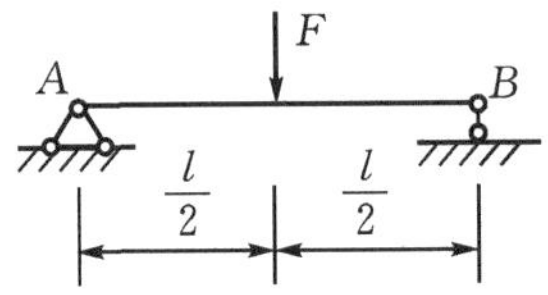 简支梁 AB，长 l，中点 F	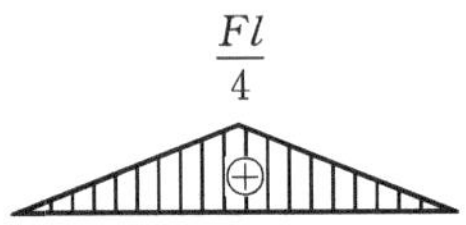 $\dfrac{Fl}{4}$（正）

例 5-12 用叠加法画出图 5-25 所示简支梁的弯矩图。

解 ① 先将梁上荷载分为两组。其中,集中力偶 m_A 和 m_B 为一组,集中力 F 为一组。

② 分别画出两组荷载单独作用下的弯矩图 M_1 和 M_2(图 5-25(b)、(c)),然后将这两个弯矩图相叠加。叠加方法如图 5-25(a)所示。先作出直线形的弯矩图 M_1(即 ab 直线,用虚线画出),再以 ab 为基准线作出折线形的弯矩图 M_2。这样,将两个弯矩图相应纵坐标代数相加后,就得到两组荷载共同作用下的最后弯矩图 M(图 5-25(a))。其控制截面为 A、B、C,即

A 截面弯矩为
$$M_A = M_A + 0 = M_A$$

B 截面弯矩为
$$M_B = M_B + 0 = M_B$$

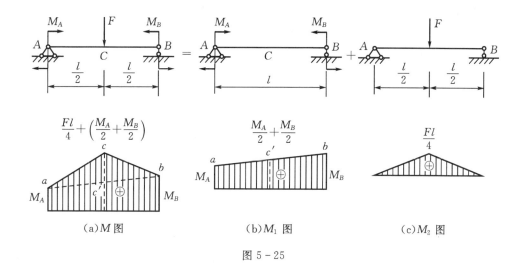

图 5-25

跨中 C 截面弯矩为

$$M_C = \frac{M_A + M_B}{2} + \frac{Fl}{4}$$

3. 用区段叠加法画弯矩图

上面介绍了利用叠加法画全梁的弯矩图。现在进一步把叠加法推广到画某一段梁的弯矩图，这对画复杂荷载作用下梁的弯矩图和今后画刚架、连续梁的弯矩图是十分有用的。

图 5-26(a)为一梁承受荷载 F、q 作用，如果已求出该梁截面 A 的弯矩 M_{AB} 和截面 B 的弯矩 M_{BA}，则可取出 AB 段为隔离体然后根据(见图 5-26(b))，隔离体的平衡条件分别求出截面 A、B 的剪力 F_{sA}、F_{sB}。将此隔离体与图 5-26(c)的简支梁相比较，由于简支梁受相同的集中力 F 及杆端力偶 M_{AB}、M_{BA} 作用，因此，由简支梁的平衡条件可求得支座反力 $F_{Ay} = F_{sA}$，$F_B = F_{sB}$。

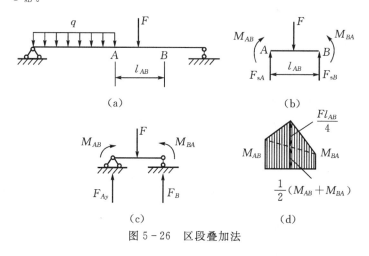

图 5-26 区段叠加法

可见图 5-26(b)与 5-26(c)两者受力完全相同，因此两者弯矩也必然相同。对于图 5-26(c)所示简支梁，可以用上面讲的叠加法作出其弯矩图如图 5-26(d)所示，因此，可知 AB

段的弯矩图也可用叠加法作出。由此得出结论:任意段梁都可以当作简支梁,并可以利用叠加法来作该段梁的弯矩图。这种利用叠加法作某一段梁弯矩图的方法称为"区段叠加法"。

例 5-13 试作出图 5-27 外伸梁的弯矩图。

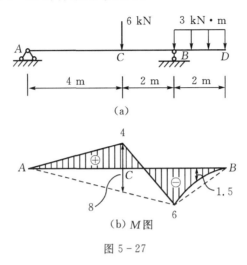

图 5-27

解 ① 分段:将梁分为 AB、BD 两个区段。

② 计算控制截面弯矩。

$$M_A = 0$$
$$M_B = -3 \times 2 \times 1 = -6 \text{ kN} \cdot \text{m}$$
$$M_D = 0$$

AB 区段 C 点处的弯矩叠加值为

$$\frac{Fab}{l} = \frac{6 \times 4 \times 2}{6} = 8 \text{ kN} \cdot \text{m}$$

$$M_C = \frac{Fab}{l} - \frac{2}{3} M_B = 8 - \frac{2}{3} \times 6 = 4 \text{ kN} \cdot \text{m}$$

BD 区段中点的弯矩叠加值为

$$\frac{ql^2}{8} = \frac{3 \times 2^2}{8} = 1.5 \text{ kN} \cdot \text{m}$$

③ 作 M 图如图 5-27(b)所示。

由上例可以看出,用区段叠加法作外伸梁的弯矩图时,不需要求支座反力,就可以画出其弯矩图。所以,用区段叠加法作弯矩图是非常方便的。

例 5-14 绘制图 5-28(a)所示梁的弯矩图。

解 此题若用一般方法作弯矩图较为麻烦。现采用区段叠加法来作,较为方便。

① 计算支座反力。

$$\sum M_B = 0, \quad F_{Ay} = 15 \text{ kN}(\uparrow)$$
$$\sum M_A = 0, \quad F_B = 11 \text{ kN}(\uparrow)$$

校核: $\sum F_y = -6 + 15 - 2 \times 4 - 8 + 11 - 2 \times 2 = 0$

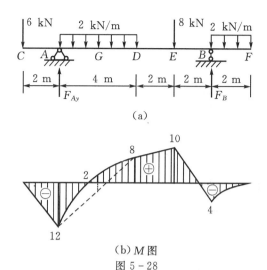

(b) M 图

图 5-28

② 选定外力变化处为控制截面,并求出它们的弯矩。

本例控制截面为 C、A、D、E、B、F 各处,可直接根据外力确定内力的方法求得:

$$M_C = 0$$
$$M_A = -6 \times 2 = -12 \text{ kN·m}$$
$$M_D = -6 \times 6 + 15 \times 4 - 2 \times 4 \times 2 = 8 \text{ kN·m}$$
$$M_E = -2 \times 2 \times 3 + 11 \times 2 = 10 \text{ kN·m}$$
$$M_B = -2 \times 2 \times 1 = -4 \text{ kN·m}$$
$$M_F = 0$$

③ 把整个梁分为 CB、AD、DE、EB、BF 五段,然后用区段叠加法绘制各段的弯矩图。方法是:先用一定比例绘出 CF 梁各控制截面的弯矩纵标,然后看各段是否有荷载作用,如果某段范围内无荷载作用(例如 CA、DE、EB 三段),则可把该段端部的弯矩纵标连以直线,即为该段弯矩图。如该段内有荷载作用(例如 AD、BF 两段),则把该段端部的弯矩纵标连一虚线,以虚线为基线叠加该段按简支梁求得的弯矩图。整个梁的弯矩图如图 5-28(b)所示。其中 AD 段中点 G 的弯矩为

$$M_G = \frac{-12 + 8}{2} + \frac{1}{8} \times 2 \times 4^2 = 2 \text{ kN·m}$$

习 题

5-1 试求图示梁指定截面上的剪力和弯矩。设 q,a 均为已知。

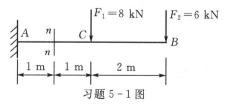

习题 5-1 图

5-2 利用截面法求图示各梁中截面 1-1、2-2、3-3 和 4-4 上的剪力和弯矩。这些截面无限接近于截面 A、C 或截面 D。设 P、q、a 均为已知。

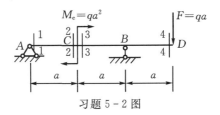

习题 5-2 图

5-3 绘制如图所示各梁的剪力图和弯矩图,并求出 $F_{s,max}$ 和 M_{max},并用梁的内力微分关系对内力图进行校核。

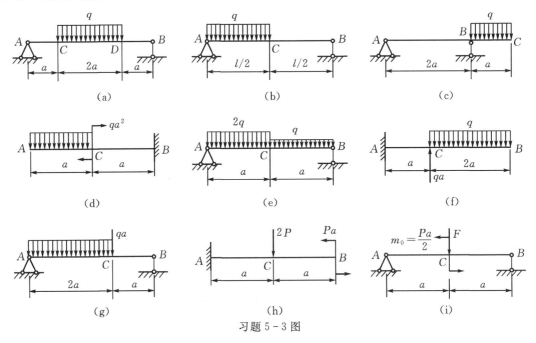

习题 5-3 图

5-4 试列出图示梁的剪力方程和弯矩方程,画剪力图和弯矩图,并求出 $F_{s,max}$ 和 M_{max}。设 q, l, F, M_e 均为已知。

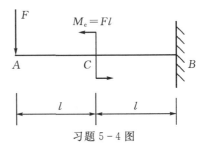

习题 5-4 图

5-5 不列剪力方程和弯矩方程,画出图示各梁的剪力图和弯矩图,并求出 $F_{s,max}$ 和 M_{max}。

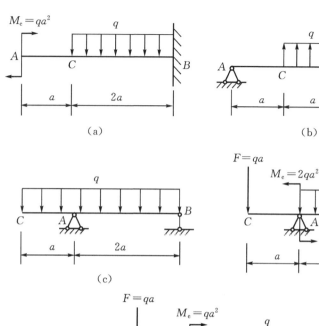

习题 5-5 图

(答案:图(a):$F_{s,max}=2qa$,$M_{max}=qa^2$;图(b):$F_{s,max}=qa/2$,$M_{max}=5qa^2/8$;

图(c):$F_{s,max}=5qa/4$,$M_{max}=qa^2/2$;图(d):$F_{s,max}=7qa/2$,$M_{max}=3qa^2$;

图(e):$F_{s,max}=qa$,$M_{max}=qa^2$)

5-6 图示起吊一根单位长度重量为 q(kN/m)的等截面钢筋混凝土梁,要想在起吊中使梁内产生的最大正弯矩与最大负弯矩的绝对值相等,应将起吊点 A、B 放在何处(即 $a=?$)?

(答案:$a=\dfrac{\sqrt{2}-1}{2}l=0.207l$)

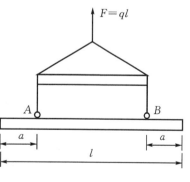

习题 5-6 图

5-7 平衡微分方程中的正负号由哪些因素所确定?简支梁受力及 Ox 坐标取向如图所示。试分析下列平衡微分方程中哪一个是正确的。

(A) $\dfrac{dF_s}{dx}=q(x)$;$\dfrac{dM}{dx}=F_s$;

(B) $\dfrac{dF_s}{dx}=-q(x)$,$\dfrac{dM}{dx}=-F_s$; (C) $\dfrac{dF_s}{dx}=-q(x)$,$\dfrac{dM}{dx}=F_s$;

(D) $\dfrac{dF_s}{dx}=q(x)$, $\dfrac{dM}{dx}=-F_s$。

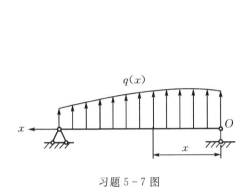

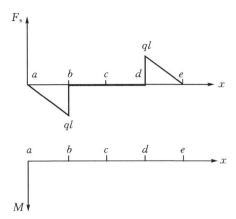

习题 5-7 图

习题 5-8 图

5-8 已知梁的剪力图以及 a、e 截面上的弯矩 M_a 和 M_e，如图所示。为确定 b、d 两截面上的弯矩 M_b、M_d，现有下列四种答案，试分析哪一种是正确的。

(A) $M_b = M_a + A_{a-b}(F_s)$, $M_d = M_e + A_{e-d}(F_s)$；

(B) $M_b = M_a - A_{a-b}(F_s)$, $M_d = M_e - A_{e-d}(F_s)$；

(C) $M_b = M_a + A_{a-b}(F_s)$, $M_d = M_e - A_{e-d}(F_s)$；

(D) $M_b = M_a - A_{a-b}(F_s)$, $M_d = M_e + A_{e-d}(F_s)$。

5-9 应用平衡微分方程，试画出图示各梁的剪力图和弯矩图，并确定 $|F_s|_{max}$。

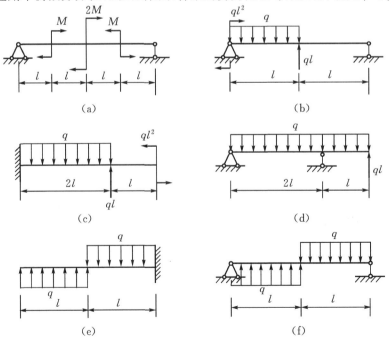

习题 5-9 图

(答案：图(a)：$|F_s|_{max}=\dfrac{M}{2l}$，$|M|_{max}=2M$；图(b)：$|F_s|_{max}=\dfrac{5}{4}ql$，$|M|_{max}=ql^2$；

图(c)：$|F_s|_{max}=ql$，$|M|_{max}=\dfrac{3}{2}ql^2$；图(d)：$|F_s|_{max}=\dfrac{5}{4}ql$，$|M|_{max}=\dfrac{25}{32}ql^2$；

图(e)：$|F_s|_{max}=ql$，$|M|_{max}=ql^2$；图(f)：$|F_s|_{max}=\dfrac{1}{2}ql$，$|M|_{max}=\dfrac{1}{8}ql^2$)

5-10　梁的上表面承受均匀分布的切向力作用，其集度为 $\bar{p}$。梁的尺寸如图所示。若已知 $\bar{p}$、h、l，试导出轴力 F_{Nx}、弯矩 M 与均匀分布切向力 $\bar{p}$ 之间的平衡微分方程。

(答案：$\dfrac{dM}{dx}=\dfrac{1}{2}\bar{p}h$)

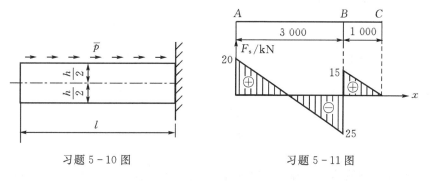

习题 5-10 图　　　　习题 5-11 图

5-11　静定梁承受平面荷载，但无集中力偶作用，其剪力图如图所示。若已知 A 端弯矩 $M(A)=0$，试确定梁上的荷载及梁的弯矩图，并指出梁在何处有约束，且为何种约束。

(答案：A、B 处为简支约束)

5-12　已知静定梁的剪力图和弯矩图，如图所示，试确定梁上的荷载及梁的支承。

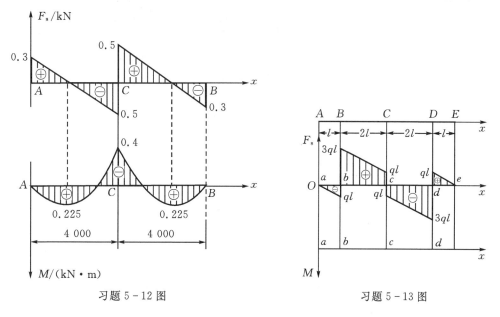

习题 5-12 图　　　　习题 5-13 图

5-13　静定梁承受平面荷载，但无集中力偶作用，其剪力图如图所示。若已知截面 E

上的弯矩为零,试：

(1)在 Ox 坐标中写出弯矩的表达式；

(2)画出梁的弯矩图；

(3)确定梁上的荷载；

(4)分析梁的支承状况。

5-14 图示传动轴传递功率 $P = 7.5 \text{ kW}$,轴的转速 $n = 200 \text{ r/min}$。齿轮 A 上的啮合力 F_R 与水平切线夹角 $20°$,皮带轮 B 上作用皮带拉力 F_{s1} 和 F_{s2},二者均沿着水平方向,且 $F_{s1} = 2F_{s2}$。试：(分轮 B 重 $F_s = 0$ 和 $F_s = 1800 \text{ N}$ 两种情况)

(1)画出轴的受力简图；

(2)画出轴的全部内力图。

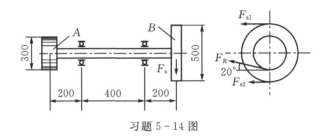

习题 5-14 图

5-15 机构如图所示,其一的 A 为斜齿轮,三方向的啮合力分别为 $F_a = 650 \text{ N}$, $F_t = 650 \text{ N}$, $F_r = 1730 \text{ N}$,方向如图所示。若已知 $D = 50 \text{ mm}$, $l = 100 \text{ mm}$。试画出：

(1)轴的受力简图；

(2)轴的全部内力图。

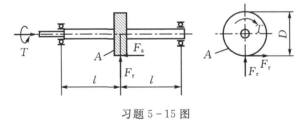

习题 5-15 图

第6章 弯曲应力

前一章讨论了梁在弯曲时的内力——剪力和弯矩。但是,要解决梁的弯曲强度问题,只了解梁的内力是不够的,还必须研究梁的弯曲应力。

在一般情况下,横截面上有两种内力——剪力和弯矩。由于剪力是横截面上切向内力系的合力,所以它必然与切应力有关,而弯矩是横截面上法向内力系的合力偶矩,所以它必然与正应力有关,由此可见,梁横截面上有剪力 F_s 时,就必然有切应力 τ;有弯矩 M 时,就必然有正应力 σ。为了解决梁的强度问题,本章将分别研究梁正应力与切应力的计算。

6.1 弯曲正应力

6.1.1 纯弯曲梁的正应力

正应力只与横截面上的弯矩有关,而与剪力无关。因此,为简单起见,先以横截面上只有弯矩,而无剪力作用的弯曲情况来讨论弯曲正应力问题。

在梁的各横截面上只有弯矩,而剪力为零的弯曲,称为**纯弯曲**。如果在梁的各横截面上,同时存在着剪力和弯矩两种内力,这种弯曲称为**横力弯曲**或**剪切弯曲**。例如在图 6-1 所示的简支梁中,BC 段为纯弯曲,AB 段和 CD 段为横力弯曲。

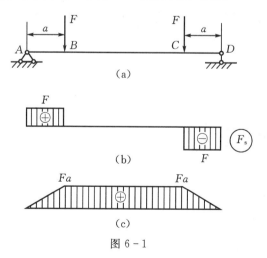

图 6-1

分析纯弯曲梁横截面上正应力的方法、步骤与分析圆轴扭转时横截面上切应力一样,需要综合考虑问题的变形方面、物理方面和静力学方面。

1. 变形方面

为了研究与横截面上正应力相应的纵向线应变,首先观察梁在纯弯曲时的变形现象。为此,取一根具有纵向对称面的等直梁,例如图 6-2(a)所示的矩形截面梁,并在梁的侧面上画出垂直于轴线的横向线 $m-m$、$n-n$ 和平行于轴线的纵向线 $d-d$、$b-b$。然后在梁的两端加一对大小相等、方向相反的力偶 M,使梁产生纯弯曲。此时可以观察到如下的变形现象。

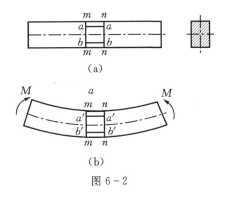

图 6-2

纵向线弯曲后变成了弧线 $a'a'$、$b'b'$,靠顶面的 aa 线缩短了,靠底面的 bb 线伸长了。横向线 $m-m$、$n-n$ 在梁变形后仍为直线,但相对转过了一定的角度,且仍与弯曲了的纵向线保持正交,如图 6-2(b)所示。

梁内部的变形情况无法直接观察,但根据梁表面的变形现象对梁内部的变形进行如分析推理,可作如下假设:

(1)平面假设。梁所有的横截面变形后仍为平面,且仍垂直于变形后的梁的轴线,即变形前的横截面保持为变形后的横截面。

(2)单向受力假设。认为梁由许许多多根纵向纤维组成,各纤维之间没有相互挤压,每根纤维均处于拉伸或压缩的单向受力状态。

前面由实验观察到的变形现象已经可以推广到梁的内部,根据平面假设,梁在纯弯曲变形时,横截面保持平面并作相对转动,靠近上面部分的纵向纤维缩短,靠近下面部分的纵向纤维伸长。由于变形的连续性,中间必有一层纵向纤维既不伸长也不缩短,这层纤维称为中性层(图 6-3)。中性层与横截面的交线称为**中性轴**。由于外力偶作用在梁的纵向对称面内,因此梁的变形也应该对称于此平面,在横截面上就是对称于对称轴。所以中性轴必然垂直于对称轴,但具体在哪个位置上,目前还不能确定。

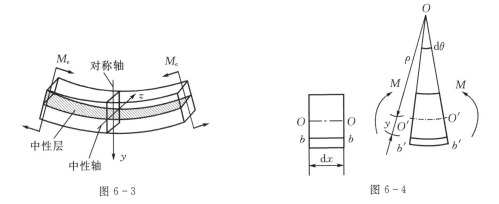

图 6-3

图 6-4

考查纯弯曲梁某一微段 dx 的变形(图 6-4)。设弯曲变形以后,微段左右两横截面的相对转角为 $d\theta$,则距中性层为 y 处的任一层纵向纤维 bb 变形后的弧长为

$$b'b' = (\rho + y)d\theta$$

式中,ρ 为中性层上任一平行于轴线的纵向线的的曲率半径,简称为中性层的曲率半径。

中性层任一纵向纤维变形前的长度与中性层处纵向纤维 OO 长度相等,又因为变形前、后中性层内纤维 OO 的长度不变,故有

$$bb = OO = O'O' = \rho d\theta$$

由此得距中性层为 y 处的任一层纵向纤维的线应变

$$\varepsilon = \frac{b'b' - bb}{bb} = \frac{(\rho + y)d\theta - \rho d\theta}{\rho d\theta} = \frac{y}{\rho} \tag{6-1}$$

上式表明,线应变 ε 随 y 按线性规律变化。

2.物理方面

根据单向受力假设,且材料在拉伸及压缩时的弹性模量 E 相等,则由胡克定律,得

$$\sigma = E\varepsilon = E\frac{y}{\rho} \tag{6-2}$$

式(6-2)表明,纯弯曲时的正应力随点到中性轴的距离按线性规律变化,横截面上中性轴处,$y=0$,因而 $\sigma=0$,中性轴两侧,一侧受拉应力,另一侧受压应力,与中性轴距离相等各点的正应力数值相等(图 6-5)。

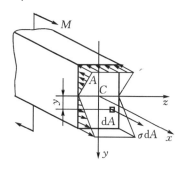

图 6-5

3.静力学方面

虽然已经求得了由式(6-2)表示的正应力分布规律,但因曲率半径 ρ 和中性轴的位置尚未确定,所以不能用式(6-2)计算正应力,还必须由静力学关系来解决。

在图 6-5 中,取截面对称轴为 y 轴,中性轴为 z 轴,过 z、y 轴的交点并沿横截面外法线方向为 x 轴,建立直角坐标系。作用于微面积 dA 上的法向微内力为 σdA。在整个横截面上,各微面积上的微内力构成一个空间平行力系。由静力学关系可知,应满足 $\sum F_x = 0$,$\sum M_y = 0$,$\sum M_z = 0$ 三个平衡方程。

由于所讨论的梁横截面上没有轴力,$F_N = 0$,故由 $\sum F_x = 0$,得

$$F_N = \int_A \sigma dA = 0 \tag{6-3}$$

将式(6-2)代入式(6-3),得

$$\int_A \sigma dA = \int_A E \frac{y}{\rho} dA = \frac{E}{\rho} \int_A y dA = \frac{E}{\rho} S_z = 0$$

式中,E/ρ 恒不为零,故必有 $S_z = \int_A y dA = 0$,S_z 称为截面对 z 轴的**静矩**。

由附录 I 知道,只有当 z 轴通过截面形心时,静矩 S_z 才等于零。由此可得结论:中性轴 z 通过横截面的形心。这样就完全确定了中性轴在横截面上的位置。

由于所讨论的梁横截面上没有内力偶 M_y,因此由 $\sum M_y = 0$,得

$$M_y = \int_A z\sigma dA = 0 \tag{6-4}$$

将式(6-2)代入式(6-4),得

$$\int_A z\sigma \mathrm{d}A = \frac{E}{\rho}\int_A yz\,\mathrm{d}A = \frac{E}{\rho}I_{yz} = 0$$

上式中，$I_{yz}=\int_A yz\,\mathrm{d}A$ 称为截面对 y、z 的**惯性积**。由于 y 轴为对称轴，由附录 Ⅰ 知 $I_{yz}=0$，平衡方程 $\sum M_y=0$ 自然满足。

由 $\sum M_z=0$，得

$$M=\int_A y\sigma\,\mathrm{d}A \tag{6-5}$$

将式(6-2)代入式(6-5)，得

$$M=\int_A yE\frac{y}{\rho}\mathrm{d}A=\frac{E}{\rho}\int_A y^2\,\mathrm{d}A=\frac{E}{\rho}I_z \tag{6-6}$$

式中 $I_z=\int_A y^2\,\mathrm{d}A$ 为横截面对中性轴的**惯性矩**。

由式(6-6)得

$$\frac{1}{\rho}=\frac{M}{EI_z} \tag{6-7}$$

式中，$1/\rho$ 为中性层的曲率，EI_z 为抗弯刚度，弯矩相同时，梁的抗弯刚度愈大，梁的曲率越小。纯弯曲时各横截面上的弯矩 M 均相等，可见中性层曲率半径为常数，因此，中性层弯曲成圆柱面。最后，将式(6-7)代入式(6-2)，导出横截面上的弯曲正应力公式为

$$\sigma=\frac{My}{I_z} \tag{6-8}$$

式中，M 为横截面上的弯矩，y 为横截面上待求应力点的 y 坐标。应用此公式时，也可将 M、y 均代入绝对值，σ 是拉应力还是压应力可根据梁的变形情况直接判断。以中性轴为界，梁的凸出一侧为拉应力，凹入一侧为压应力。

以上分析中，虽然把梁的横截面画成矩形，但在导出公式的过程中，并没有使用矩形的几何性质。所以，只要梁横截面有一个对称轴，而且载荷作用于对称轴所在的纵向对称面内，式(6-7)和式(6-8)就适用。

由式(6-8)可见，横截面上的最大弯曲正应力发生在距中性轴最远的点上。用 $y_{\max}$ 表示最远点至中性轴的距离，则最大弯曲正应力为

$$\sigma_{\max}=\frac{My_{\max}}{I_z} \tag{6-9a}$$

上式可改写为

$$\sigma_{\max}=\frac{M}{W_z} \tag{6-9b}$$

其中

$$W_z=\frac{I_z}{y_{\max}} \tag{6-10}$$

为**抗弯截面系数**，是仅与截面形状及尺寸有关的几何量，量纲为[长度]^3，式中 $y_{\max}$ 为截面上离中性轴最远点的距离。高度为 h、宽度为 b 的矩形截面梁，可计算出其对中性轴的惯性矩

$$I_z = \frac{bh^3}{12} \tag{6-11}$$

抗弯截面系数为

$$W_z = \frac{bh^3/12}{h/2} = \frac{bh^2}{6} \tag{6-12}$$

直径为 D 的圆形截面梁对中性轴的惯性矩

$$I_z = \frac{\pi D^4}{64} \tag{6-13}$$

抗弯截面系数为

$$W_z = \frac{\pi D^4/64}{D/2} = \frac{\pi D^3}{32} \tag{6-14}$$

外径为 D,内径为 d 的空心圆截面,对中性轴的惯性矩

$$I_z = \frac{\pi(D^4 - d^4)}{64} = \frac{\pi D^4}{64}(1 - \alpha^4) \tag{6-15}$$

抗弯截面系数为

$$W_z = \frac{I_z}{D/2} = \frac{\pi(D^4 - d^4)}{32D} = \frac{\pi D^3}{32}(1 - \alpha^4) \tag{6-16}$$

式中:α 为内外径比值。

工程中常用的各种型钢,其抗弯截面系数可从附录的型钢表中查得。当横截面对中性轴不对称时,其最大拉应力及最大压应力将不相等。用(6-9a)式计算最大拉应力时,可在式(6-9a)中取 $y_{\max}$ 等于受拉侧最远点至中性轴的距离;计算最大压应力时,在(6-9a)式中应取 $y_{\max}$ 为受压侧最远点至中性轴的距离。

例 6-1 受纯弯曲的空心圆截面梁如图 6-6(a)所示。已知:弯矩 $M = 1 \text{ kN·m}$,外径 $D = 50 \text{ mm}$,内径 $d = 25 \text{ mm}$。试求横截面上 a、b、c 及 d 四点的应力,并绘过 a、b 两点的直径线及过 c、d 两点弦线上各点的应力分布图。

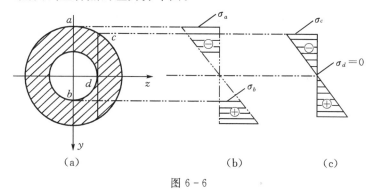

图 6-6

解 计算截面对中性轴的惯性矩 I_z

$$I_z = \frac{\pi(D^4 - d^4)}{64} = \frac{\pi(50^4 - 25^4)}{64} \times (10^{-3})^4 = 2.88 \times 10^{-7} \text{ m}^4$$

a 点:

$$y_a = \frac{D}{2} = 25 \text{ mm}$$

$$\sigma_a = \frac{M}{I_z} y_a = \frac{1 \times 10^3}{0.88 \times 10^{-7}} \times 25 \times 10^{-3} \text{ Pa} = 86.8 \text{ MPa} \quad (\text{压应力})$$

b 点：

$$y_b = \frac{d}{2} = 12.5 \text{ mm}$$

$$\sigma_b = \frac{M}{I_z} y_b = \frac{1 \times 10^3}{88 \times 10^{-7}} \times 12.5 \times 10^{-3} \text{ Pa} = 43.4 \text{ MPa} \quad (\text{拉应力})$$

c 点：

$$y_c = \left(\frac{D^2}{4} - \frac{d^2}{4}\right)^{\frac{1}{2}} = \left(\frac{50^2}{4} - \frac{25^2}{4}\right)^{\frac{1}{2}} = 21.7 \text{ mm}$$

$$\sigma_c = \frac{M}{I_z} y_c = \frac{1 \times 10^3}{88 \times 10^{-7}} \times 21.7 \times 10^{-3} \text{ Pa} = 75.3 \text{ MPa} \quad (\text{压应力})$$

d 点

$$y_d = 0$$
$$\sigma_d = \frac{M}{I_z} y_d = 0$$

给定的弯矩为正值，梁凹向上，故 a 及 c 点是压应力，而 b 点是拉应力。过 a、b 的直径线及过 c、d 的弦线上的应力分布图如图 6-6(b)、(c)所示。

6.1.2 横力弯曲梁的正应力

公式(6-8)是纯弯曲情况下以下文中 6.2.1 提出的两个假设为基础导出的。工程上最常见的弯曲问题是横力弯曲。在此情况下，梁的横截面上不仅有弯矩，而且有剪力。由于剪力的影响，弯曲变形后，梁的横截面将不再保持为平面，即发生所谓的"翘曲"现象，如图 6-7(a)所示。但当剪力为常量时，各横截面的翘曲情况完全相同，因而纵向纤维的伸长和缩短与纯弯曲时没有差异。图 6-7(b)表示从变形后的横力弯曲梁上截取的微段，由图可见，截面翘曲后，任一层纵向纤维的弧长 $A'B'$，与横截面保持平面时该层纤维的弧长完全相等，即 $A'B' = AB$。所以，对于剪力为常量的横力弯曲，纯弯曲正应力公式(6-8)仍然适用。当梁上作用有分布载荷，横截面上的剪力连续变化时，各横截面的翘曲情况有所不同。此外，由于分布载荷的作用，使得平行于中性层的各层纤维之间存在挤压应力。但理论分析结果表明，对于横力弯曲梁，当跨度与高度之比 l/h 大于 5 时，纯弯曲正应力计算公式(6-8)仍然是适用的，其结果能够满足工程上对精度的要求。

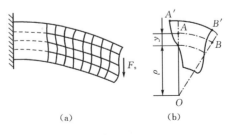

图 6-7

6.2 弯曲切应力

横力弯曲时，梁横截面上的内力除弯矩外还有剪力，因而在横截面上除正应力外还有切应力。本节按梁截面的形状，分几种情况讨论弯曲切应力。

6.2.1 矩形截面梁的切应力

在图 6-8(a) 所示的矩形截面梁的任意截面上，剪力 F_s 皆与截面的对称轴 y 重合，如图 6-8(b)。现分析横截面内距中性轴为 y 处的某一横线 ss' 上的切应力分布情况。

根据切应力互等定理可知，在截面两侧边缘的 s 和 s' 处，切应力的方向一定与截面的侧边相切，即与剪力 F_s 的方向一致。而由对称关系知，横线中点处切应力的方向，也必然与剪力 F_s 的方向相同。因此可认为横线 ss' 上各点处切应力都平行于剪力 F_s。由以上分析，我们对切应力的分布规律做以下两点假设：

(1) 横截面上各点切应力的方向均与剪力 F_s 的方向平行。
(2) 切应力沿截面宽度均匀分布。

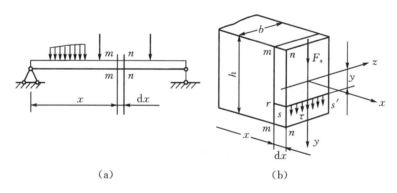

图 6-8

现以横截面 $m-m$ 和 $n-n$ 从图 6-8(a) 所示梁中取出长为 dx 的微段，如图 6-9(a) 所示。设作用于微段左、右两侧横截面上的剪力为 F_s，弯矩分别为 M 和 $M+dM$，再用平行于底面距中性层为 y 的 rs 截面取出一部分 $mnsr$，见图 6-9(b)。该部分的左右两个侧面 mr 和 ns 上分别作用有由弯矩 M 和 $M+dM$ 引起的正应力 σ_{mr} 及 σ_{ns}。除此之外，两个侧面上还作用有切应力 τ。根据切应力互等定理，截出部分顶面 rs 上也作用有切应力 τ'，其值与横截面上距中性层为 y 处点的切应力 τ 数值相等，见图 6-9(b)、(c)。设截出部分 $mnsrm'n'r's'$ 的两个侧面 $mrm'r'$ 和 $nsn's'$ 上的法向微内力 $\sigma_{mr}dA$ 和 $\sigma_{ns}dA$ 合成的在 x 轴方向的法向内力分别为 F_{N1} 及 F_{N2}，则 F_{N2} 可表示为

$$F_{N2} = \int_{A1} \sigma_{ns} dA = \int_{A1} \frac{M+dM}{I_z} y_1 dA = \frac{M+dM}{I_z} \int_{A_1} y_1 dA = \frac{M+dM}{I_z} S_z^* \quad (6-17a)$$

同理

$$F_{N1} = \frac{M}{I_z} S_z^* \quad (6-17b)$$

式中,A_1 为截出部分侧面 $nsn's'$ 或 $mrm'r'$ 的面积,以下简称为部分面积。S_z^* 为 A_1 对中性轴的静矩,即横截面上过要求切应力的点所作平行于中性轴的直线以下部分面积对中性轴的静矩。

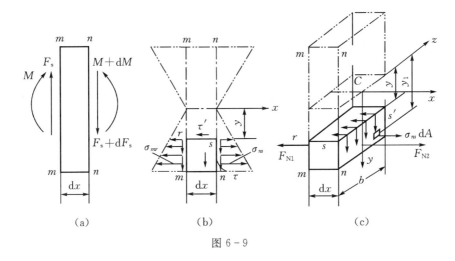

图 6-9

考虑截出部分 $mnsrm'n'r's'$ 的平衡,见图 6-9(c)。由 $\sum F_x = 0$,得

$$F_{N2} - F_{N1} - \tau'b\,dx = 0 \tag{6-17c}$$

将式(6-17a)及式(6-17b)代入式(6-17c),化简后得

$$\tau' = \frac{dM}{dx}\frac{S_z^*}{I_z b}$$

注意到上式中 $\dfrac{dM}{dx} = F_s$,并注意到 τ' 与 τ 数值相等,于是矩形截面梁横截面上的切应力计算公式为

$$\tau = \frac{F_s S_z^*}{I_z b} \tag{6-18}$$

式中,F_s 为横截面上的剪力,b 为截面在所求应力点处的宽度,I_z 为横截面对中性轴的惯性矩,S_z^* 为横截面上通过所求应力点作中性轴的平行线以下部分面积对中性轴的静矩。

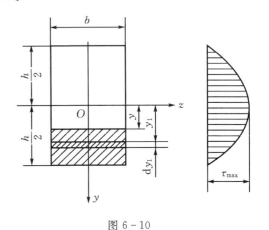

图 6-10

对于给定的高为 h 宽为 b 的矩形截面(图 6-10),计算出部分面积对中性轴的静矩如下:

$$S_z^* = \int_{A_1} y_1\,dA = \int_y^{h/2} b y_1\,dy_1 = \frac{b}{2}\left(\frac{h^2}{4} - y^2\right)$$

将上式代入式(6-18),得

$$\tau = \frac{F_s}{2I_z}\left(\frac{h^2}{4} - y^2\right) \tag{6-19}$$

由式(6-19)可见,切应力沿截面高度按抛物线规律变化。当 $y=\pm h/2$ 时,$\tau=0$,即截面的上、下边缘线上各点的切应力为零。当 $y=0$ 时,切应力 τ 有极大值,这表明最大切应力发生在中性轴上,其值为

$$\tau_{\max}=\frac{F_s h^2}{8I_z}$$

将 $I_z=bh^3/12$ 代入上式,得

$$\tau_{\max}=\frac{3}{2}\frac{F_s}{bh} \qquad (6-20)$$

可见,矩形截面梁横截面上的最大切应力为平均切应力 F_s/bh 的 1.5 倍。

根据剪切胡克定律,由式(6-19)可知切应变

$$\gamma=\frac{\tau}{G}=\frac{F_s}{2GI_z}\left(\frac{h^2}{4}-y^2\right) \qquad (6-21)$$

式(6-21)表明,横截面上的切应变沿截面高度按抛物线规律变化。沿截面高度各点具有按非线性规律变化的切应变,这就说明横截面将发生翘曲。由式(6-21)可见,当剪力 F_s 为常量时,横力弯曲梁各横截面上 y 坐标相同的对应点的切应变相等,因而各横截面翘曲情况相同。

例 6-2 矩形截面梁的横截面尺寸如图 6-11(b)所示。集中力 $F=88$ kN,试求 1-1 截面上的最大切应力以及 a、b 两点的切应力。

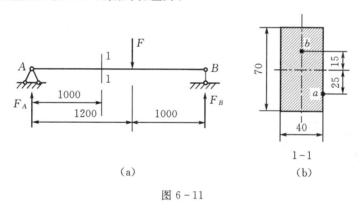

图 6-11

解 支反力 F_A、F_B 分别为 $F_A=40$ kN,$F_B=48$ kN。1-1 截面上的剪力为

$$F_{s1}=F_A=40 \text{ kN}$$

截面对中性轴的惯性矩为

$$I_z=\frac{40\times 70^3}{12}\times(10^{-3})^4=1.143\times 10^{-6} \text{ m}^4$$

截面上的最大切应力为

$$\tau_{\max}=\frac{3}{2}\frac{F_{s1}}{A}=\frac{3\times 40\times 10^3}{2\times 40\times 70\times 10^{-6}} \text{ Pa}=21.4 \text{ MPa}$$

a 点的切应力为

$$S_z^*=A_a y_a=40\times\left(\frac{70}{2}-25\right)\times 10^{-6}\times\left[25+\frac{1}{2}\times\left(\frac{70}{2}-25\right)\right]\times 10^{-3}=1.2\times 10^{-5} \text{ m}^3$$

$$\tau_a = \frac{F_{s1}S_z^*}{I_z b} = \frac{40 \times 10^3 \times 1.2 \times 10^{-5}}{1.143 \times 10^{-6} \times 40 \times 10^{-3}} \text{Pa} = 10.5 \text{ MPa}$$

b 点的切应力为

$$S_z^* = A_b y_b = 40 \times \left(\frac{70}{2} - 15\right) \times 10^{-6} \times \left[15 + \frac{1}{2} \times \left(\frac{70}{2} - 15\right)\right] \times 10^{-3} = 2 \times 10^{-5} \text{ m}^3$$

$$\tau_b = \frac{F_{s1}S_z^*}{I_z b} = \frac{40 \times 10^3 \times 2 \times 10^{-5}}{1.143 \times 10^{-6} \times 40 \times 10^{-3}} \text{Pa} = 17.5 \text{ MPa}$$

6.2.2 工字形截面梁的切应力

工字形截面由上、下翼缘及腹板构成,如图 6-12(a)所示,现分别研究腹板及翼缘上的切应力。

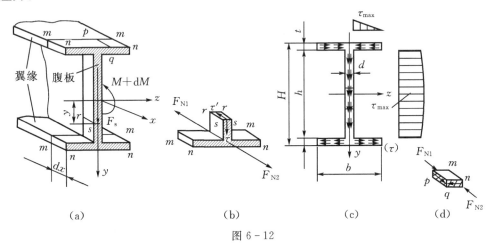

图 6-12

1. 工字形截面腹板部分的切应力

腹板是狭长矩形,因此关于矩形截面梁切应力分布的两个假设完全适用。在工字形截面梁上,用横截面 $m-m$ 和 $n-n$ 截取长为 dx 的微段,并在腹板上用距中性层为 y 的 rs 平面在微段上截取出一部分 $mnsr$,见图 6-12(b),考虑 $mnsr$ 部分的平衡,可得腹板的切应力计算公式为

$$\tau = \frac{F_s S_z^*}{I_z d} \tag{6-22}$$

式(6-22)与式(6-18)形式完全相同,式中 d 为腹板厚度。

计算出横截面上 $s-s$ 线以下部分面积 A_1 对中性轴的静矩

$$S_z^* = \frac{1}{2}\left(\frac{H}{2} + \frac{h}{2}\right) b \left(\frac{H}{2} - \frac{h}{2}\right) + \frac{1}{2}\left(\frac{h}{2} + y\right) d \left(\frac{h}{2} - y\right)$$

代入式(6-22)整理,得

$$\tau = \frac{F_s}{8 I_z d} \left[b(H^2 - h^2) + 4d\left(\frac{h^2}{4} - y^2\right) \right] \tag{6-23}$$

由式(6-23)可见,工字形截面梁腹板上的切应力 τ 按抛物线规律分布,见图 6-12(c)。以 $y=0$ 及 $y=\pm h/2$ 分别代入式(6-23)得中性层处的最大切应力及腹板与翼缘交界处的最

小切应力分别为

$$\tau_{\max}=\frac{F_s}{8I_zd}[bH^2-(b-d)h^2] \quad (6-24a)$$

$$\tau_{\min}=\frac{F_s}{8I_zd}(bH^2-bh^2) \quad (6-24b)$$

由于工字形截面的翼缘宽度 b 远大于腹板厚度 d，即 $b \gg d$，所以由以上两式可以看出，$\tau_{\max}$ 与 $\tau_{\min}$ 实际上相差不大。因而，可以认为腹板上切应力大致是均匀分布的。若以图 6-12(c) 中应力分布图的面积乘以腹板厚度 d，可得腹板上的剪力 F_{s1}。计算结果表明，$F_{s1} \approx (0.95 \sim 0.97)F_s$。可见，横截面上的剪力 F_s 绝大部分由腹板承受。因此，工程上通常将横截面上的剪力 F_s 除以腹板面积近似得出工字形截面梁腹板上的切应力为

$$\tau=\frac{F_s}{hd} \quad (6-25)$$

2. 工字形截面翼缘部分的切应力

现进一步讨论翼缘上的切应力分布问题。在翼缘上有两个方向的切应力：平行于剪力 F_s 方向的切应力和平行于翼缘边缘线的切应力。平行于剪力 F_s 的切应力数值极小，无实际意义，通常忽略不计。在计算与翼缘边缘平行的切应力时，可假设切应力沿翼缘厚度大小相等，方向与翼缘边缘线相平行，根据在翼缘上截出部分的平衡，由图 6-12(d) 可以得出与式(6-22)形式相同的翼缘切应力计算公式为

$$\tau=\frac{F_s S_z^*}{I_z t} \quad (6-26)$$

式中 t 为翼缘厚度，图 6-12(c) 中绘有翼缘上的切应力分布图。工字形截面梁翼缘上的最大切应力一般均小于腹板上的最大切应力。

从图 6-12(c) 可以看出，当剪力 F_s 的方向向下时，横截面上切应力的方向，由上边缘的外侧向里，通过腹板，最后指向下边缘的外侧，好像水流一样，故称为"切应力流"。所以在根据剪力 F_s 的方向确定了腹板的切应力方向后，就可由"切应力流"确定翼缘上切应力的方向。对于其他的 L 形、T 形和 Z 形等薄壁截面，也可利用"切应力流"来确定截面上切应力方向。

6.2.3 圆形截面梁的切应力

在圆形截面梁的横截面上，除中性轴处切应力与剪力平行外，其他点的切应力并不平行于剪力。考虑距中性轴为 y 处长为 b 的弦线 AB 上各点的切应力如图 6-13(a) 所示。根据切应力互等定理，弦线两个端点处的切应力必与圆周相切，且切应力作用线交于 y 轴的某点 p。弦线中点处切应力作用线由对称性可知也通过 p 点。因而可以假设 AB 线上各点切应力作用线都通过同一点 p，并假设各点沿 y 方向的切应力分量 τ_y 相等，则可沿前述方法计算圆截面梁的切应力分量 τ_y，求得 τ_y 后，根据已设定的总切应力方向即可求得总切应力 τ。

圆形截面梁切应力分量 τ_y 的计算公式与矩形截面梁切应力计算公式形式相同，即

$$\tau_y=\frac{F_s S_z^*}{I_z b} \quad (6-27)$$

式中，b 为弦线长度，$b=2\sqrt{R^2-y^2}$，S_z^* 表示弦线以下部分面积 A_1 对中性轴的静矩，如图

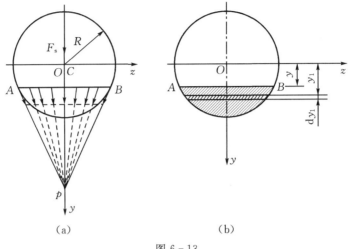

图 6 - 13

6-13(b)所示。

圆形截面梁的最大切应力发生在中性轴上,且中性轴上各点的切应力分量 τ_y 与总切应力 τ 大小相等、方向相同,其值为

$$\tau_{\max} = \frac{4}{3} \frac{F_s}{\pi R^2} \quad (6-28)$$

由式(6-28)可见,圆截面的最大切应力 $\tau_{\max}$ 为平均切应力 $\frac{F_s}{\pi R^2}$ 的 4/3 倍。

6.2.4 环形截面梁的切应力

图 6-14 所示为一环形截面梁,已知壁厚 t 远小于平均半径 R,现讨论其横截面上的切应力。环形截面内、外圆周线上各点的切应力与圆周线相切。由于壁厚很小,可以认为沿圆环厚度方向切应力均匀分布并与圆周切线相平行。据此即可用研究矩形截面梁切应力的方法分析环形截面梁的切应力。在环形截面上截取 dx 长的微段,并用与纵向对称平面夹角 q 相同的两个径向平面在微段中截取出一部分如图 6-14(b),由于对称性,两个 rs 面上的切应力 τ' 相等。考虑截出部分的平衡图 6-14(b),可得环形截面梁切应力的计算公式

$$\tau_y = \frac{F_s S_z^*}{2 t I_z} \quad (6-29)$$

式中,t 为环形截面的厚度,S_z^* 为相应环形截面对中性轴的静矩。

环形截面的最大切应力发生在中性轴处。计算出半圆环对中性轴的静矩

$$S_z^* = \int_{A_1} y \, dA \approx 2 \int_0^{\pi/2} R\cos\theta \, tR \, d\theta = 2R^2 t$$

及环形截面对中性轴的惯性矩

$$I_z = \int_A y^2 \, dA \approx 2 \int_0^{\pi} R^2 \cos^2\theta \, tR \, d\theta = \pi R^3 t$$

将上式代入式(6-29)得环形截面最大切应力

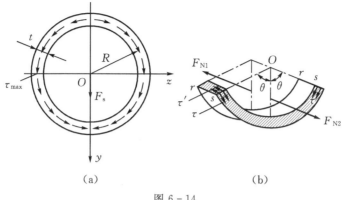

图 6-14

$$\tau_{\max} = \frac{F_s(2R^2 t)}{2t\pi R^3 t} = \frac{F_s}{\pi R t} \tag{6-30}$$

注意上式等号右端分母 $\pi R t$ 为环形横截面面积的一半,可见环形截面梁的最大切应力为平均切应力的两倍。

6.3 弯曲的强度计算

梁在受横力弯曲时,横截面上既存在正应力又存在切应力,下面分别讨论与这两种应力相应的强度条件。

6.3.1 弯曲正应力强度条件

横截面上最大的正应力位于横截面边缘线上,一般说来,该处切应力为零。有些情况下,该处即使有切应力其数值也较小,可以忽略不计。所以,梁弯曲时,最大正应力作用点可视为处于单向应力状态。因此,梁的**弯曲正应力强度条件**为

$$\sigma_{\max} = \left(\frac{M}{W_z}\right)_{\max} \leqslant [\sigma] \tag{6-31}$$

对等截面梁,最大弯曲正应力发生在最大弯矩所在截面上,这时弯曲正应力强度条件为

$$\sigma_{\max} = \frac{M_{\max}}{W_z} \leqslant [\sigma] \tag{6-32}$$

式(6-31)、式(6-32)中,$[\sigma]$ 为许用弯曲正应力,可近似地用简单拉伸(压缩)时的许用应力来代替,但二者是略有不同的,前者略高于后者,具体数值可从有关设计规范或手册中查得。对于抗拉、压性能不同的材料,例如铸铁等脆性材料,则要求最大拉应力和最大压应力都不超过各自的许用值。其强度条件为

$$\sigma_{t,\max} \leqslant [\sigma_t], \quad \sigma_{c,\max} \leqslant [\sigma_c] \tag{6-33}$$

例 6-3 如图 6-15 所示,一悬臂梁长 $l=1.5$ m,自由端受集中力 $F=32$ kN 作用,梁由№22a 工字钢制成,自重按 $q=0.33$ kN/m 计算,$[\sigma]=160$ MPa。试校核梁的正应力强度。

解 ① 求绝对值最大弯矩。

$$|M_{\max}| = Fl + \frac{ql^2}{2} = 32 \times 1.5 + \frac{1}{2} \times 0.33 \times 1.5^2 = 48.4 \text{ kN·m}$$

② 查型钢表，No.22a 工字钢的抗弯截面系数为
$$W_z = 309 \text{ cm}^3$$
③ 校核正应力强度
$$\sigma_{max} = \frac{M_{max}}{W_z} = \frac{48.4 \times 10^6}{309 \times 10^3} = 157 \text{ MPa} < [\sigma] = 160 \text{ MPa}$$
满足正应力强度条件。

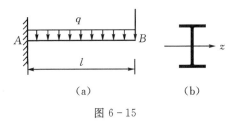

图 6-15

例 6-4 一热轧普通工字钢截面简支梁，如图 6-16 所示，已知：$l=6$ m，$F_1=15$ kN，$F_2=21$ kN，钢材的许用应力$[\sigma]=170$ MPa，试选择工字钢的型号。

解 ① 求支反力：$F_{Ay} = 17$ kN（↑）
$$F_B = 19 \text{ kN}（↑）$$

② 绘 M 图，确定 M_{max}。最大弯矩发生在 F_2 作用截面上，其值为
$$M_{max} = 38 \text{ kN·m}$$

③ 计算工字钢梁所需的抗弯截面系数为
$$W_{z1} \geq \frac{M_{max}}{[\sigma]} = \frac{38 \times 10^6}{170}$$
$$= 223.5 \times 10^3 \text{ mm}^3$$
$$= 223.5 \text{ cm}^3$$

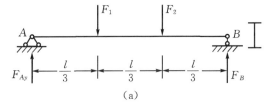

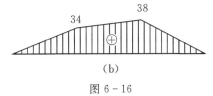

图 6-16

④ 选择工字钢型号。

由附录查型钢表得 No.20a 工字钢的 W_z 值为 237 cm³，略大于所需的 W_{z1}，故采用 No.20a 号工字钢。

例 6-5 如图 6-17 所示，No.20a 号工字钢简支梁，跨度 $l=8$ m，跨中点受集中力 F 作用。已知$[\sigma]=140$ MPa，考虑自重，求许用荷载$[F]$。

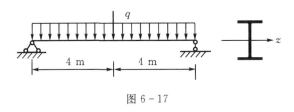

图 6-17

解 ① 由型钢表查有关数据，工字钢自重 $q \approx 676$ N/m，抗弯截面系数为
$$W_z = 1090 \text{ cm}^3$$
② 按强度条件求许用荷载$[F]$。最大弯矩在梁的中截面，其值为
$$M_{max} = \frac{ql^2}{8} + \frac{Fl}{4} = \frac{1}{8} \times 676 \times 8^2 + \frac{1}{4} \times F \times 8 = (5408 + 2F) \text{ N·m}$$
根据强度条件
$$M_{max} \leq W_z[\sigma]$$
$$5408 + 2F \leq 1090 \times 10^{-3} \times 140 \times 10^6$$
解得
$$F \leq 73600 \text{ N} = 73.6 \text{ kN}$$

6.3.2 弯曲切应力强度条件

一般来说，梁横截面上的最大切应力发生在中性轴处，而该处的正应力为零。因此最大切应力作用点处于纯剪切应力状态。这时**弯曲切应力强度条件**为

$$\tau_{\max}=\left(\frac{F_s S_z^*}{I_z b}\right)_{\max} \leqslant [\tau] \tag{6-34}$$

对等截面梁，最大切应力发生在最大剪力所在的截面上。弯曲切应力强度条件为

$$\tau_{\max}=\frac{F_{s,\max} S_{z,\max}^*}{I_z b} \leqslant [\tau] \tag{6-35}$$

许用切应力$[\tau]$通常取纯剪切时的许用切应力。

对于梁来说，要满足抗弯强度要求，必须同时满足弯曲正应力强度条件和弯曲切应力强度条件。也就是说，影响梁的强度的因素有两个：一为弯曲正应力，二为弯曲切应力。对于细长的实心截面梁或非薄壁截面的梁来说，横截面上的正应力往往是主要的，切应力通常只占次要地位。例如图 6-18 所示的受均布载荷作用的矩形截面梁，其最大弯曲正应力为

$$\sigma_{\max}=\frac{M_{\max}}{W_z}=\frac{\dfrac{ql^2}{8}}{\dfrac{bh^2}{6}}=\frac{3ql^2}{4bh^2}$$

而最大弯曲切应力为

$$\tau_{\max}=\frac{3}{2}\frac{F_{s,\max}}{A}=\frac{3}{2}\frac{\dfrac{ql}{2}}{bh}=\frac{3ql}{4bh}$$

二者比值为

$$\frac{\sigma_{\max}}{\tau_{\max}}=\frac{\dfrac{3ql^2}{4bh}}{\dfrac{3ql}{4bh}}=\frac{l}{h}$$

即，该梁横截面上的最大弯曲正应力与最大弯曲切应力之比等于梁的跨度 l 与截面高度 h

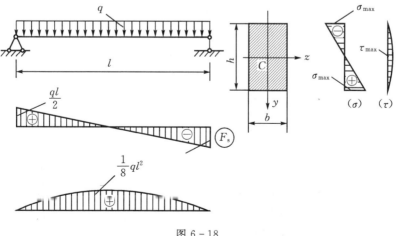

图 6-18

的比。当 $l \gg h$ 时,最大弯曲正应力将远大于最大弯曲切应力。因此,一般对于细长的实心截面梁或非薄壁截面梁,只要满足了正应力强度条件,无需再进行切应力强度计算。但是,对于薄壁截面梁或梁的弯矩较小而剪力却很大时,在进行正应力强度计算的同时,还需检查切应力强度条件是否满足。

另外,对某些薄壁截面(如工字形、T 字形等)梁,在其腹板与翼缘联接处,同时存在相当大的正应力和切应力。这样的点也需进行强度校核,将在第 10 章进行讨论。

例 6-6 一外伸工字形钢梁,工字钢的型号为 No.22a,梁上荷载如图 6-19(a)所示。已知 $l = 6$ m, $F = 30$ kN, $q = 6$ kN/m, $[\sigma] = 170$ MPa, $[\tau] = 100$ MPa,检查此梁是否安全。

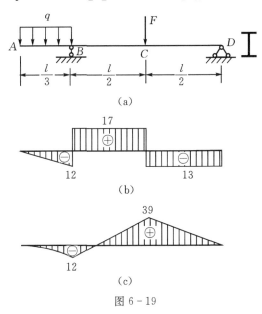

图 6-19

解 ① 绘剪力图、弯矩图如图 6-19(b)、(c)所示,则
$$M_{\max} = 39 \text{ kN·m}, \quad F_{s,\max} = 17 \text{ kN·m}$$

② 由型钢表查得有关数据:
$$b = 0.75 \text{ cm}$$
$$\frac{I_z}{S_{\max}^*} = 18.9 \text{ cm}$$
$$W_z = 309 \text{ cm}^3$$

③ 校核正应力强度及切应力强度分别为
$$\sigma_{\max} = \frac{M_{\max}}{W_z} = \frac{39 \times 10^6}{309 \times 10^3} = 126 \text{ MPa} < [\sigma] = 170 \text{ MPa}$$
$$\tau_{\max} = \frac{F_{s,\max} S_{\max}^*}{I_z b} = \frac{17 \times 10^3}{18.9 \times 10 \times 7.5} = 12 \text{ MPa} < [\tau] = 100 \text{ MPa}$$

例 6-7 T 形截面铸铁梁的载荷和截面尺寸如图 6-20(a)所示,铸铁抗拉许用应力为 $[\sigma_t] = 30$ MPa,抗压许用应力为 $[\sigma_c] = 140$ MPa。已知截面对形心轴 z 的惯性矩为 $I_z = 763$ cm^4,且 $|y_1| = 52$ mm,试校核梁的强度。

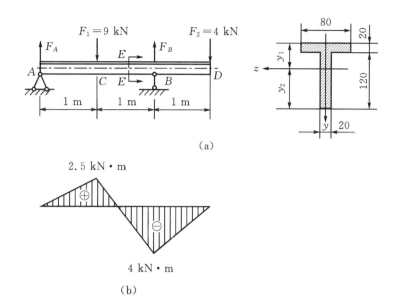

图 6-20

解 由静力平衡方程求出梁的支反力为
$$F_A = 2.5 \text{ kN}, \quad F_B = 10.5 \text{ kN}$$

做弯矩图如图 6-20(b)所示。

最大正弯矩在截面 C 上，$M_C = 2.5 \text{ kN·m}$，最大负弯矩在截面 B 上，$M_B = -4 \text{ kN·m}$。T 形截面对中性轴不对称，同一截面上的最大拉应力和压应力并不相等。在截面 B 上，弯矩是负的，最大拉应力发生于上边缘各点，且

$$\sigma_t = \frac{M_B y_1}{I_z} = \frac{4 \times 10^3 \times 52 \times 10^{-3}}{763 \times (10^{-2})^4} \text{ Pa} = 27.2 \text{ MPa}$$

最大压应力发生于下边缘各点，且

$$\sigma_c = \frac{M_B y_2}{I_z} = \frac{40 \times 10^3 \times (120 + 20 - 52) \times 10^{-3}}{763 \times (10^{-2})^4} \text{ Pa} = 46.2 \text{ MPa}$$

在截面 C 上，虽然弯矩 M_C 的绝对值小于 M_B，但 M_C 是正弯矩，最大拉应力发生于截面的下边缘各点，而这些点到中性轴的距离却比较远，因而就有可能发生比截面 B 还要大的拉应力，其值为

$$\sigma_t = \frac{M_C y_2}{I_z} = \frac{2.5 \times 10^3 \times (120 + 20 - 52) \times 10^{-3}}{763 \times (10^{-2})^4} \text{ Pa} = 28.8 \text{ MPa}$$

所以，最大拉应力是在截面 C 的下边缘各点处，但从所得结果看出，无论是最大拉应力或最大压应力都未超过许用应力，强度条件是满足的。

由例 6-7 可见，当截面上的中性轴为非对称轴，且材料的抗拉、抗压许用应力数值不等时，最大正弯矩、最大负弯矩所在的两个截面均可能为危险截面，因而均应进行强度校核。

例 6-8 简支梁 AB 如图 6-21(a)所示。$l = 2 \text{ m}, a = 0.2 \text{ m}$。梁上的载荷为 $q = 10 \text{ kN/m}, F = 200 \text{ kN}$。材料的许用应力为 $[\sigma] = 160 \text{ MPa}, [\tau] = 100 \text{ MPa}$。试选择适用的

工字钢型号。

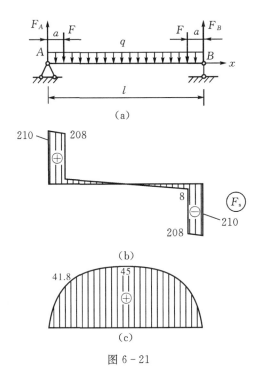

图 6-21

解 计算梁的支反力,然后作剪力图和弯矩图,如图 6-21(b)、(c)所示。

根据最大弯矩选择工字钢型号,$M_{max}=45$ kN·m,由弯曲正应力强度条件,有

$$W_z = \frac{M_{max}}{[\sigma]} = \frac{45 \times 10^3}{160 \times 10^6} \text{ m}^3 = 281 \text{ cm}^3$$

查型钢表,选用 22a 工字钢,其 $W_z=309$ cm³。校核梁的切应力。由附录表中查出,$\frac{I_z}{S_z^*}=$ 18.9 m,腹板厚度 $d=0.75$ cm。由剪力图 $F_{s,max}=210$ kN。代入切应力强度条件

$$\tau_{max} = \frac{F_{s,max} S_z^*}{I_z b} = \frac{210 \times 10^3}{18.9 \times 10^{-2} \times 0.75 \times 10^{-2}} \text{ Pa} = 148 \text{ MPa} > [\tau]$$

τ_{max} 超过 $[\tau]$ 很多,应重新选择更大的截面。现以 25b 工字钢进行试算。由表查出,$\frac{I_z}{S_z^*}=$ 21.27 cm,$d=1$ cm。再次进行切应力强度校核。

$$\tau_{max} = \frac{210 \times 10^3}{21.27 \times 10^{-2} \times 1 \times 10^{-2}} \text{ Pa} = 98.7 \text{ MPa} < [\tau]$$

因此,要同时满足正应力和切应力强度条件,应选用型号为 25b 的工字钢。

6.4 提高弯曲强度的一些措施

前面曾经指出,弯曲正应力是控制抗弯强度的主要因素。因此,讨论提高梁抗弯强度的措施,应以弯曲正应力强度条件为主要依据。由 $\sigma_{max} = \frac{M_{max}}{W_z} \leqslant [\sigma]$ 可以看出,为了提高梁的

强度,可以从以下三方面考虑。

6.4.1 合理安排梁的支座和载荷

从正应力强度条件可以看出,在抗弯截面系数 W_z 不变的情况下,M_{max} 越小,梁的承载能力越高。因此,应合理地安排梁的支承及加载方式,以降低最大弯矩值。例如图 6-22(a) 所示简支梁,受均布载荷 q 作用,梁的最大弯矩为 $M_{max}=\dfrac{1}{8}ql^2$,如图 6-22(b) 所示。

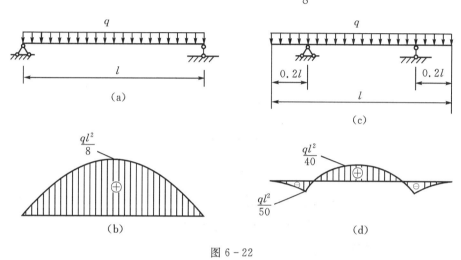

图 6-22

如果将梁两端的铰支座各向内移动 $0.2l$,如图 6-22(c) 所示,则最大弯矩变为 $M_{max}=\dfrac{1}{40}ql^2$,如图 6-19(d) 所示,仅为前者的 $1/5$。

由此可见,在可能的条件下,适当地调整梁的支座位置,可以降低最大弯矩值,提高梁的承载能力。例如,门式起重机的大梁图 6-23(a),锅炉筒体图 6-23(b) 等,就是采用上述措施,以达到提高强度,节省材料的目的。

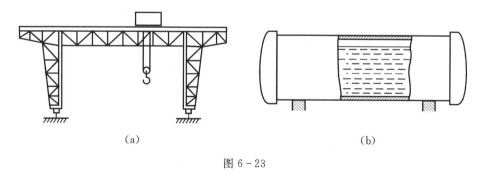

图 6-23

再如,图 6-22(a) 所示的简支梁 AB,在集中力 F 作用下梁的最大弯矩为

$$M_{max}=\dfrac{1}{4}Fl$$

如果在梁的中部安置一长为 $l/2$ 的辅助梁 CD(图 6-24(b)),使集中载荷 F 分散成两个 $F/2$ 的集中载荷作用在 AB 梁上,此时梁 AB 内的最大弯矩为

$$M_{\max}=\frac{1}{8}Fl$$

如果将集中载荷 F 靠近支座,如图 6-24(c)所示,则梁 AB 上的最大弯矩为

$$M_{\max}=\frac{5}{36}Fl$$

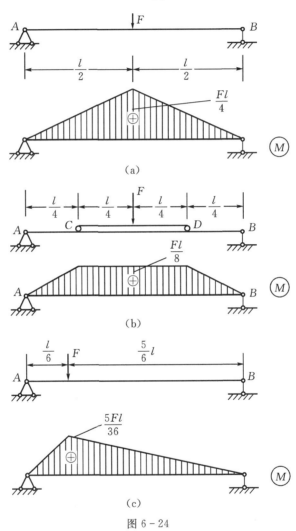

图 6-24

由上例可见,使集中载荷适当分散和使集载荷尽可能靠近支座均能达到降低最大弯矩的目的。

6.4.2 采用合理的截面形状

由正应力强度条件可知,梁的抗弯能力还取决于抗弯截面系数 W_z。为提高梁的抗弯强

度,应找到一个合理的截面以达到既提高强度,又节省材料的目的。比值 $\dfrac{W_z}{A}$ 可作为衡量截面是否合理的尺度,$\dfrac{W_z}{A}$ 值越大,截面越趋于合理。例如图 6-25 中所示的尺寸及材料完全相同的两个矩形截面悬臂梁,由于安放位置不同,抗弯能力也不同。

竖放时,

$$\frac{W_z}{A}=\frac{\dfrac{bh^2}{6}}{bh}=\frac{h}{6}$$

平放时,

$$\frac{W_z}{A}=\frac{\dfrac{b^2h}{6}}{bh}=\frac{b}{6}$$

当 $h>b$ 时,竖放时的 $\dfrac{W_z}{A}$ 大于平放时的 $\dfrac{W_z}{A}$,因此,矩形截面梁竖放比平放更为合理。在房屋建筑中,矩形截面梁几乎都是竖放的,道理就在于此。

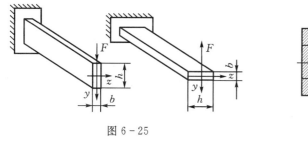

图 6-25

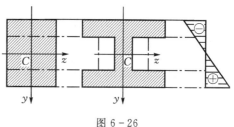

图 6-26

表 6-1 列出了几种常用截面的 $\dfrac{W_z}{A}$ 值,由此看出,工字形截面和槽形截面最为合理,而圆形截面是其中最差的一种,从弯曲正应力的分布规律来看,也容易理解这一事实。以图 6-26 所示截面面积及高度均相等的矩形截面及工字形截面为例说明如下:梁横截面上的正应力是按线性规律分布的,离中性轴越远,正应力越大。工字形截面有较多面积分布在距中性轴较远处,作用着较大的应力,而矩形截面有较多面积分布在中性轴附近,作用着较小的应力。因此,当两种截面上的最大应力相同时,工字形截面上的应力所形成的弯矩将大于矩形截面上的弯矩。即在许用应力相同的条件下,工字形截面抗弯能力较大。同理,圆形截面由于大部分面积分布在中性轴附近,其抗弯能力就更差了。

表 6-1 几种常用截面的 W_z/A 值

截面形状	矩形	圆形	槽钢	工字钢
W_z/A	$0.167h$	$0.125d$	$(0.27\sim 0.31)h$	$(0.27\sim 0.31)h$

以上是从抗弯强度的角度讨论问题。工程实际中选用梁的合理截面,还必须综合考虑刚度、稳定性以及结构、工艺等方面的要求,才能最后确定。

在讨论截面的合理形状时,还应考虑材料的特性。对于抗拉和抗压强度相等的材料,如各种钢材,宜采用对称于中性轴的截面,如圆形、矩形和工字形等。这种横截面上、下边缘最大拉应力和最大压应力数值相同,可同时达到许用应力值。对抗拉和抗压强度不相等的材料,如铸铁,则宜采用非对称于中性轴的截面,如图 6-27 所示。我们知道铸铁之类的脆性材料,抗拉能力低于抗压能力,所以在设计梁的截面时,应使中性轴偏于受拉应力一侧,通过调整截面尺寸,如能使 y_1 和 y_2 之比接近下列关系:

$$\frac{\sigma_{t,max}}{\sigma_{c,max}} = \frac{\dfrac{M_{max}y_1}{I_z}}{\dfrac{M_{max}y_2}{I_z}} = \frac{y_1}{y_2} = \frac{[\sigma_t]}{[\sigma_c]}$$

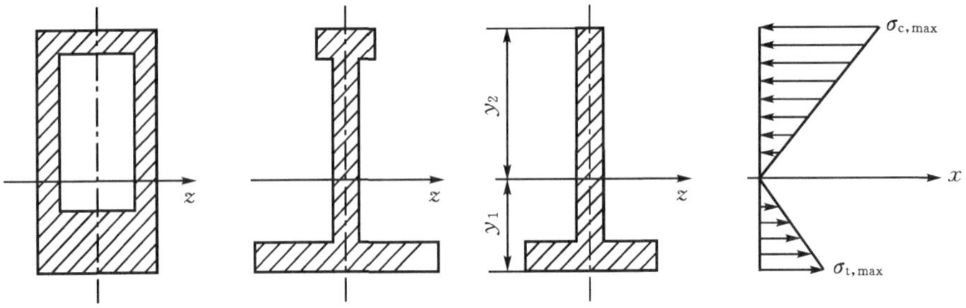

图 6-27

则最大拉应力和最大压应力可同时接近许用应力,梁的承载能力得到充分利用。式中 $[\sigma_t]$ 和 $[\sigma_c]$ 分别表示拉伸和压缩许用应力。

6.4.3 采用等强度梁

横力弯曲时,梁的弯矩是随截面位置而变化的,若按式(6-32)设计成等截面的梁,则除最大弯矩所在截面外,其他各截面上的正应力均未达到许用应力值,材料强度得不到充分发挥。为了减少材料消耗、减轻重量,可把梁制成截面随截面位置变化的变截面梁。若截面变化比较平缓,前述弯曲应力计算公式仍可近似使用。当变截面梁各横截面上的最大弯曲正应力相同,并与许用应力相等时,即

$$\sigma_{max} = \frac{M(x)}{W(x)} = [\sigma]$$

此力称为**等强度梁**。等强度梁的抗弯截面系数随截面位置的变化规律为

$$W_z(x) = \frac{M(x)}{[\sigma]} \quad (6-36)$$

由式(6-36)可见,确定了弯矩随截面位置的变化规律,即可求得等强度梁横截面的变化规律,下面举例说明。

设图 6-28(a)所示受集中力 F 作用的简支梁为矩形截面的等强度梁,若截面高度 h 为常量,则宽度 b 为截面位置 x 的函数,$b=b(x)$,矩形截面的抗弯截面模量为

$$W_z(x) = \frac{b(x)h^2}{6}$$

弯矩方程式为

$$M(x) = \frac{F}{2}x, \quad 0 \leqslant x \leqslant \frac{L}{2}$$

将以上两式代入式(6-36)，化简后得

$$b(x) = \frac{3F}{h^2[\sigma]}x \qquad (6-37a)$$

可见，截面宽度 $b(x)$ 为 x 的线性函数。由于约束与载荷均对称于跨度中点，因而截面形状也对跨度中点对称(图6-28(b))。在左、右两个端点处截面宽度 $b(x)=0$，这显然不能满足抗剪强度要求。为了能够承受切应力，梁两端的截面应不小于某一最小宽度 $b_{\min}$，见图6-28(c)。由弯曲切应力强度条件

$$\tau_{\max} = \frac{3}{2}\frac{F_{s,\max}}{A} = \frac{3}{2}\frac{\frac{F}{2}}{b_{\min}h} \leqslant [\tau]$$

得

$$b_{\min} = \frac{3F}{4h[\tau]} \qquad (6-37b)$$

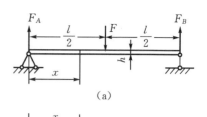

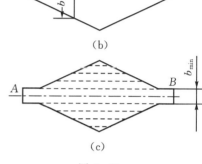

图 6-28

若设想把这一等强度梁分成若干狭条，然后叠置起来，并使其略微拱起，这就是汽车以及其他车辆上经常使用的叠板弹簧，如图6-29所示。

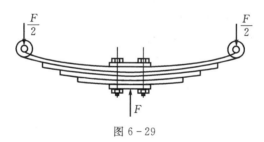

图 6-29

若上述矩形截面等强度梁的截面宽度 b 为常数，而高度 h 为 x 的函数，即 $h=h(x)$，用完全相同的方法可以求得

$$h(x) = \sqrt{\frac{3Fx}{b[\sigma]}} \qquad (6-38a)$$

$$h_{\min} = \frac{3F}{4b[\tau]} \qquad (6-38b)$$

按(6-38a)式和(6-38b)式确定的梁形状如图6-30(a)所示。如把梁做成图6-30(b)所示的形式，就是厂房建筑中广泛使用的"鱼腹梁"。

使用公式(6-31)，也可求得圆截面等强度梁的截面直径沿轴线的变化规律。但考虑到加工的方便及结构上的要求，常用阶梯形状的变截面梁(阶梯轴)来代替理论上的等强度梁，如图6-31所示。

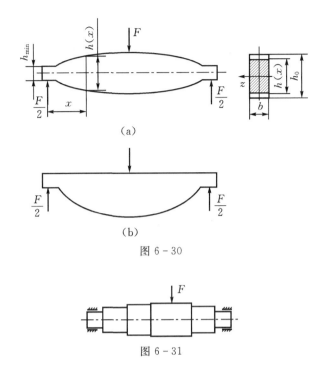

图 6-30

图 6-31

6.5 开口薄壁杆件的弯曲中心

在前面讨论中指出,当杆件有纵向对称面,且载荷也作用于对称面内时,杆件的变形是平面弯曲。对横截面非对称的杆件来说,即使横向力作用于形心主惯性平面内,杆件除弯曲变形外,还将发生扭转变形,如图 6-32(a)所示。只有当横向力的作用线平行于形心主惯性平面,且通过某一特定点 A 时,杆件才只有弯曲而无扭转图 6-32(b),这一特定点 A 称为**弯曲中心**。

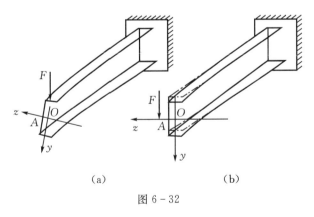

图 6-32

开口薄壁杆件的弯曲中心有较大的实际意义,而且它的位置用材料力学的方法就可确定。为此,首先讨论开口薄壁杆件弯曲切应力计算。

图 6-33(a)为一开口薄壁杆件,y 和 z 为横截面的形心主惯性轴,设载荷 F 平行于 y

轴,且通过弯曲中心。这时杆件只有弯曲而无扭转,z 轴为弯曲变形的中性轴。横截面上的弯曲正应力仍由式(6-8)计算。至于弯曲切应力,由于杆件的壁厚 t 远小于横截面的其他尺寸,所以可以假设沿壁厚 t 切应力的大小无变化。又因杆件的内侧表面和外侧表面都为自由面,未作用任何与表面相切的载荷,所以横截面上的切应力应与截面的周边相切。以相距为 dx 的两个横截面和沿薄壁厚度 t 的纵向面,从杆中截出一部分 $abcd$,如图 6-33(b)、(c)所示。在这一部分的 ad 和 bc 面上作用着弯曲正应力,在底面 dc 上作用着切应力。这些应力的方向都平行于 x 轴。由 6.2 所述的方法,求得 bc 和 ad 面上的合力 F_{N1} 和 F_{N2} 分别是

$$F_{N1} = \frac{M}{I_z} S_z^*$$

$$F_{N2} = \frac{M+dM}{I_z} S_z^*$$

式中 M 和 $(M+dM)$ 分别为 bc 和 ad 两个横截面上的弯矩;S_z^* 为截面上截出部分面积(图中画阴影线的面积)对中性轴的静矩;I_z 为整个截面对中性轴的惯性矩。

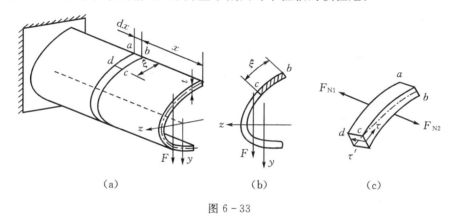

图 6-33

根据横截面上的切应力分布规律和切应力互等定理,底面 dc 上的内力为 $\tau' t dx$,把作用于 $abcd$ 部分上的力投影于 x 轴。由平衡条件 $\sum F_x = 0$,可知

$$F_{N2} - F_{N1} - \tau' t dx = 0$$

即

$$\frac{M+dM}{I_z} S_z^* - \frac{M}{I_z} S_z^* - \tau' t dx = 0$$

由此求得

$$\tau' = \frac{dM}{dx} \frac{S_z^*}{I_z t} = \frac{F_s S_z^*}{I_z t}$$

式中,F_s 为截面剪力,$F_s = F$。

由切应力互等定理可知,τ' 等于横截面上距自由边缘为 ξ 处的切应力 τ,即

$$\tau = \frac{F_s S_z^*}{I_z t} \tag{6-39}$$

这就是开口薄壁杆件弯曲切应力的计算公式。

求得开口薄壁杆件横截面上弯曲切应力后,就可以确定弯曲中心的位置。现以槽钢为例,说明确定弯曲中心的方法。设槽形截面尺寸如图 6-34(a)所示,且外力平行于 y 轴。当

计算上翼缘距右边为 ξ 处的切应力 τ_1 时

$$S_z^* = \frac{\xi t h}{2}$$

代入公式(6-38),得

$$\tau_1 = \frac{F_s \xi h}{2 I_z}$$

可见,上翼缘上的切应力 τ_1 沿翼缘宽度按直线规律变化,见图 6-34(b)。

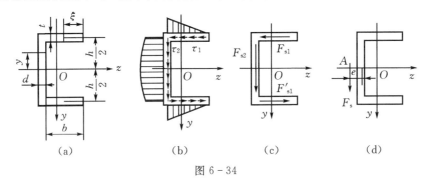

图 6-34

如以 F_{s1} 代表上翼缘上切向内力系的合力,则

$$F_{s1} = \int_{A_1} \tau_1 \mathrm{d}A = \int_0^b \frac{F_s \xi h}{2 I_z} t \mathrm{d}\xi = \frac{F_s b^2 h t}{4 I_z} \qquad (6-40\mathrm{a})$$

用同样的方法可以求得下翼缘上的内力 F_{s1}'。F_{s1}' 与 F_{s1} 大小相等,但方向相反。计算腹板上距中性轴为 y 处的切应力 τ_2 时

$$S_z^* = \frac{b t h}{2} + \frac{d}{2}\left(\frac{h^2}{4} - y^2\right)$$

代入公式(6-39),得

$$\tau_2 = \frac{F_s}{I_z d}\left[\frac{b t h}{2} + \frac{d}{2}\left(\frac{h^2}{4} - y^2\right)\right]$$

可见腹板上切应力 τ_2 沿高度按抛物线规律变化。以 F_{s2} 代表腹板上切向内力系的合力,则

$$F_{s2} = \int_{-\frac{h}{2}}^{\frac{h}{2}} \frac{F_s}{I_z d}\left[\frac{b t h}{2} + \frac{d}{2}\left(\frac{h^2}{4} - y^2\right)\right] d \mathrm{d}y = \frac{F_s}{I_z}\left(\frac{b t h^2}{2} + \frac{d h^3}{12}\right)$$

槽形截面对中性轴 z 的惯性矩 I_z 约为

$$I_z \approx \frac{b t h^2}{2} + \frac{d h^3}{12}$$

以 I_z 代入上式,得

$$F_{s2} = F_s \qquad (6-40\mathrm{b})$$

至此,我们已经求得了截面上的三个切向内力 F_{s1}、F_{s1}' 和 F_{s2},见图 6-34(c)。F_{s1} 和 F_{s1}' 组成力偶矩 $F_{s1} h$,将它与 F_{s2} 合并,得到内力系的最终合力。这一合力仍等于 F_{s2}($F_{s2}=F_s$),只是作用线向左平移了一个距离 e。如对腹板中线与 z 轴的交点取矩,由合力矩定理知

$$F_{s1} h = F_s e$$

以式(6-40a)代入上式,得

$$e = \frac{F_{s1}h}{F_s} = \frac{b^2 h^2 t}{4I_z} \qquad (6-41)$$

由于截面上切向内力系的合力 F_s(即截面上的剪力)在距腹板中线为 e 的纵向平面内,如外力 F 也在同一平面内,则杆件就只有弯曲而无扭转,这就是图 6-32(b)所表示的情况。

在槽形截面的情况下,若外力沿 z 轴作用,因 z 轴是横截面的对称轴,因此杆将产生平面弯曲而无扭转变形。这表明弯曲中心一定在截面的对称轴上。所以,F_s 和对称轴的交点 A 即为弯曲中心,也称为剪切中心。弯曲中心 A 在对称轴 z 上,其位置由公式(6-41)确定。该式表明,弯曲中心的位置与外力的大小和材料的性质无关,它是截面图形的几何性质之一。

由以上分析可知,对于具有一个对称轴的截面,例如槽形、T 形、开口环形和等边角钢等,截面的弯曲中心一定位于对称轴上。因此,只要确定出 e 值后,即可定出弯曲中心的位置。对于具有两个对称轴的截面,例如矩形、圆形和工字形等,弯曲中心必在两对称轴的交点上,即截面形心和弯曲中心重合。如截面为反对称,例如 Z 字形截面,则弯曲中心必在反对称的中点,也与形心重合。表 6-2 给出了几种常见开口薄壁截面梁弯曲中心的位置。

表 6-2 开口薄壁截面梁弯曲中心的位置

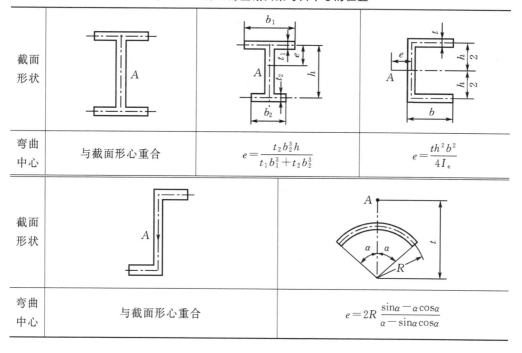

截面形状	工字形	T形(不等翼)	槽形
弯曲中心	与截面形心重合	$e = \dfrac{t_2 b_2^3 h}{t_1 b_1^3 + t_2 b_2^3}$	$e = \dfrac{th^2 b^2}{4I_z}$

截面形状	Z字形	圆弧形
弯曲中心	与截面形心重合	$e = 2R \dfrac{\sin\alpha - \alpha\cos\alpha}{\alpha - \sin\alpha\cos\alpha}$

综上所述,当外力通过弯曲中心时,无论是平行于 y 轴或沿着 z 轴,外力和横截面上的剪力在同一纵向平面内,杆件只有弯曲变形。反之,若外力 F 不通过弯曲中心,这时把外力向弯曲中心简化,将得到一个通过弯曲中心的力 F 和一个扭转力偶矩。通过弯曲中心的横向力 F 仍引起上述弯曲变形,而扭转力偶矩却将引起杆件的扭转变形,这就是图 6-32(a)所表示的情况。

对实体截面或闭口薄壁截面杆件,因其弯曲中心和形心重合或靠近形心,且切应力数值通常又较小,所以不必考虑弯曲中心的位置。但对于开口薄壁截面杆件,因其承受扭转变形的能力很差,所以外力的作用线应尽可能通过弯曲中心,以避免产生扭转变形。因此,确定开口薄壁杆件弯曲中心的位置,具有较重要的实际意义。

例 6-9 试确定图 6-35(a)所示开口薄壁截面的弯曲中心,设截面中线为圆周的一部分。

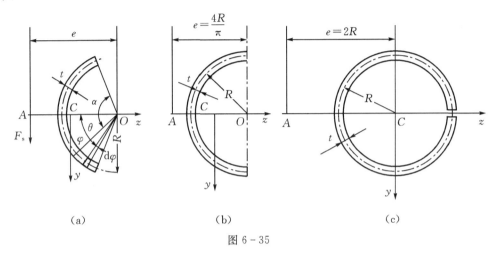

图 6-35

解 以截面的对称轴为 z 轴,y、z 轴为形心主惯性轴,因而弯曲中心 A 必在 z 轴上。设剪力 F_s 过弯曲中心 A,且平行于 y 轴。用与 z 轴夹角为 φ 的半径截取部分面积 A_1,其对 z 轴的静矩为

$$S_z^* = \int_{A_1} y \, dA = 2\int_\theta^\alpha R\sin\varphi \, tR \, d\varphi = tR^2(\cos\theta - \cos\alpha)$$

整个截面对 z 轴的惯性矩为

$$I_z = \int_A y^2 \, dA = 2\int_{-\alpha}^\alpha (R\sin\varphi)^2 tR \, d\varphi = tR^3(\alpha - \sin\alpha\cos\alpha)$$

代入公式(6-39),得

$$\tau = \frac{F_s(\cos\theta - \cos\alpha)}{tR(\alpha - \sin\alpha\cos\alpha)}$$

以圆心为力矩中心,由合力矩定理

$$F_s e = \int_A R\tau \, dA = \int_{-\alpha}^\alpha R \frac{F_s(\cos\theta - \cos\alpha)}{tR(\alpha - \sin\alpha\cos\alpha)} tR \, d\theta$$

积分后求得

$$e = 2R \frac{\sin\alpha - \alpha\cos\alpha}{\alpha - \sin\alpha\cos\alpha} \tag{6-42}$$

当 $\alpha = \dfrac{\pi}{2}$ 时,得到半圆形开口薄壁截面如图 6-35(b)所示,此时由式(6-42)得

$$e = \frac{4R}{\pi}$$

当 $\alpha=\pi$ 时，得到圆形开口薄壁截面如图 6-35(c)所示，此时由式(6-42)得
$$e=2R$$

习　题

6-1　把直径 $d=1$ mm 的钢丝绕在直径 $D=2$ m 的轮缘上，已知材料的弹性模量 $E=200$ GPa，试求钢丝内的最大弯曲正应力。

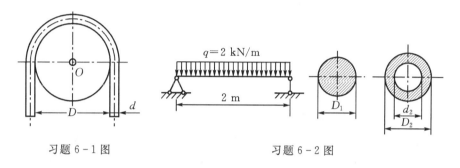

习题 6-1 图　　　　　习题 6-2 图

6-2　简支梁受均布载荷如图所示。若分别采用截面面积相等的实心和空心圆截面，且 $D_1=40$ mm，$\dfrac{d_2}{D_2}=\dfrac{3}{5}$。试分别计算它们的最大弯曲正应力，并问空心截面比实心截面的最大弯曲正应力减小了百分之几。

6-3　图示圆轴的外伸部分是空心圆截面，试求轴内的最大弯曲正应力。

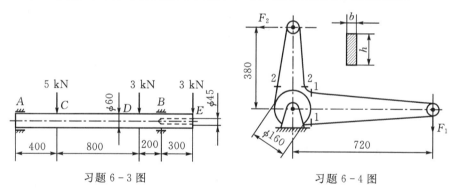

习题 6-3 图　　　　　习题 6-4 图

6-4　某操纵系统中的摇臂如图所示，右端所受的力 $F_1=8.5$ kN，截面 1-1 和 2-2 均为高度比 $h/b=3$ 的矩形，材料的许用应力 $[\sigma]=50$ MPa。试确定 1-1 和 2-2 两个横截面的尺寸。

6-5　桥式起重机大梁 AB 的跨长 $l=16$ m，原设计最大起重量为 100 kN。若在大梁上距 B 端为 x 的 C 点悬挂一根钢索，绕过装在重物上的滑轮，将另一端再挂在吊车的吊钩上。使吊车驶到 C 的对称位置 D。这样就可吊运 150 kN 的重物。试问 x 的最大值等于多少，设只考虑大梁的正应力强度。

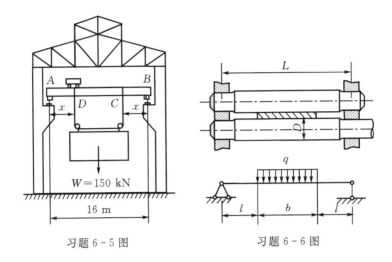

习题 6-5 图   习题 6-6 图

6-6 图示轧辊轴直径 $D=280$ mm,$L=1000$ mm,$l=450$ mm,$b=100$ mm,轧辊材料的弯曲许用应力 $[\sigma]=100$ MP。试求轧辊能承受的最大轧制力 $F(F=qb)$。

6-7 割刀在切割工件时,受到 $F=1$ kN 的切削力作用。割刀尺寸如图所示。试求割刀内的最大弯曲正应力。

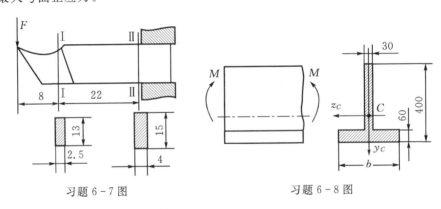

习题 6-7 图   习题 6-8 图

6-8 图示为一承受纯弯曲的铸铁梁,其截面为⊥形,材料的拉伸和压缩许用应力之比 $\dfrac{[\sigma_t]}{[\sigma_c]}=1/4$。求水平翼扳的合理宽度。

6-9 ⊥形截面铸铁悬臂梁,尺寸及载荷如图所示。若材料的拉伸许用应力 $[\sigma]=$

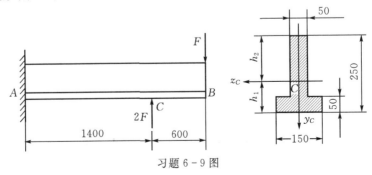

习题 6-9 图

40 MPa，压缩许用应力$[\sigma]=160$ MPa，截面对形心轴z_c的惯性矩$I_{zC}=10180$ cm^4，$h_1=9.64$ cm，试计算该梁的许可载荷F。

6-10 当20号槽钢受纯弯曲变形时，测出A、D两点间长度的改变$\Delta l=27\times 10^{-3}$ mm材料的$E=200$ GPa，试求梁截面上的弯矩M。

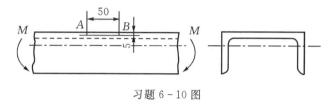

习题6-10图

6-11 梁AB的截面为10号工字钢，B点由圆钢杆BC支承，已知圆杆的直径$d=20$ mm，梁及杆的$[\sigma]=160$ MPa，试求许用均布载荷$[q]$。

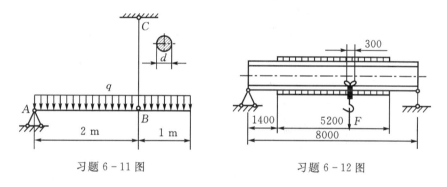

习题6-11图   习题6-12图

6-12 某吊车用28b工字钢制成，其上、下各焊有75 mm×6 mm×5200 mm的钢板，如图所示。已知$[\sigma]=100$ MPa，试求吊车的许用载荷F。

6-13 设梁的横截面为矩形，高300 mm，宽50 mm，截面上正弯矩的数值为240 kN·m。材料的抗拉弹性模量E_t为抗压弹性模量E_c的1.5倍。若应力未超过材料的比例极限，试求最大拉应力与最大压应力。

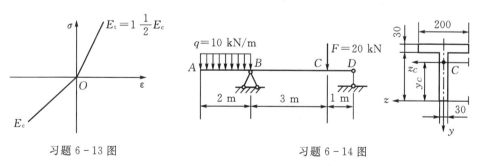

习题6-13图   习题6-14图

6-14 铸铁梁的载荷及横截面尺寸如图所示。许用拉应力$[\sigma_t]=40$ MPa，许用压应力$[\sigma_c]=160$ MPa。试按正应力强度条件校核梁的强度。若载荷不变，但将T形横截面倒置，即成为⊥形，是否合理？何故？

6-15 图示为一用钢板加固的木梁。已知木材的弹性模量$E_1=10$ GPa，钢的弹性横

量 $E_2 = 210\,\mathrm{GPa}$,若木梁与钢板之间不能相互滑动,试求木材及钢板中的最大正应力。

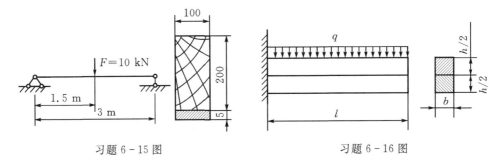

习题 6-15 图 习题 6-16 图

6-16 图示为用两根尺寸、材料均相同的矩形截面直杆组成的悬臂梁,试求下列两种情况下梁所能承受的均布载荷集度的比值:

(1) 两杆固结成整体;

(2) 两杆叠置在一起,交界面上摩擦可忽略不计。

6-17 试计算图示矩形截面简支梁的 1-1 截面上 a 点和 b 点的正应力和切应力。

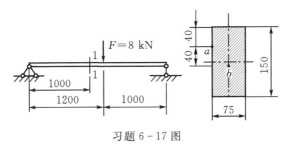

习题 6-17 图

6-18 图示圆形截面简支梁,受均布载荷作用。试计算梁内的最大弯曲正应力和最大弯曲切应力,并指出它们发生于何处。

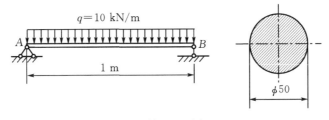

习题 6-18 图

6-19 试计算图示工字形截面梁内的最大正应力和最大切应力。

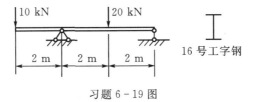

习题 6-19 图

6-20 起重机下的梁由两根工字钢组成,起重机自重 $W=50$ kN,起重量 $W_2=10$ kN。许用应力 $[\sigma]=160$ MPa,$[\tau]=100$ MPa。若暂不考虑梁的自重,试按正应力强度条件选定工字钢型号,然后再按切应力强度条件进行校核。

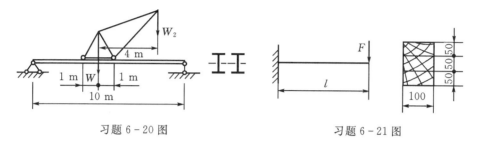

习题 6-20 图   习题 6-21 图

6-21 由三根木条胶合而成的悬臂梁截面尺寸如图所示。跨度 $l=1$ m。若胶合面上的许用切应力 $[\tau]=0.34$ MPa,木材的许用弯曲正应力 $[\sigma]=10$ MPa,许用切应力 $[\tau]=1$ MPa,试求许可载荷 F。

6-22 在图(a)中,若以虚线所示的纵向面和横向面从梁中截出一部分,如图(b)所示。试求在纵向面 $abcd$ 上由 τdA 组成的内力系的合力,并说明它与什么力平衡。

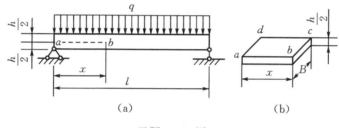

习题 6-22 图

6-23 用螺钉将四块木板联接而成的箱形梁如图所示。每块木板的横截面都为 150 mm $\times 25$ mm。若每一螺钉的许可剪力为 11 kN,试确定螺钉的间距 s。设 $F=5.5$ kN。

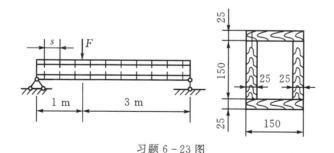

习题 6-23 图

6-24 图示梁由两根 36a 工字钢铆接而成。铆钉的间距 $s=150$ mm,直径 $d=20$ mm,许用切应力 $[\tau]=90$ MPa。梁横截面上的剪力 $F_s=40$ kN,试校核该铆钉的剪切强度。

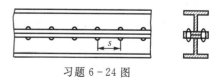

习题 6-24 图

6-25 截面为正方形的梁按图示两种方式放置。试问按哪种方式比较合理?

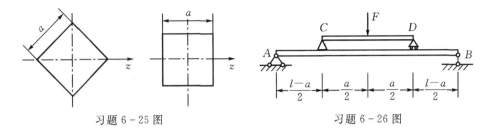

习题 6-25 图　　　　　习题 6-26 图

6-26 为改善载荷分布,在主梁 AB 上安置辅助梁 CD。设主梁和辅助梁的抗弯截面系数分别为 W_1 和 W_2,材料相同,试求辅助梁的合理长度 a。

6-27 在18号工字梁上作用着可移动载荷 F。为提高梁的承载能力,试确定 a 和 b 的合理数值及相应的许可载荷。$[\sigma]=160$ MPa。

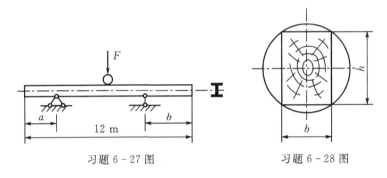

习题 6-27 图　　　　　习题 6-28 图

6-28 我国制造规范中,对矩形截面梁给出的尺寸比例是 $h:b=3:2$。试用弯曲正应力强度证明:从圆木锯出的矩形截面梁,上述尺寸比例接近最佳比值。

6-29 均布载荷作用下的简支梁由圆管及实心圆杆套合而成,如图所示。变形后两杆仍密切接触。两杆材料的弹性模量分别为 E_1 和 E_2,且 $E_1=2E_2$。试求两杆各自承担的弯矩。

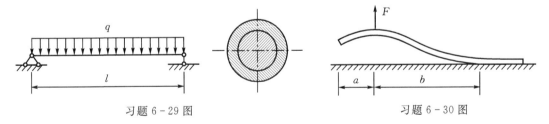

习题 6-29 图　　　　　习题 6-30 图

6-30 以 F 力将置放于地面的钢筋提起。若钢筋单位长度的重量为 Q,当 $b=2a$ 时,试求所需的力 F。

6-31 试判断图示各截面的切应力流的方向和弯曲中心的大致位置。设剪力 F_s 铅垂向下。

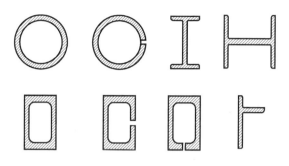

习题 6-31 图

6-32 试确定图示箱形开口薄壁截面梁弯曲中心 A 的位置。设截面的壁厚 t 为常量，且壁厚及开口切缝都很小。

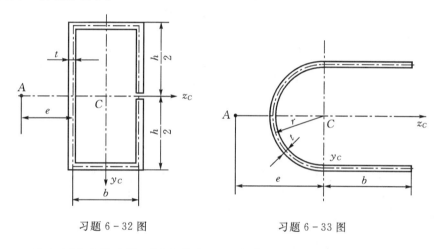

习题 6-32 图　　　　习题 6-33 图

6-33 试确定图示薄壁截面梁弯曲中心 A 的位置，设壁厚 t 为常量。

第7章 弯曲变形

在工程实际中,为保证受弯构件的正常工作,除了要求构件有足够的强度外,在某些情况下,还要求其弯曲变形不能过大,即具有足够的刚度。例如,轧钢机在轧制钢板时,轧辊的弯曲变形将造成钢板沿宽度方向的厚度不均匀(图7-1(a));齿轮轴若弯曲变形过大,将使齿轮啮合状况变差,引起偏磨和噪声(图7-1(b))。

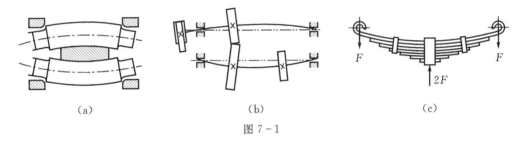

图 7-1

当然,工程中有时要利用较大的弯曲变形来达到一定的要求,例如,汽车轮轴上的叠板弹簧(图7-1(c)),就是利用弯曲变形起到缓冲和减振的作用的。

此外,在求解超静定梁时,也需考虑梁的弯曲变形。

7.1 梁弯曲变形的基本概念

7.1.1 挠度

在线弹性小变形条件下,梁在横力作用时将产生平面弯曲,则梁轴线由原来的直线变为纵向面内的一条平面曲线,很明显,该曲线是连续、光滑的曲线,这条曲线称为梁的**挠曲线**(图7-2)。

梁轴线上某点在梁变形后沿垂直轴线方向的位移(横向位移)称为该点的**挠度**,以 w 表示,如图7-2所示。在小变形情况下,可以证明,梁轴线上各点沿轴线方向的位移是横向位移的高阶小量,因而可以忽略不计。

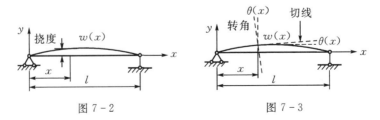

图 7-2   图 7-3

梁平面弯曲时变形特点是：梁轴线既不伸长也不缩短，其轴线在形心主惯性平面内弯曲成一条平面曲线，而且处处与梁的横截面垂直，而横截面绕中性轴相对于原来位置转动了一个角度（图7-4）。显然，梁变形后轴线的形状以及截面偏转的角度是十分重要的，实际上它们是衡量梁刚度好坏的重要指标。

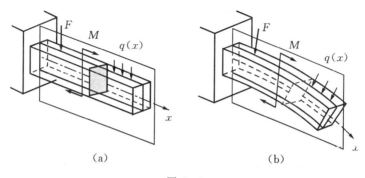

图 7-4

梁弯曲时，各截面变形一般是不同的，各点的挠度是截面位置的函数。如果以自变量 x 表示梁横截面的位置，表示挠度和截面位置间的函数关系式

$$w = w(x) \tag{7-1}$$

称为挠曲线方程或挠度函数。一般情况下规定：挠度沿 y 轴的正向（向上）为正，沿 y 轴的负向（向下）为负（图7-5）。

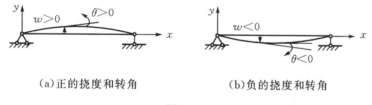

（a）正的挠度和转角　　　　（b）负的挠度和转角

图 7-5

必须注意，坐标系的选取可以是任意的，即坐标原点可以放在梁轴线的任意地方，另外，由于梁的挠度函数往往在梁中是分段函数，因此，梁的坐标系可采用整体坐标也可采用局部坐标。

7.1.2 转角

梁变形后其横截面相对于原有位置转动的角度称为**转角**（图7-3或图7-4）。梁变形时，其转角随梁截面位置变化的函数

$$\theta = \theta(x) \tag{7-2}$$

称为转角方程或转角函数。

由图7-3可以看出，转角实质上就是挠曲线的切线与梁变形前的轴线（坐标轴）x 之间的夹角。所以有

$$\tan\theta = \frac{\mathrm{d}w(x)}{\mathrm{d}x}$$

由于梁的变形是小变形,梁的挠度和转角都很小,所以 θ 和 $\tan\theta$ 是同阶小量,即 $\theta \approx \tan\theta$,于是有

$$\theta(x) = \frac{\mathrm{d}w(x)}{\mathrm{d}x} \qquad (7-3)$$

即**转角函数等于挠度函数对截面位置 x 的一阶导数**。一般情况下规定:转角逆时针转动时为正,而顺时针转动时为负(图 7-5)。

需要注意,转角函数和挠度函数必须在相同的坐标系下描述,由式(7-3)可知,如果挠度函数在梁中是分段函数,则转角函数亦是分段数目相同的分段函数。

7.1.3 梁的变形与位移

材料力学中梁的变形通常指的就是梁的挠度和转角。但实际上梁的挠度和转角并不完全反应梁的变形,它们和梁的变形之间有联系也有本质的差别。

如图 7-6(a)所示的悬臂梁和图 7-6(b)所示的中间铰梁,在图示载荷作用下,悬臂梁和中间铰梁的右半部分中无任何内力。图示悬臂梁和中间铰梁的右半部分没有变形,它们将始终保持直线状态,但是,悬臂梁和中间铰梁的右半部分却存在挠度和转角,这种没有变形,由于运动引起的位移称为刚体位移。

事实上,材料力学中所说的梁的变形,即梁的挠度和转角实质上是梁的横向线位移以及梁截面的角位移,也就是说,挠度和转角是梁的位移而不是梁的变形。回想拉压杆以及圆轴扭转的变形,拉压杆的变形是杆件的伸长 Δl,圆轴扭转变形是截面间的转角 φ,它们实质上也是杆件的位移,Δl 是拉压杆一端相对于另一端的线位移,而 φ 是扭转圆轴一端相对于另一端的角位移,但拉压杆以及圆轴扭转的这种位移总是和其变形共存的,即只要有位移则杆件一定产生了变形,反之只要有变形就一定存在这种位移(至少某段杆件存在这种位移)。但梁的变形与梁的挠度和转角之间就不一定是共存的,这一结论可以从上面对图 7-6(a)所示的悬臂梁和图 7-6(b)所示的中间铰梁的分析得到。

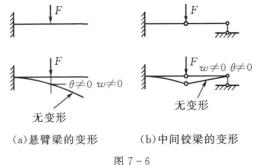

(a)悬臂梁的变形　　(b)中间铰梁的变形

图 7-6

实际上,图 7-6 所示悬臂梁和中间铰梁右半部分的挠度和转角是由于梁左半部分的变形引起的,因此可得如下结论:①梁(或梁段)如果存在变形,则梁(或梁段)必然存在挠度和转角;②梁(或梁段)如果存在挠度和转角,则梁(或梁段)不一定存在变形。所以,梁的变形

和梁的挠度及转角有联系也存在质的差别。

7.2 挠曲线的近似微分方程

在上一章曾得到梁变形后轴线的曲率方程为

$$\frac{1}{\rho(x)} = \frac{M(x)}{EI_z}$$

高等数学中，曲线 $w=w(x)$ 的曲率公式为

$$\frac{1}{\rho(x)} = \pm \frac{w''(x)}{[1+w'(x)^2]^{\frac{3}{2}}}$$

由于梁的变形是小变形，即挠曲线 $w=w(x)$ 仅仅处于微弯状态，则其转角 $\theta(x)=w'(x)\ll 1$，所以，挠曲线的曲率公式可近似为

$$\frac{1}{\rho(x)} = \pm w''(x)$$

根据弯矩的符号规定和挠曲线二阶导数与曲率中心方位的关系，在图7-7坐标系下，弯矩 M 的正负号始终与 $\dfrac{d^2 w}{dx^2}$ 的正负号一致，因此

$$\frac{d^2 w}{dx^2} = \frac{M(x)}{EI} \tag{7-4}$$

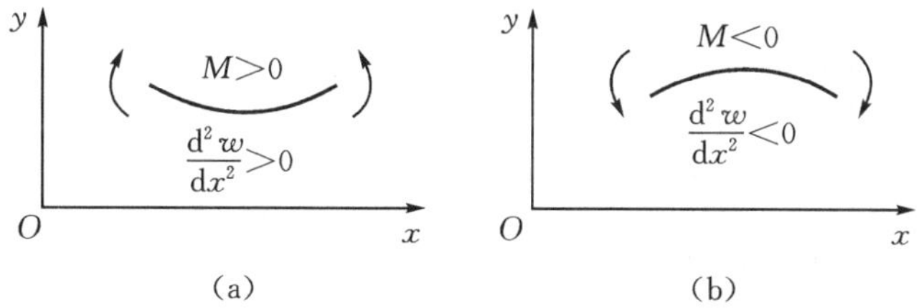

图 7-7

上式称为**挠曲线的近似微分方程**。其中，$I=I_z$ 是梁截面对中性轴的惯性矩。根据式(7-4)，只要知道了梁中的弯矩函数，直接进行积分即可得到梁的转角函数 $\theta(x)=w'(x)$ 以及挠度函数 $w(x)$，从而可求出梁在任意位置处的挠度以及截面的转角。

7.3 积分法计算梁的变形

根据梁的挠曲线近似微分方程式(7-4)，可直接进行积分求梁的变形，即求梁的转角函数 $\theta(x)$ 和挠度函数 $w(x)$。下面分两种情况讨论。

7.3.1 函数 $\dfrac{M(x)}{EI}$ 在梁中为单一函数

此时被积函数 $\dfrac{M(x)}{EI}$ 在梁中不分段(图7-8)，则可将挠曲线近似微分方程式(7-4)两边同时积分一次得到转角函数 $\theta(x)$，然后再积分一次得到挠度函数 $w(x)$。注意每次积分均出现一待定常数，所以有

$$
\begin{cases}
\theta(x)=\int \dfrac{M(x)}{EI}\mathrm{d}x+C \\
w(x)=\int\left[\int \dfrac{M(x)}{EI}\mathrm{d}x\right]\mathrm{d}x+Cx+D
\end{cases}
\tag{7-5}
$$

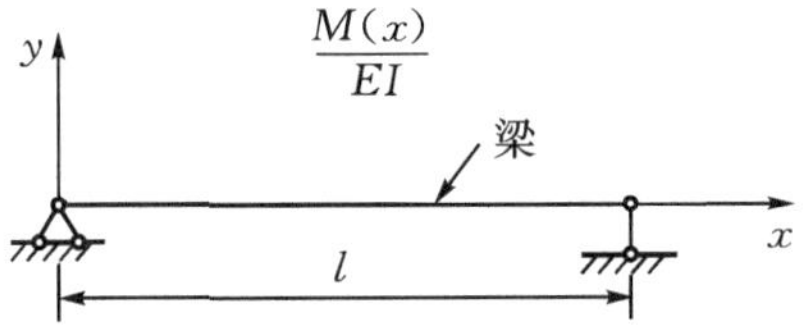
y
$\dfrac{M(x)}{EI}$
梁
x
l

图 7-8

式中，C、D 是待定常数。可见，转角函数 $\theta(x)$ 和挠度函数 $w(x)$ 在梁中也是单一函数。

积分常数 C、D 可由梁的支承条件（又称为约束条件或边界条件）确定。常见的梁的支承条件如图 7-9 所示。

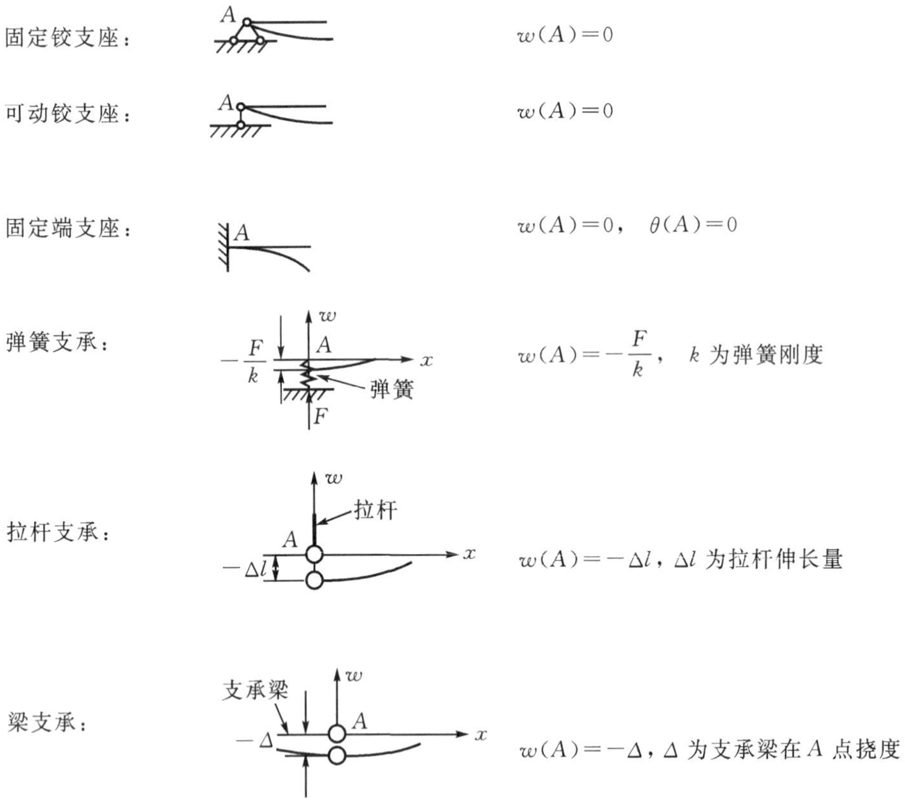
固定铰支座：
A
$w(A)=0$
可动铰支座：
A
$w(A)=0$
固定端支座：
A
$w(A)=0$， $\theta(A)=0$
弹簧支承：
w
A
x
$-\dfrac{F}{k}$
弹簧
F
$w(A)=-\dfrac{F}{k}$， k 为弹簧刚度
拉杆支承：
w
拉杆
A
x
$-\Delta l$
$w(A)=-\Delta l$，Δl 为拉杆伸长量
梁支承：
支承梁
w
A
x
$-\Delta$
$w(A)=-\Delta$，Δ 为支承梁在 A 点挠度

图 7-9

一般情况下，梁的支承条件有两个，正好可以确定积分常数 C 和 D。

7.3.2 函数 $\dfrac{M(x)}{EI}$ 在梁中为分段函数

此时被积函数 $\dfrac{M(x)}{EI}$ 在梁中分若干段(图 7-10),则在每个梁段中将挠曲线近似微分方程式(7-4)两边同时积分一次得到该段梁的转角函数 $\theta_i(x)$,然后再积分一次得到该段梁的挠度函数 $w_i(x)$,注意每段梁有两个待定常数 C_i,D_i,一般情况下各段梁的积分常数是不相同的。所以有

$$\begin{cases} \theta_i(x) = \int \left[\dfrac{M(x)}{EI}\right]_i \mathrm{d}x + C_i \\ w(x) = \int \left\{ \int \left[\dfrac{M(x)}{EI}\right]_i \mathrm{d}x \right\} \mathrm{d}x + C_i x + D_i \end{cases} \quad (x_{i-1} \leqslant x \leqslant x_i) \quad (7-6)$$

可见,梁的转角函数 $\theta(x)$ 和挠度函数 $w(x)$ 在梁中也是分段函数。

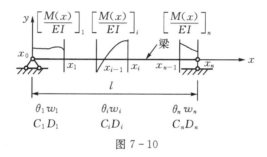

图 7-10

假设梁分为 n 段(图 7-10),$x_0,x_1,\cdots,x_{i-1},x_i,\cdots,x_n$ 称为梁的分段点,则共有 $2n$ 个积分常数 $C_i,D_i(i=1,2,\cdots,n)$,梁的支承条件有两个,另外,梁变形后轴线是光滑连续的,这就要求梁的转角函数以及挠度函数在梁中是连续的函数。这个条件称为梁的**连续性**条件。即挠曲线是一条连续且光滑的曲线,不可能出现如图 7-11(a)所示不连续和 7-11(b)所示不光滑的情况。

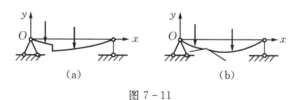

图 7-11

因此,可列出除梁约束点外其他分段点的连续性条件为

$$\begin{cases} \theta_{i-1}(x_i) = \theta_i(x_i) \\ w_{i-1}(x_i) = w_i(x_i) \end{cases} \quad (i=2,\cdots,n) \quad (7-7)$$

共有 $2n-2$ 个方程,加上梁的两个支承条件,则可确定 $2n$ 个积分常数 $C_i,D_i(i=1,2,\cdots,n)$,从而即可求得各段梁的转角函数 $\theta_i(x)$ 以及挠度函数 $w_i(x)$。

注意,积分法求分段梁的变形时,可以采用局部坐标系进行求解,相应的弯矩函数 $M(x)$,抗弯刚度 EI 以及支承条件和连续性条件都必须在相同的局部坐标系下写出。

一些常见梁的转角函数与挠度函数以及转角与挠度在特殊点的值见附录Ⅲ。

例 7-1 如图 7-12 所示,悬臂梁下有一刚性的圆柱,当 F 至少为多大时,才可能使梁的根部与圆柱表面产生贴合? 当 F 足够大且已知时,试确定梁与圆柱面贴合的长度。

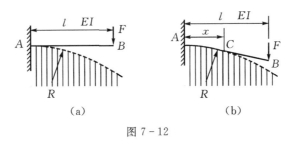

图 7-12

解 欲使梁的根部与圆柱面贴合,则梁根部的曲率半径应等于圆柱面的半径(图 7-12(a)),所以有

$$\frac{1}{R} = \frac{M_A}{EI} = \frac{Fl}{EI}$$

整理得

$$F = \frac{EI}{lR}$$

这就是梁根部与圆柱面贴合的最小载荷。

如果:$F > \frac{EI}{lR}$,则梁有一段是与圆柱面贴合的,假设贴合的长度为 x,那么贴合点 C 处的曲率半径也应等于圆柱面的半径(图 7-12(b)),所以有

$$\frac{1}{R} = \frac{M_C}{EI} = \frac{F(l-x)}{EI}$$

整理得

$$x = l - \frac{EI}{FR}$$

例 7-2 梁 AB 以拉杆 BD 支承,载荷及尺寸如图 7-13(a)所示。已知梁的抗弯刚度为 EI,拉杆的抗拉刚度为 EA,试求梁中点的挠度以及支座处的转角。

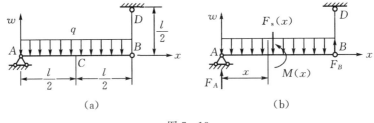

图 7-13

解 ① 求支反力和弯矩函数。

由于梁是载荷对称梁,所以 A 处的支反力和 B 处拉杆的拉力是相等的,为

$$F_A = F_B = \frac{ql}{2}$$

建立图 7-13(a)所示的坐标系,则梁中的弯矩函数为

$$M(x) = \frac{qx(l-x)}{2} \quad (0 \leqslant x \leqslant l)$$

②求转角函数和挠度函数。

$$\theta(x) = \int \frac{M(x)}{EI} dx + C = \frac{qx^2}{2EI}\left(\frac{l}{2} - \frac{x}{3}\right) + C$$

$$w(x) = \int \theta(x) dx + D = \frac{qx^3}{12EI}\left(l - \frac{x}{2}\right) + Cx + D$$

③确定积分常数。

约束条件为

$$w(0) = 0, \quad w(l) = -\Delta l = -\left(\frac{ql}{2} \cdot \frac{l}{2}\right)/EA = -\frac{ql^2}{4EA}$$

代入挠度函数表达式得

$$D = 0, \quad C = -\left(\frac{ql^3}{24EI} + \frac{ql}{4EA}\right)$$

于是转角函数和挠度函数为

$$\theta(x) = \frac{qx^2}{2EI}\left(\frac{l}{2} - \frac{x}{3}\right) - \frac{ql}{4EI}\left(\frac{l^2}{6} + \frac{I}{A}\right)$$

$$w(x) = \frac{qx^3}{12EI}\left(l - \frac{x}{2}\right) - \frac{qlx}{4EI}\left(\frac{l^2}{6} + \frac{I}{A}\right)$$

④求梁中点的挠度以及支座处的转角。

梁中点的挠度为

$$w_C = w\left(\frac{l}{2}\right) = \frac{q(l/2)^3}{12EI}\left(l - \frac{l}{4}\right) - \frac{ql^2}{8EI}\left(\frac{l^2}{6} + \frac{I}{A}\right)$$

$$= -\left(\frac{5ql^4}{384EI} + \frac{ql^2}{8EA}\right) \quad (\text{向下})$$

支座处的转角为

$$\theta_A = \theta(0) = -\frac{ql}{4EI}\left(\frac{l^2}{6} + \frac{I}{A}\right)$$

$$= -\left(\frac{ql^3}{24EI} + \frac{ql}{4EA}\right) \quad (\text{顺时针})$$

例 7-3 如图 7-14 所示阶梯状悬臂梁 AB，在自由端受集中力 F 作用，梁长度及抗弯刚度如图示，试求自由端的挠度以及梁中点截面的转角。

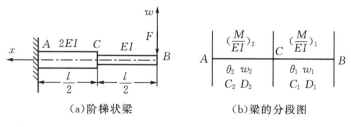

(a) 阶梯状梁　　　(b) 梁的分段图

图 7-14

解 ①求梁的弯矩函数。

建立图 7-14(a)所示的坐标系，由截面法可求得梁中的弯矩函数为
$$M(x) = -Fx \quad (0 \leqslant x < l)$$

由于梁分为两段，则两段梁的被积函数分别为
$$\left(\frac{M}{EI}\right)_1 = -\frac{Fx}{EI} \quad (0 \leqslant x < \frac{l}{2})$$
$$\left(\frac{M}{EI}\right)_2 = -\frac{Fx}{2EI} \quad (\frac{l}{2} \leqslant x < l)$$

②求转角函数和挠度函数。

转角函数为
$$\theta(x) = \begin{cases} \theta_1(x) = \int \left(\frac{M}{EI}\right)_1 \mathrm{d}x + C_1 = -\frac{Fx^2}{2EI} + C_1 & (0 \leqslant x \leqslant \frac{l}{2}) \\ \theta_2(x) = \int \left(\frac{M}{EI}\right)_2 \mathrm{d}x + C_2 = -\frac{Fx^2}{4EI} + C_2 & (\frac{l}{2} \leqslant x < l) \end{cases}$$

挠度函数为
$$w(x) = \begin{cases} w_1(x) = \int \theta_1 \mathrm{d}x + D_1 = -\frac{Fx^3}{6EI} + C_1 x + D_1 & (0 \leqslant x \leqslant \frac{l}{2}) \\ w_2(x) = \int \theta_2 \mathrm{d}x + D_2 = -\frac{Fx^3}{12EI} + C_2 x + D_2 & (\frac{l}{2} \leqslant x < l) \end{cases}$$

③确定积分常数。

约束条件为 $\theta(l) = 0, \ w(l) = 0$

根据梁的分段图可见
$$\theta(l) = \theta_2(l) = -\frac{Fl^2}{4EI} + C_2 = 0, \quad C_2 = \frac{Fl^2}{4EI}$$
$$w(l) = w_2(l) = -\frac{Fl^3}{12EI} + C_2 l + D_2 = 0, \quad D_2 = \frac{Fl^3}{12EI} - \frac{Fl^3}{4EI} = -\frac{Fl^3}{6EI}$$

连续性条件：
$$\theta_1\left(\frac{l}{2}\right) = \theta_2\left(\frac{l}{2}\right), \quad w_1\left(\frac{l}{2}\right) = w_2\left(\frac{l}{2}\right)$$
$$-\frac{F(l/2)^2}{2EI} + C_1 = -\frac{F(l/2)^2}{4EI} + C_2, \quad C_1 = \frac{5Fl^2}{16EI}$$
$$-\frac{F(l/2)^3}{6EI} + C_1 \frac{l}{2} + D_1 = -\frac{F(l/2)^3}{12EI} + C_2 \frac{l}{2} + D_2, \quad D_1 = -\frac{3Fl^3}{16EI}$$

所以，梁的转角函数和挠度函数为
$$\theta(x) = \begin{cases} \theta_1(x) = -\frac{Fx^2}{2EI} + \frac{5Fl^2}{16EI} & (0 \leqslant x \leqslant \frac{l}{2}) \\ \theta_2(x) = -\frac{Fx^2}{4EI} + \frac{Fl^2}{4EI} & (\frac{l}{2} \leqslant x < l) \end{cases}$$

$$w(x) = \begin{cases} w_1(x) = -\frac{Fx^3}{6EI} + \frac{5Fl^2 x}{16EI} - \frac{3Fl^3}{16EI} & (0 \leqslant x \leqslant \frac{l}{2}) \\ w_2(x) = -\frac{Fx^3}{12EI} + \frac{Fl^2 x}{4EI} - \frac{Fl^3}{4EI} & (\frac{l}{2} \leqslant x < l) \end{cases}$$

④求自由端的挠度以及梁中点截面的转角。

由梁的分段图,自由端的挠度为

$$w_B = w_1(0) = -\frac{3Fl^3}{16EI} \quad (向下)$$

梁中点截面的转角为

$$\theta_C = \theta_1(\frac{l}{2}) = \theta_2(\frac{l}{2}) = \frac{Fl^2}{8EI} \quad (顺时针)$$

因梁 x 轴正方向是向左的,因此转角为正的时候是顺时针转角。

7.4 叠加法计算梁的变形

用积分法计算梁的变形是相当繁琐的,特别是梁分段很多的情况下,需要用截面法写出各段梁的弯矩函数,还需要确定出各段梁的积分常数。因此,有必要寻求更简单的方法计算梁的变形。在工程中,很多时候并不需要求出整个梁的转角函数和挠度函数,而是只需要求出某些特殊点处的转角和挠度,也即往往只需要求出梁中最大的转角和挠度,也就可以进行梁的刚度计算了。所以,下面介绍的叠加法就是一种计算梁某些特殊点处的转角和挠度的简便方法。

叠加原理:在线弹性小变形条件下,外部因素引起的结构中的内力、应力、应变以及变形、位移等都是可以叠加的。这一原理称为线弹性体的叠加原理。

如图 7-15 所示的杆件结构系统,在一组因素影响下,只要满足线弹性小变形条件,则结构中的内力 F_N, F_s, T, M,应力 σ, τ 以及变形 $\Delta l, \varphi, \theta, w$ 等就等于每个因素在结构中引起的内力 $F_N^{(i)}, F_s^{(i)}, T^{(i)}, M^{(i)}$,应力 $\sigma^{(i)}, \tau^{(i)}$ 以及变形 $\Delta l^{(i)}, \varphi^{(i)}, \theta^{(i)}, w^{(i)}$ 的叠加,即

$$\begin{cases} (F_N, F_s, T, M) = (\sum_i F_N^{(i)}, \sum_i F_s^{(i)}, \sum_i T^{(i)}, \sum_i M^{(i)}) \\ (\sigma, \tau) = (\sum_i \sigma^{(i)}, \sum_i \tau^{(i)}) \\ (\Delta l, \varphi, \theta, w) = (\sum_i \Delta l^{(i)}, \sum_i \varphi^{(i)}, \sum_i \theta^{(i)}, \sum_i w^{(i)}) \end{cases} \quad (7-8)$$

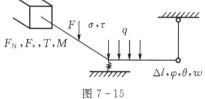

图 7-15

材料力学的研究对象是杆件或杆件结构系统,所以材料力学中主要考虑的问题是杆件的内力、应力以及变形等的叠加问题,而所考虑的影响因素主要是机械载荷以及结构支承等因素,也涉及少量的温度应力问题。本教材对叠加原理不予证明,读者可参阅相关教材和专著。

基于叠加原理,叠加法计算梁变形的原理是:在线弹性小变形条件下,一组载荷引起的梁的变形(也即转角和挠度)都是每一个载荷引起的变形的叠加,即

$$(\theta,w)=(\sum_i \theta^{(i)}, \sum_i w^{(i)}) \tag{7-9}$$

叠加法是计算结构特殊点处转角和挠度的简便方法,其先决条件是必须预先知道一些简单梁在简单荷载作用下的结果。附录Ⅲ给出的就是一些常见、简单梁的转角和挠度计算公式。

叠加法的主要技巧是:将实际情况下的梁分解或简化为若干简单梁的叠加。

7.4.1 常见情况叠加法的应用

下面以实例的形式应用叠加法计算梁在一些特殊点处的转角或挠度。

1.多个载荷作用在梁上的情况

此种情况下只需将每个载荷引起的梁的变形进行叠加即可。

例 7-4 求图 7-16(a)所示梁中点 C 的挠度 w_C,梁的抗弯刚度为 EI。

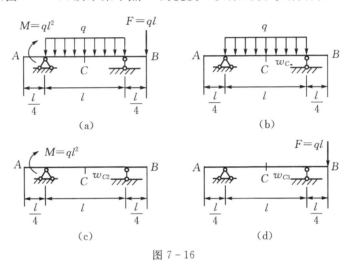

图 7-16

解 原梁可分解为图 7-16(b)、(c)、(d)所示三个简单梁的叠加,每根梁只有单一的载荷作用。下面分别计算各梁在中点 C 处的挠度。

图 7-16(b)所示梁在中点的挠度就是简支梁受均布载荷的情况,由附录Ⅲ可查得

$$w_{C1}=-\frac{5ql^4}{384EI} \quad (\text{向下})$$

图 7-16(c)所示梁,无论集中力偶作用在外伸段的什么地方,其在梁中点产生的挠度都是相同的。所以图 7-16(c)所示梁在中点的挠度就是简支梁在支座处受集中力偶作用的情况,由附录Ⅱ可查得

$$w_{C2}=-\frac{Ml^2}{16EI}=-\frac{ql^4}{16EI} \quad (\text{向下})$$

图 7-16(d)所示梁,计算梁中点的挠度时,可将外伸端的集中力等效移动到支座处,而作用在支座处的集中力不会引起梁的变形,所以图 7-16(d)所示梁在中点的挠度就是简支梁在支座处受集中力偶作用的情况,由附录Ⅱ可查得

$$w_{C3}=\frac{M'l^2}{16EI}=\frac{ql^4}{64EI} \quad (\text{向上})$$

由叠加法，原梁在中点的挠度为

$$w_C = w_{C1} + w_{C2} + w_{C3} = -\frac{5ql^4}{384EI} - \frac{ql^4}{16EI} + \frac{ql^4}{64EI} = -\frac{23ql^4}{384EI} \quad (\text{向下})$$

例 7-5 如图 7-17(a)所示简支梁受均布载荷 q 作用，梁与其下面的刚性平台间的间隙为 δ，梁的抗弯刚度为 EI，求梁与刚性平台的接触长度以及梁支座处的支反力。

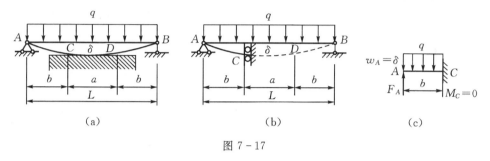

图 7-17

解 由附录Ⅲ可知，简支梁受均布载荷作用时，梁中点的挠度最大且为：$w_0 = \dfrac{5ql^4}{384EI}$

所以，当 $\delta \geqslant \dfrac{5ql^4}{384EI}$ 也即载荷 $q \leqslant \dfrac{384EI\delta}{5l^4}$ 时，梁最多只有中点与刚性平台接触，此时梁与刚性平台的接触长度为零，而支座处的支反力为 $F_A = F_B = ql/2$。

当 $\delta < \dfrac{5ql^4}{384EI}$ 也即 $q > \dfrac{384EI\delta}{5l^4}$ 时，梁将有一段与刚性平台接触，假设接触点为 C, D 点，接触长度为 a，根据对称性，C, D 对称，所以其到左右支座的距离均为 b。

根据前述接触问题的分析，考虑 AC 段梁，其相当于一悬臂梁受均布载荷和自由端受集中力作用的情况，如图 7-17(b)、(c)所示，且有条件：$M_C = 0$，$w_A = \delta$ (向上)。

因

$$M_C = \frac{qb^2}{2} - F_A b = 0$$

得

$$F_A = \frac{qb}{2}$$

由附录Ⅲ可知，悬臂梁受均布载荷和自由端集中力作用时，自由端的挠度可由叠加法得

$$w_A = \frac{F_A b^3}{3EI} - \frac{qb^4}{8EI} = \delta$$

所以有

$$w_A = \frac{qb^4}{6EI} - \frac{qb^4}{8EI} = \delta, \quad b = \sqrt[4]{\frac{24EI\delta}{q}}$$

于是，梁与刚性平台的接触长度为

$$a = L - 2b = L - 2\sqrt[4]{\frac{24EI\delta}{q}}$$

梁支座处的支反力为

$$F_A = F_B = \frac{qb}{2} = \frac{1}{2}\sqrt[4]{24EI\delta q^3} = \sqrt[4]{\frac{3EI\delta q^3}{2}}$$

2.梁支承为弹性支承的情况

当梁的支承为弹性支承时,梁在支承点将存在位移。此种情况下应将弹性支座移动引起的梁的转角和挠度与载荷所引起的梁的转角和挠度进行叠加。

例 7-6 求图 7-18(a)所示梁中点的挠度和支座处的转角,梁的抗弯刚度为 EI,弹簧系数为 k。

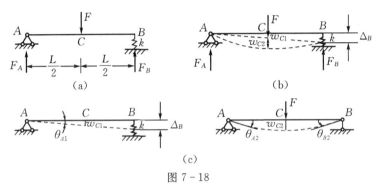

图 7-18

解 梁的变形可认为是分两步完成的(图 7-18(b)),第一步是支座 B 产生一个竖向位移 Δ_B,从而引起了梁中点的挠度为 w_{C1}(向下),同时还引起了梁所有截面转动一个角度 θ(顺时针);第二步是载荷引起梁中点的挠度为 w_{C2},梁支座 A,B 处的转角分别为 θ_{A2},θ_{B2}。因此,原梁可以看成如图 7-18(c)所示的两梁的叠加,即支座 B 存在竖向位移的无载荷空梁和在中点受集中力作用的简支梁叠加。

梁的支反力为

$$F_A = F_B = \frac{F}{2}$$

空梁:支座 B 的竖向位移为

$$\Delta_B = -\frac{F_B}{k} = -\frac{F}{2k} \quad (\text{向下})$$

梁中点的挠度为

$$w_{C1} = -\frac{\Delta_B}{2} = -\frac{F}{4k} \quad (\text{向下})$$

梁支座 A,B 处的转角为

$$\theta_{A1} = \theta_{B1} = -\theta = -\frac{\Delta_B}{L} = -\frac{F}{2kL} \quad (\text{顺时针})$$

简支梁:梁中点的挠度为

$$w_{C2} = -\frac{FL^3}{48EI} \quad (\text{向下})$$

梁支座 A,B 处的转角为

$$\theta_{A2} = -\frac{FL^2}{16EI} \quad (\text{顺时针}), \quad \theta_{B2} = \frac{FL^2}{16EI} \quad (\text{逆时针})$$

由叠加法,原梁中点的挠度为
$$w_C = w_{C1} + w_{C2} = -\left(\frac{F}{4k} + \frac{FL^3}{48EI}\right) \quad (\text{向下})$$

梁支座 A 处的转角为
$$\theta_A = \theta_{A1} + \theta_{A2} = -\left(\frac{F}{2kL} + \frac{FL^2}{16EI}\right) \quad (\text{顺时针})$$

梁支座 B 处的转角为
$$\theta_B = \theta_{B1} + \theta_{B2} = -\frac{F}{2kL} + \frac{FL^2}{16EI} \quad (\text{逆时针})$$

例 7-7 用叠加法计算例 7-2。

解 根据与上例相同的分析,例 7-2 中的梁(图 7-19(a)相当于图 7-19(b)(c)两梁的叠加。

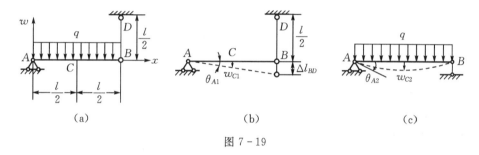

图 7-19

梁的支反力为
$$F_A = F_B = \frac{ql}{2}$$

BD 杆中的轴力为
$$F_N = F_B = \frac{ql}{2}, \quad \Delta l_{BD} = \frac{F_N l_{BD}}{EA} = \frac{(ql/2)(l/2)}{EA} = \frac{ql^2}{4EA}$$

所以
$$w_{C1} = -\frac{\Delta l}{2} = -\frac{ql^2}{8EA} \quad (\text{向下}), \quad \theta_{A1} = -\frac{\Delta l_{BD}}{l} = -\frac{ql}{4EA} \quad (\text{顺时针})$$

查附录Ⅲ可得
$$w_{C2} = -\frac{5ql^4}{384EI} \quad (\text{向下}), \quad \theta_{A2} = -\frac{ql^3}{24EI} \quad (\text{顺时针})$$

故由叠加法,原梁中点的挠度为
$$w_C = w_{C1} + w_{C2} = -\left(\frac{5ql^4}{384EI} + \frac{ql^2}{8EA}\right) \quad (\text{向下})$$

原梁支座 A 处截面的转角为
$$\theta_A = \theta_{A1} + \theta_{A2} = -\left(\frac{ql^3}{24EI} + \frac{ql}{4EA}\right) \quad (\text{顺时针})$$

与例 7-2 中的结果完全一样,可见,求梁在某些特殊点处的挠度和转角采用叠加法比采用积分法要简单方便得多。

例 7-8 求图 7-20(a)所示梁中间铰 C,D 点处的挠度以及中间铰处梁截面相对转角,梁的抗弯刚度为 EI。

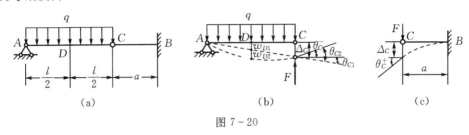

图 7-20

解 将梁在中间铰处拆开,左梁为简支梁受均布载荷作用但支座 C 存在竖向位移 Δ_C,右梁为悬臂梁在自由端受集中力作用。

考虑左梁的平衡,其支反力为

$$F_A = F_C = F = \frac{ql}{2}$$

所以右梁 C 点的挠度为

$$w_C = \Delta_C = -\frac{Fa^3}{3EI} = -\frac{qla^3}{6EI} \quad (\text{向下})$$

这即是原梁在中间铰处的挠度。

右梁 C 截面的转角为

$$\theta_C^+ = \frac{Fa^2}{2EI} = \frac{qla^2}{4EI} \quad (\text{逆时针})$$

根据前几例的分析方法,左梁可分解为支座 C 存在竖向位移 Δ_C 的空梁以及受均布载荷作用的简支梁的叠加。

所以由叠加原理,D 点的挠度为

$$w_D = w_{D1} + w_{D2} = \frac{\Delta_C}{2} + w_{D2} = -\frac{5ql^4}{384EI} - \frac{qla^3}{12EI} \quad (\text{向下})$$

C 截面的转角为

$$\theta_C^- = \theta_{C2} - \theta_{C1} = \theta_{C2} - \frac{\Delta_C}{l} = \frac{ql^3}{24EI} - \frac{qa^3}{6EI} \quad (\text{逆时针})$$

于是,在中间铰处梁截面相对转角为

$$\Delta\theta_C = \theta_C^+ - \theta_C^- = \frac{qla^2}{4EI} - \frac{ql^3}{24EI} + \frac{qa^3}{6EI} = \frac{ql^3}{24EI}(4\xi^3 + 6\xi^2 - 1)$$

式中,$\xi = a/l$。

注意:在具体使用叠加法时,为了方便起见和避免书写麻烦,一般不采用前述的挠度和转角的正负号规定,可视情况而定其正方向,求解完毕后注明其方向即可。

3. 多种因素引起所考察点变形的情况

此种情况下应将各种因素引起的所考察点的转角和挠度进行逐项叠加。

例 7-9 求图 7-21(a)所示悬臂梁自由端的挠度和转角,梁的抗弯刚度为 EI。

解 明显梁段 CB 中没有内力,因此该段梁没有变形,但是 AC 段梁的变形将引起 CB

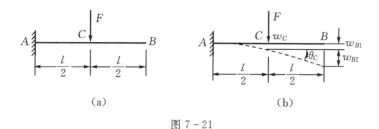

图 7-21

段梁产生挠度和转角。

如图 7-21(b)所示，所考察点 B 点的挠度和转角是由于 AC 段梁的变形所引起，B 点的挠度由 AC 段梁的两种变形因素引起，即 C 点的挠度引起的 B 点的挠度为 w_{B1}，C 截面的转角引起的 B 点的挠度为 w_{B2}，所以有

$$w_{B1} = w_C = \frac{F(l/2)^3}{3EI} = \frac{Fl^3}{24EI} \quad (\text{向下})$$

$$w_{B2} = a\tan\theta_C = a\theta_C = \frac{F(l/2)^2}{2EI} \cdot \frac{l}{2} = \frac{Fl^3}{16EI} \quad (\text{向下})$$

$$w_B = w_{B1} + w_{B2} = \frac{Fl^3}{24EI} + \frac{Fl^3}{16EI} = \frac{Fl^3}{48EI} \quad (\text{向下})$$

由于 CB 段梁始终保持为直线，所以 C 截面的转角就等于 B 截面的转角，所以有

$$\theta_B = \theta_C = \frac{F(l/2)^2}{2EI} = \frac{Fl^2}{8EI} \quad (\text{顺时针})$$

例 7-10 求图 7-22(a)所示悬臂梁任意点处的挠度和转角，梁的抗弯刚度为 EI。

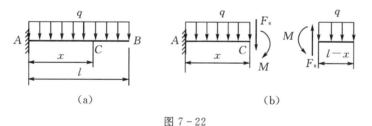

图 7-22

解 考查距固定端距离为 x 的 C 点，将梁在 C 点处截开，只考虑左段梁，其受力情况如图 7-22(b)所示，即受均布载荷 q 作用，同时在自由端受集中力 F_s 和集中力偶 M 的作用，则 C 点的挠度和 C 截面的转角由这三种载荷引起。

由右段梁的平衡有

$$F_s = q(l-x), \quad M = \frac{q(l-x)^2}{2}$$

所以由叠加法，C 点的挠度为

$$w(x) = \frac{qx^4}{8EI} + \frac{F_s x^3}{3EI} + \frac{Mx^2}{2EI} = \frac{qx^4}{8EI} + \frac{qx^3(l-x)}{3EI} + \frac{qx^2(l-x)^2}{4EI}$$

$$= \frac{qx^2}{24EI}(x^2 - 4lx + 6l^2) \quad (\text{向下})$$

C 截面的转角为

$$\theta(x) = \frac{qx^3}{6EI} + \frac{F_s x^2}{2EI} + \frac{Mx}{EI} = \frac{qx^3}{6EI} + \frac{qx^2(l-x)}{2EI} + \frac{qx(l-x)^2}{2EI}$$

$$= \frac{qx}{6EI}(x^2 - 3lx + 3l^2) \quad (\text{顺时针})$$

可见,影响 C 点的挠度和 C 截面的转角的因素是:左段梁上的载荷 q 以及右段梁作用在左段梁上的载荷 F_s 和 M。实质上 $w(x)$ 和 $\theta(x)$ 也就是图 7-22(a)所示悬臂梁的挠曲线函数和转角函数。这说明有些简单梁的挠曲线函数及转角函数也可由叠加法求得。

例 7-11 求图 7-23(a)所示矩形截面悬臂梁自由端的挠度和转角,已知温升沿梁高度方向的变化规律为 $\Delta T = \frac{T_0}{2}(1 - \frac{2y}{h})$,梁的抗弯刚度为 EI,材料的热膨胀系数为 α。

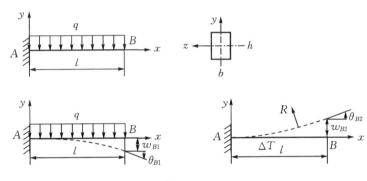

图 7-23

解 梁自由端的挠度和转角由两种因素引起:

一是均布载荷所引起的,计算公式为

$$w_{B1} = \frac{ql^4}{8EI} \quad (\text{向下}), \qquad \theta_{B1} = \frac{ql^3}{6EI} \quad (\text{顺时针})$$

二是由温度引起的,可如下计算。

梁上缘的温升为零,所以其固定端到任意位置 x 处的伸长 $\Delta l_1(x) = 0$。

下缘的温升为 $\Delta T|_{y=-h/2} = T_0$,其固定端到任意位置 x 处的伸长为

$$\Delta l_2(x) = \alpha \Delta T|_{y=-h/2} x = \alpha T_0 x$$

所以梁任意位置 x 处截面的转角为

$$\theta_2(x) = \frac{\Delta l_2(x) - \Delta l_1(x)}{h} = \frac{\alpha T_0 x}{h} \quad (\text{逆时针})$$

梁任意位置 x 处的挠度为

$$w_2(x) = \int \theta_2(x) \mathrm{d}x + C = \frac{\alpha T_0 x^2}{2h} + C$$

因 $x=0$ 时,$w_2(0)=0$,所以 $C=0$,则

$$w_2(x) = \frac{\alpha T_0 x^2}{2h} \quad (\text{向上})$$

于是梁自由端因温度引起的转角和挠度为

$$\theta_{B2}=\theta_2(l)=\frac{\alpha T_0 l}{h} \quad (\text{逆时针}), \qquad w_{B2}=w_2(l)=\frac{\alpha T_0 l^2}{2h} \quad (\text{向上})$$

根据叠加法，梁自由端的挠度和转角为

$$w_B=w_{B1}-w_{B2}=\frac{ql^4}{8EI}-\frac{\alpha T_0 l^2}{2h} \quad (\text{向下})$$

$$\theta_B=\theta_{B1}-\theta_{B2}=\frac{ql^3}{6EI}-\frac{\alpha T_0 l}{h} \quad (\text{顺时针})$$

7.4.2 叠加法的常用技巧

为了利用一些简单梁的结果，在不改变梁的变形的情况下可以将梁简化为一些简单梁的叠加，所以叠加法的常用技巧就是如何简化实际的梁。除了前面介绍的刚性地基或平台上的梁以及对称梁和反对称梁的简化技巧外，还可以采用下面的一些方法简化实际的梁。

1. 载荷的分解与重组

在不改变梁的变形条件下，可以将梁上载荷进行分解或重组，从而将原梁简化为几个简单梁的叠加。

例 7-12 求图 7-24(a)所示悬臂梁自由端的挠度，梁的抗弯刚度为 EI。

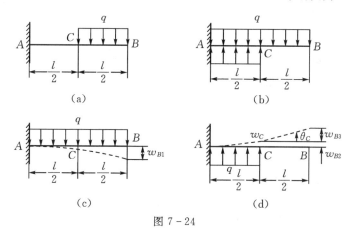

图 7-24

解 原梁的变形等价于图 7-24(b)所示的梁，即将梁上的分布载荷加满到固定端，然后在左半边梁加上反方向的分布载荷。所以原梁可分解为图 7-24(c)、(d)所示两梁的叠加。

$$w_{B1}=-\frac{ql^4}{8EI} \quad (\text{向下})$$

$$w_{B2}=w_C=\frac{q(l/2)^4}{8EI}=\frac{ql^4}{128EI} \quad (\text{向上})$$

$$w_{B3}=\theta_C \cdot \frac{l}{2}=\frac{q(l/2)^3}{6EI} \cdot \frac{l}{2}=\frac{ql^4}{96EI} \quad (\text{向上})$$

所以

$$w_B=-w_{B1}+w_{B2}+w_{B3}=\left(-\frac{1}{8}+\frac{1}{128}+\frac{1}{96}\right)\frac{ql^4}{EI}=-\frac{41ql^4}{384EI} \quad (\text{向下})$$

2. 逐段刚化法

欲求梁某点的挠度和转角,可将梁分为若干段,分别考虑各段梁的变形引起所考察点的挠度和转角,然后进行叠加,这种方法称为逐段刚化法。如图 7-25(a)所示,今欲求梁自由端 B 点的挠度,可先将梁分为 AC 和 CB 两段,B 点的挠度是由 AC 和 CB 两段梁的变形引起的,所以计算 CB 段梁变形引起的 B 点的挠度时,可将 AC 段梁刚化(图 7-25(b)),而计算 AC 段梁变形引起的 B 点的挠度时,可将 CB 段梁刚化(图 7-25(c)),注意计算 AC 段梁变形时,要考虑作用于其上的所有载荷的影响(图 7-25(d)),然后将两段梁引起的 B 点的挠度叠加,就可求得 B 点的挠度。实际上原梁就是图 7-25(b)和图 7-25(c)两梁的叠加,因此逐段刚化法实质上就是考虑梁的逐段变形然后进行叠加。

逐段刚化法是计算梁某点变形的常用的方法。它可以处理阶梯状梁,复杂的外伸梁以及刚架等问题。

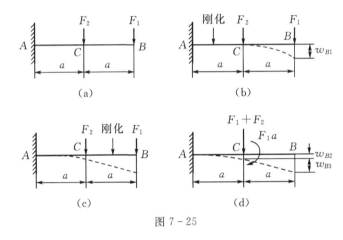

图 7-25

例 7-13 求图 7-26(a)所示阶梯状简支梁中点的挠度和支座处的转角。中间段梁的抗弯刚度为 $2EI$,两边段梁的抗弯刚度为 EI。

解 根据对称性,只考虑右半部分梁。由前面的分析(图 7-26(b))可知,原梁可简化为图 7-26(c)所示的梁,而图 7-26(c)所示的梁又等价于图 7-26(d)所示的悬臂梁,图中 B 点向上的挠度也就是原梁中点 A 向下的挠度,即 $w_A = w_B$。

采用逐段刚化法求解,先刚化 BC 段梁(图 7-26(e)),则

$$w_{B1} = \frac{(F/2)a^3}{3EI} = \frac{Fa^3}{6EI} \quad (\text{向上})$$

再刚化 AC 段梁(图 7-26(f)),AC 段梁的受力情况是在 C 点受集中力 $F/2$ 及集中力偶 $Fa/2$ 的作用,则由叠加法,有

$$w_{B2} = w_C' + w_C'' = \frac{(F/2)a^3}{3(2EI)} + \frac{(Fa/2)a^2}{2(2EI)} = \frac{5Fa^3}{24EI} \quad (\text{向上})$$

式中,w_C',w_C'' 分别是集中力 $F/2$ 及集中力偶 $Fa/2$ 在 C 点产生的挠度。

$$w_{B3} = (\theta_C' + \theta_C'')a = \left[\frac{(F/2)a^2}{2(2EI)} + \frac{(Fa/2)a}{2EI}\right]a = \frac{5Fa^3}{12EI} \quad (\text{向上})$$

式中,θ_C',θ_C'' 分别是集中力 $F/2$ 及集中力偶 $Fa/2$ 在 C 点产生的转角。

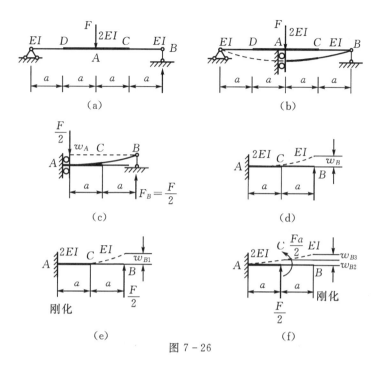

图 7-26

所以,由叠加法原梁中点的挠度为

$$w_A = -w_B = -(w_{B1} + w_{B2} + w_{B3})$$

$$= -\left(\frac{1}{6} + \frac{5}{24} + \frac{5}{12}\right)\frac{Fa^3}{EI} = -\frac{19Fa^3}{24EI} \quad (向下)$$

此亦即梁中的最大挠度。如果梁是抗弯刚度为 EI 的等截面梁,由附录Ⅲ,其中点的挠度也即梁中的最大挠度为

$$w'_{max} = \frac{F(4a)^3}{48EI} = \frac{4Fa^3}{3EI}$$

因

$$\frac{w_{max}}{w'_{max}} = \frac{w_A}{w'_{max}} = \frac{19}{24} \times \frac{3}{4} = \frac{19}{32} = 0.595$$

可见,采用图 7-26(a)所示阶梯状形式的梁可以将梁中的最大挠度降低约 40%。

例 7-14 求图 7-27(a)所示空间刚架自由端的竖立向位移。刚架各梁的抗弯曲刚度为 EI,AB 梁的抗扭刚度为 GI_p。

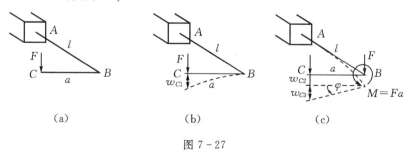

图 7-27

解 采用逐段刚化法求解。

先刚化 AB 梁(图 7-27(b)),则 BC 梁的变形相当于 B 端固定的悬臂梁,所以 C 点的竖立向位移为

$$w_{C1} = -\frac{Fa^3}{3EI} \quad (\text{向下})$$

再刚化 BC 梁(图 7-27(c)),则作用在 AB 梁上的载荷是在 B 点的一个集中力 F 和一个扭矩 Fa,集中力引起的 C 点的竖立向位移为 w_{C2},扭矩引起的 C 点的竖立向位移为 w_{C3},所以有

$$w_{C2} = -\frac{Fl^3}{3EI} \quad (\text{向下})$$

$$w_{C3} = -\varphi_{AB} a = -\frac{Fal}{GI_p} \cdot a = -\frac{Fa^2 l}{GI_p} \quad (\text{向下})$$

由叠加法,C 点的竖立向位移为

$$w_C = w_{C1} + w_{C2} + w_{C3} = -\frac{F(a^3 + l^3)}{3EI} - \frac{Fa^2 l}{GI_p} \quad (\text{向下})$$

3.梁的其他简化方法

梁的简化并不局限于前述的各种方法,有的时候应视情况根据具体条件采用较灵活且合理的简化方法。

例 7-15 求图 7-28(a)所示简支梁的最大挠度及其位置,梁的抗弯刚度为 EI。

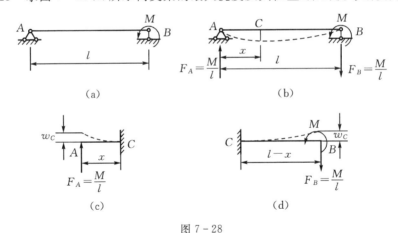

图 7-28

解 首先求出梁的支反力,即为

$$F_A = F_B = \frac{M}{l}$$

假设梁的最大挠度位置在离左端支座距离 x 的 C 点,因 $w_A = w_B = 0$,则梁变形后轴线上 C 点一定是极值点,即该处截面的转角一定为零,如图 7-28(b)所示。将梁从 C 点截开,则左边的梁可简化为图 7-28(c)所示的悬臂梁,而右边梁可简化为图 7-28(d)所示的悬臂梁,它们的自由端的挠度就是原梁 C 点的挠度,也就是原梁的最大挠度。所以有

$$\text{左梁:} w_C = \frac{(M/l)x^3}{3EI}; \quad \text{右梁:} w_C = \frac{M(l-x)^2}{2EI} - \frac{(M/l)(l-x)^3}{3EI}$$

所以有

$$x^3 = \frac{3}{2}l(l-x)^2 - (l-x)^3$$

整理得

$$l[x^2 - x(l-x) + (l-x)^2] = \frac{3}{2}l(l-x)^2$$

$$3x^2 = l^2$$

即在 $x = \dfrac{l}{\sqrt{3}}$ 处梁的挠度最大，且最大挠度为

$$w_{\max} = \frac{(M/l)x^3}{3EI}\bigg|_{x=\frac{l}{\sqrt{3}}} = \frac{Ml^2}{9\sqrt{3}EI} \quad （向下）$$

由以上例题可见，叠加法的关键点在于如何将实际情况下的梁或荷载简化或分解为一些简单梁或荷载的叠加。

7.5 刚度条件及其应用

7.5.1 梁的刚度条件

工程实际中的梁，除了要满足强度条件外，大多数梁在变形方面也是有限制的，与弹性变形相关的问题就是刚度问题。计算梁的变形的主要目的是为了判别梁的刚度是否足够以及进行梁的设计及超静定问题的计算需要。工程中梁的刚度主要由梁的最大挠度和最大转角来限定，因此，梁的**刚度条件**可写为

$$w_{\max} \leqslant [w] \tag{7-10}$$

$$\theta_{\max} \leqslant [\theta] \tag{7-11}$$

其中，$w_{\max} = |w(x)|_{\max}$，$\theta_{\max} = |\theta(x)|_{\max}$ 分别是梁中的最大挠度和最大转角；$[w]$，$[\theta]$ 分别是许可挠度和许可转角，它们由工程实际情况确定。工程中 $[\theta]$ 通常以弧度(rad)或度(°)表示，而许可挠度通常表示为

$$[w] = \frac{l}{n} \quad （l 是梁长，n 是大的自然数）$$

上述两个刚度条件中，挠度的刚度条件是主要的刚度条件，而转角的刚度条件是次要的刚度条件。

与拉伸压缩及扭转类似，梁的刚度条件有下面三个方面的应用。

1. 校核刚度

给定了梁的载荷、约束、材料、长度以及截面的几何尺寸等，还给定了梁的许可挠度和许可转角。计算梁的最大挠度和最大转角，判断其是否满足梁的刚度条件式(7-10)和式(7-11)，满足则梁在刚度方面是安全的，不满足则不安全。

很多时候工程中的梁只要求满足挠度刚度条件式(7-10)即可，而梁的最大转角由于很小，一般情况下不需要校核。

2. 计算许可载荷

给定了梁的约束、材料、长度以及截面的几何尺寸等，根据梁的挠度刚度条件式(7-10)

可确定梁的载荷的上限值。如果还要求转角刚度条件满足的话,可由式(7-11)确定出梁的另一个载荷的上限值,两个载荷上限值中最小的那个就是梁的许可载荷。

3. 计算许可截面尺寸

给定了梁的载荷、约束、材料以及长度等,根据梁的挠度刚度条件式(7-10)可确定梁的截面尺寸的下限值。如果还要求转角刚度条件满足的话,可由式(7-11)确定出梁的另一个截面尺寸的下限值,两个截面尺寸下限值中最大的那个就是梁的许可截面尺寸。

例 7-16 简化后的电机轴受荷载及尺寸如图 7-29 所示。轴材料的 $E=200$ GPa,直径 $d=130$ mm,定子与转子间的空隙(即轴的许用挠度)$\delta=0.35$ mm,试校核轴的刚度。

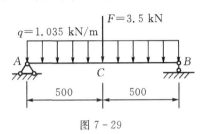

图 7-29

解 电机轴的最大变形在跨中 C 截面。

① 利用叠加法求变形。

$$w_{Cq} = \frac{5ql^4}{384EI_z} = \frac{5 \times 1.035 \times 10^3 \times 1^4}{384 \times 200 \times 10^9 \times \frac{\pi \times 0.13^4}{64}} = 0.0048 \text{ mm}$$

$$w_{CF} = -\frac{Fl^3}{46EI_z} = \frac{3.5 \times 10^3 \times 1^3}{48 \times 200 \times 10^9 \times \frac{\pi \times 0.13^4}{64}} = 0.026 \text{ mm}$$

$$w_C = w_{CF} + w_{Cq} = 0.0048 + 0.026 = 0.031 \text{ mm}$$

② 校核轴的刚度。

$w_C = 0.031$ mm $< \delta = 0.350$ mm,满足刚度条件。

7.5.2 提高梁刚度的方法

如前所述,梁的变形与梁的弯矩及抗弯刚度有关,而且与梁的支承形式及跨度有关。所以,在梁的设计中,当一些因素确定后,可根据情况调整其他一些因素以达到提高梁的刚度的目的,具体方法如下:

(1) 合理布置载荷,调整载荷的位置,方向和形式。

比如将集中力改为静力等效的分布荷载,可以降低梁的最大弯矩,这与提高梁的强度的方法相同。

(2) 合理安排支承,调整约束位置,加强约束或增加约束。

梁的变形通常与梁的跨度的高次方成正比,因此,减小梁的跨度是降低变形的有效途径。如图 7-30(a)所示,工程中常采用调整梁的约束位置或增加约束来减小梁的跨度(图 7-30(b),(c)),还可以加强梁的约束减小梁的最大挠度(图 7-30(d))。

(3) 选择合理的截面形状,提高梁的抗弯刚度。

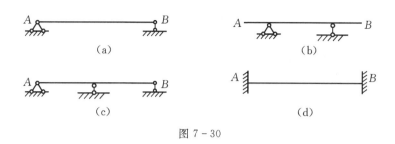

图 7-30

选用弹性模量大的材料可提高梁的刚度,但采用此种方法是不经济的,因为弹性模量大的材料价格较高。

选择合理的截面形状可提高梁的刚度,如采用工字形、箱形或空心截面等,增加截面对中性轴的惯性矩,既提高梁的强度也增加梁的刚度。脆性材料的抗拉能力和抗压能力不等,应选择上下不对称的截面,例如 T 字形截面。

7.6 简单超静定梁

7.6.1 超静定梁的概念

前面分析过的梁,如简支梁和悬臂梁等,其支座反力和内力仅用静力平衡条件就可全部确定,这种梁称为静定梁。在工程实际中,为了提高梁的强度和刚度,往往在静定梁上增加一个或几个约束,此时梁的支座反力和内力用静力平衡条件不能全部确定,这种梁称为超静定梁或静不定梁。例如在图 7-31(a)所示悬臂梁的自由端 B 加一支座,未知约束反力增加一个,该梁由静定梁变为了超静定梁,如图 7-31(b)所示。

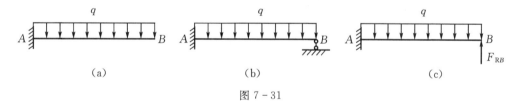

图 7-31

7.6.2 变形比较法求解简单超静定梁

在超静定梁中,那些超过维持梁平衡所必需的约束称为多余约束,对应的支座反力称为多余约束反力。由于多余约束的存在,使得未知力的数目多于能够建立的独立平衡方程的数目,两者之差称为超静定次数。为确定超静定梁的全部约束反力,必须根据梁的变形情况建立补充方程式。解除超静定梁上的多余约束,变为一个静定梁,称这个静定梁为原超静定梁的基本静定梁,两个梁应具有相同的受力和变形。

为了使基本静定梁的受力和变形与原超静定梁完全相同,作用在基本静定梁上的外力除了原来的载荷外,还应加上多余约束反力;同时,还要求基本静定梁在多余约束处的挠度或转角满足该约束的限制条件。例如,在图 7-31(b)中,若将 B 端的可动铰支座作为多余

约束,则可得到图 7-31(c)所示的基本静定梁;且该梁应满足
$$w_B = (w_B)_q + (w_B)_{F_{RB}} = 0$$
这就是梁应满足的变形协调条件。

根据变形条件和力与变形间的物理关系可以建立补充方程。由此可以求出多余约束反力,进而求解梁的内力、应力和变形。这种通过比较多余约束处的变形,建立变形协调关系,求解超静定梁的方法称为变形比较法。

变形比较法解超静定梁步骤:第一,去掉多余约束,使超静定梁变成基本静定梁,并施加与多余约束对应的约束反力;第二,比较多余约束处的变形情况,建立变形协调关系;第三,将力与变形之间的物理关系代入变形条件,得到补充方程,求出多余约束反力。

解超静定梁时,选择哪个约束为多余约束并不是固定的,可以根据方便求解的原则确定。选取的多余约束不同,得到的基本静定梁的形式和变形条件也不同。例如图 7-31(b)所示超静定梁也可选阻止 A 端转动的约束为多余约束,相应的多余约束反力为力偶矩 M_A。解除这一多余约束后,固定端将变为固定铰支座;相应的基本静定梁为简支梁,如图 7-32 所示。该梁应满足的变形关系为 A 端的转角为零,即

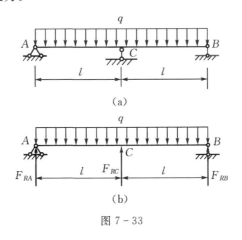

图 7-32

$$\theta_A = \theta_{Aq} + \theta_{AM_A} = 0$$

最后利用物理关系得到补充方程,求解可以得到与前面相同的结果。

例 7-17 房屋建筑中某一等截面梁简化为均布载荷作用下的双跨梁,如图 7-33(a)所示。试求梁的全部约束反力。

解 ①确定基本静定梁。

解除 C 点的约束,加上相应的约束反力 F_{RC},得到基本静定梁如图 7-33(b)所示。

②变形协调条件。

C 点由于支座的约束,梁的挠度为零,即

$$w_C = w_{Cq} + w_{CF_{RC}} = 0$$

③建立补充方程。查附录Ⅲ,可得

$$w_{CF_{RC}} = \frac{F_{RC}(2l)^3}{48EI} = \frac{F_{RC}l^3}{6EI}, \quad w_{Cq} = -\frac{5q(2l)^4}{384EI} = -\frac{5ql^4}{24EI}$$

代入变形关系可得补充方程为

$$-\frac{5ql^4}{24EI} + \frac{F_{RC}l^3}{6EI} = 0$$

解得

$$F_{RC} = \frac{5}{4}ql$$

④列平衡方程,求解其他约束反力,由于

$$\sum M_A = 0, \quad 2ql \cdot l - F_{RC} \cdot l - F_{RB} \cdot 2l = 0$$

$$\sum F_y = 0, \quad F_{RA} + F_{RB} + F_{RC} - 2ql = 0$$

解得

$$F_{RA} = F_{RB} = \frac{3}{8}ql$$

在求出梁上作用的全部外力后,就可以进一步分析梁的内力、应力、强度和变形了。

例 7-18 如图 7-34(a)所示中间铰梁,左边梁的抗弯刚度为 $2EI$,右边梁的抗弯刚度为 EI,求梁在中间铰处的挠度。

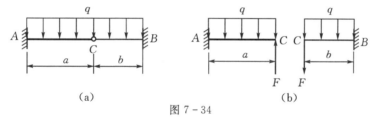

图 7-34

解 将梁从中间铰处拆开,左梁和右梁间的作用力假设为 F(图 7-34(b))。
根据叠加法,左梁在中间铰处的挠度为

$$w_1 = \frac{qa^4}{8(2EI)} - \frac{Fa^3}{3(2EI)} = \frac{qa^4}{16EI} - \frac{Fa^3}{6EI} \quad (\text{向下})$$

右梁在中间铰处的挠度为

$$w_2 = \frac{qa^4}{8EI} + \frac{Fb^3}{3EI} \quad (\text{向下})$$

两梁的变形协调条件为 $w_1 = w_2$,所以有

$$\frac{qa^4}{16EI} - \frac{Fa^3}{6EI} = \frac{qb^4}{8EI} + \frac{Fb^3}{3EI}$$

得

$$F = \frac{1-2\xi^4}{1+2\xi^3} \cdot \frac{3qa}{8}, \quad \text{其中 } \xi = \frac{b}{a}$$

梁中点的挠度为

$$w_C = w_1 = w_2 = \frac{qa^4}{8EI} + \frac{Fb^3}{3EI} = \frac{qa^4}{8EI}\left[1 + \frac{(1-2\xi^4)\xi^3}{1+2\xi^3}\right] \quad (\text{向下})$$

特别地,当 $a = b$ 时,$\xi = 1$,有

$$F = -\frac{3qa}{8} \quad (\text{负号表示与图 7-34 中假设的方向相反})$$

$$w_C = \frac{qa^4}{12EI} \quad (\text{向下})$$

例 7-19 如图 7-35(a)所示,体重 $W = 450$ N 的运动员可以在长 $l = 5$ m 的平衡木上任意移动,平衡木的弹性模量为 $E = 10$ GPa,其截面对中性轴的惯性矩为 $I = 2.8 \times 10^7$ mm^4。

(1) 求运动员在任意位置时平衡木中点的挠度。

(2) 运动员在什么位置时,平衡木的挠度最大,其值是多少?

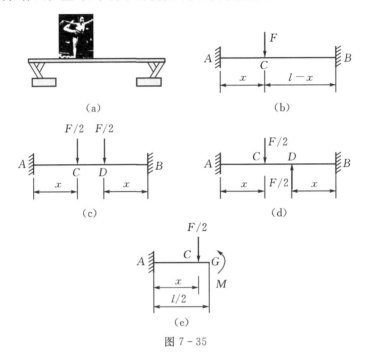

图 7-35

解 平衡木可简化为在任意位置受集中力作用且两端固定的力学模型,如图 7-35(b)所示。

由于结构的约束是对称,所以结构可简化为一个对称梁和一个反对称梁的叠加,如图 7-35(c)和图 7-35(d)所示,由于反对称梁中点的挠度为零,所以图 7-35(c)所示对称梁中点 G 的挠度就等于原结构中点的挠度。将该对称梁从中间点 G 处截开,只考虑左边半部分梁,根据对称性,该半部分梁右端截面上的剪力为零,且转角 θ_G 为零。所以有

$$\theta_G = \frac{(F/2)x^2}{2EI} - \frac{M(l/2)}{EI} = 0, \quad M = \frac{Fx^2}{2l} \quad (0 \leqslant x \leqslant \frac{l}{2})$$

于是,G 点的挠度为

$$w_G = \frac{(F/2)x^3}{3EI} + \frac{(F/2)x^2}{2EI}\left(\frac{l}{2} - x\right) - \frac{M(l/2)^2}{2EI}$$

$$= \frac{Fx^3}{6EI} + \frac{Fx^2}{4EI}\left(\frac{l}{2} - x\right) - \frac{Fx^2 l}{16EI} = \frac{Fx^2}{48EI}(3l - 4x) \quad (0 \leqslant x \leqslant \frac{l}{2})$$

即

$$w_G = \frac{450 \times (10^3 x)^2}{48 \times 10 \times 10^3 \times 2.8 \times 10^7}[3 \times 5 \times 10^3 - 4 \times (10^3 x)]$$

$$= 0.033x^2(15-4x) \text{ mm} \quad (0 \leqslant x \leqslant 2.5 \text{ m})$$

这即是平衡木中点的挠度,其中 x 的单位为 m。

因
$$\frac{\mathrm{d}w_G}{\mathrm{d}x} = \frac{Fx}{8EI}(l-2x) = 0, \quad x = \frac{l}{2}$$

所以当运动员移动到平衡木中点时其挠度最大,最大挠度为

$$w_{\max} = w_G\big|_{x=l/2} = \frac{FL^3}{192EI} = \frac{450 \times (5 \times 10^3)^3}{192 \times 10 \times 10^3 \times 2.8 \times 10^7} = 1.04 \text{ mm}$$

习 题

7-1 求梁的转角方程和挠度方程,并求最大转角和最大挠度,梁的 EI 已知。

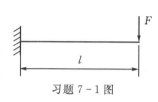

习题 7-1 图

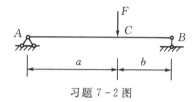

习题 7-2 图

7-2 求梁的转角方程和挠度方程,并求最大转角和最大挠度,梁的 EI 已知,$l=a+b$,$a>b$。

7-3 已知:悬臂梁受力如图示,q、l、EI 均为已知。求 A 截面的挠度 w_A 和转角 θ_A。

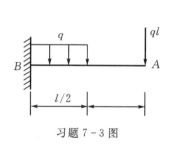

习题 7-3 图

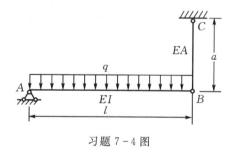

习题 7-4 图

7-4 试列出图所示结构中 AB 梁的挠曲线近似微分方程,并写出确定积分常数的边界条件,EI 为常数。

7-5 用叠加法求图示各梁指定截面处的挠度与转角,EI_z 为常数。求:

(1) y_C、θ_C;

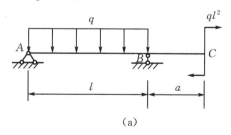

(a)

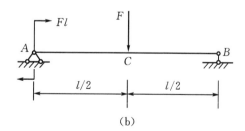

(b)

习题 7-5 图

(2) y_C、θ_A、θ_B。

7-6 用叠加法求梁截面 C 的挠度与转角。已知梁的 EI 为常量。

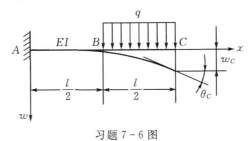

习题 7-6 图

7-7 试用叠加法求下列各梁中截面 A 的挠度和截面 B 的转角。图中 q、l、EI 等为已知。

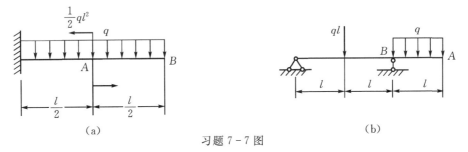

习题 7-7 图

7-8 试求图示梁的约束反力,并画出剪力图和弯矩图,EI_z 为常数。

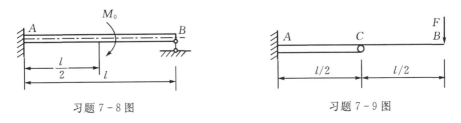

习题 7-8 图   习题 7-9 图

7-9 一悬臂梁 AB 在自由端受横力 F 作用,因其刚度不足,用一短梁加固如图所示,试计算梁 AB 的最大挠度的减少量。设二梁的弯曲刚度均为 EI。(提示:如将二梁分开,则二梁在 C 点的挠度相等。)

7-10 图中所示的梁,B 端与支承之间在加载前存在一间隙 δ_0,已知 $E=200$ GPa,梁截面高 100 mm、宽 50 mm。若要求支反力 $F_{By}=10$ kN(方向向上),试求 $\delta_0=$?

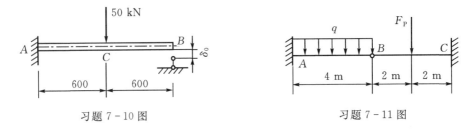

习题 7-10 图   习题 7-11 图

7-11 梁 AB 和 BC 在 B 处用铰链连接,A、C 两端固定,两梁的弯曲刚度均为 EI,受力及各部分尺寸均示于图中。$F_P=40$ kN,$q=20$ kN/m。试画出梁的剪力图和弯矩图。

7-12 图示梁 AB 和 CD 横截面尺寸相同,梁在加载之前,B 与 C 之间存在间隙 $\delta_0=1.2$ mm。两梁的材料相同,弹性模量 $E=105$ GPa,$q=30$ kN/m。试求 A、D 端的支座反力。

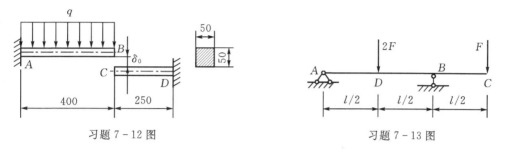

习题 7-12 图　　　　习题 7-13 图

7-13 作图示外伸梁的弯矩图及其挠曲线的大致形状。

7-14 等截面悬臂梁弯曲刚度 EI 为已知,梁下有一曲面,方程为 $w=-Ax^3$。欲使梁变形后与该曲面密合(曲面不受力),试求梁的自由端处应施加的载荷。

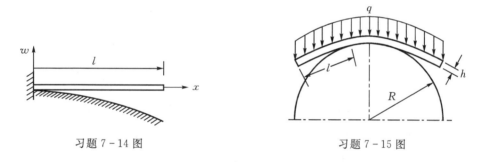

习题 7-14 图　　　　习题 7-15 图

7-15 在刚性圆柱上放置一长 $2R$、宽 b、厚 h 的钢板,已知钢板的弹性模量为 E。试确定在铅垂载荷 q 作用下,钢板不与圆柱接触部分的长度 l 及其中之最大应力。

7-16 弯曲刚度为 EI 的悬臂梁受载荷如图示,试用积分法求梁的最大挠度及其挠曲线方程。

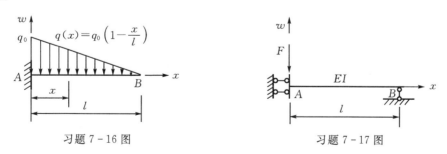

习题 7-16 图　　　　习题 7-17 图

7-17 图示梁的左端可以自由上下移动,但不能左右移动及转动。试用积分法求力 F 作用处点 A 下降的位移。

7-18 简支梁上自 A 至 B 的分布载荷 $q(x)=-Kx^2$,K 为常数。试求挠曲线方程。

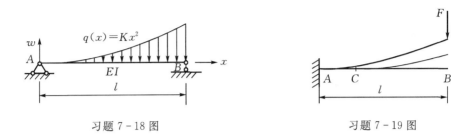

习题 7-18 图　　　　　　　　　习题 7-19 图

7-19　弯曲刚度为 EI 的悬臂梁原有微小初曲率,其方程为 $y=Kx^3$。现在梁 B 端作用一集中力,如图示。当 F 力逐渐增加时,梁缓慢向下变形,靠近固定端的一段梁将与刚性水平面接触。若作用力为 F,试求：

(1)梁与水平面的接触长度；
(2)梁 B 端与水平面的垂直距离。

7-20　图示弯曲刚度为 EI 的两端固定梁,其挠度方程为

$$EIw = -\frac{qx^4}{24} + Ax^3 + Bx^2 + Cx + D$$

式中 A、B、C、D 为积分常数。试根据边界条件确定常数 A、B、C、D,并绘制梁的剪力 F_s、弯矩 M 图。

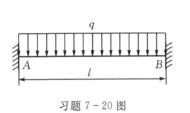　　　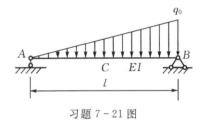

习题 7-20 图　　　　　　　　　习题 7-21 图

7-21　已知承受均布载荷 q_0 的简支梁中点挠度为 $w=\dfrac{5q_0l^4}{384EI}$,求图示受三角形分布载荷作用梁中点 C 的挠度 w_C。

7-22　试用叠加法计算图示梁 A 点的挠度 w_A。

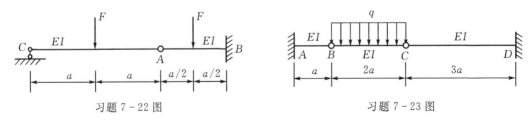

习题 7-22 图　　　　　　　　　习题 7-23 图

7-23　试求图示梁 BC 段中点的挠度。

7-24　试用叠加法求习题 7-23 图梁截面 C 的挠度 w_C。

7-25　已知梁的弯曲刚度 EI 为常数。试用叠加法求图示梁 B 截面的挠度和转角。

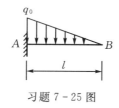

习题 7-25 图

7-26 试用叠加法求图示简支梁跨度中点 C 的挠度。

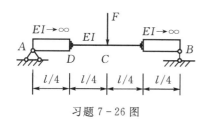

习题 7-26 图

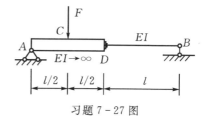

习题 7-27 图

7-27 试用叠加法求图示简支梁集中载荷作用点 C 的挠度。

7-28 弯曲刚度为 EI 的悬臂梁受载荷如图所示,试用叠加法求 A 端的转角 θ_A。

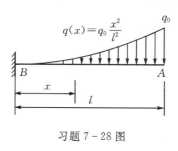

习题 7-28 图

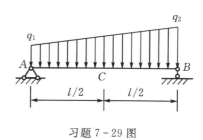

习题 7-29 图

7-29 弯曲刚度为 EI 的等截面梁受载荷如图所示,试用叠加法计算截面 C 的挠度 w_C。

7-30 单位长度重量为 q,弯曲刚度为 EI 的均匀钢条放置在刚性平面上,钢条的一端伸出水平面一小段 CD,若伸出段的长度为 a,试求钢条抬高水平面 BC 段的长度 b。

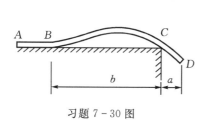

习题 7-30 图

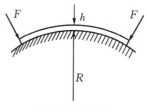

习题 7-31 图

7-31 图示将厚为 $h = 3 \text{ mm}$ 的带钢围卷在半径 $R = 1.2 \text{ m}$ 的刚性圆弧上,试求此时带钢所产生的最大弯曲正应力。已知钢的弹性模量 $E = 210 \text{ GPa}$,屈服极限 $\sigma_s = 280 \text{ MPa}$,为避免带钢产生塑性变形,圆弧面的半径 R 应不小于多少?

7-32 试求图示超静定梁截面 C 的挠度 w_C 值,梁弯曲刚度 EI 为常量。

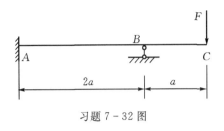

习题 7-32 图

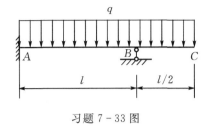

习题 7-33 图

7-33 试求图示超静定梁支座约束力值,梁弯曲刚度 EI 为常量。

7-34 试求图示超静定梁支座约束力值,梁弯曲刚度 EI 为常量。

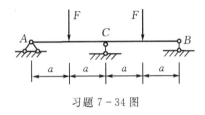

习题 7-34 图

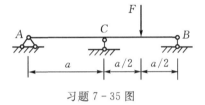

习题 7-35 图

7-35 试求图示超静定梁支座约束力值,梁弯曲刚度 EI 为常量。

7-36 图示超静定梁 AB 两端固定,弯曲刚度为 EI,试求支座 B 下沉 Δ 后,梁支座 B 处约束力。

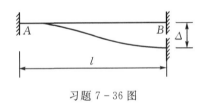

习题 7-36 图

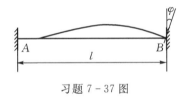

习题 7-37 图

7-37 图示超静定梁 AB 两端固定,弯曲刚度为 EI,试求支座 B 转动 φ 角后,梁支座的约束力。

7-38 图示悬臂梁自由端 B 处与 $45°$ 光滑斜面接触,设梁材料弹性模量 E、横截面积 A、惯性矩 I 及线膨胀系数 α_l 已知,当温度升高 ΔT,试求梁内最大弯矩 $M_{\max}$。

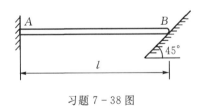

习题 7-38 图

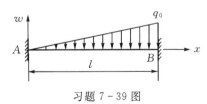

习题 7-39 图

7-39 试用积分法求图示超静定梁支座约束力值,梁弯曲刚度 EI 为常量。

第8章 应力及应变状态分析

8.1 应力状态概述

前几章中已经介绍了杆件在基本变形时横截面上的应力的计算及相应的强度条件的建立。对于轴向拉压和纯弯曲中的正应力,由于杆件危险点处横截面上的正应力是通过该点各方位截面上正应力的最大值,且处于单轴应力状态,故可将其与材料在单向拉伸(压缩)时的许用应力相比较来建立强度条件。同样,对于圆轴扭转和对称弯曲中的切应力,由于杆件危险点处横截面上的切应力是通过该点各方位截面上切应力的最大值,且处于纯剪切应力状态,故可将其与材料在纯剪切下的许用应力相比较来建立强度条件。在一般情况下,受力构件内的一点处既有正应力,又有切应力,而且应力随截面方位变化,对这类点的应力进行强度计算,则不能分别按正应力和切应力建立强度条件,而需综合考虑正应力和切应力的影响。这时,要研究通过该点各不同方位截面上应力的变化规律,从而确定该点处的最大正应力和最大切应力及其所在截面的方位。受力构件内一点处所有方位截面上应力的集合,称为一点处的**应力状态**。

实际上一点的应力情况除与点的位置有关以外,还与通过该点所截取的截面方位有关。判断一个受力构件的强度,必须了解这个构件内各点处的应力状态,即了解各个点处不同截面的应力情况,从而找出哪个点、哪个面上正应力最大,或切应力最大。据此建立构件的强度条件,这就是研究应力状态的目的。

8.1.1 应力状态单元体

如上所述,应力随点的位置和截面方位不同而改变,可通过单元体来分析一点的应力状态。如图 8-1 所示,是在受力构件中某点 M 取出的反映该点应力状态的单元体。若围绕所研究的点取出一个**单元体**(微小直角六面体),因单元体三个方向的尺寸均为无穷小,所以可以认为:单元体每个面上的应力都是均匀的,在忽略微量的情况下,单元体相互平行的面上的应力都是相等的,它们就是该点在这个方位截面上的应力。将单元体每个面上的应力分解为一个正应力和两个切应力,分别与三个坐标轴平行。可以用单元体六个表面的应力分量来表示 M 点的应力状态。每个面上应力分量的下标约定如下:正应力由于作用方向垂直于作用表面,只要用一个下标。例如 σ_x 表示垂直于 x 轴的面上的正应力。切应力的两个下标,其中第一个下标表示且应力作用面的法线方向,第二个下标表示应力平行的坐标轴的方向。

例如:τ_{xy},第一个下标 x 表示垂直于 x 轴的面上的切应力,即法线平行于 x 轴的面上的

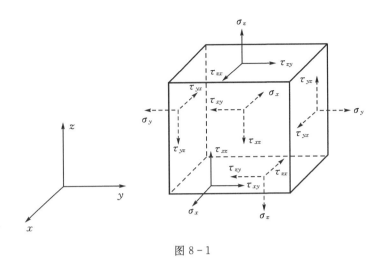

图 8-1

切应力;第二个下标 y 表示平行 y 轴方向的切应力,其余类推。单元体三组面上共有 9 个应力分量,如图 8-1 所示,根据切应力互等定理

$$\tau_{xy}=\tau_{yx}, \quad \tau_{yz}=\tau_{zy}, \quad \tau_{zx}=\tau_{xz}$$

因此,独立的应力分量只有 6 个,三个正应力分量,三个切应力分量。

8.1.2 主应力及应力状态的分类

在受力构件内的某点所截取出的单元体,一般来说,各个面上既有正应力,又有切应力(图 8-1)。当通过该点的截面方位变化时,截面上的应力发生变化。如图 8-2(a)拉杆中 A 点的斜截面,当截面方位变化时(图 8-2(d)),截面上的正应力和切应力都会发生变化。如果某一方位截面上的切应力为零,则这个方位的平面称为该点的**主平面**(图 8-2(c)中过 A 点的横截面),该平面上的正应力称为**主应力**。若单元体的三组正交的面都是主平面,则这个单元体称为该点的**主应力状态单元体**,简称**主单元体**。

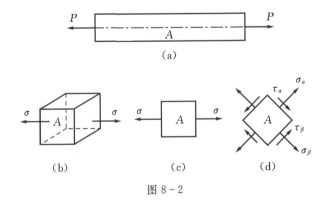

图 8-2

可以证明:从受力构件任一点处,以不同方位截取的所有可能的单元体中,至少有一个单元体为主单元体。主单元体在主平面上的主应力按代数值的大小排列,分别用 $\sigma_1, \sigma_2, \sigma_3$

表示,即 $\sigma_1 \geqslant \sigma_2 \geqslant \sigma_3$。

若在一个点的三个主应力中,只有一个主应力不等于零,则这样的应力状态称为单向应力状态。若三个主应力中有两个不等于零,则称为二向应力状态或平面应力状态。若三个主应力皆不为零,则称为三向应力状态或空间应力状态。单向应力状态也称为简单应力状态。二向和三向应力状态统称为复杂应力状态。关于单向应力状态,已于第2章中进行过讨论。

8.2 应力状态的实例

为了更好理解一点应力状态的概念,下面举出一些单向、二向、三向应力状态的实例。

8.2.1 单向应力状态

直杆轴向拉伸时(图8-2(a)),围绕杆内任一点 A 点以相邻两横截面,平行于杆侧面的两纵向面及平行于杆底面的两纵向面截取出单元体(图8-2(b)),其平面图(单元体投影到纸面)则表示在图8-2(c)中,单元体的左右两侧面是杆件横截面的一部分,其面上的应力皆为 $\sigma = P/A$。单元体的上、下、前、后四个面都是平行于轴线的纵向面,面上皆无任何应力。根据主单元体的定义,知此单元体为主单元体,且三个垂直面上的主应力分别为

$$\sigma_1 = \frac{P}{A}, \quad \sigma_2 = 0, \quad \sigma_3 = 0$$

围绕 A 点也可用与杆轴线斜交的两对平行截面和平行于侧面的纵向面截取单元体(图8-2(d)),前、后面为平行于杆侧面的纵向面,面上无任何应力,而在单元体的外法线与杆轴线斜交的斜面上既有正应力又有切应力(见第2章)。因此,这样截取的单元体不是主单元体。

由此可见,描述一点的应力状态按不同方位截取的单元体,单元体各面上的应力也就不同,但它们均可表示同一点的应力状态,因此它们本质上是同一个应力状态,这两个应力状态单元体的应力分量之间必然满足一定的联系,研究它们之间的关系就是应力分析的一个内容。

8.2.2 纯剪切应力状态

围绕圆轴上 A 点(图8-3(a))仍以纵横六个截面截取单元体(左右两个面为横截面,上下两个面为包含轴线的纵向面,前后两个面为圆柱面,图8-3(b))。单元体的左、右两侧面为横截面的一部分,正应力为零,而切应力为

$$\tau = \frac{T}{W_t}$$

由切应力互等定理,知在单元体的上、下两面上,有 $\tau' = \tau$。因为单元体的前面为圆轴的自由面,故单元体的前、后面上无任何应力。单元体面上应力如图8-3(c)所示。由此可见,圆轴受扭时,A 点的应力状态为纯剪切应力状态。

进一步的分析表明(见本章例8-1),若围绕着 A 点沿与轴线成 $\pm 45°$ 的截面截取一单元体(图8-3(d)),则其 $\pm 45°$ 斜截面上的切应力皆为零。在外法线与轴线成 $45°$ 的截面上,有压应力,其值为 $-\tau$。在外法线与轴线成 $-45°$ 的截面上有拉应力,其值为 $+\tau$。考虑到前、后面两侧面无任何应力,故图8-3(d)所示的单元体为主单元体。其主应力分别为

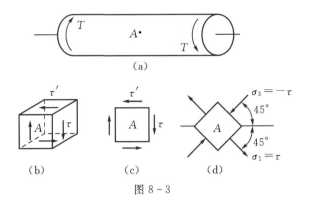

图 8-3

$$\sigma_1 = \tau, \quad \sigma_2 = 0, \quad \sigma_3 = -\tau$$

可见,纯剪切应力状态为二向应力状态。

8.2.3 其他二向应力状态

当圆筒形容器(图 8-4(a))的壁厚 t 远小于它的直径 D 时(例如,$t < D/20$),称为薄壁圆筒。若封闭的薄壁圆筒承受的内压力为 p,则沿圆筒轴线方向作用于筒底的总压力为 P(图 8-4(b)),且

$$P = p \cdot \frac{\pi D^2}{4}$$

薄壁圆筒的横截面积为 $\pi D t$,因此圆筒横截面上的正应力 σ' 为

$$\sigma' = \frac{P}{A} = \frac{p \cdot \dfrac{\pi D^2}{4}}{\pi D t} = \frac{p D}{4t} \tag{8-1}$$

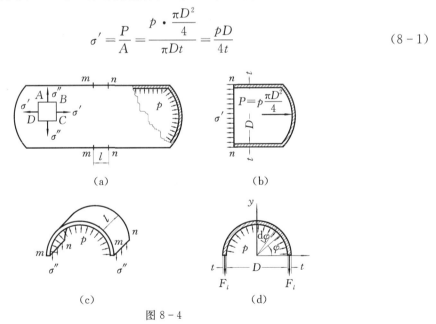

图 8-4

用相距为 l 的两个横截面和通过直径的纵向平面,从圆筒中截取一部分(图 8-4(c))。设圆筒纵向截面上的内力为 N,正应力为 σ'',则

$$\sigma'' = \frac{F_l}{tl}$$

取圆筒内壁上的微面积 $dA = lDd\varphi/2$。内压 p 在微面积上的压力为 $plDd\varphi/2$。它在 y 方向的投影为 $plD\sin\varphi d\varphi/2$。通过积分求出上述投影的总和为

$$\int_0^\pi plD\sin\varphi d\varphi/2 = plD$$

积分结果表明：截取部分在纵向平面上的投影面积 lD 与 p 的乘积，就等于内压力在 y 方向投影的合力。考虑截取部分在 y 方向的平衡(图 8-4(d))，则

$$\sum F_y = 0, \quad 2Fl - plD = 0, \quad Fl = \frac{plD}{2}$$

将 N 代入 σ'' 的表达式中，得

$$\sigma'' = \frac{F_l}{tl} = \frac{pD}{2t} \tag{8-2}$$

从式(8-1)和(8-2)可以看出，纵向截面上的应力 σ'' 是横截面上应力 σ' 的两倍。

由于内压力是轴对称载荷，所以在纵向截面上没有切应力。又由切应力互等定理，知在横截面上也没有切应力。围绕薄壁圆筒任一点 A，沿相邻两横截面，包含轴线的相邻两纵向面及平行于圆柱表面的相邻两柱面截取的单元体为主单元体。

此外，在单元体 $ABCD$ 面上，有作用于内壁的内压力 p 或作用于外壁的大气压力，它们都远小于 σ' 和 σ''，可以认为等于零(见式(8-1)和(8-2)，考虑到 $t \ll D$，易得上述结论)。由此可见，A 点的应力状态为二向应力状态，其三个主应力分别为

$$\sigma_1 = 0, \quad \sigma_2 = \frac{pD}{4t}, \quad \sigma_3 = \frac{pD}{2t}$$

8.2.4 三向应力状态

钢轨受到火车轮的压力，分析钢轨上与车轮接触点的应力状态。围绕着车轮与钢轨接触点(图 8-5(a))，以相邻两横截面，相邻两纵向面及垂直压力 P 的相邻两平面截取单元体，如图 8-5(b)所示。在车轮与钢轨的接触面上，有接触应力 σ_3。由

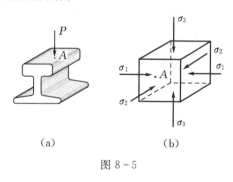

图 8-5

于 σ_3 的作用，单元体将向四周膨胀，于是引起周围材料对它的约束压应力 σ_1 和 σ_2(理论计算表明，周围材料对单元体的约束应力的绝对值小于由 P 引起的应力绝对值$|\sigma_3|$，因为是压应力，故用 σ_1 和 σ_2 表示)。所取单元体的三个相互垂直的面皆为主平面，且三个主应力皆不等于零，因此，A 点的应力状态为三向应力状态。

8.3 二向应力状态分析——解析法

8.3.1 二向应力状态下斜截面上的应力

二向应力状态分析，就是通过一点的单元体各面上的应力，确定通过这一点的其他方位截面上的应力，从而进一步确定该点的主平面、主应力和最大切应力。

从构件内某点截取的单元体如图 8-6(a)所示。单元体前、后两个面上无任何应力,故前、后两个面为主平面,且这个面上的主应力为零,所以,它是二向应力状态,为简化起见,可将其投影到纸面,用图 8-6(b)的矩形的四条边代表四个面,表示二向应力状态单元体。

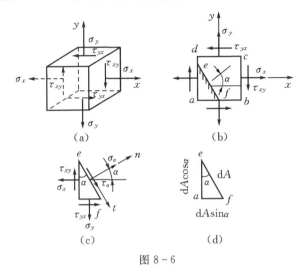

图 8-6

在图 8-6(b)所示的单元体的各面上,设应力分量 σ_x,σ_y 和 τ_{xy} 皆为已知。关于应力的符号规定为:**正应力以拉应力为正,而压应力为负;切应力以对单元体内任意点的矩为顺时针时为正,反之为负。**

现研究单元体任意斜截面 ef 上的应力(图 8-6(b))。该截面外法线 n 与 x 轴的夹角为 α。且规定:**由 x 轴按小于 $180°$ 转角转到外法线 n,转动为逆时针时,则 α 为正;转动为顺时针时,则 α 为负。**以斜截面 ef 把单元体假想截开,考虑截面以左部分的平衡,如图 8-6(c)所示。设斜截面 ef 面积为 dA,则左面和下面面积分别为 $dA\cos\alpha$,$dA\sin\alpha$,根据平衡方程

$\sum F_n = 0$,得

$$\sigma_\alpha dA + \tau_{xy} dA\cos\alpha\sin\alpha - \sigma_x dA\cos\alpha\cos\alpha + \tau_{yx} dA\sin\alpha\cos\alpha - \sigma_y dA\sin\alpha\sin\alpha = 0$$

$\sum F_t = 0$,得

$$\tau_\alpha dA - \tau_{xy} dA\cos\alpha\cos\alpha - \sigma_x dA\cos\alpha\sin\alpha + \sigma_y dA\sin\alpha\cos\alpha + \tau_{yx} dA\sin\alpha\sin\alpha = 0$$

考虑到切应力互等定理,τ_{xy} 与 τ_{yx} 在数值上相等,以 τ_{xy} 代替 τ_{yx},简化以上平衡方程最后得出:

$$\sigma_\alpha = \frac{\sigma_x + \sigma_y}{2} + \frac{\sigma_x - \sigma_y}{2}\cos2\alpha - \tau_{xy}\sin2\alpha \tag{8-3}$$

$$\tau_\alpha = \frac{\sigma_x - \sigma_y}{2}\sin2\alpha + \tau_{xy}\cos2\alpha \tag{8-4}$$

上式表明:σ_α 和 τ_α 都是 α 的函数,即任意斜截面上的正应力 σ_α 和切应力 τ_α 随截面方位的改变而变化。由式(8-3)可得到如下简单的关系式

$$\sigma_\alpha + \sigma_{\alpha\pm\pi/2} = \sigma_x + \sigma_y \tag{8-5}$$

式(8-5)表明,二向应力状态下,一点处任意两个正交方向的正应力之和与 α 无关,是一个常数。

8.3.2 主应力及主平面的方位

为分析主应力及主平面,先求正应力的极值,可将式(8-3)对 α 取导数,得

$$\frac{d\sigma_\alpha}{d\alpha} = -2\left(\frac{\sigma_x - \sigma_y}{2}\sin 2\alpha + \tau_{xy}\cos 2\alpha\right)$$

若 $\alpha = \alpha_0$ 时,导数 $d\sigma_\alpha/d\alpha = 0$,则在 α_0 所确定的截面上,正应力为极值。以 α_0 代入上式,并令其等于零,即

$$\frac{\sigma_x - \sigma_y}{2}\sin 2\alpha_0 + \tau_{xy}\cos 2\alpha_0 = 0$$

得

$$\tan 2\alpha_0 = -\frac{2\tau_{xy}}{\sigma_x - \sigma_y} \tag{8-6}$$

式(8-6)有两个解:α_0 和 $\alpha_0 \pm 90°$。因此,由式(8-6)可以求出相差 90°的两个角度 α_0,在它们所确定的两个互相垂直的平面上,正应力取得极值。在这两个互相垂直的平面中,一个是极大正应力所在的平面,另一个是极小正应力所在的平面。从式(8-6)求出 $\sin 2\alpha_0$ 和 $\cos 2\alpha_0$,代入式(8-3),求得极大或极小正应力为

$$\left.\begin{array}{r}\sigma_{\max}\\ \sigma_{\min}\end{array}\right\} = \frac{\sigma_x + \sigma_y}{2} \pm \sqrt{\left(\frac{\sigma_x - \sigma_y}{2}\right)^2 + \tau_{xy}^2} \tag{8-7}$$

至于 α_0 确定的两个平面中哪一个对应着极大正应力,可按下述方法确定:

① 若 $\sigma_x \geqslant \sigma_y$,则式(8-6)确定的两个角度 α_0 和 $\alpha_0 \pm 90°$,绝对值较小的一个对应着极大正应力 $\sigma_{\max}$ 所在的平面,绝对值较大的一个对应着极小正应力 $\sigma_{\min}$ 所在的平面;

② 若 $\sigma_x < \sigma_y$,则与上述结论相反。

此结论可由二向应力状态分析的图解法得到验证。

现进一步讨论在正应力取得极值的两个互相垂直的平面上切应力的情况。为此,将 α_0 代入式(8-4),求出该面上的切应力 τ_{α_0},并与 $d\sigma_\alpha/d\alpha = 0$ 的表达式比较,得 τ_{α_0} 为零。这表明,正应力为极大或极小的平面,就是主平面,所以,主应力就是极值的正应力。因此,式(8-7)就是计算主应力的公式,式(8-6)确定的两个角度就是主平面的方位。

8.3.3 切应力的极值及其所在平面

为了求得切应力的极值及其所在平面的方位,将式(8-4)对 α 取导数

$$\frac{d\tau_\alpha}{d\alpha} = (\sigma_x - \sigma_y)\cos 2\alpha - 2\tau_{xy}\sin 2\alpha$$

若 $\alpha = \alpha_1$ 时,导数 $d\tau_\alpha/d\alpha = 0$,则在 α_1 所确定的截面上,切应力取得极值。以 α_1 代入上式且令其等于零,得

$$(\sigma_x - \sigma_y)\cos 2\alpha_1 - 2\tau_{xy}\sin 2\alpha_1 = 0$$

由此求得

$$\tan 2\alpha_1 = \frac{\sigma_x - \sigma_y}{2\tau_{xy}} \tag{8-8}$$

由式(8-8)也可以解出两个角度值 α_1 和 $\alpha_1 \pm 90°$,它们相差也为 90°,从而可以确定两个相

互垂直的平面,在这两个平面上分别作用着**极大**或**极小切应力**。由式(8-8)解出 $\sin2\alpha_1$ 和 $\cos2\alpha_1$,代入式(8-4),求得切应力的极大值和极小值是

$$\left.\begin{array}{r}\tau_{\max}\\ \tau_{\min}\end{array}\right\}=\pm\sqrt{\left(\frac{\sigma_x-\sigma_y}{2}\right)^2+\tau_{xy}^2} \qquad (8-9)$$

由式(8-9)可知,极大与极小切应力的绝对值是相等的,但符号相反。与正应力的极值所在两个平面方位的判断关系对应相似,切应力的极值与所在两个平面方位的对应关系是:若 $\tau_{xy}>0$,则绝对值较小的 α_1 对应最大切应力所在的平面。

比较式(8-6)和(8-8),可以得到

$$\tan2\alpha_0\tan2\alpha_1=-1 \qquad (8-10)$$

所以有

$$2\alpha_1=2\alpha_0+\frac{\pi}{2}, \quad \alpha_1=\alpha_0+\frac{\pi}{4}$$

即极大和极小切应力所在的平面的外法线与主平面的外法线之间的夹角为 $45°$。

例 8-1 圆轴受扭如图 8-7(a)所示,试分析轴表面任一点的应力状态,并讨论试件受扭时的破坏现象。

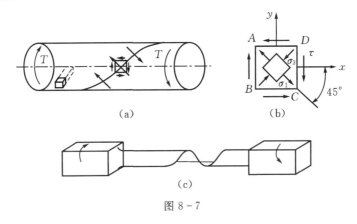

图 8-7

解 根据 8.2 节的讨论,沿纵横截面截取的单元体为纯切应力状态(图 8-7(b)),单元体各面上的应力为

$$\sigma_x=\sigma_y=0, \quad \tau_{xy}=-\tau_{yx}=\tau=\frac{T}{W_t}$$

代入式(8-3)和(8-4),即可得到纯剪切应力状态任意斜截面上的应力:

$$\sigma_\alpha=-\tau_{xy}\sin2\alpha=-\tau\sin2\alpha$$
$$\tau_\alpha=\tau_{xy}\cos2\alpha=\tau\cos2\alpha$$

将 $\sigma_x=\sigma_y=0$, $\tau_{xy}=\tau$ 代入式(8-5)和式(8-4),即可得到主应力的大小

$$\left.\begin{array}{r}\sigma_{\max}\\ \sigma_{\min}\end{array}\right\}=\frac{\sigma_x+\sigma_y}{2}\pm\sqrt{\left(\frac{\sigma_x-\sigma_y}{2}\right)^2+\tau_{xy}^2}=\pm\tau$$

和主平面的方位

$$\tan2\alpha_0=-\frac{2\tau_{xy}}{\sigma_x-\sigma_y}=-\infty$$

$2\alpha_0 = -90°$ 或 $-270°$，即 $\alpha_0 = -45°$ 或 $-135°$

以上结果表明，以 x 轴量起，由 $\alpha_0 = -45°$ 所确定的主平面上的主应力为 $\sigma_{\max} = \tau$，而 $\alpha_0 = -135°$（或 $\alpha_0 = +45°$）所确定的主平面上的主应力为 $\sigma_{\min} = -\tau$，如图 8-7(b) 所示，考虑到前后面为主平面，且该平面上的主应力为零。故有

$$\sigma_1 = \tau, \quad \sigma_2 = 0, \quad \sigma_3 = -\tau$$

即纯剪切的两个主应力相等，都等于切应力 τ，但一为拉应力，一为压应力。

根据上述讨论，即可说明材料在扭转实验中出现的现象。低碳钢试件扭转时的屈服现象是材料沿横截面产生滑移的结果，最后沿横截面断开，扭转时横截面上切应力最大，这说明低碳钢扭转破坏是横截面上最大切应力作用的结果。即对于低碳钢这种塑性材料来说，其抗剪能力小于抗拉或抗压能力。铸铁试件扭转时，大约沿与轴线成 45°螺旋线断裂（图 8-7(c)），该方向具有最大拉应力，说明扭断是最大拉应力作用的结果。即对于铸铁这种脆性材料，其抗拉能力小于抗剪和抗压能力。

例 8-2 如图 8-8(a) 所示，简支梁在跨中受集中力作用，m-m 截面点 1 至点 5 沿纵横截面截取的单元体各面上的应力方向如图 8-8(b) 所示，若已知点 2 各面的应力情况如图 8-8(c) 所示。试求点 2 的主应力的大小及主平面的方位。

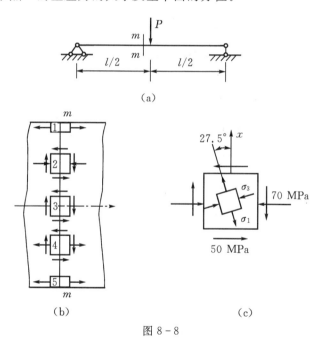

图 8-8

解 由于垂直方向等于零的正应力是代数值较大的正应力，所以选定 x 轴的方向垂直向上。此时

$$\sigma_x = 0, \quad \sigma_y = -70 \text{ MPa}, \quad \tau_{xy} = -50 \text{ MPa}$$

由式(8-4)得

$$\tan 2\alpha_0 = -\frac{2\tau_{xy}}{\sigma_x - \sigma_y} = -\frac{2\times(-50)}{0-(-70)} = 1.429$$

$$\alpha_0 = 27.5° \quad \text{或} \quad 117.5°$$

由于 $\sigma_x > \sigma_y$，所以绝对值较小的角度 $\alpha_0 = 27.5°$ 的主平面上有极大的主应力，而 $117.5°$ 的主平面上有极小的主应力，它们可由式(8-5)求得

$$\left.\begin{array}{c}\sigma_{\max}\\ \sigma_{\min}\end{array}\right\} = \frac{0+(-70)}{2} \pm \sqrt{\left(\frac{0+70}{2}\right)^2 + (-50)^2} = \begin{cases} 26 \text{ MPa} \\ -96 \text{ MPa} \end{cases}$$

所以有

$$\sigma_1 = 26 \text{ MPa}, \quad \sigma_2 = 0, \quad \sigma_3 = -96 \text{ MPa}$$

主应力及主平面位置如图 8-8(c)所示。

在求出梁截面上一点主应力的方向后，把其中一个主应力的方向延长与相邻横截面相交。求出交点的主应力方向，再将其延长与下一个相邻横截面相交。以此类推，我们将得到一条折线，它的极限将是一条曲线。在这条曲线上，任一点的切线即代表该点主应力的方向，这条曲线称为**主应力迹线**。经过每一点有两条相互正交的主应力迹线。图 8-9 所示为梁的两组主应力迹线，实线为主拉应力迹线，虚线为主压应力迹线。在钢筋混凝土梁中，钢筋的作用是抵抗拉伸，所以应使钢筋尽可能沿主拉应力迹线的方向布置。

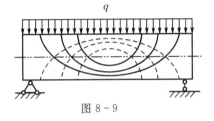

图 8-9

8.4 二向应力状态分析——图解法

8.4.1 应力圆方程及其作法

由前节二向应力状态分析的解析法可知，二向应力状态下，斜截面上的应力由式(8-3)和式(8-4)来确定。它们皆为 α 的函数，把 α 看作参数，为消去 α，将两式改写成

$$\sigma_\alpha - \frac{\sigma_x + \sigma_y}{2} = \frac{\sigma_x - \sigma_y}{2}\cos 2\alpha - \tau_{xy}\sin 2\alpha$$

$$\tau_\alpha = \frac{\sigma_x - \sigma_y}{2}\sin 2\alpha + \tau_{xy}\cos 2\alpha$$

将两式等号两边平方，然后再相加，得

$$\left(\sigma_\alpha - \frac{\sigma_x + \sigma_y}{2}\right)^2 + \tau_\alpha^2 = \left(\frac{\sigma_x - \sigma_y}{2}\right)^2 + \tau_{xy}^2 \tag{8-11}$$

上式中，σ_x、σ_y 和 τ_{xy} 皆为已知量，若在平面上建立一个坐标系：横坐标为 σ 轴，纵坐标为 τ 轴，平面上点的横、纵坐标与任意斜截面上应力 $(\sigma_\alpha, \tau_\alpha)$ 对应，则上式是一个以 σ_α 和 τ_α 为变量的圆的方程。圆心的横坐标为 $(\sigma_x + \sigma_y)/2$，纵坐标为零，圆周的半径为 $\sqrt{\left(\frac{\sigma_x - \sigma_y}{2}\right)^2 + \tau_{xy}^2}$。这个圆称作**应力圆**，亦称莫尔(Mohr)应力圆。

因为应力圆方程是从式(8-3)和(8-4)导出的，所以，单元体某斜截面上的应力 σ_α 和 τ_α 对应着应力圆圆周上的一个点。反之，应力圆周上的任一点也对应着单元体某一斜截面的应力 σ_α 和 τ_α，即它们之间有着一一对应的关系，但是，从应力圆方程中，这种对应关系并不能直接找出。以下介绍的应力圆作法，可以解决这一问题。

以图 8-10(a)所示的二向应力状态为例来说明应力圆的作法。单元体各面上应力正负号的规定与解析法一致。按一定的比例尺量取横坐标 $\overline{OA} = \sigma_x$,纵坐标 $\overline{AD} = \tau_{xy}$,确定 D 点。D 点的坐标代表单元体以 x 为法线的面上的应力。量取 $\overline{OB} = \sigma_y$,$\overline{BD'} = \tau_{yx}$,确定 D' 点。这里因 τ_{yx} 为负,故 D' 点在纵坐标轴 σ 轴的下方。D' 点的坐标代表以 y 为法线的面上的应力。连接 DD',与横坐标轴交于 C 点。由于 $\tau_{xy} = \tau_{yx}$,所以 $\triangle CAD \cong \triangle CBD'$,从而 $\overline{CD} = \overline{CD'}$。以 C 点为圆心,以 $\overline{CD}$(或 $\overline{CD'}$)为半径作圆,如图 8-10(b)所示。此圆的圆心横坐标和半径分别为

$$\overline{OC} = \frac{1}{2}(\overline{OA} + \overline{OB}) = \frac{1}{2}(\sigma_x + \sigma_y) \tag{8-12a}$$

$$\overline{CD} = \sqrt{\overline{CA}^2 + \overline{AD}^2} = \sqrt{\left(\frac{\sigma_x - \sigma_y}{2}\right)^2 + \tau_{xy}^2} \tag{8-12b}$$

所以,这一圆即为应力圆。

若确定图 8-10(a)所示法线 n 与 x 轴成 α 角斜截面上的应力,则在应力圆上,从 D 点(代表以 x 轴为法线的面上的应力)也按逆时针方向沿应力圆周移到 E 点,且使 DE 弧所对的圆心角为实际单元体斜截面 α 角的两倍,则 E 点的坐标就代表了以 n 为法线的斜截面上的应力(图 8-10(b))。现证明如下:E 点的横、纵坐标分别为

$$\overline{OF} = \overline{OC} + \overline{CE}\cos(2\alpha_0 + 2\alpha) = \overline{OC} + \overline{CE}\cos2\alpha_0\cos2\alpha - \overline{CE}\sin2\alpha_0\sin2\alpha$$

$$\overline{FE} = \overline{CE}\sin(2\alpha_0 + 2\alpha) = \overline{CE}\sin2\alpha_0\cos2\alpha + \overline{CE}\cos2\alpha_0\sin2\alpha$$

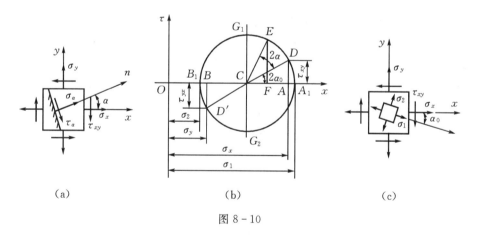

图 8-10

因为 $\overline{CE}$ 和 $\overline{CD}$ 同为圆周的半径,可以互相代替,故有

$$\overline{CE}\cos2\alpha_0 = \overline{CD}\cos2\alpha_0 = \overline{CA} = \frac{\sigma_x - \sigma_y}{2} \tag{8-13a}$$

$$\overline{CE}\sin2\alpha_0 = \overline{CD}\sin2\alpha_0 = \overline{AD} = \tau_{xy} \tag{8-13b}$$

将以上结果代入 $\overline{OF}$ 和 $\overline{FE}$ 的表达式中,并注意到 $\overline{OC} = \frac{1}{2}(\overline{OA} + \overline{OB}) = \frac{1}{2}(\sigma_x + \sigma_y)$,得

$$\overline{OF} = \frac{\sigma_x + \sigma_y}{2} + \frac{\sigma_x - \sigma_y}{2}\cos2\alpha - \tau_{xy}\sin2\alpha$$

$$\overline{FE} = \frac{\sigma_x - \sigma_y}{2}\sin2\alpha + \tau_{xy}\cos2\alpha$$

与式(8-3)和(8-4)比较,可见 $\overline{OF} = \sigma_\alpha$,$\overline{FE} = \tau_\alpha$。即 E 点的坐标代表法线倾角为 α 的斜截面上的应力。

8.4.2 利用应力圆确定主应力、主平面和极大切应力

在应力圆中,正应力的极值点为 A_1 和 B_1 两点(图8-10(b)),而 A_1 和 B_1 点的纵坐标皆为零,因此,正应力的极值即为主应力。A_1B_1 弧对应的圆心角为 $180°$,因此,与它们所对应的单元体的两个主平面互相垂直。从应力圆上不难看出

$$\sigma_1 = \overline{OA_1} = \overline{OC} + \overline{CA_1}, \quad \sigma_2 = \overline{OB_1} = \overline{OC} - \overline{CB_1}$$

因为 OC 为圆心至原点的距离,而 CA_1 和 CB_1 皆为应力圆半径,故由(8-12a、b)式有

$$\left.\begin{array}{c}\sigma_1 \\ \sigma_2\end{array}\right\} = \frac{\sigma_x + \sigma_y}{2} \pm \sqrt{\left(\frac{\sigma_x - \sigma_y}{2}\right)^2 + \tau_{xy}^2} \tag{8-14}$$

(注:这里不考虑两个主应力和零主应力之间的大小关系,其中较大的记为 σ_1,较小的记为 σ_2。)

从 D 点顺时针转 $2\alpha_0$ 角至 A_1 点,故 α_0 就是单元体从 x 轴向主平面转过的角度。因为 D 点向 A_1 点是顺时针转动,因此 $\tan2\alpha_0$ 为负值

$$\tan2\alpha_0 = -\frac{\overline{AD}}{\overline{CA}} = -\frac{2\tau_{xy}}{\sigma_x - \sigma_y} \tag{8-15}$$

式(8-14)和式(8-15)就是公式(8-7)和(8-6)。

从应力圆不难看出,若 $\sigma_x > \sigma_y$,则 D 点(对应以 x 轴为法线的面上的应力)在应力圆的右半个圆周上,所以和 A_1 点构成的圆心角的绝对值小于 D 点和 B_1 点构成的圆心角的绝对值,因此,公式(8-8)中,绝对值较小的 α_0 对应着极大的主应力。

应力圆上 G_1 和 G_2 两点的纵坐标分别为极大值和极小值。它们分别代表单元体与 z 轴平行的一组斜截面中的**极大和极小切应力,也称主切应力**。因为 $\overline{CG_1}$ 和 $\overline{CG_2}$ 都是应力圆的半径,故有

$$\left.\begin{array}{c}\tau_{\max} \\ \tau_{\min}\end{array}\right\} = \pm\sqrt{\left(\frac{\sigma_x - \sigma_y}{2}\right)^2 + \tau_{xy}^2} \tag{8-16a}$$

这就是公式(8-9),又因为应力圆的半径也等于 $\frac{1}{2}(\sigma_1 - \sigma_2)$,故切应力的极值又可表示为

$$\left.\begin{array}{c}\tau_{\max} \\ \tau_{\min}\end{array}\right\} = \pm\frac{\sigma_1 - \sigma_2}{2} \tag{8-16b}$$

在应力圆周上,由 A_1 到 G_1 所对的圆心角为逆时针的 $90°$,所以,在单元体内,由 σ_1 所在的主平面的法线逆时针旋转 $45°$,即为极大切应力所在截面的外法线。

又若 $\tau_{xy} > 0$,则 D 点(对应以 x 轴为法线的面上的应力)在 σ 轴上方的应力圆周上,所以,D 点到 G_1 点所对圆心角的绝对值小于 D 点到 G_2 点所对圆心角的绝对值。因此,若 $\tau_{xy} > 0$,则公式(8-8)所确定的两个角度值中,绝对值较小的 α_1 所确定的平面对应着极大切应力。

例 8-3 已知单元体的应力状态如图 8-11(a)所示。$\sigma_x = 40$ MPa,$\sigma_y = -60$ MPa,$\tau_{xy} = -50$ MPa。试用图解法求主应力,并确定主平面的位置。

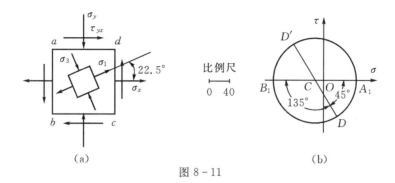

图 8-11

解 ①作应力圆。按选定的比例尺,以 $\sigma_x=40$ MPa,$\tau_{xy}=-50$ MPa 为坐标,确定 D 点。以 $\sigma_y=-60$ MPa,$\tau_{yx}=50$ MPa 为坐标,确定 D' 点。连接 D 和 D' 点,与横坐标轴交于 C 点。以 C 为圆心,以 CD 为半径作应力圆,如图 8-11(b)所示。

②求主应力及主平面的位置。在图 8-11(b)所示的应力圆上,A_1 点 B_1 的横坐标即为主应力值,按所用比例尺量出

$$\sigma_1=\overline{OA_1}=60.7 \text{ MPa}, \quad \sigma_3=\overline{OB_1}=-80.7 \text{ MPa}$$

这里另一个主应力 $\sigma_2=0$。

在应力圆上,由 D 点至 A_1 点为逆时针方向,且 $\angle DCA_1=2\alpha_0=45°$,所以,在单元体中,从 x 轴以逆时针方向量取 $\alpha_0=22.5°$,确定了 σ_1 所在主平面的法线。而 D 至 B_1 点为顺时针方向,$\angle DCB_1=135°$,所以,在单元体中从 x 轴以顺时针方向量取 $\alpha_0=67.5°$,从而确定了 σ_3 所在主平面的法线方向。

例 8-4 用图解法定性讨论例 8-2 所示 3、4、5 点的应力状态。

解 例 8-2 图(b)的 3、4、5 点应力状态如图 8-12(a)所示。点 3 的应力状态是纯剪切应力状态。根据单元体以 x 为法线的截面上的应力情况 $\sigma_x=0$,$\tau_{xy}=\tau$。在坐标系中确定的 D 点在 τ 轴上,而根据以 y 轴为法线的截面上应力 $\sigma_y=0$,$\tau_{yx}=-\tau$ 确定的 D' 点也在 τ 轴上,但它为负值。D 与 D' 的连线与 σ 轴交于原点 O,以 O 为圆心,以 $\overline{OD}$(或 $\overline{OD'}$)为半径,作出应力圆如图 8-12(b)所示。由此可见,该应力圆的特点是应力圆圆心与坐标系原点重合。

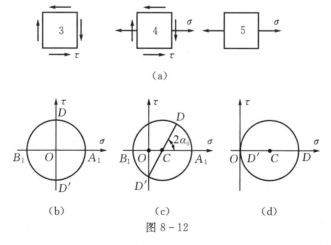

图 8-12

从图 8-12(b)看出：

$$\sigma_1=\tau, \quad \sigma_2=0, \quad \sigma_3=-\tau, \quad \tau_{\max}=\tau$$

对于 4 点的应力状态,同样根据 $\sigma_x=\sigma$, $\tau_{xy}=\tau$,在坐标系中确定 D 点,而根据 $\sigma_y=0$, $\tau_{yx}=-\tau$ 确定的 D' 点在 τ 轴上,连接 DD' 交 σ 轴于 C 点,以 C 为圆心,以 $\overline{CD}$ 为半径,做出应力圆如图 8-12(c)所示。可见,该应力圆的特点是应力圆总是与 τ 轴相割,故必然有 $\sigma_1>0$, $\sigma_2=0$, $\sigma_3<0$。根据解析法,求得三个主应力分别为

$$\left.\begin{matrix}\sigma_1\\\sigma_3\end{matrix}\right\}=\frac{\sigma}{2}\pm\sqrt{\left(\frac{\sigma}{2}\right)^2+\tau^2}, \quad \sigma_2=0$$

5 点的应力状态是单向应力状态,$\sigma_x=\sigma$, $\sigma_y=0$, $\tau_{xy}=\tau_{yx}=0$,作出应力圆如图 8-12(d)所示。其特点是该应力圆与 τ 轴相切。

8.5 三向应力状态

8.5.1 三向应力状态的应力圆

三向应力状态如图 8-13(a)所示。在已知主应力 σ_1, σ_2, σ_3 的条件下,我们讨论单元体斜截面的最大切应力。

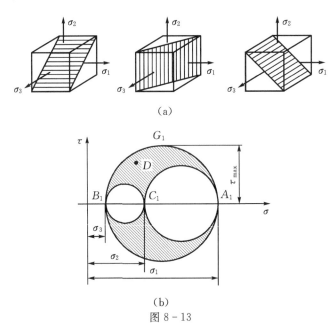

图 8-13

如图 8-13(a)第一图所示。设斜截面与 σ_1 平行,考虑截出部分三棱柱体的平衡,显然,沿 σ_1 方向自然满足平衡条件,故平行于 σ_1 诸斜面上的应力不受 σ_1 的影响,只与 σ_2, σ_3 有关。由 σ_2, σ_3 确定的应力圆周上的任意一点的纵横坐标表示平行于 σ_1 的某个斜面上的切应力和正应力。同理,由 σ_1, σ_3 确定的应力圆表示平行于 σ_2 诸平面上的应力情况。由 σ_1, σ_2 确定的应力圆表示平行于 σ_3 诸平面上的应力情况。这样做出的三个应力圆(图 8-13(b)),称作三向应力状态的应力圆。

可以证明,对于三向应力状态任意斜截面上的正应力和切应力,必然对应着图8-13(b)所示三向应力圆之间阴影线部分的点。例如,对于应力圆阴影部分中的某一点D点来说,该点的纵、横坐标为任意斜面上的切应力和正应力的大小。

8.5.2 三向应力状态切应力的最大、最小值

从图8-13(b)看出,画阴影线的部分内,横坐标的极大值为A_1点,而极小值为B_1点,因此,单元体正应力的极值为

$$\sigma_{\max} = \sigma_1, \quad \sigma_{\min} = \sigma_3 \tag{8-17}$$

图8-13(b)中画阴影线的部分内,G_1点为纵坐标的极值,所以最大切应力为由σ_1,σ_3所确定的应力圆半径,即

$$\tau_{\max} = \frac{\sigma_1 - \sigma_3}{2} \tag{8-18}$$

由于G_1点在由σ_1和σ_3所确定的圆周上,此圆周上各点的纵横坐标就是与σ_2轴平行的一组斜截面上的应力,所以单元体的最大切应力所在的平面与σ_2轴平行,且外法线与σ_1轴及σ_3轴的夹角为$45°$。

二向应力状态是三向应力状态的特殊情况,当$\sigma_1 > \sigma_2 > 0$,而$\sigma_3 = 0$时,按照式(8-18)得单元体的最大切应力为

$$\tau_{\max} = \frac{\sigma_1 - \sigma_3}{2} = \frac{\sigma_1}{2}$$

但是若按二向应力状态的极大切应力公式(8-16b),则有

$$\tau_{\max} = \frac{\sigma_1 - \sigma_2}{2}$$

此结果显然小于$\sigma_1/2$,这是由于在二向应力状态分析中,斜截面的外法线仅限于在σ_1、σ_2所在的平面内,在这类平面中,切应力的最大值是$\frac{\sigma_1 - \sigma_2}{2}$,但若截面外法线方向是任意的,则单元体最大切应力所在的平面外法线总是与σ_2垂直,与σ_1及σ_3夹角为$45°$,其值是$\frac{\sigma_1 - \sigma_3}{2} = \frac{\sigma_1}{2}$。

8.6 平面应变状态分析

8.6.1 任意方向应变的解析表达式

一点处沿不同方向的线应变和切应变的总体,称为该点的应变状态。同分析一点的应力状态类似,应变状态也可以通过单元体来进行研究。这里,仅限于讨论平面应变情况,所谓**平面应变**,就是一点的六个应变分量中,有三个为零,不为零的三个应变为同一平面的三个分量,比如,我们讨论一点xOy平面的应变。

通过该点O任取一单元体,建立坐标系如图8-14所示,设O点x和y方向的线应变ε_x和ε_y及xy方向的切应变(直角改变量)皆为已知。这里规定,线应变以伸长为

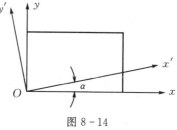

图8-14

正,缩短为负;切应变以使直角增大为正,直角减小为负。

将坐标轴旋转 α 角,且规定逆时针的 α 为正,得到新的坐标系 $Ox'y'$(图 8-14),通过几何关系计算,可以证明:单元体 α 方向的线应变 ε_α 及 $x'y'$ 轴的切应变 γ_α 可通过下式求得:

$$\varepsilon_\alpha = \frac{\varepsilon_x + \varepsilon_y}{2} + \frac{\varepsilon_x - \varepsilon_y}{2}\cos 2\alpha - \frac{\gamma_{xy}}{2}\sin 2\alpha \tag{8-19}$$

$$\frac{\gamma_\alpha}{2} = \frac{\varepsilon_x - \varepsilon_y}{2}\sin 2\alpha + \frac{\gamma_{xy}}{2}\cos 2\alpha \tag{8-20}$$

利用公式(8-19)和(8-20)便可求出任意方向的线应变 ε_α 和切应变 γ_α。

8.6.2 主应变及主应变方向

将公式(8-19)、(8-20)分别与公式(8-3)、(8-4)进行比较,可看出这两组公式形式是相同的。在平面应变状态分析中的 ε_x、ε_y 和 ε_α 相当于平面应力状态中的 σ_x、σ_y 和 σ_α。而平面应变状态分析中的 $\frac{\gamma_{xy}}{2}$ 和 $\frac{\gamma_\alpha}{2}$,相当于平面应力状态中的 τ_{xy} 和 τ_α。所以,在平面应力中由公式(8-3)和(8-4)导出的那些结论,在应变分析中,必然也可以得到。

与主应力和主平面相对应,在平面应变状态中,通过一点一定存在两个相互垂直的方向,在这两个方向上,线应变为极值,而切应变为零。这样的极值应变称作**主应变**。主应变的方向称作**应变主方向**。

在公式(8-6)和(8-7)中,以 ε_x、ε_y 和 $\frac{\gamma_{xy}}{2}$ 分别取代 σ_x、σ_y 和 τ_{xy},得到平面应变状态一点的应变主方向和主应变分别由下式确定

$$\tan 2\alpha_0 = -\frac{\gamma_{xy}}{\varepsilon_x - \varepsilon_y} \tag{8-21}$$

$$\left.\begin{array}{c}\varepsilon_{\max}\\ \varepsilon_{\min}\end{array}\right\} = \frac{\varepsilon_x + \varepsilon_y}{2} \pm \sqrt{\left(\frac{\varepsilon_x - \varepsilon_y}{2}\right)^2 + \left(\frac{\gamma_{xy}}{2}\right)^2} \tag{8-22}$$

式中 α_0 为主应变与 x 轴正方向的夹角。平面应变状态下的两个主应变分别以 ε_1、ε_2 表示,且规定 $\varepsilon_1 \geqslant \varepsilon_2$。

可以证明:对于各向同性材料,当变形很小,且在线弹性范围时,主应变的方向与主应力的方向重合。

8.6.3 应变圆

在二向应力中,我们曾用图解法进行二向应力状态分析。由于上述的相似关系,在应变状态分析中也可采用图解法。作图时,以线应变 ε 为横坐标,以 1/2 的切应变 $\gamma/2$ 为纵坐标,则表示该点不同方向的线应变和由该方向及与该方向正交方向的切应变为横、纵坐标的点位于一个圆周上,这样的圆称作**应变圆**。在画应变圆时,γ_{xy} 是指正向 dx 边与正向 dy 边的夹角改变,而 γ_{yx} 是指正向 dy 边与负向 dx 边的夹角改变,如果 γ_{xy} 为正,γ_{yx} 必为负,且 $\gamma_{xy} = -\gamma_{yx}$。由于利用应变圆分析应变的问题与二向应力状态的图解法极为相似,所以,对应变圆不再作进一步讨论。图解法的具体应用,可参见例 8-5。

最后指出,以上对平面应力状态的应变分析,未曾涉及材料的性质,只是纯几何上的关

系。所以,在小变形条件下,无论是对线弹性变形还是非线弹性变形,各向同性材料还是各向异性材料,结论都是正确的。

例 8-5 已知构件某点处的应变为:$\varepsilon_x = 1000 \times 10^{-6}$,$\varepsilon_y = -266.7 \times 10^{-6}$,$\gamma_{xy} = 1617 \times 10^{-6}$,如图 8-15(a)所示。试分别利用解析法和图解法求该点的主应变及主方向。

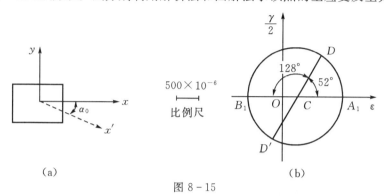

图 8-15

解 ① 解析法求解主应变及主方向。将 ε_x、ε_y 和 γ_{xy} 代入公式(8-21),得

$$\tan 2\alpha_0 = -\frac{\gamma_{xy}}{\varepsilon_x - \varepsilon_y} = \frac{-1617 \times 10^{-6}}{[1000-(-266.7)] \times 10^{-6}} = -1.28$$

求得主应变的方位角为

$$\alpha_0 = -26° \quad \text{或} \quad \alpha_0 = 64°$$

将 ε_x、ε_y 和 γ_{xy} 的值代入公式(8-22),得

$$\begin{Bmatrix} \varepsilon_{\max} \\ \varepsilon_{\min} \end{Bmatrix} = \frac{\varepsilon_x + \varepsilon_y}{2} \pm \sqrt{\left(\frac{\varepsilon_x - \varepsilon_y}{2}\right)^2 + \left(\frac{\gamma_{xy}}{2}\right)^2}$$

$$= \frac{1}{2} \times 10^{-6} \left[(1000-266.7) \pm \sqrt{(1000+266.7)^2 + 1617^2}\right]$$

$$= \begin{cases} 1394 \times 10^{-6} \\ -600 \times 10^{-6} \end{cases}$$

两个主应变与两个主方向的对应关系,可直接利用二向应力状态中介绍的判别方法。在本例中,由于 $\varepsilon_x > \varepsilon_y$,所以绝对值较小的 $\alpha_0 = -26°$ 的方向对应着 $\varepsilon_{\max} = 1394 \times 10^{-6}$。

② 图解法求解主应变及主方向。建立坐标系如图 8-15(b)所示。D 点横坐标代表 x 方向的线应变 ε_x,纵坐标 $\gamma_{xy}/2$ 是直角 $\angle xOy$ 的切应变的 1/2。D' 点的横坐标代表 y 方向的线应变,纵坐标 $\gamma_{yx}/2 = -\gamma_{xy}/2$(在公式(8-20)中,令 $\alpha = \pi/2$,即可证明 $\gamma_{yx}/2 = -\gamma_{xy}/2$)代表 y 轴和 $-x$ 轴形成的直角的切应变的 1/2。以 DD' 为直径作圆即为应变圆。连接 DD' 与横坐标轴相交于 C,以 C 为圆心,DD' 为直径作圆,即为表示该点应变状态的应变圆。在应变圆上,A_1 点的横坐标为 $\varepsilon_{\max}$,即主应变 ε_1,B_1 点的横坐标为 $\varepsilon_{\min}$,即主应变 ε_2。由 D 点到 A_1 点所张圆心角为 $2\alpha_0 = 52°$,且为顺时针转动,故从 x 方向量起,在 $\alpha_0 = -26°$ 的方向上有极大主应变 $\varepsilon_{\max}$。

8.7 广义胡克定律

8.7.1 广义胡克定律

在讨论轴向拉伸或压缩时,根据实验结果,曾得到当 $\sigma \leqslant \sigma_p$ 时,应力与应变成正比关

系，即

$$\sigma = E\varepsilon \quad 或 \quad \varepsilon = \frac{1}{E}\sigma$$

此即单向应力状态的胡克定律。此外，由于轴向变形还将引起横向变形，根据第 2 章的讨论，横向应变 ε' 可表示为

$$\varepsilon' = -\mu\varepsilon = -\mu\frac{\sigma}{E}$$

在纯剪切时，根据实验结果，曾得到当 $\tau \leqslant \tau_p$，切应力与切应变成正比，即

$$\tau = G\gamma \quad 或 \quad \gamma = \frac{1}{G}\tau$$

此即剪切胡克定律。

一般情况下，描述一点处的应力状态需要六个独立的应力分量，如图 8-16 所示。对于这样一般情况的应力状态，可以看作是三组单向应力状态和三组纯剪切状态的组合。可以证明，对于各向同性材料，在小变形及线弹性范围内，线应变只与正应力有关，而与切应力无关；切应变只与切应力有关，而与正应力无关，满足应用叠加原理的条件。所以，我们利用单向应力状态和纯剪切应力状态的胡克定律，分别求出各应力分量相对应的应变，然后，再进行叠加。正应力分量分别在 x、y 和 z 方向对应的应变见表 8-1。

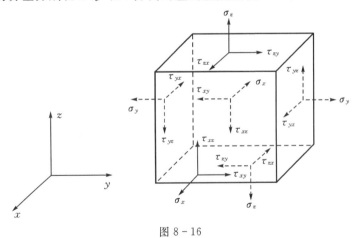

图 8-16

表 8-1 正应力分量在不同方向对应的应变

	σ_x	σ_y	σ_z
ε_x	$\frac{1}{E}\sigma_x$	$-\frac{\mu}{E}\sigma_y$	$-\frac{\mu}{E}\sigma_z$
ε_y	$-\frac{\mu}{E}\sigma_x$	$\frac{1}{E}\sigma_y$	$-\frac{\mu}{E}\sigma_z$
ε_z	$-\frac{\mu}{E}\sigma_x$	$-\frac{\mu}{E}\sigma_y$	$\frac{\sigma_z}{E}$

根据此表，得出 x、y 和 z 方向的线应变表达式为

$$\left.\begin{aligned}\varepsilon_x &= \frac{1}{E}[\sigma_x - \mu(\sigma_y + \sigma_z)] \\ \varepsilon_y &= \frac{1}{E}[\sigma_y - \mu(\sigma_z + \sigma_x)] \\ \varepsilon_z &= \frac{1}{E}[\sigma_z - \mu(\sigma_x + \sigma_y)]\end{aligned}\right\} \quad (8-23)$$

根据剪切胡克定律,在 xy, yz, zx 三个面内的切应变分别是

$$\left.\begin{aligned}\gamma_{xy} &= \frac{1}{G}\tau_{xy} \\ \gamma_{yz} &= \frac{1}{G}\tau_{yz} \\ \gamma_{zx} &= \frac{1}{G}\tau_{zx}\end{aligned}\right\} \quad (8-24)$$

公式(8-23)和(8-24)称作**广义胡克定律**。

当单元体为主单元体时,且使 x、y 和 z 的方向分别与 σ_1、σ_2 和 σ_3 的方向一致。这时

$$\sigma_x = \sigma_1, \quad \sigma_y = \sigma_2, \quad \sigma_z = \sigma_3, \quad \tau_{xy} = 0, \quad \tau_{yz} = 0, \quad \tau_{zx} = 0$$

代入公式(8-23)和(8-24),广义胡克定律化为

$$\left.\begin{aligned}\varepsilon_1 &= \frac{1}{E}[\sigma_1 - \mu(\sigma_2 + \sigma_3)] \\ \varepsilon_2 &= \frac{1}{E}[\sigma_2 - \mu(\sigma_3 + \sigma_1)] \\ \varepsilon_3 &= \frac{1}{E}[\sigma_3 - \mu(\sigma_1 + \sigma_2)]\end{aligned}\right\} \quad (8-25)$$

$$\gamma_{xy} = 0, \quad \gamma_{yz} = 0, \quad \gamma_{zx} = 0$$

上式表明,在三个坐标平面内的切应变皆等于零。根据主应变的定义,ε_1、ε_2 和 ε_3 就是主应变,即主应力的方向与主应变的方向重合。因为广义胡克定律建立在材料为各向同性、小变形且在线弹性范围的基础上,所以,以上关于主应力的方向与主应变的方向重合这一结论,同样也建立在此基础上。

8.7.2 体积应变及与应力的关系

图 8-17 所示的主单元体,边长分别是 dx、dy 和 dz。在三个互相垂直的面上有主应力 σ_1、σ_2 和 σ_3。变形前单元体的体积为

$$V = dx\,dy\,dz$$

变形后,三个棱边的长度变为

$$dx + \varepsilon_1 dx = (1 + \varepsilon_1) dx$$
$$dy + \varepsilon_2 dx = (1 + \varepsilon_2) dy$$
$$dz + \varepsilon_3 dx = (1 + \varepsilon_3) dz$$

由于是主单元体,单元体切应变为零,变形后三个棱边仍互相垂直,所以,变形后的体积为

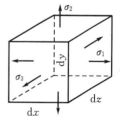

图 8-17

$$V_1 = (1+\varepsilon_1)(1+\varepsilon_2)(1+\varepsilon_3)\mathrm{d}x\mathrm{d}y\mathrm{d}z$$

将上式展开,略去含二阶以上微量的各项,得

$$V_1 = (1+\varepsilon_1+\varepsilon_2+\varepsilon_3)\mathrm{d}x\mathrm{d}y\mathrm{d}z$$

于是,单元体单位体积的改变为

$$\theta = \frac{V_1-V}{V} = \varepsilon_1+\varepsilon_2+\varepsilon_3$$

θ 称为体积应变,是一无量纲量。

将广义胡克定律(8-25)代入上式,得到以应力表示的体积应变

$$\theta = \varepsilon_1+\varepsilon_2+\varepsilon_3 = \frac{1-2\mu}{E}(\sigma_1+\sigma_2+\sigma_3) \tag{8-26}$$

将上式稍作变化,有

$$\theta = \frac{3(1-2\mu)}{E} \cdot \frac{(\sigma_1+\sigma_2+\sigma_3)}{3} = \frac{\sigma_\mathrm{m}}{K} \tag{8-27}$$

式中

$$K = \frac{E}{3(1-2\mu)}, \quad \sigma_\mathrm{m} = \frac{1}{3}(\sigma_1+\sigma_2+\sigma_3)$$

K 称为**体积弹性模量**,σ_m 是三个主应力的平均值,称为一点的**平均应力**。由公式(8-27)看出,体积应变 θ 只与平均应力 σ_m 有关,或者说只与三个主应力之和有关,而与三个主应力之间的比值无关。公式(8-27)还表明,**体积应变 θ 与平均应力 σ_m 成正比,这一关系称为体积胡克定律**。固体中一点的体积应变一般不为零,表明固体变形体积是可以改变的;除非材料的体积弹性模量 K 为无穷大,即材料的泊松比 $\mu=0.5$,这类材料变形时体积是不变的。

例 8-6 在一体积较大的钢块上开一个贯穿的槽,其宽度和深度都是 10 mm。在槽内紧密无隙地嵌入一铝质立方块,尺寸是 10 mm×10 mm×10 mm。假设钢块不变形,铝的弹性模量 $E=70$ GPa,$\mu=0.33$。当铝块受到压力 $P=6$ kN 时(图 8-18(a)),试求铝块的三个主应力及相应的应变。

解 ①铝块的受力分析。为分析方便,建立坐标系如图 8-18(b)所示,在 P 力作用下,铝块内水平面上的应力为

$$\sigma_y = -\frac{P}{A} = -\frac{6\times10^3}{10\times10\times10^{-6}} = -60\times10^6 \text{ Pa} = -60 \text{ MPa}$$

由于钢块不变形,它阻止了铝块在 x 方向的膨胀,所以,$\varepsilon_x=0$。铝块外法线为 z 的平面是自由表面,所以 $\sigma_z=0$。若不考虑钢槽与铝块之间的摩擦,从铝块中沿平行于三个坐标平面截取的单元体,各面上没有切应力。所以,这样截取的单元体是主单元体(图 8-18(b))。

②求主应力及主应变。根据上述分析,图(b)所示单元体的已知条件为

$$\sigma_y = -60 \text{ MPa}, \quad \sigma_z=0, \quad \varepsilon_x=0$$

将上述结果及 $E=70$ GPa,$\mu=0.33$ 代入公式(8-23)中

$$0 = \frac{1}{E}[\sigma_x - \mu(-60+0)]$$

$$\varepsilon_y = \frac{1}{E}[-60 - \mu(\sigma_x+0)]$$

第8章 应力及应变状态分析

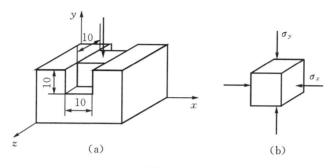

图 8-18

$$\varepsilon_z = \frac{1}{E}[0 - \mu(\sigma_x - 60)]$$

联解上述三个方程得

$$\sigma_x = -19.8 \text{ MPa}, \quad \varepsilon_y = -17.65 \times 10^{-4}, \quad \varepsilon_z = 3.76 \times 10^{-4}$$

即

$$\sigma_1 = \sigma_z = 0, \quad \sigma_2 = \sigma_x = -19.8 \text{ MPa}, \quad \sigma_3 = \sigma_y = -60 \text{ MPa}$$
$$\varepsilon_1 = \varepsilon_z = 3.76 \times 10^{-4}, \quad \varepsilon_2 = \varepsilon_x = 0, \quad \varepsilon_3 = \varepsilon_y = -7.65 \times 10^{-3}$$

例 8-7 将图 8-19(a)所示的应力状态分解成图(b)和图(c)两种应力状态。图中 $\sigma_1 = \sigma_1' + \sigma_m$,$\sigma_2 = \sigma_2' + \sigma_m$,$\sigma_3 = \sigma_3' + \sigma_m$,$\sigma_m = \frac{1}{3}(\sigma_1 + \sigma_2 + \sigma_3)$。试分别计算(b)、(c)两种应力状态的体积应变。

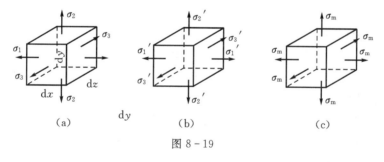

图 8-19

解 ① 图(b)所示应力状态的体积应变。图(b)中,$\sigma_1' = \sigma_1 - \sigma_m$,$\sigma_2' = \sigma_2 - \sigma_m$,$\sigma_3' = \sigma_3 - \sigma_m$,将其代入公式(8-25),得

$$\theta = \frac{1-2\mu}{E}[(\sigma_1 - \sigma_m) + (\sigma_2 - \sigma_m) + (\sigma_3 - \sigma_m)]$$
$$= \frac{1-2\mu}{E}(\sigma_1 + \sigma_2 + \sigma_3 - 3\sigma_m) = 0$$

所以图(b)所示应力状态,体积应变为零。一般情况下,$\sigma_1' \neq \sigma_2' \neq \sigma_3'$,所以,单元体三个互相垂直方向的线应变也互不相等。这说明此种应力状态的单元体,体积没有发生变化,但单元体的形状发生了变化。

② 图(c)所示应力状态的体积应变。图(c)中,三个主应力皆为 σ_m,将其代入公式

(8-27)得

$$\theta = \frac{1-2\mu}{E}(\sigma_m + \sigma_m + \sigma_m) = \frac{3(1-2\mu)}{E}\sigma_m = \frac{\sigma_m}{K}$$

上式结果即为公式(8-27),即图(c)所示的体积应变等于图(a)所示的体积应变。现再考虑图(c)所示单元体的三个主应变

$$\varepsilon_1 = \varepsilon_2 = \varepsilon_3 = \frac{1}{E}[\sigma_m - \mu(\sigma_m + \sigma_m)] = \frac{1-2\mu}{E}\sigma_m$$

设变形前,单元体的三个棱边长度之比为 $dx : dy : dz$,由于三个方向的应变相同,则变形后三个棱边的长度之比保持不变。所以,单元体变形前后的形状不变,只是体积发生改变。

8.8 复杂应力状态下的比能

8.8.1 拉压和纯剪切应力状态下的比能

固体变形时,作用在固体上的外力会做功,外力功转化为变形能储存在固体中。固体中单位体积储存的变形能称为**应变比能**或**应变能密度**,简称为**比能**。在轴向拉伸或压缩的单向应力状态下,当应力 σ 与应变 ε 满足线性关系时,不难得到外力功和应变能在数值上相等的关系,导出比能的计算公式为

$$u = \frac{1}{2}\sigma\varepsilon = \frac{\sigma^2}{2E} \tag{8-28a}$$

对于纯剪切应力状态,可以导出以切应力表示的比能为

$$u_1 = \frac{\tau^2}{2G} \tag{8-28b}$$

体积为 dV 的单元体的应变能

$$dU = u\,dV \tag{8-29}$$

本节将讨论在复杂应力状态下已知主应力 σ_1、σ_2 和 σ_3 时的比能。在此情况下,弹性体储存的应变能在数值仍与外力所作的功相等。但在计算应变能时,需要注意以下两点。

① 应变能的大小只决定于外力和变形的最终数值,而与加力次序无关。这是因为若应变能与加力次序有关,那么,按一个储存能量较多的次序加力,而按另一个储存能量较小的次序卸载,完成一个循环后,弹性体内将增加能量,显然,这与能量守恒原理相矛盾。

② 应变能的计算不能采用叠加原理。这是因为应变能与载荷不是线性关系,而是载荷的二次函数,从而不满足叠加原理的应用条件。

鉴于以上两点,对复杂应力状态的比能计算,我们选择一个便于计算比能的加力次序。为此,假定应力按 $\sigma_1 : \sigma_2 : \sigma_3$ 的比例同时从零增加到最终值,在线弹性情况下,每一主应力与相应的主应变之间仍保持线性关系,因而与每一主应力相应的比能仍可按 $u = \sigma\varepsilon/2$ 计算,于是,复杂应力状态下的比能是

$$u = \frac{1}{2}\sigma_1\varepsilon_1 + \frac{1}{2}\sigma_2\varepsilon_2 + \frac{1}{2}\sigma_3\varepsilon_3 \tag{8-30}$$

在公式(8-30)中,ε_1(或 ε_2、ε_3)是在主应力 σ_1、σ_2 和 σ_3 共同作用下产生的应变。将广义胡克定律(8-25)式代入上式,经过整理后得出

$$u = \frac{1}{2E}[\sigma_1^2 + \sigma_2^2 + \sigma_3^2 - 2\mu(\sigma_1\sigma_2 + \sigma_2\sigma_3 + \sigma_3\sigma_1)] \tag{8-31}$$

8.8.2 体积改变比能和形状改变比能

根据上节例 8.7 知道，单元体的变形一方面表现为体积的改变(图 8-19(c))，另一方面表现为形状的改变(图 8-19(b))。对于单元体的应变比能也可以认为是由以下两部分组成：①因单位体积改变而储存的比能 u_v，称作**体积改变比能**；②体积不变，只因形状改变而储存的比能 u_f，u_f 称作**形状改变比能**。因此

$$u = u_v + u_f \tag{8-32}$$

对于图 8-19(c)所示的应力状态(只发生体积改变)，将平均应力 σ_m 代入公式(8-31)，得到单元体的体积改变比能为

$$u_v = \frac{1}{2E}[3\sigma_m^2 - 2\mu(3\sigma_m^2)] = \frac{1-2\mu}{2E}3\sigma_m^2 \tag{8-33}$$

将 $\sigma_m = \frac{1}{3}(\sigma_1 + \sigma_2 + \sigma_3)$ 代入上式

$$u_v = \frac{1-2\mu}{6E}(\sigma_1 + \sigma_2 + \sigma_3)^2 \tag{8-34}$$

对于图 8-19(b)所示应力状态(只发生形状改变)，根据 $u = u_v + u_f$，又

$$u_f = u - u_v$$

将式(8-31)和式(8-34)代入上式，得

$$\begin{aligned} u_f &= \frac{1+\mu}{3E}(\sigma_1^2 + \sigma_2^2 + \sigma_3^2 - \sigma_1\sigma_2 - \sigma_2\sigma_3 - \sigma_3\sigma_1) \\ &= \frac{1+\mu}{6E}[(\sigma_1-\sigma_2)^2 + (\sigma_2-\sigma_3)^2 + (\sigma_3-\sigma_1)^2] \end{aligned} \tag{8-35}$$

考虑特殊情况，在单向应力状态下(例如：$\sigma_1 \neq 0$，$\sigma_2 = \sigma_3 = 0$)，单元体的形状改变比能为

$$u_f = \frac{1+\mu}{6E}(\sigma_1^2 + 0 + \sigma_1^2) = \frac{1+\mu}{3E}\sigma_1^2 \tag{8-36}$$

例 8-8 导出各向同性材料在线弹性范围内时的弹性常数 E、G、μ 之间的关系。

解 对于纯剪切应力状态，我们已经得出以切应力表示的比能为

$$u_1 = \frac{\tau^2}{2G}$$

另一方面对于纯剪切应力状态，单元体的三个主应力分别为 $\sigma_1 = \tau$，$\sigma_2 = 0$，$\sigma_3 = -\tau$。把主应力代入公式(8-31)，可算出比能为

$$u_2 = \frac{1}{2E}[\tau^2 + 0 + \tau^2 - 2\mu(0 + 0 - \tau^2)] = \frac{1+\mu}{E}\tau^2$$

按两种方式算出的比能同为纯剪切应力状态的比能。所以，$u_1 = u_2$，即

$$G = \frac{E}{2(1+\mu)}$$

习 题

8-1 木制构件中的微元受力如图所示,其中所示的角度为木纹方向与铅垂方向的夹角。试求:

(1)面内平行于木纹方向的切应力;

(2)垂直于木纹方向的正应力。

(答案:图(a):$\tau_{x'y'}=0.6$ MPa,$\sigma_{x'}=-3.84$ MPa;

图(b):$\tau_{x'y'}=-1.08$ MPa,$\sigma_{x'}=-0.625$ MPa)

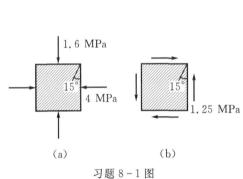

习题 8-1 图

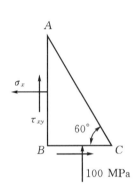

习题 8-2 图

8-2 从构件中取出的微元受力如图所示,其中 AC 为自由表面(无外力作用)。试求 σ_x 和 τ_{xy}。

(答案:$\sigma_x=-33.3$ MPa,$\tau_{xy}=-\tau_{yx}=-57.7$ MPa)

8-3 试确定图示应力状态中的最大正应力和最大切应力。图中应力的单位为 MPa。

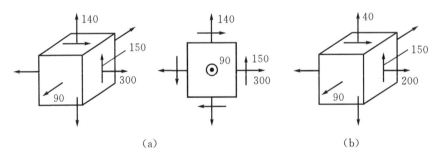

习题 8-3 图

(答案:图(a):$\sigma_1=390$ MPa,$\sigma_2=90$ MPa,$\sigma_3=50$ MPa,$\tau_{max}=170$ MPa

图(b):$\sigma_1=290$ MPa,$\sigma_2=-50$ MPa,$\sigma_3=-90$ MPa,$\tau_{max}=190$ MPa)

8-4 试从图示各构件中 A 点和 B 点处取出单元体,并表明单元体各面上的应力。

(答案:图(a):$\sigma_A=-\dfrac{4F}{\pi d^2}$;图(b):$\tau_A=79.618$ MPa;

图(c):$\tau_A=-0.417$ MPa,$\sigma_B=2.083$ MPa,$\tau_B=-0.312$ MPa;

图(d)：$\sigma_A = 50.064$ MPa，$\tau_A = 50.064$ MPa)

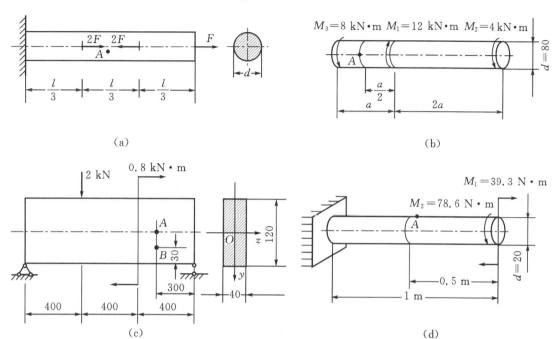

习题 8-4 图

8-5 图示外径为 300 mm 的钢管由厚度为 8 mm 的钢带沿 20°角的螺旋线卷曲焊接而成。试求下列情形下，焊缝上沿焊缝方向的切应力和垂直于焊缝方向的正应力。

(1) 只承受轴向载荷 $F_P = 250$ kN；
(2) 只承受内压 $p = 5.0$ MPa（两端封闭）；
(3) 同时承受轴向载荷 $F_P = 250$ kN 和内压 $p = 5.0$ MPa（两端封闭）。

(答案：(1) $\sigma_x = 34.07$ MPa，$\sigma_{x'} = -30.09$ MPa，$\tau_{x'y'} = -10.95$ MPa；

(2) $\sigma_x = 45.63$ MPa，$\sigma_y = 91.25$ MPa，$\sigma_{x'} = 50.97$ MPa，$\tau_{x'y'} = -14.66$ MPa；

(3) $\sigma_x = 11.56$ MPa，$\sigma_y = 91.25$ MPa，$\sigma_{x'} = 20.88$ MPa，$\tau_{x'y'} = -25.6$ MPa)

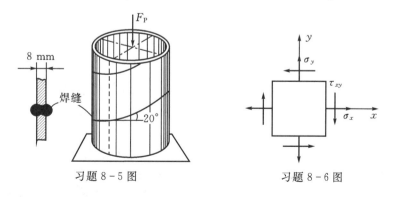

习题 8-5 图   习题 8-6 图

8-6 结构中某一点处的应力状态如图所示。

(1) 当 $\tau_{xy} = 0$，$\sigma_x = 200$ MPa，$\sigma_y = 100$ MPa 时，测得由 σ_x、σ_y 引起的 x、y 方向的正应变

分别为 $\varepsilon_x=2.42\times10^{-3}$，$\varepsilon_y=0.49\times10^{-3}$。求结构材料的弹性模量 E 和泊松比 ν 的数值。

（2）在上述所示的 E、ν 值条件下，当切应力 $\tau_{xy}=80$ MPa，$\sigma_x=200$ MPa，$\sigma_y=100$ MPa 时，求 γ_{xy}。

（答案：(1) $\nu=\dfrac{1}{3}$，$E=68.7$ GPa；(2) $\gamma_{xy}=3.1\times10^{-3}$）

8-7　对于一般平面应力状态，已知材料的弹性常数 E、ν，且由实验测得 ε_x 和 ε_y。试证明：

$$\sigma_x=E\frac{\varepsilon_x+\nu\varepsilon_y}{1-\nu^2}$$

$$\sigma_y=E\frac{\varepsilon_y+\nu\varepsilon_x}{1-\nu^2}$$

$$\varepsilon_z=-\frac{\nu}{1-\nu}(\varepsilon_x+\varepsilon_y)$$

8-8　液压缸及柱形活塞的纵剖面如前文中图 8-4 所示。缸体材料为钢，$E=205$ GPa，$\nu=0.30$。试求当内压 $p=10$ MPa 时，液压缸内径的改变量。

（答案：$\Delta D=2.65\times10^{-2}$ mm）

8-9　试求图(a)中所示的纯切应力状态旋转 $45°$ 后各面上的应力分量，并将其标于图(b)中。然后，应用一般应力状态应变能密度的表达式：

$$v_\varepsilon=\frac{1}{2E}[\sigma_x^2+\sigma_y^2+\sigma_z^2-2\nu(\sigma_x\sigma_y+\sigma_y\sigma_z+\sigma_z\sigma_x)]+\frac{1}{2G}(\tau_{xy}^2+\tau_{yz}^2+\tau_{zx}^2)$$

分别计算图(a)和(b)两种情形下的应变比能，并令二者相等，从而证明：

$$G=\frac{E}{2(1+\nu)}$$

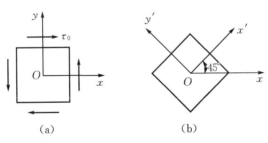

习题 8-9 图

8-10　有一拉伸试样，横截面为 40 mm×5 mm 的矩形。在与轴线成 $\alpha=45°$ 角的面上切应力 $\tau=150$ MPa 时，试样上将出现滑移线。试求试样所受的轴向拉力 F。

（答案：$F=60$ kN）

8-11　一拉杆由两段沿 m-n 面胶合而成。由于实用的原因，图中的 α 角限于 $0\sim60°$ 范围内。作为"假定计算"，对胶合缝作强度计算时，可以把其上的正应力和切应力分别与相应的许用应力比较。现设胶合缝的许用切应力 $[\tau]$ 为许用拉应力 $[\sigma]$ 的 3/4，且这一拉杆的强度由胶合缝强度控制。为了使杆能承受最大的荷载 F，试问 α 角的值应取多大？

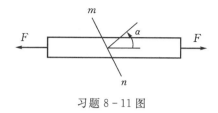

习题 8-11 图

8-12 若上题中拉杆胶合缝的许用应力 $[\tau]=0.5[\sigma]$,而 $[\tau]=7$ MPa,$[\sigma]=14$ MPa,则 α 值应取多大?若杆的横截面面积为 1000 mm², 试确定其最大许可荷载。

(答案:当 $\alpha=60°$ 时,最大荷载 $F_{\max}=17.5$ kN)

8-13 试根据相应的应力圆上的关系,写出图示单元体任一斜面 $m-n$ 上正应力及切应力的计算公式。设截面 $m-n$ 的法线与 x 轴成 α 角如图所示(作图时可设 $|\sigma_y|>|\sigma_x|$)。

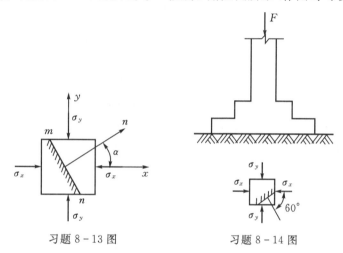

习题 8-13 图   习题 8-14 图

8-14 某建筑物地基中的一单元体如图所示,其中 $\sigma_y=-0.2$ MPa(压应力),$\sigma_x=-0.05$ MPa(压应力)。试用应力圆求法线与 x 轴成顺时针 60°夹角且垂直于纸面的斜面上的正应力及切应力。

(答案:$\sigma_{-60°}=-0.1625$ MPa,$\tau_{-60°}=-0.065$ MPa)

8-15 试用应力圆的几何关系求图示悬臂梁距离自由端为 0.72 m 的截面上,在顶面以下 40 mm 的一点处的最大及最小主应力,并求最大主应力与 x 轴之间的夹角。

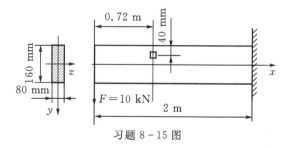

习题 8-15 图

(答案:$\sigma_1=10.66$ MPa,$\sigma_3=-0.06$ MPa,$\alpha_0=4.75°$)

8-16 各单元体面上的应力如图所示。试利用应力圆的几何关系求:
(1)指定截面上的应力;
(2)主应力的数值;
(3)在单元体上绘出主平面的位置及主应力的方向。

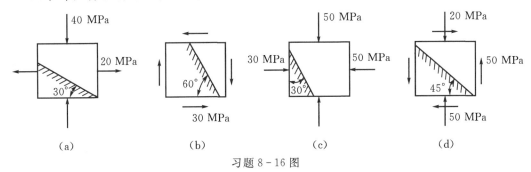

习题 8-16 图

(答案:图(a):$\sigma_{120°}=-25$ MPa,$\tau_{120°}=26$ MPa;$\sigma_1=20$ MPa,$\sigma_3=-40$ MPa;$\alpha_0=0°$;
图(b):$\sigma_{60°}=-26$ MPa,$\tau_{60°}=15$ MPa;$\sigma_1=30$ MPa,$\sigma_3=-30$ MPa;$\alpha_0=-45°$;
图(c):$\sigma_{60°}=-50$ MPa,$\tau_{60°}=0$;$\sigma_2=-50$ MPa,$\sigma_3=-50$ MPa;
图(d):$\sigma_{45°}=40$ MPa,$\tau_{45°}=10$;$\sigma_1=41$ MPa,$\sigma_3=-61$ MPa;$\alpha_0=39°35'$。)

8-17 各单元体如图所示。试利用应力圆的几何关系,求:
(1)主应力的数值;
(2)在单元体上绘出主平面的位置及主应力的方向。
(答案:图(a):$\sigma_1=160.5$ MPa,$\sigma_3=-30.5$ MPa;$\alpha_0=-23°56'$;
图(b):$\sigma_1=36.0$ MPa,$\sigma_3=-176$ MPa;$\alpha_0=65.6°$;
图(c):$\sigma_2=-16.25$ MPa,$\sigma_3=-53.75$ MPa;$\alpha_0=16.1°$;
图(d):$\sigma_1=170$ MPa,$\sigma_2=70$ MPa,$\alpha_0=-71.6°$)

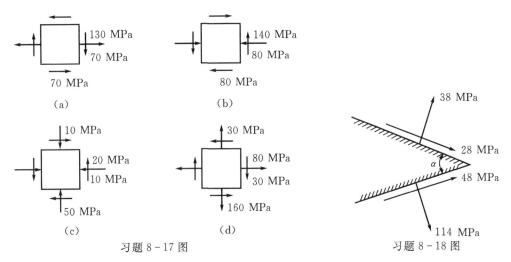

习题 8-17 图   习题 8-18 图

8-18 已知平面应力状态下某点处的两个截面的应力如图所示。试利用应力圆求该点处的主应力值和主平面方位,并求出两截面间的夹角 α 值。

(答案：$\sigma_1 = 141.57$ MPa，$\sigma_2 = 30.43$ MPa；$\alpha_1 = -74.87°$（上斜面 A 与最大主应力平面之间的夹角），$\alpha_2 = 15.13°$；两截面间夹角：$\alpha = 75.26°$）

8-19　一焊接钢板梁的尺寸及受力情况如图所示，梁的自重略去不计。试示 $m-m$ 上 a,b,c 三点处的主应力。

(答案：a 点 $\sigma_a = 212.390$ MPa；b 点 $\sigma_1 = 210.64$ MPa，$\sigma_3 = -17.56$ MPa；
　　　c 点 $\sigma_1 = 84.956$ MPa，$\sigma_3 = -84.956$ MPa)

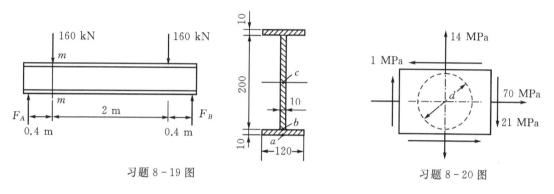

习题 8-19 图　　　　　　　　　　　习题 8-20 图

8-20　在一块钢板上先画上直径 $d = 300$ mm 的圆，然后在板上加上应力，如图所示。试问所画的圆将变成何种图形？并计算其尺寸。已知钢板的弹性模量 $E = 206$ GPa，$\nu = 0.28$。

8-21　已知一受力构件表面上某点处的 $\sigma_x = 80$ MPa，$\sigma_y = -160$ MPa，$\sigma_z = 0$，单元体的三个面上都没有切应力。试求该点处的最大正应力和最大切应力。

(答案：$\sigma_1 = \sigma_x = 80$ MPa，$\sigma_3 = \sigma_y = -160$ MPa，$\tau_{max} = 120$ MPa)

8-22　单元体各面上的应力如图所示。试用应力圆的几何关系求主应力及最大切应力。

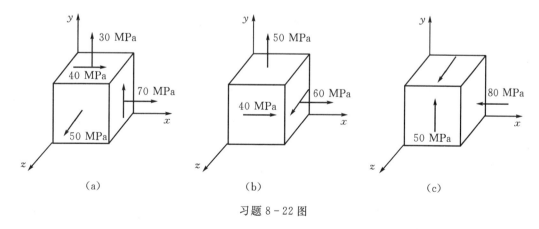

习题 8-22 图

(答案：图(a)：$\sigma_1 = 94.7$ MPa，$\sigma_2 = 50$ MPa，$\sigma_3 = 5.3$ MPa，$\tau_{max} = 44.7$ MPa；
　　　图(b)：$\sigma_1 = 80$ MPa，$\sigma_2 = 50$ MPa，$\sigma_3 = -20$ MPa，$\tau_{max} = 50$ MPa；
　　　图(c)：$\sigma_1 = 50$ MPa，$\sigma_2 = -50$ MPa，$\sigma_3 = -80$ MPa，$\tau_{max} = 65$ MPa)

8-23 已知一点处应力状态的应力圆如图所示。试用单元体示出该点处的应力状态，并在该单元体上绘出应力圆上 A 点所代表的截面。

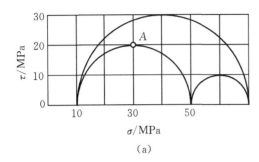
(a)

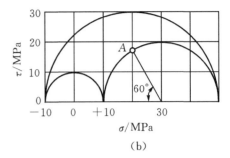
(b)

习题 8-23 图

8-24 有一厚度为 6 mm 的钢板，在两个垂直方向受拉，拉应力分别为 150 MPa 及 55 MPa。钢材的弹性常数为 $E=210$ GPa，$\nu=0.25$。试求钢板厚度的减小值。

(答案：$\Delta\delta=1.464\times 10^{-3}$ mm)

8-25 边长为 20 mm 的钢立方体置于钢模中，在顶面上均匀地受力 $F=14$ kN 作用。已知 $\nu=0.3$，假设钢模的变形以及立方体与钢模之间的摩擦力可略去不计。试求立方体各个面上的正应力。

(答案：$\sigma_y=-35$ MPa，$\sigma_x=\sigma_z=-15$ MPa)

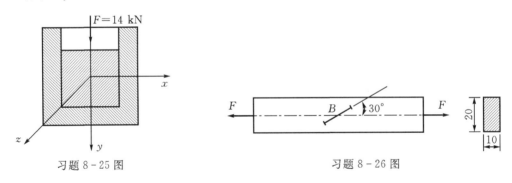

习题 8-25 图   习题 8-26 图

8-26 在矩形截面钢拉伸试样的轴向拉力 $F=20$ kN 时，测得试样中段 B 点处与其轴线成 30°方向的线应变为 $\varepsilon_{30°}=3.25\times 10^{-4}$。已知材料的弹性模量 $E=210$ GPa，试求泊松比 ν。

(答案：$\nu=0.27$)

8-27 $D=120$ mm，$d=80$ mm 的空心圆轴，两端承受一对扭转力偶矩 M_e，如图所示。

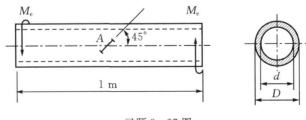

习题 8-27 图

在轴的中部表面 A 点处,测得与其母线成45°方向的线应变为 $\varepsilon_{45°}=2.6\times10^{-4}$。已知材料的弹性常数 $E=200$ GPa,$\nu=0.3$,试求扭转力偶矩 M_e。

(答案:$M_e=10.9$ kN·m)

8-28 在受集中力偶 M_e 作用矩形截面简支梁中,测得中性层上 K 点处沿45°方向的线应变为 $\varepsilon_{45°}$。已知材料的弹性常数 E,ν 和梁的横截面及长度尺寸 b,h,a,d,l。试求集中力偶矩 M_e。

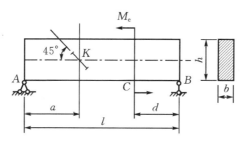

习题 8-28 图

(答案:$M_e=\dfrac{2Ebhl}{3(1+\nu)}\varepsilon_{45°}$)

8-29 一直径为 25 mm 的实心钢球承受静水压力,压强为 14 MPa。设钢球的弹性常数 $E=210$ GPa,$\nu=0.3$。试问其体积减小多少?

(答案:$\Delta V=0.654$ mm³)

8-30 已知图示单元体材料的弹性常数 $E=200$ GPa,$\nu=0.3$。试求该单元体的形状改变能密度。

(答案:$u_f=0.013$ MPa)

8-31 内径 $D=60$ mm、壁厚 $\delta=1.5$ mm、两端封闭的薄壁圆筒,用来做内压力和扭转联合作用的试验。要求内压力引起的最大正应力值等于扭转力偶矩所引起的横截面切应力值的 2 倍。当内压力 $p=10$ MPa 时,筒壁的材料出现屈服现象,试求筒壁中的最大切应力及形状改变能密度。已知材料的弹性常数 $E=210$ GPa,$\nu=0.3$。

(答案:$\tau_{max}=130.90$ MPa,$u_f=0.124$ MPa)

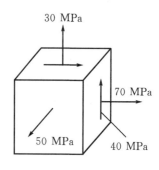

习题 8-30 图

第9章 强度理论

9.1 基本变形时构件的强度条件

基本变形的强度条件建立在实验的基础上。例如杆件轴向拉、压时,材料处于单向应力状态,它的强度条件为

$$\sigma_{\max}=\frac{F_N}{A}\leqslant[\sigma]$$

式中,材料的许用应力$[\sigma]$是直接通过拉伸实验测出材料的失效应力再除以安全系数n获得的。圆轴扭转时,材料处于纯剪切应力状态,它的强度条件为

$$\tau_{\max}=\frac{T_{\max}}{W_t}\leqslant[\tau]$$

式中许用应力$[\tau]$也是直接通过扭转实验测出材料的失效应力再除以安全系数n获得的。

至于横力弯曲时,弯曲正应力和弯曲切应力的强度条件之所以可以分别表示为

$$\sigma_{\max}=\frac{M_{\max}}{W}\leqslant[\sigma], \quad \tau_{\max}=\frac{F_{s,\max}S_{z,\max}^*}{I_z b}\leqslant[\tau]$$

是由于弯曲正应力的危险点和弯曲切应力的危险点分别是单向应力状态和纯剪切应力状态。故横力弯曲时的强度条件仍以实验为基础。

9.2 复杂应力状态下强度条件的提出

复杂应力状态下材料的许用应力测定,需要进行复杂应力状态的实验,要比单向拉伸或压缩实验困难得多。常用的方法是把材料加工成薄壁圆筒加上封头(图9-1),在内压力p作用下,筒壁为二向应力状态。如再配以轴向拉力P,可使两个主应力之比等于各种预定的数值。除此之外,有时还在筒壁两端作用扭转力偶矩,这样还可得到更普遍的情况。尽管如此,也不能说,利用这种方法可以获得任意的二向应力状态(例如周向应力为压应力的情况)。此外,虽还有一些实现复杂应力状态的其他实验方法,但完全实现实际中遇到的各种

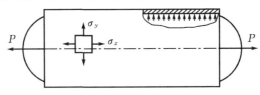

图9-1

复杂应力状态,并不容易。

复杂应力状态下单元体的三个主应力可以具有任意的比值 $\sigma_1:\sigma_2:\sigma_3$。在某一种比值下得出的实验结果对于其他比值的情况并不适用。因此,由实验来确定失效状态,建立强度条件,则必须对各种应力比值一一进行实验,测定各种应力状态下的许用应力,然后建立强度条件。因此,这种方法是行不通的。

如上所述,不能直接由实验的方法来建立复杂应力状态下的强度条件。因此,解决这类问题,就出现了以失效的形式分析,提出材料失效原因的假说,而建立强度条件的理论。

不同材料的失效形式是不同的。对于塑性材料,如低碳钢,以发生屈服,出现塑性变形作为失效的标志,相应的失效应力为 σ_s(轴向拉、压)或 τ_s(圆轴扭转)。对于脆性材料,则是以断裂作为标志,相应的失效应力为 σ_b(轴向拉、压)或 τ_b(圆轴扭转)。对于复杂应力状态,材料的失效现象虽然比较复杂,但是,因强度不足引起的失效现象仍然可以分为两类,一是屈服,二是断裂。同时,衡量危险点受力和变形的量又有应力($\sigma_1,\sigma_2,\sigma_3$ 和 τ_{max}),应变($\varepsilon_1, \varepsilon_2, \varepsilon_3$ 和 γ_{max})和比能(u_v, u_f)。因此,某种材料以某种形式失效(屈服或断裂)与以上提到的应力、应变和比能这些因素中的一个或几个因素有关。

人们在长期的生产实践中,综合分析材料的失效现象,提出了关于失效的各种不同的假说。各种假说尽管各有差异,但它们都认为:材料之所以按某种方式失效(屈服或断裂),是由于应力、应变或比能等诸因素中的某一因素引起的。按照这种假说,无论单向或复杂应力状态,造成某种材料失效的原因是相同的,即引起失效的因素是相同的,且数值是相等的。通常也就把这类假说称为强度理论。

由于轴向拉、压的实验最容易实现,且又能获得失效时的应力、应变和比能等数值,所以,利用强度理论便可由简单应力状态的实验结果,来建立复杂应力状态的强度条件。

既然强度理论是一种假说,因此,它的正确与否,在什么情况下适用,必须通过实践来检验。

9.3 常用的四种强度理论

本节介绍的常用的四种强度理论和莫尔强度理论都是在常温、静载荷下,适用于均匀、连续、各向同性的材料。

强度失效的形式主要有两种,即屈服与断裂。故强度理论相应也分成两类:一类是解释断裂失效的,其中有最大拉应力理论和最大伸长线应变理论。另一类是解释屈服失效的,其中有最大切应力理论和形状改变比能理论。

9.3.1 第一强度理论(最大拉应力理论)

这一理论认为:不论材料处在什么应力状态,引起材料发生脆性断裂的原因是最大拉应力 $\sigma_{max}=\sigma_1>0$ 达到了某个极限值 σ_u。

根据这一理论,可利用单向拉伸实验结果建立复杂应力状态下的强度计算准则。如果在单向拉伸的情况下,横截面上的拉应力达到 σ_u 时(单向拉伸时,横截面上的拉应力即为单向应力状态中的最大拉应力),材料发生断裂,那么,根据上述理论即可预测:在复杂应力状态下,当单元体内的最大拉应力 $\sigma_{max}=\sigma_1$ 增大到同样的 σ_u 时,也会发生脆性断裂。即断裂

准则为
$$\sigma_1 = \sigma_u$$
脆性材料轴向拉伸断裂时,$\sigma_u = \sigma_b$,同时考虑到一定的安全储备,根据这一强度理论建立的**强度条件**为
$$\sigma_1 \leqslant \frac{\sigma_u}{n} = \frac{\sigma_b}{n} = [\sigma] \tag{9-1}$$
式中 σ_1 为第一主应力,且必须是拉应力。

利用第一强度理论可以很好地解释铸铁等脆性材料在轴向拉伸和扭转时的破坏情况。铸铁在单向拉伸下,沿最大拉应力所在的横截面发生断裂,在扭转时,沿最大拉应力所在的斜截面(与轴线成 45°)发生断裂。这些都与最大拉应力理论相一致。但是,这一理论没有考虑其他两个主应力对强度的影响,且对于没有拉应力的应力状态(如单向压缩、三向压缩等)也无法解释。

9.3.2 第二强度理论(最大伸长线应变理论)

这一理论认为,不论材料处在什么应力状态,引起材料发生脆性断裂的原因是由于最大拉应变 $\varepsilon_{max} = \varepsilon_1 > 0$ 达到了某个极限值 ε_u。

根据这一理论,便可利用单向拉伸时的实验结果来建立复杂应力状态下的强度计算准则。在单向拉伸时,最大伸长线应变的方向为轴线方向。材料发生脆性断裂时,失效应力为强度极限 σ_b,则在断裂时轴线方向的线应变(最大伸长线应变)为 $\varepsilon_u = \sigma_b/E$。那么,根据这一强度理论可以预测:在复杂应力状态下,当单元体的最大伸长线应变 $\varepsilon_{max} = \varepsilon_1$ 也增大到 ε_u 时,材料就发生脆性断裂。于是,这一理论的断裂准则为
$$\varepsilon_1 = \varepsilon_u = \frac{\sigma_b}{E}$$
对于复杂应力状态,可由广义胡克定律公式(8-25)求得
$$\varepsilon_1 = \frac{1}{E}[\sigma_1 - \mu(\sigma_2 + \sigma_3)]$$
于是,这一理论的**强度条件**为
$$\sigma_1 - \mu(\sigma_2 + \sigma_3) \leqslant [\sigma] \tag{9-2}$$

这一强度理论与石料、混凝土等脆性材料的轴向压缩实验结果相符合,如图 9-2 所示。这些材料在轴向压缩时,如在试验机与试块的接触面上加添润滑剂,以减小摩擦力的影响,试块中垂直于压力的方向即 ε_1 的方向。裂开的断面法线方向就是 ε_1 的方向,即断面平行于压力。铸铁在拉、压二向应力,且压应力较大的情况下,试验结果也与这一理论接近。但是,对于二向受压状态(试块压力垂直的方向上再加压力),这时的 ε_1 与单向受力时不同,强度也应不同。但混凝土、石料的实验结果却表明,两种受力情况的强度并无明显的差别。与此相似,按照这一理论,铸铁在二向拉伸时应比单向拉伸安全,但这一结论与实验结果并不完全符合。

图 9-2

9.3.3 第三强度理论(最大切应力理论)

这一理论认为:不论材料处在什么应力状态,材料发生屈服的原因是由于最大的切应力 $\tau_{\max}$ 达到了某个极限值 τ_u。

根据这一理论,在单向应力状态下引起材料屈服的原因是 45°斜截面上的最大切应力 $\tau_{\max}=\sigma/2$ 达到了极限数值 $\tau_u=\sigma_s/2$,即此时

$$\tau_{\max}=\frac{\sigma_s}{2}=\tau_u$$

因此,当复杂应力状态下的最大切应力达到此极限值时,也发生屈服。

三向应力状态下的最大切应力为 $\tau_{\max}=(\sigma_1-\sigma_3)/2$,代入上式,简化后得到这一理论的屈服准则为

$$\sigma_1-\sigma_3=\sigma_s$$

因此,这一强度理论的**强度条件**为

$$\sigma_1-\sigma_3\leqslant[\sigma] \tag{9-3}$$

最大切应力屈服准则可以几何的方式表达。二向应力状态下,如以 σ_1 和 σ_2 表示两个主应力,且设 σ_1 和 σ_2 都可以表示最大或最小应力,当 σ_1 和 σ_2 符号相同时,最大切应力为 $\frac{|\sigma_1|}{2}$ 或 $\frac{|\sigma_2|}{2}$。于是最大切应力屈服准则为

$$|\sigma_1|=\sigma_s \quad \text{或} \quad |\sigma_2|=\sigma_s$$

在以 σ_1 和 σ_2 为坐标轴的平面坐标系中(图 9-3),σ_1 和 σ_2 符号相同时应在第一和第三象限。以上两式就是与坐标轴平行的直线。当 σ_1 和 σ_2 符号不同时,最大切应力是 $\frac{|\sigma_1-\sigma_2|}{2}$,屈服准则化为

$$|\sigma_1-\sigma_2|=\sigma_s$$

这是第二和第四象限的两条斜直线,所以在 σ_1-σ_2 平面中,最大切应力屈服准则是一个六边形。若代表某个二向应力状态的 M 点在六边形区域之内,则这一应力状态不会引起屈服,材料处于弹性状态。若 M 点在区域的边界上,则它所代表的应力状态恰足以使材料开始屈服。

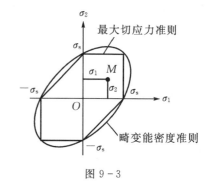

图 9-3

最大切应力理论较为满意地解释了塑性材料的屈服现象。低碳钢拉伸时在与轴线成 45°的斜截面上切应力最大,也正是沿这些平面的方向出现滑移线,表明这是材料内部沿这一方向滑移的痕迹。沿这一方向斜面上的切应力也恰为最大值。二向应力状态下,几种塑性材料的薄壁圆筒实验结果表示于图 9-4 中,图中以 $\frac{|\sigma_1|}{\sigma_s}$ 和 $\frac{|\sigma_2|}{\sigma_s}$ 为坐标。可以看出,最大切应力屈服准则与实验结果比较吻合。

这一理论既解释了材料出现塑性变形的现象,且又形式简单,概念明确,在机械工程中得到

了广泛的应用。但是，这一理论忽略了中间主应力 σ_2 的影响，且计算的结果与实验相比，偏于保守。

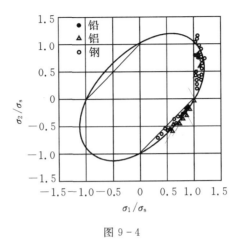

图 9-4

9.3.4 第四强度理论(形状改变比能理论)

这一理论认为：不论材料处在什么应力状态，材料发生屈服的原因是由于形状改变比能 (u_f) 达到了某个极限值 (u_f^0)。

根据公式(8-36)知，单向拉伸时形状改变比能为

$$u_f = \frac{1+\mu}{3E}\sigma_1^2$$

当工作应力达到时 σ_s，材料发生屈服，此时的形状改变比能为

$$u_f^0 = \frac{1+\mu}{3E}\sigma_s^2$$

那么，按照这一理论，复杂应力状态的形状改变比能 u_f 达到这一极限值 $\frac{1+\mu}{3E}\sigma_s^2$ 时，材料发生屈服，即

$$u_f = \frac{1+\mu}{3E}\sigma_s^2$$

根据公式(8-35)，复杂应力状态的形状改变比能为

$$u_f = \frac{1+\mu}{6E}[(\sigma_1-\sigma_2)^2+(\sigma_2-\sigma_3)^2+(\sigma_3-\sigma_1)^2]$$

将此结果代入上式，得到这一理论的屈服准则为

$$\frac{1+\mu}{6E}[(\sigma_1-\sigma_2)^2+(\sigma_2-\sigma_3)^2+(\sigma_3-\sigma_1)^2]=\frac{1+\mu}{3E}\sigma_s^2$$

化简后有

$$\sqrt{\frac{1}{2}[(\sigma_1-\sigma_2)^2+(\sigma_2-\sigma_3)^2+(\sigma_3-\sigma_1)^2]}=\sigma_s$$

因此，这一理论的**强度条件**为

$$\sqrt{\frac{1}{2}[(\sigma_1-\sigma_2)^2+(\sigma_2-\sigma_3)^2+(\sigma_3-\sigma_1)^2]} \leqslant [\sigma] \qquad (9-4)$$

考虑到(9-4)式中 $\sigma_1-\sigma_2,\sigma_2-\sigma_3,\sigma_3-\sigma_1$ 分别为三个为主切应力的两倍,因此,第四强度理论既突出了最大主切应力对塑性屈服的作用,又适当考虑了其他两个主切应力的影响,根据几种塑性材料(钢、铜、铝)的薄管试验资料,表明第四强度理论比第三强度理论更符合实验结果。此准则也称为米泽斯(Mises)屈服准则,由于机械、动力行业遇到的载荷往往较不稳定,因而较多地采用偏于安全的第三强度理论;土建行业的载荷往往较为稳定,因而较多地采用第四强度理论。

在纯剪切下,按第三强度理论和第四强度理论的计算结果差别最大,这时,由第三强度理论的屈服条件得出的结果比第四强度理论的计算结果大 15%。

9.3.5 四个强度理论的应用

综合上述讨论,四个强度理论的强度条件可概括写成统一的形式
$$\sigma_r \leqslant [\sigma] \qquad (9-5)$$
σ_r 称为**相当应力**。四个强度理论的相当应力分别为

$$\left.\begin{array}{l}\sigma_{r1}=\sigma_1\\ \sigma_{r2}=\sigma_1-\mu(\sigma_2+\sigma_3)\\ \sigma_{r3}=\sigma_1-\sigma_3\\ \sigma_{r4}=\sqrt{\frac{1}{2}[(\sigma_1-\sigma_2)^2+(\sigma_2-\sigma_3)^2+(\sigma_3-\sigma_1)^2]}\end{array}\right\} \qquad (9-6)$$

相当应力是危险点的三个主应力按一定形式组合的折算应力,并非是真实的应力。

第一、第二强度理论是解释断裂失效的强度理论,第三、第四强度理论是解释屈服失效的强度理论。因为一般情况下,脆性材料常发生断裂失效,故常用第一、第二强度理论,而塑性材料常发生屈服失效,所以,常采用第三和第四强度理论。应当指出的是:材料强度失效的形式虽然与材料本身性质有关,但它同时又与应力状态有关,即同一种材料,在不同的应力状态下,失效的形式有可能不同,由此在选择强度理论时也应不同对待。例如,三向拉伸且三个主应力数值接近时,则不论是脆性材料还是塑性材料,均以断裂的形式失效。故这时宜采用第一或第二强度理论。当三向压缩且三个主应力数值接近时,则不论是脆性材料还是塑性材料,均以屈服的形式失效,故宜采用第三或第四强度理论。

例 9-1 试按第三和第四强度理论建立图 9-5 所示应力状态的强度条件。

解 ①求主应力。图 9-2 所示应力状态的主应力已在上章例 8-4 中求出,即

$$\left.\begin{array}{l}\sigma_1\\ \sigma_3\end{array}\right\}=\frac{\sigma}{2}\pm\sqrt{\left(\frac{\sigma}{2}\right)^2+\tau^2}, \quad \sigma_2=0$$

②求相当应力 σ_r。将以上主应力分别代入公式(9-6)中的第三和第四式

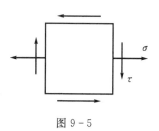

图 9-5

$$\sigma_{r3} = \sigma_1 - \sigma_3 = \frac{\sigma}{2} + \sqrt{\left(\frac{\sigma}{2}\right)^2 + \tau^2} - \left[\frac{\sigma}{2} - \sqrt{\left(\frac{\sigma}{2}\right)^2 + \tau^2}\right]$$

$$= \sqrt{\sigma^2 + 4\tau^2}$$

$$\sigma_{r4} = \sqrt{\frac{1}{2}[(\sigma_1 - \sigma_2)^2 + (\sigma_2 - \sigma_3)^2 + (\sigma_3 - \sigma_1)^2]}$$

$$= \sqrt{\sigma^2 + 3\tau^2}$$

③强度条件。这种应力状态的第三和第四强度理论的强度条件为

$$\sigma_{r3} = \sqrt{\sigma^2 + 4\tau^2} \leqslant [\sigma], \quad \sigma_{r4} = \sqrt{\sigma^2 + 3\tau^2} \leqslant [\sigma]$$

在横力弯曲、弯扭组合变形及拉（压）扭组合变形中，危险点就是此种应力状态，会经常要用本例的结果。

例 9-2 对于图 9-6 所示单元体，试分别按第一、二、三、四强度理论求相当应力。设 $\nu = 0.3$。

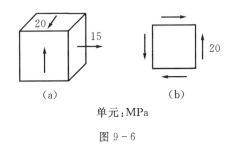

单元：MPa

图 9-6

解 对于图示应力状态，已知 $\sigma_x = 15$ MPa 为主应力，其他两个主应力则可由纯剪切应力状态 $\tau = 20$ MPa（参见例 8-1）确定图(b)。其主应力为

$$\sigma_1 = 20 \text{ MPa}, \quad \sigma_3 = -20 \text{ MPa}$$

四个强度理论的相当应力为

$$\sigma_{r1} = \sigma_1 = 20 \text{ MPa}$$

$$\sigma_{r2} = \sigma_1 - \mu(\sigma_2 + \sigma_3) = 18.5 \text{ MPa}$$

$$\sigma_{r3} = \sigma - \sigma_3 = 40 \text{ MPa}$$

$$\sigma_{r4} = \sqrt{\frac{1}{2}[(\sigma_1 - \sigma_2)^2 + (\sigma_2 - \sigma_3)^2 + (\sigma_3 - \sigma_1)^2]} = 37.75 \text{ MPa}$$

9.4* 莫尔强度理论

9.4.1 莫尔强度理论简介

第三强度理论认为：引起材料屈服的主要因素是最大切应力。而莫尔（O.mohr）强度理论认为：引起材料失效的主要因素是切应力，但同时还应考虑这个切应力所在截面上的正应力的影响。

图 9-7(a)所示的主单元体，各面上有主应力 σ_1、σ_2 和 σ_3。根据主应力作出单元体的三向应力圆（图 9-7(b)）。单元体任一斜面上的应力由阴影范围内的某一点坐标来代表。作

垂直于 $O\sigma$ 轴的直线 DEF，在直线 EF 上的点，正应力相同，而 F 点的纵坐标（切应力）为最大值。所以，在直线 EF 诸点对应的截面中，F 点对应的截面最为危险。由于 F 点在由 σ_1、σ_3 确定的应力圆上，因此可以推论，若发生强度失效，则发生滑移或断裂的面将是由 σ_1、σ_3 确定的应力圆所对应的诸面中的某个截面，即这个截面的法线与 σ_2 轴垂直。因而在莫尔理论中认为，材料是否失效取决于三向应力圆中的最大应力圆，即假设中间主应力 σ_2 不影响材料的强度。莫尔强度理论失效准则的建立，以实验为基础。对于某一种材料的单元体，作用不同比值的主应力 σ_1、σ_2 和 σ_3。先指定三个主应力的某一种比值，然后按这种比值使主应力增长，直到材料强度失效，以失效时的主应力 σ_1、σ_3 作应力圆 1，如图 9-8 所示。这种失效时的应力圆称作极限应力圆。然后再给定三个主应力另一种比值，并维持这种比值给单元体加载，直至材料强度失效，这样又得到极限应力圆 2。仿此，不断改变主应力的比值，得到这种材料一系列的极限应力圆 1，2，3，…。然后画出这些极限应力圆的包络线 MLG。莫尔强度理论认为，不同的材料，包络线是不同的。但对同一种材料而言，则包络线是唯一的。

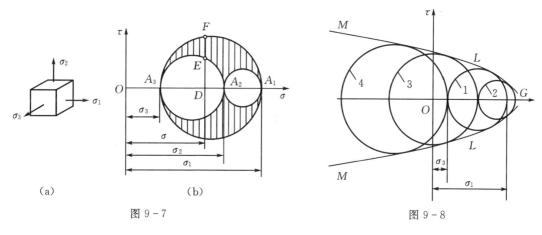

图 9-7　　　　　　　　　　　　　　图 9-8

对于一个已知的应力状态，如由 σ_1 和 σ_3 确定的应力圆在上述包络线之内，则这一应力状态不会失效。如恰于包络线相切，就表明这一应力状态已达到失效状态，且该切点对应的单元体的面即为失效面。

9.4.2　莫尔强度理论的强度条件

在莫尔强度理论的实际应用中，为了简化起见，只画出单向拉伸和压缩的极限应力圆，并以此两圆的公切线来代替包络线。同时，考虑到强度计算，还应当引入适当的安全系数 n，这就相当于将单向拉、压的极限应力圆缩小 n 倍。根据缩小后的应力圆的公切线即可建立莫尔强度理论的强度条件。

设某种材料的许用拉应力和许用压应力分别为 $[\sigma_t]$ 和 $[\sigma_c]$，作出两应力圆及两圆的公切线如图 9-9 所示。假如某一单元体考虑了安全系数 n 以后的极限应力圆与公切线 ML 相切于 K 点，C 为该极限应力圆圆心。这时，$\overline{O_1L}$，$\overline{O_2M}$ 和 $\overline{CK}$ 均与公切线 ML 垂直，作 $\overline{O_1P}$ 垂直于 $\overline{O_2M}$。根据 $\triangle O_1NC$ 与 $\triangle O_1PO_2$ 相似，得

$$\frac{\overline{NC}}{\overline{PO_2}}=\frac{\overline{CO_1}}{\overline{O_2O_1}} \tag{9-7}$$

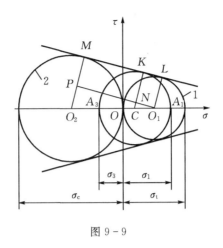

图 9-9

式中

$$\overline{NC} = \overline{KC} - \overline{KN} = \frac{\sigma_1 - \sigma_3}{2} - \frac{[\sigma_t]}{2}$$

$$\overline{PO_2} = \overline{MO_2} - \overline{MP} = \frac{[\sigma_c]}{2} - \frac{[\sigma_t]}{2}$$

$$\overline{CO_1} = \overline{OO_1} - \overline{OC} = \frac{[\sigma_t]}{2} - \frac{\sigma_1 + \sigma_3}{2}$$

$$\overline{O_2O_1} = \overline{OO_1} + \overline{OO_2} = \frac{[\sigma_t]}{2} + \frac{[\sigma_c]}{2}$$

将上式代入式(9-7),经简化得出

$$\sigma_1 - \frac{[\sigma_t]}{[\sigma_c]}\sigma_3 = [\sigma_t]$$

对实际的应力状态来说,由 σ_1 和 σ_3 确定的应力圆应该在公切线之内。设想 σ_1 和 σ_3 加大到 k 倍后($k \geqslant 1$),应力圆才与公切线相切,即才能满足上式,于是有

$$[\sigma_t] = k\left(\sigma_1 - \frac{[\sigma_t]}{[\sigma_c]}\sigma_3\right) \tag{9-8}$$

因为 $k \geqslant 1$,所以**莫尔强度理论的强度条件**为

$$\sigma_1 - \frac{[\sigma_t]}{[\sigma_c]}\sigma_3 \leqslant [\sigma_t] \tag{9-9}$$

9.4.3 莫尔强度条件的讨论

对于一般塑性材料,其抗拉和抗压性能相等(例如低碳钢),即$[\sigma_c]=[\sigma_t]$。这时,包络线 $\overline{ML}$ 变成与横坐标轴 $O\sigma$ 平行的直线,公式(9-9)成为

$$\sigma_1 - \sigma_3 \leqslant [\sigma]$$

此即第三强度理论的强度条件。故莫尔理论用于一般塑性材料时与第三强度理论相同。但是,对于某些塑性较低的金属(例如 30CrMnSi 合金钢),它的拉伸屈服极限和压缩极限不相等,这时,采用莫尔强度条件就比第三强度条件更合理。一般来说,这一理论可用于脆性材

料和低塑性材料。例如，某种灰铸铁，它的$[\sigma_c]=4[\sigma_t]$，以这种铸铁作纯剪切实验，$\sigma_1=\tau$，$\sigma_3=-\tau$，代入公式(9-9)得出断裂条件为

$$\tau-\frac{[\sigma_t]}{[\sigma_c]}(-\tau)=[\sigma_t]$$

即当$\tau=\frac{4}{5}\sigma_t$时，发生断裂，与试验结果相符。

莫尔强度理论很好地解释了三向等值拉伸时（应力圆为点圆）容易破坏（点圆超出图9-8所示包络线的顶点G）。而在三向等值压缩时不易破坏（点圆在包络线之内）的现象。莫尔强度理论的缺点是它未顾及中间主应力对失效的影响。

例9-3 有一铸铁零件，其危险点处单元体的应力情况如图9-10所示。已知铸铁的许用拉应力$[\sigma_t]=50$ MPa，许用压应力$[\sigma_c]=150$ MPa，试用莫尔理论强度校核其强度。

解 ①求主应力。将$\sigma_x=28$ MPa，$\tau_{xy}=-24$ MPa，$\sigma_y=0$代入主应力公式得

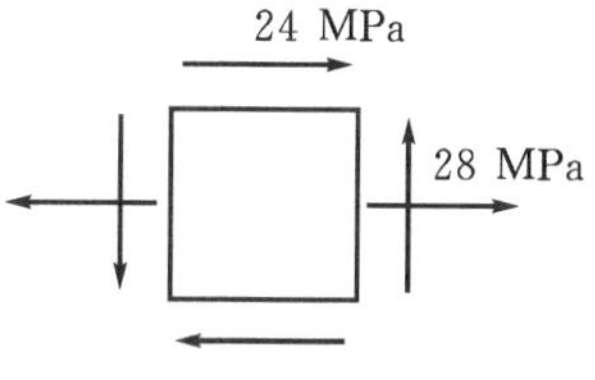

$$\left.\begin{array}{l}\sigma_1\\\sigma_2\end{array}\right\}=\frac{\sigma_x}{2}\pm\sqrt{\left(\frac{\sigma_x}{2}\right)^2+\tau_{xy}^2}=\frac{28}{2}\pm\sqrt{\left(\frac{28}{2}\right)^2+24^2}$$

$$=\begin{cases}41.8\text{ MPa}\\-13.8\text{ MPa}\end{cases}$$

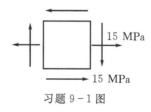

图9-10

②强度校核。将主应力代入公式(9-9)，有

$$\sigma_1-\frac{[\sigma_t]}{[\sigma_c]}\sigma_3=41.8-\frac{50}{150}\times(-13.8)=46.4\text{ MPa}<[\sigma_t]$$

故此零件是安全的。

习 题

9-1 从某铸铁构件内的危险点取出的单元体，各面上的应力分量如图所示。已知铸铁材料的泊松比$\nu=0.25$，许用拉应力$[\sigma_t]=30$ MPa，许用压应力$[\sigma_c]=90$ MPa。试按第一和第二强度理论校核其强度。

习题9-1图

（答案：$\sigma_1=24.271$ MPa，$\sigma_3=-9.271$ MPa，$\sigma_{r1}=24.271$ MPa，$\sigma_{r2}=26.589$ MPa）

9-2 一简支钢板梁承受荷载如图(a)所示，其截面尺寸见图(b)。已知钢材的许用应力为$[\sigma]=170$ MPa，$[\tau]=100$ MPa。试校核梁内的最大正应力和最大切应力，并按第四强度理论校核危险截面上的a点的强度。（注：通常在计算a点处的应力时，近似地按a'点的位置计算。）

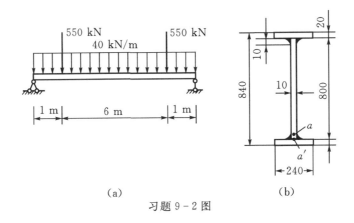

(a)　　　　　　　　　　　　(b)

习题 9-2 图

(答案：$\sigma_{max}=179$ MPa，$\tau_{max}=98$ MPa，$\sigma_{r4}=176$ MPa)

9-3　已知钢轨与火车车轮接触点处的正应力 $\sigma_1=-650$ MPa，$\sigma_2=-700$ MPa，$\sigma_3=-900$ MPa。若钢轨的许用应力 $[\sigma]=250$ MPa。试按第三强度理论与第四强度理论校核其强度。

(答案：$\sigma_{r3}=250$ MPa，$\sigma_{r4}=229.13$ MPa)

9-4　受内压力作用的容器，其圆筒部分任意一点 A(图(a))处的应力状态如图(b)所示。当容器承受最大的内压力时，用应变计测得 $\varepsilon_x=1.88\times10^{-4}$，$\varepsilon_y=7.37\times10^{-4}$。已知钢材的弹性模量 $E=210$ GPa，泊松比 $\nu=0.3$，许用应力 $[\sigma]=170$ MPa。试按第三强度理论校核 A 点的强度。

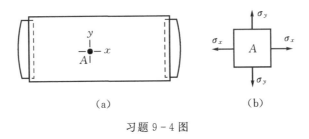

(a)　　　　　　　　　　　　(b)

习题 9-4 图

(答案：$\sigma_{r3}=183$ MPa)

9-5　设有单元体如图所示，已知材料的许用拉应力为 $[\sigma_t]=60$ MPa，许用压应力为 $[\sigma_c]=180$ MPa。试按莫尔强度理论校核其强度。

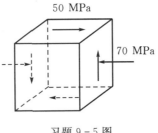

习题 9-5 图

(答案：$\sigma_{rM}=58.04$ MPa)

9-6 图示两端封闭的铸铁薄壁圆筒，其内径 $D=100$ mm，壁厚 $\delta=10$ mm，承受内压力 $p=5$ MPa，且两端受轴向压力 $F=100$ kN 作用。材料的许用拉应力 $[\sigma_t]=40$ MPa，泊松比 $\nu=0.25$。试按第二强度理论校核其强度。

(答案：$\sigma_{r2}=30.4$ MPa)

9-7 在习题 9-6 中试按莫尔强度理论进行强度校核。材料的拉伸与压缩许用应力分别为 $[\sigma_t]=40$ MPa 以及 $[\sigma_c]=160$ MPa。

(答案：$\sigma_{rM}=29.1$ MPa)

习题 9-6 图

9-8 用 Q235 钢制成的实心圆截面杆，受轴向拉力 F 及扭转力偶矩 M_e 共同作用，且 $M_e=\dfrac{1}{10}Fd$。今测得圆杆表面 k 点处沿图示方向的线应变 $\varepsilon_{30°}=14.33\times10^{-5}$。已知杆直径 $d=10$ mm，材料的弹性常数 $E=200$ GPa，$\nu=0.3$。试求荷载 F 和 M_e。若其许用应力 $[\sigma]=160$ MPa，试按第四强度理论校核杆的强度。

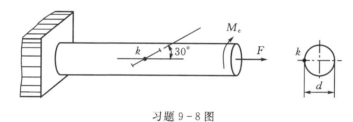

习题 9-8 图

(答案：$\sigma_{r4}=30.4$ MPa)

9-9 试按第一和第二强度理论建立纯剪切应力状态的强度条件，并寻求剪切许用应力 $[\tau]$ 与拉伸许用应力之间的关系。

(答案：$[\tau]=[\sigma]$，$[\tau]=\dfrac{[\sigma]}{1+\mu}$)

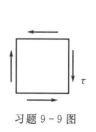

习题 9-9 图

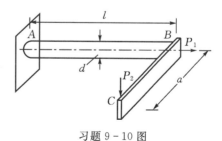

习题 9-10 图

9-10 在图示的折杆中，已知 $P_1=10$ kN，$P_2=11$ kN，$l=1.2$ m，$a=1$ m，圆截面杆的直径 $d=50$ mm，材料的容许应力 $[\sigma]=160$ MPa，试按第三强度理论校核 AB 杆的强度。

(答案：$\sigma_{r3}=131.2$ MPa)

9-11 图示圆轴 AB 的直径 $d=80$ mm，材料的 $[\sigma]=160$ MPa。已知 $P=5$ kN，$M=3$ kN·m，$l=1$ m。指出危险截面、危险点的位置；试按第三强度理论校核轴的强度。

（答案：$\sigma_{r3}=116.1$ MPa）

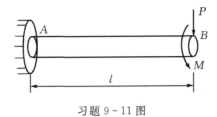

习题 9-11 图

第10章 组合变形

10.1 组合变形的概念

在前面几章中,研究了构件在发生轴向拉伸(压缩)、剪切、扭转、弯曲等基本变形时应力、应变计算及强度和刚度问题。在工程实际中,有很多构件在荷载作用下往往发生两种或两种以上的基本变形。若有其中一种变形是主要的,其余变形所引起的应力(或变形)很小,则可以忽略次要的变形,构件可按主要的基本变形进行计算。若几种变形所对应的应力(或变形)属于同一数量级,则构件的变形为组合变形。例如,如图10-1(a)所示吊钩的AB段,在力P作用下,将同时产生拉伸与弯曲两种基本变形;机械中的齿轮传动轴(如图10-1(b)所示)在外力作用下,将同时发生扭转变形及在水平平面和垂直平面内的弯曲变形;斜屋架上的工字钢檩条(如图10-2(a)所示),可以作为简支梁来计算,如图10-2(b)所示。因为外力q的作用线并不通过工字截面的任一根形心主惯性轴(如图10-2(c)所示),则引起沿两个不同平面的弯曲,这种情况称为斜弯曲。

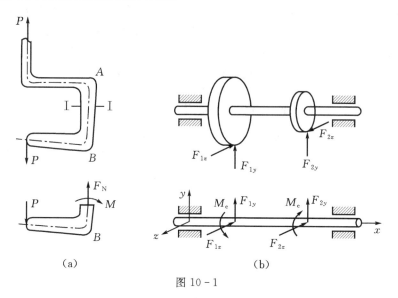

图 10-1

求解组合变形问题的基本方法是叠加法,即首先将组合变形分解为几个基本变形,然后分别考虑构件在每一种基本变形情况下的应力和变形。最后利用叠加原理,综合考虑各基本变形的组合情况,以确定构件的危险截面、危险点的位置及危险点的应力状态,并据此进行强度计算。实验证明,只要构件的刚度足够大,材料又服从胡克定律,则由上述叠加法所

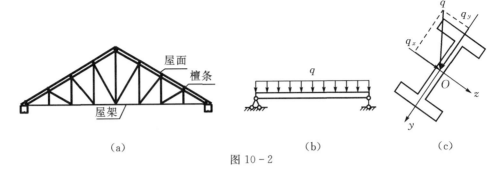

图 10-2

得的计算结果是足够精确的。反之,对于小刚度、大变形的构件,必须要考虑各基本变形之间的相互影响,例如大挠度的压弯杆,叠加原理就不能适用。

下面分别讨论在工程中经常遇到的几种组合变形。

10.2 斜弯曲

10.2.1 斜弯曲的概念

前面已经讨论了梁在平面弯曲时的应力和变形计算。在平面弯曲问题中,外力作用在截面的形心主轴与梁的轴线组成的纵向面内,梁的轴线变形后将变为一条平面曲线,且仍在外力作用面内。在工程实际中,有时会遇到外力不作用在形心主轴所在的纵向面内,如上节提到的屋面檩条的受力情况(如图 10-2 所示)。在这种情况下,一般是将横向力向截面的两个形心主惯性轴的方向分解,梁可考虑为在两相互垂直的纵向对称面内同时发生平面弯曲。实验及理论研究指出,此时梁的挠曲线不再在外力作用平面内,这种弯曲称为**斜弯曲**。由于每一弯曲变形都是各自独立的,互不影响,因此可以应用叠加原理。

10.2.2 两相互垂直平面内的弯曲应力

现在以矩形截面悬臂梁为例(如图 10-3(a)所示),分析斜弯曲时应力和变形的计算。这时梁在 F_1 和 F_2 作用下,分别在水平纵向对称面(Oxz 平面)和铅垂纵向对称面(Oxy 平面)内发生对称弯曲。在梁的任意横截面 $m-m$ 上,由 F_1 和 F_2 引起的弯矩值依次为

$$M_y = F_1 x, \quad M_z = F_2(x-a)$$

在横截面 $m-m$ 上的某点 $C(y,z)$ 处由弯矩 M_y 和 M_z 引起的正应力分别为

$$\sigma' = \frac{M_y}{I_y} z, \quad \sigma'' = -\frac{M_z}{I_z} y$$

根据叠加原理,σ' 和 σ'' 的代数和即为 C 点的正应力,即

$$\sigma' + \sigma'' = \frac{M_y}{I_y} z - \frac{M_z}{I_z} y \tag{10-1}$$

式中,I_y 和 I_z 分别为横截面对 y 轴和 z 轴的惯性矩;M_y 和 M_z 分别是截面上位于水平和铅垂对称平面内的弯矩,且其力矩矢量分别与 y 轴和 z 轴的正向一致(如图 10-3(b)所示)。在具体计算中,也可以先不考虑弯矩 M_y、M_z 和坐标 y、z 的正负号,以其绝对值代入,然后根据

梁在 F_1 和 F_2 分别作用下的变形情况，来判断式(10-1)右边两项的正负号。

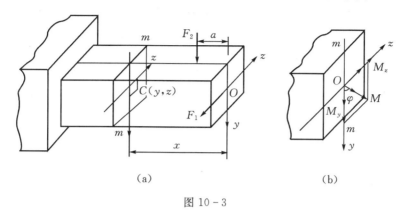

图 10-3

为了进行强度计算，必须先确定梁内的最大正应力。最大正应力发生在弯矩最大的截面(危险截面)上，但要确定截面上哪一点的正应力最大(就是要找出危险点的位置)，应先确定截面上中性轴的位置。由于中性轴上各点处的正应力均为零，令 (y_0,z_0) 代表中性轴上的任一点，将它的坐标值代入式(10-1)，即可得中性轴方程

$$\frac{M_y}{I_y}z_0 - \frac{M_z}{I_z}y_0 = 0 \tag{10-2}$$

从上式可知，中性轴是一条通过横截面形心的直线，令中性轴与 y 轴的夹角为 α，则

$$\tan\alpha = \frac{z_0}{y_0} = \frac{M_z}{M_y} \cdot \frac{I_y}{I_z} = \frac{I_y}{I_z}\tan\varphi$$

式中，角度 φ 是横截面上合成弯矩 $M = \sqrt{M_y^2 + M_z^2}$ 的矢量与 y 轴的夹角(如图 10-3(b)所示)。一般情况下，由于截面的 $I_y \neq I_z$，因而中性轴与合成弯矩 M 所在的平面并不垂直。而截面的挠度垂直于中性轴(如图 10-4(a)所示)，所以挠曲线将不在合成弯矩所在的平面内，

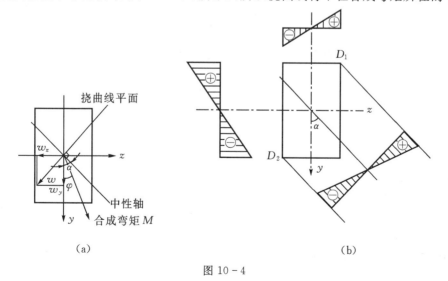

图 10-4

这与平面弯曲不同。对于正方形、圆形等截面以及某些特殊组合截面，其中 $I_y = I_z$，故 $\alpha = \varphi$，因而，正应力可用合成弯矩 M 进行计算。但是，梁各横截面上的合成弯矩 M 所在平面的方位一般并不相同，所以，虽然每一截面的挠度都发生在该截面的合成弯矩所在平面内，梁的挠曲线一般仍是一条空间曲线，梁的挠曲线方程仍应分别按两垂直平面内的弯曲来计算，不能直接用合成弯矩进行计算。

确定中性轴的位置后，就可看出截面上离中性轴最远的点是正应力 σ 值最大的点。一般只要作与中性轴平行且与横截面周边相切的线，切点就是最大正应力的点。如图 10-4(b)所示的矩形截面梁，显然右上角 D_1 与左下角 D_2 有最大正应力值，将这些点的坐标 (y_1, z_1) 或 (y_2, z_2) 代入式(10-1)，可得最大拉应力 $\sigma_{t,\max}$ 和最大压应力 $\sigma_{c,\max}$。

10.2.3 两相互垂直平面内的弯曲强度

在确定了梁的危险截面和危险点的位置，并算出危险点处的最大正应力后，由于危险点处于单轴应力状态，于是，可将最大正应力与材料的许用正应力相比较来建立强度条件，进行强度计算。

如图 10-5(a)所示，外力不在形心主惯性平面。设自由端的外力 P 通过截面的中心且与 y 轴正向夹角为 φ，可以将力分解为沿主轴 y 和 z 的两个分量 P_y, P_z

$$P_y = P\cos\varphi, \quad P_z = P\sin\varphi$$

梁在 P_y, P_z 作用下将分别以 z、y 为中性轴发生平面弯曲，在离固定端为 x 的截面上，对 z、y 轴的弯矩分别是

$$M_z = P_y(l-x) = P\cos\varphi(l-x) = M\cos\varphi$$
$$M_y = P_z(l-x) = P\sin\varphi(l-x) = M\sin\varphi$$

式中 $M = P(l-x)$ 是集中力 P 在横截面 $m-n$ 上所引起的弯矩，在计算中可取绝对值。任意截面 $m-n$ 上任意点 $C(y,z)$ 处的应力可采用叠加法计算。在 xy 平面内的平面弯曲（由于 M_z 的作用）产生的正应力（图 10-5(c)）所示为

$$\sigma' = \frac{M_z y}{I_z} = \frac{M\cos\varphi}{I_z} y$$

由于在 xz 平面内的平面弯曲（由于 M_y 的作用）产生的正应力（图 10-5(b)）所示为

$$\sigma'' = \frac{M_y z}{I_y} = \frac{M\sin\varphi}{I_y} z$$

C 点处的正应力，即

$$\sigma = \sigma' + \sigma'' = \frac{M_z y}{I_z} + \frac{M_y z}{I_y} = M\left(\frac{\cos\varphi}{I_z} y + \frac{\sin\varphi}{I_y} z\right)$$

强度条件为

$$\sigma_{\max} = \left| M_{\max}\left(\frac{\cos\varphi}{I_z} y_1 + \frac{\sin\varphi}{I_y} z_1\right) \right| \leqslant [\sigma] \tag{10-3}$$

式中，$M_{\max} = Pl$。

对于有棱角的矩形截面，根据图 10-5 所示的应力分布，公式(10-3)还可写成

$$\sigma_{\max} = \left| \frac{M_{y,\max}}{W_y} + \frac{M_{z,\max}}{W_z} \right| \leqslant [\sigma] \tag{10-4}$$

第10章 组合变形

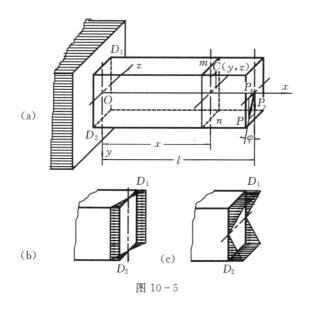

图 10-5

若材料的抗拉强度和抗压强度不同，则应分别对 D_1 点和 D_2 点都进行强度计算。根据中性轴的定义，其上任一点的正应力

$$\sigma = M\left(\frac{\cos\varphi}{I_z}y_0 + \frac{\sin\varphi}{I_y}z_0\right) = 0$$

因为 $M \neq 0$，所以有

$$\frac{\cos\varphi}{I_z}y_0 + \frac{\sin\varphi}{I_y}z_0 = 0 \qquad (10-5)$$

此即两对称平面内弯曲时的中性轴方程，这是通过坐标原点的直线方程，表明中性轴仍通过截面形心。设中性轴与 z 轴的夹角为 α，根据公式(10-5)有

$$\tan\alpha = \left|\frac{y_0}{z_0}\right| = \frac{I_z}{I_y}\tan\varphi \qquad (10-6)$$

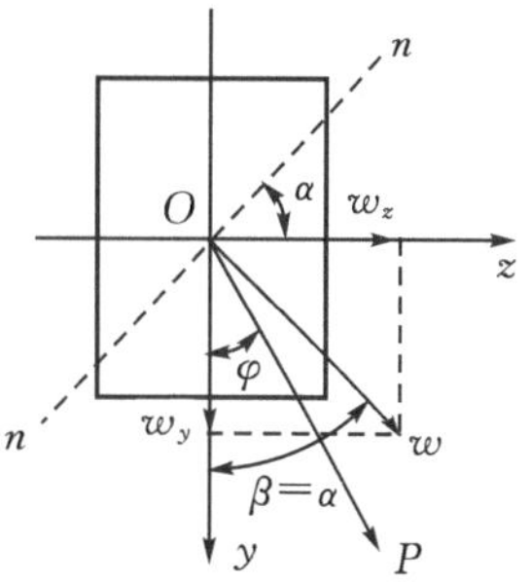

由式(10-6)可得出以下两点结论：

(1) 对于 $I_y \neq I_z$ 的截面，则 $\alpha \neq \varphi$。这表明此种梁在发生斜弯曲时，其中性轴与外力 P 所在的纵向平面不垂直(图 10-6)。

(2) 对于圆形、正方形及其他正多边形截面，由于 $I_y = I_z$，故可由式(10-6)得 $\alpha = \varphi$，这说明中性轴总是与载荷所在的纵向面垂直，即此类截面的梁不会产生斜弯曲。

图 10-6

10.2.4 两相互垂直平面内的弯曲变形

分别计算梁在 xz 平面和 xy 平面内的挠度及合成挠度

$$w_y = \frac{P_y l^3}{3EI_z} = \frac{Pl^3}{3EI_z}\cos\varphi$$

$$w_z = \frac{P_z l^3}{3EI_y} = \frac{Pl^3}{3EI_y}\sin\varphi$$

$$w = \sqrt{w_y^2 + w_z^2} \qquad (10-7)$$

设总挠度 w 与 y 轴的夹角为 β(图 10-6),则有

$$\tan\beta = \frac{w_z}{w_y} = \frac{I_y}{I_z}\frac{\sin\varphi}{\cos\varphi} = \frac{I_z}{I_y}\tan\varphi \qquad (10-8)$$

关于挠度、中性轴及外力 P 的位置之间的关系,现作进一步讨论:

(1) 由式(10-8)知,若梁的横截面 $I_y \neq I_z$,则 $\beta \neq \varphi$,这说明梁在变形后的挠曲线与外力 P 所在的纵向面不共面,因此,发生斜弯曲。

(2) 对于 $I_y = I_z$ 的横截面(如圆形、正方形),则 $\beta = \varphi$,即挠曲线与外力在同一纵向平面内。这种情况仍是平面弯曲。实际上,对于 $I_y = I_z$ 的横截面,过截面形心的任何一个轴都是形心主惯性轴。因此,外力作用将总能满足平面弯曲的条件。

(3) 比较式(10-6)与式(10-8)可知,$\beta = |\alpha|$,这就说明,梁在斜弯曲时其总挠度的方向是与中性轴垂直的,即梁的弯曲一般不发生在外力作用平面内,而发生在垂直于中性轴 $n-n$ 的平面内,如图 10-6 所示。

从式(10-8)可以看出,当 $\frac{I_z}{I_y}$ 值很大时(例如梁横截面为狭长矩形时),即使荷载作用线与 y 轴间的夹角 φ 非常微小,也会使总挠度 f 对 y 轴发生很大的偏离,这是非常不利的。因此,在较难估计外力作用平面与主轴平面是否能相当准确地重合的情况下,应尽量避免采用 I_z 和 I_y 相差很大的截面,否则就应采用一些结构上的辅助措施,以防止梁在斜弯曲时所发生的侧向变形。

例 10-1 一长 2 m 的矩形截面木制悬臂梁,弹性模量 $E = 1.0 \times 10^4$ MPa,梁上作用有两个集中荷载 $F_1 = 1.3$ kN 和 $F_2 = 2.5$ kN,如图 10-7(a)所示,设截面 $b = 0.6h$,$[\sigma] = 10$ MPa。试选择梁的截面尺寸,并计算自由端的挠度。

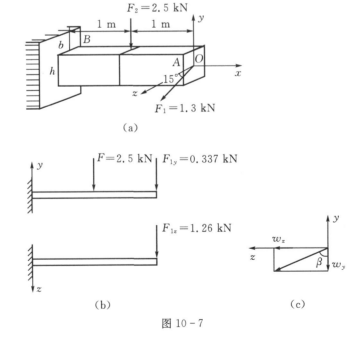

图 10-7

解 ①选择梁的截面尺寸。将自由端的作用荷载 F_1 分解
$$F_{1y} = F_1 \sin 15° = 0.336 \text{ kN}$$
$$F_{1z} = F_1 \cos 15° = 1.256 \text{ kN}$$

此梁的斜弯曲可分解为在 xOy 平面内及 xOz 平面内的两个平面弯曲,如图 10-7(c)所示。由图 10-7 可知 M_z 和 M_y 在固定端的截面上达到最大值,故危险截面上的弯矩

$$M_z = 2.5 \times 1 + 0.336 \times 2 = 3.172 \text{ kN·m}$$
$$M_y = 1.256 \times 2 = 2.215 \text{ kN·m}$$
$$w_z = \frac{1}{6} bh^2 = \frac{1}{6} \times 0.6h \cdot h^2 = 0.1h^3$$
$$w_y = \frac{1}{6} hb^2 = \frac{1}{6} \times h \times 0.6h^2 = 0.06h^3$$

上式中 M_z 与 M_y 只取绝对值,且截面上的最大拉、压应力相等,故

$$\sigma_{\max} = \frac{M_z}{W_z} + \frac{M_y}{W_y} = \frac{3.172 \times 10^6}{0.1h^3} + \frac{2.512 \times 10^6}{0.06h^3} = \frac{73.587 \times 10^6}{h^3} \leqslant [\sigma]$$

即
$$h \geqslant \sqrt[3]{\frac{73.587 \times 10^6}{10}} = 194.5 \text{ mm}$$

可取 $h = 200$ mm,$b = 120$ mm。

②计算自由端的挠度。如图 10-7(c)所示,分别计算 w_y 与 w_z,由附录Ⅲ可得

$$w_y = -\frac{F_{1y} l^3}{3EI_z} - \frac{F_2 \left(\frac{l}{2}\right)^2}{6EI_z} \left(3l - \frac{l}{2}\right)$$

$$= -\frac{0.336 \times 10^3 \times 2^3 + \frac{1}{2} \times 2.5 \times 10^3 \times 1^2 \times (3 \times 2 - 1)}{3 \times 1.0 \times 10^4 \times 10^6 \times \frac{1}{12} \times 0.12 \times 0.2^3}$$

$$= -3.72 \times 10^{-3} \text{ m} = -3.72 \text{ mm}$$

$$w_z = \frac{F_{1z} l^3}{3EI_y} = \frac{1.256 \times 10^3 \times 2^3}{3 \times 1.0 \times 10^4 \times 10^6 \times \frac{1}{12} \times 0.2 \times 0.12^3}$$

$$= 0.0116 \text{ m} = 11.6 \text{ mm}$$

$$w = \sqrt{w_z^2 + w_y^2} = \sqrt{(-3.72)^2 + (11.6)^2} = 12.18 \text{ mm}$$

$$\beta = \arctan\left(\frac{11.6}{3.7}\right) = 72.45°$$

10.3 拉伸(压缩)与弯曲的组合

10.3.1 拉伸(压缩)与平面弯曲组合

拉伸或压缩与弯曲的组合变形是工程中常见的情况。如图 10-8(a)所示的起重机横梁 AB,其受力简图如图 10-8(b)所示。轴向力 F_x 和 F_{Ax} 引起压缩,横向力 F_{Ay},W,F_y 引起

弯曲,所以杆件产生压缩与弯曲的组合变形。对于弯曲刚度 EI 较大的杆,由于横向力引起的挠度与横截面的尺寸相比很小,因此,由轴向力引起的弯矩可以略去不计。于是,可分别计算由横向力和轴向力引起的杆横截面上的正应力,按叠加原理求其代数和,即得横截面上的正应力。下面我们举一简单例子来说明。

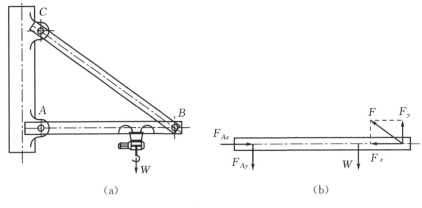

图 10 - 8

悬臂梁 AB(如图 10 - 9(a)所示),在它的自由端 A 作用一与铅直方向成 φ 角的力 F(在纵向对称面 xy 平面内)。将力 F 分别沿 x 轴 y 轴分解,可得

$$F_x = F\sin\varphi$$
$$F_y = F\cos\varphi$$

F_x 为轴向力,对梁引起拉伸变形(如图 10 - 9(b)所示);F_y 为横向力,引起梁的平面弯曲(如图 10 - 9(c)所示)。

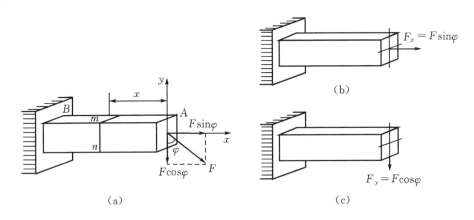

图 10 - 9

距 A 端 x 的截面上的内力为

$$F_N = F_x = F\sin\varphi \ ; \quad M_z = -F_y x = -F\cos\varphi \cdot x$$

在轴向力 F_x 作用下,杆各个横截面上有相同的轴力 $F_N = F_x$。而在横向力作用下,固定端横截面上的弯矩最大,$M_{max} = -F\cos\varphi \cdot l$,故危险截面在固定端。

与轴力 F_N 对应的拉伸正应力 σ_t 在该截面上各点处均相等,其值为

$$\sigma_t = \frac{F_N}{A} = \frac{F_x}{A} = \frac{F\sin\varphi}{A}$$

而与 $M_{\max}$ 对应的最大弯曲正应力 σ_b,出现在该截面的上、下边缘处,其绝对值为

$$\sigma_b = \left|\frac{M_{\max}}{W_z}\right| = \frac{Fl\cos\varphi}{W_z}$$

在危险截面上与 F_N,$M_{\max}$ 对应的正应力沿截面高度变化的情况分别如图 10-10(a)和图 10-10(b)所示。将弯曲正应力与拉伸正应力叠加后,正应力沿截面高度的变化情况如图 10-10(c)所示。

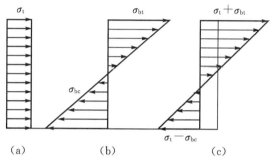

图 10-10 拉弯组合变形的应力叠加

若 $\sigma_t > |\sigma_{bc}|$,σ_{bc} 为最大弯曲压应力,则 $\sigma_{\min}$ 为拉应力;若 $\sigma_t < |\sigma_b|$,则 $\sigma_{\min}$ 为压应力。

所以 $\sigma_{\min}$ 之值须视轴向力和横向力分别引起的应力而定。如图 10-10(c)所示的应力分布图是在 $\sigma_t < \sigma_b$ 的情况下作出的。显然,杆件的最大正应力是危险截面上边缘各点处的拉应力,其值为

$$\sigma_{t,\max} = \frac{F\sin\varphi}{A} + \frac{Fl\cos\varphi}{W_z} \tag{10-9}$$

如果是压缩与弯曲的组合,则绝对值最大的压应力为

$$|\sigma_c|_{\max} = \frac{F\sin\varphi}{A} + \frac{Fl\cos\varphi}{W_z}$$

代数值最大的正应力为

$$\sigma_{\max} = \frac{Fl\cos\varphi}{W_z} - \frac{F\sin\varphi}{A}$$

其为拉应力还是压应力取决于最大弯曲正应力 σ_b 与压应力 σ_c 的大小。若 $\sigma_b > |\sigma_c|$,则 $\sigma_{\max}$ 为拉应力,反之为压应力。

由于危险点处的应力状态为单轴应力状态,故可将最大拉应力与材料的许用应力相比较,以进行强度计算。

应该注意,当材料的许用拉应力和许用压应力不相等时,杆内的最大拉应力和最大压应力必须分别满足杆件的拉、压强度条件。

若杆件的抗弯刚度很小,则由横向力所引起的挠度与横截面尺寸相比不能略去,此时就应考虑轴向力引起的弯矩。

例 10-2 最大吊重 $W = 8$ kN 的起重机如图 10-11(a)所示。若 AB 杆为工字钢,材料为 Q235 钢,$[\sigma] = 100$ MPa,试选择工字钢型号。

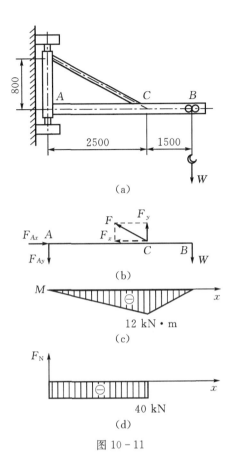

图 10-11

解 ① 先求出 CD 杆的长度为
$$l=\sqrt{2.5^2+0.8^2}=2.62 \text{ m}$$

② 以 AB 为研究对象，其受力如图 10-11(b) 所示，由平衡方程 $\sum M_A=0$，得
$$F\times\frac{0.8}{2.62}\times 2.5-8\times(2.5+1.5)=0$$

解得
$$F=42 \text{ kN}$$

把 F 分解为沿 AB 杆轴线的分量 F_x 和垂直于 AB 杆轴线的分量 F_y，可见 AB 杆在 AC 段内产生压缩与弯曲的组合变形。

$$F_x=F\times\frac{2.5}{2.62}=40 \text{ kN}$$

$$F_y=F\times\frac{0.8}{2.62}=12.8 \text{ kN}$$

作 AB 杆的弯矩图和 AC 段的轴力图如图 10-11(c) 所示。从图中看出，在 C 点左侧的截面上弯矩为最大值，而轴力与其他截面相同，故 C 为危险截面。

开始试算时，可以先不考虑轴力 F_N 的影响，只根据弯曲强度条件选取工字钢。这时
$$W\geqslant\frac{M_{\max}}{[\sigma]}=\frac{12\times 10^3}{100\times 10^6}=12\times 10^{-3} \text{ m}^3=120 \text{ cm}^3$$

查型钢表,选取 16 号工字钢,$W=141\ \text{cm}^3$,$A=26.1\ \text{cm}^2$。选定工字钢后,同时考虑轴力 F_N 及弯矩 M 的影响,再进行强度校核。在危险截面 C 的上边缘各点有最大压应力,且为

$$|\sigma_{\max}| = \left|\frac{F_N}{A} + \frac{M_{\max}}{W}\right| = \left|-\frac{40\times 10^3}{26.1\times 10^{-4}} - \frac{12\times 10^3}{141\times 10^{-6}}\right|$$
$$= 100.5\times 10^6\ \text{Pa} = 100.5\ \text{MPa}$$

结果表明,最大压应力与许用应力接近相等,故无需重新选择截面的型号。

10.3.2 偏心拉伸(压缩)

作用在直杆上的外力,当其作用线与杆的轴线平行但不重合时,将引起**偏心拉伸**或**偏心压缩**。钻床的立柱(如图 10-12(a)所示)和厂房中支承吊车梁的柱子(如图 10-12(b)所示)即为偏心拉伸和偏心压缩。

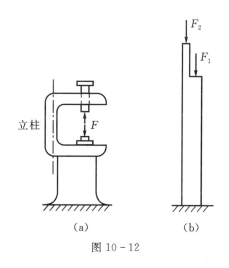

图 10-12

1.偏心拉(压)的应力计算

以等直杆承受距离截面形心为 e(称为偏心距)的偏心拉力 F(如图 10-13(a)所示)为例,来说明偏心拉杆的强度计算。以截面的形心主轴及轴线为坐标轴建立坐标系,设偏心力 F 作用在端面上的 K 点,其坐标为 (e_y, e_z)。将力 F 向截面形心 O 点简化,把原来的偏心力 F 转化为轴向拉力 F;作用在主惯性平面 xz 内的弯曲力偶矩 $M_{ey}=F\cdot e_z$;作用在主惯性平面 xy 内的弯曲力偶矩 $M_{ez}=F\cdot e_y$。

在这些荷载作用下(如图 10-13(b)所示),杆件的变形是轴向拉伸和两个平面内纯弯曲的组合。当杆的弯曲刚度较大时,同样可按叠加原理求解。在所有横截面上的内力、轴力和弯矩均保持不变,即

$$F_N = F,\quad M_y = M_{ey} = F\cdot e_z,\quad M_z = M_{ez} = F\cdot e_y$$

叠加上述三内力所引起的正应力,即得任意横截面 $m-m$ 上某点 $B(y,z)$ 的应力计算式

$$\sigma = \frac{F}{A} + \frac{M_y z}{I_y} + \frac{M_z y}{I_z} = \frac{F}{A} + \frac{Fe_z z}{I_y} + \frac{Fe_y y}{I_z} \tag{10-10}$$

式中，A 为横截面面积；I_y 和 I_z 分别为横截面对 y 轴和 z 轴的惯性矩。利用惯性矩与惯性半径的关系(参见附录Ⅰ)，有

$$I_y = A \cdot i_y^2, \quad I_z = A \cdot i_z^2$$

于是式(10-10)可改写为

$$\sigma = \frac{F}{A}\left(1 + \frac{e_z z}{i_y^2} + \frac{e_y y}{i_z^2}\right) \tag{10-11}$$

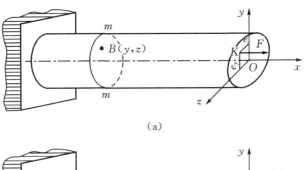

(a)

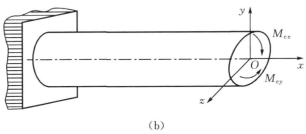

(b)

图 10-13

如用截面上各点的正应力 σ 表示截面上相应点的 x 坐标，则式(10-11)是一个平面方程，表明正应力在横截面上按线性规律变化，而应力平面(横截面上各点应力矢量末端形成的平面)与横截面相交的直线(沿该直线段 $\sigma=0$)就是中性轴(如图 10-14 所示)。将中性轴上任一点 $C(z_0, y_0)$ 代入式(10-11)，即得中性轴方程为

$$1 + \frac{e_z z_0}{i_y^2} + \frac{e_y y_0}{i_z^2} = 0 \tag{10-12}$$

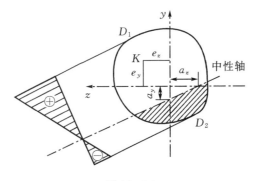

图 10-14

显然，中性轴是一条不通过截面形心的直线，它在 y、z 轴上的截距 a_y 和 a_z 分别可以从式(10-12)计算出来。在上式中，令 $z_0 = 0$，相应的 y_0 即为 a_y，而令 $y_0 = 0$，相应的 z_0 即为 a_z。由此求得

$$a_y = -\frac{i_z^2}{e_y}, \qquad a_z = -\frac{i_y^2}{e_z} \tag{10-13}$$

式(10-13)表明，中性轴截距 a_y、a_z 和偏心距 e_y、e_z 符号相反，所以中性轴与外力作用点 K 位于截面形心 O 的两侧，如图 10-14 所示。中性轴把截面分为两部分，一部分受拉应力，另一部分受压应力。

确定了中性轴的位置后，可作两条平行于中性轴且与截面周边相切的直线，切点 D_1 与 D_2 分别是截面上最大拉应力与最大压应力的点，分别将 $D_1(z_1, y_1)$ 与 $D_2(z_2, y_2)$ 的坐标代入式(10-10)，即可求得最大拉应力和最大压应力的值

$$\left. \begin{aligned} \sigma_{D_1} &= \frac{F}{A} + \frac{Fe_z z_1}{I_y} + \frac{Fe_y y_1}{I_z} \\ \sigma_{D_2} &= \frac{F}{A} + \frac{Fe_z z_2}{I_y} + \frac{Fe_y y_2}{I_z} \end{aligned} \right\} \tag{10-14}$$

由于危险点处于单轴应力状态，因此，在求得最大正应力后，就可根据材料的许用应力 $[\sigma]$ 来建立强度条件。

应该注意，对于周边具有棱角的截面，如矩形、箱形、工字形等，其危险点必定在截面的棱角处，并可根据杆件的变形来确定，无需确定中性轴的位置。

例 10-3 试求如图 10-15(a)所示 T 形截面杆内的最大拉应力与最大压应力。力 F 与杆的轴线平行。

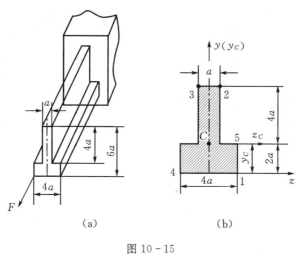

图 10-15

解 横截面如图 10-15(b)所示，其面积为
$$A = 4a \times 2a + 4a \times a = 12a^2$$
建立图(b)所示参考坐标系 yz，形心 C 的坐标为
$$y_C = \frac{a \times 4a \times 4a + 4a \times 2a \times a}{a \times 4a + 4a \times 2a} = 2a$$

$$z_C = 0$$

再以形心 C 为坐标原点,取图(b)所示坐标系 $y_C z_C$,因 y_C 为对称轴,故 y_C, z_C 为形心主轴,主惯性矩

$$I_{z_C} = \frac{a \times (4a)^3}{12} + a \times 4a \times (2a)^2 + \frac{4a \times (2a)^3}{12} + 2a \times 4a \times a^2 = 32a^4$$

$$I_{y_C} = \frac{1}{12}[2a \times (4a)^3 + 4a \times a^3] = 11a^4$$

力 F 对主惯性轴 y_C 和 z_C 之矩

$$M_{y_C} = F \times 2a = 2Fa, \quad M_{z_C} = F \times 2a = 2Fa$$

比较如图 10-15(b)所示截面 4 个角点上的正应力可知,角点 4 上的拉应力最大

$$\sigma_4 = \frac{F}{A} + \frac{M_{z_C} \times 2a}{I_{z_C}} + \frac{M_{y_C} \times 2a}{I_{y_C}} = \frac{F}{12a^2} + \frac{2Fa \times 2a}{32a^4} + \frac{2Fa \times 2a}{11a^4} = 0.572 \frac{F}{a^2}$$

压应力最大的可能为角点 2 或角点 5

$$\sigma_2 = \frac{F}{A} - \frac{M_{z_C} \times 4a}{I_{z_C}} - \frac{M_{y_C} \times 0.5a}{I_{y_C}} = \frac{F}{12a^2} - \frac{2Fa \times 4a}{32a^4} - \frac{2Fa \times 0.5a}{11a^4} = -0.256 \frac{F}{a^2}$$

$$\sigma_5 = \frac{F}{A} - \frac{M_{y_C} \times 2a}{I_{y_C}} = \frac{F}{12a^2} - \frac{2Fa \times 2a}{11a^4} = -0.28 \frac{F}{a^2}$$

可见,角点 5 有最大压应力。

2. 截面核心

偏心拉伸中,式(10-14)中的 y_2、z_2 均为负值。因此当外力的偏心距(即 e_y, e_z)较小时,有可能 $\sigma_{D2} > 0$,横截面上就可能不出现压应力,即中性轴不与横截面相交。同理,当偏心压力 F 的偏心距较小时,杆的横截面上也可能不出现拉应力。在工程中,有不少材料抗拉性能差,但抗压性能好且价格比较便宜,如砖、石、混凝土、铸铁等。在这类构件的设计计算中,往往认为其拉伸强度为零。这就要求构件在偏心压力作用下,其横截面上不出现拉应力,由公式(10-13)可知,对于给定的截面,e_y, e_z 值越小,a_y, a_z 值就越大,即外力作用点离形心越近,中性轴距形心就越远。因此,当外力作用点位于截面形心附近的一个区域内时,就可保证中性轴不与横截面相交,这个区域称为**截面核心**。当外力作用在截面核心的边界上时,与此相对应的中性轴就正好与截面的周边相切(如图 10-16 所示)。利用这一关系就可确定截面核心的边界。

为确定任意形状截面(如图 10-16 所示)的截面核心边界,可将与截面周边相切的任一直线①看作是中性轴,其在 y、z 两个形心主惯性轴上的截距分别为 a_{y1} 和 a_{z1}。由式(10-13)确定与该中性轴对应的外力作用点 1,即截面核心边界上一个点的坐标 (e_{y1}, e_{z1}):

$$e_{y1} = -\frac{i_z^2}{a_{y1}}, \quad e_{z1} = -\frac{i_y^2}{a_{z1}}$$

同样,分别将与截面周边相切的直线②、③、④、⑤等看作是中性轴,并按上述方法求得与其对应的截面核

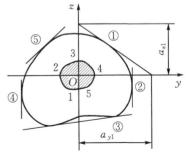

图 10-16 截面核心

心边界上点 2,3,4,5 的坐标。连接这些点所得到的一条封闭曲线,即为所求截面核心的边界,而该边界曲线所包围的带阴影线的面积,即为截面核心(如图 10-16 所示),下面举例说明截面核心的具体作法。

例 10-4 一矩形截面如图 10-17 所示,已知两边长度分别为 b 和 h,求作截面核心。

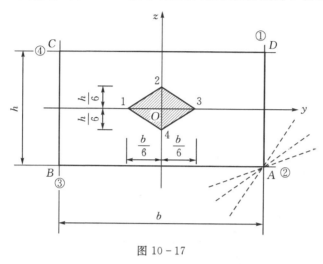

图 10-17

解 先作与矩形四边重合的中性轴①、②、③和④,利用式(10-13)得

$$e_y = -\frac{i_z^2}{a_y}, \quad e_z = -\frac{i_y^2}{a_z}$$

式中 $i_y^2 = \frac{I_y}{A} = \frac{\frac{bh^3}{12}}{bh} = \frac{h^2}{12}$,$i_z^2 = \frac{I_z}{A} = \frac{\frac{hb^3}{12}}{bh} = \frac{b^2}{12}$,$a_y$ 和 a_z 为中性轴的截距,e_y 和 e_z 为相应的外力作用点的坐标。

对中性轴①,有 $a_y = \frac{b}{2}$,$a_z = \infty$,代入式(10-13),得

$$e_{y1} = -\frac{i_z^2}{a_y} = -\frac{\frac{b^2}{12}}{\frac{b}{2}} = -\frac{b}{6}, \quad e_{z1} = -\frac{i_y^2}{a_z} = -\frac{\frac{h^2}{12}}{\infty} = 0$$

即相应的外力作用点为图 10-17 上的点 1。

对中性轴②,有 $a_y = \infty$,$a_z = -\frac{h}{2}$,代入式(10-13),得

$$e_{y2} = -\frac{i_z^2}{a_y} = -\frac{\frac{b^2}{12}}{\infty} = 0, \quad e_{z2} = -\frac{i_y^2}{a_z} = -\frac{\frac{h^2}{12}}{-\frac{h}{2}} = \frac{h}{6}$$

即相应的外力作用点为图 10-17 上的点 2。

同理,可得相应于中性轴③和④的外力作用点的位置如图上的点 3 和点 4。

至于由点 1 到点 2,外力作用点的移动规律如何,我们可以从中性轴①开始,绕截面点 A

作一系列中性轴(图中虚线),一直转到中性轴②,求出这些中性轴所对应的外力作用点的位置,就可得到外力作用点从点1到点2的移动轨迹。根据中性轴方程式(10-12),设 e_y 和 e_z 为常数,y_0 和 z_0 为流动坐标,中性轴的轨迹是一条直线。反之,若设 y_0 和 z_0 为常数,e_y 和 e_z 为流动坐标,则力作用点的轨迹也是一条直线。现在,过角点 A 的所有中性轴有一个公共点,其坐标 $\left(\dfrac{b}{2},-\dfrac{h}{2}\right)$ 为常数,相当于中性轴方程(10-12)中的 y_0 和 z_0,而需求的外力作用点的轨迹,则相当于流动坐标 e_y 和 e_z。于是可知,截面上从点1到点2的轨迹是一条直线。同理可知,当中性轴由②绕角点 B 转到③、由③绕角点 C 转到④时,由④绕角点 D 到①时,外力作用点由点2到点3,由点3到点4,由点4到点1的轨迹,都是直线,最后得到一个菱形(图中的阴影区)。即矩形截面的截面核心为一菱形,其对角线的长度为截面边长的三分之一。

对于具有棱角的截面,均可按上述方法确定截面核心。对于周边有凹进部分的截面(例如槽形或工字形截面等),在确定截面核心的边界时,应该注意不能取与凹进部分的周边相切的直线作为中性轴,因为这种直线显然与横截面相交。

例 10-5 一圆形截面如图10-18所示,直径为 d,试作截面核心。

解 由于圆截面对于圆心 O 是极对称的,因而,截面核心的边界对于圆心也是极对称的,即为一圆心为 O 的圆。在截面周边 y 轴上取一点 A,过该点作切线①作为中性轴,该中性轴在 y、z 两轴上的截距分别为

$$a_{y1}=\dfrac{d}{2}, \quad a_{z1}=\infty$$

而圆形截面 $i_y^2=i_z^2=\dfrac{d^2}{16}$,将以上各值代入式(10-13),即可得

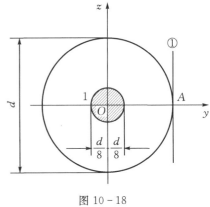

图 10-18

$$e_{y1}=-\dfrac{i_z^2}{a_{y1}}=-\dfrac{\dfrac{d^2}{16}}{\dfrac{d}{2}}=-\dfrac{d}{8}, \quad e_{z1}=-\dfrac{i_y^2}{a_{z1}}=0$$

从而可知,截面核心边界是一个以 O 为圆心、以 $\dfrac{d}{8}$ 为半径的圆,即图中带阴影的区域。

10.4 扭转与弯曲的组合

机械中的传动轴与皮带轮、齿轮或飞轮等连接,工作时受到这些零件上的力的作用,往往同时受到扭转与弯曲的联合作用。由于传动轴都是圆截面的,故以圆截面杆为例,讨论杆件发生扭转与弯曲组合变形时的强度计算。

设有一实心圆轴 AB,A 端固定,B 端连一手柄 BC,在 C 处作用一铅直方向力 F,如图 10-19(a)所示,圆轴 AB 承受扭转与弯曲的组合变形。略去自重的影响,将力 F 向 AB 轴端截面的形心 B 简化后,即可将外力分为两组,一组是作用在轴上的横向力 F,另一组为在轴端截面内的力偶矩 $M_e=Fa$(如图10-19(b)所示),前者使轴发生弯曲变形,后者使轴发生扭转变形。分别作出圆轴 AB 的弯矩图和扭矩图(如图10-19(c)和图10-19(d)所示),

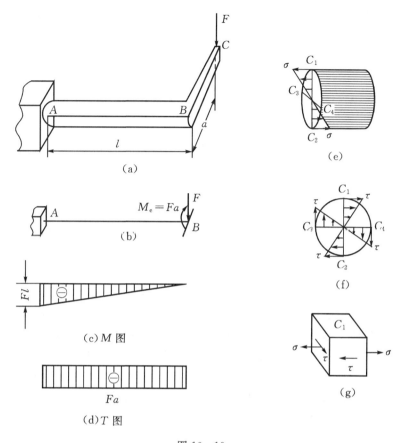

图 10-19

可见,轴的固定端截面是危险截面,其内力分量分别为

$$M = Fl, \quad T = M_e = Fa$$

在截面 A 上弯曲正应力 σ 和扭转切应力 τ 均按线性分布(如图 10-19(e)和图 10-19(f)所示)。危险截面上铅垂直径上下两端点 C_1 和 C_2 处是截面上的危险点,因在这两点上正应力和切应力均达到极大值,故必须校核这两点的强度。对于抗拉强度与抗压强度相等的塑性材料,只需取其中的一个点 C_1 来研究即可。C_1 点的弯曲正应力和扭转切应力分别为

$$\sigma = \frac{M}{W}, \quad \tau = \frac{T}{W_t} \tag{10-15}$$

对于直径为 d 的实心圆截面,抗弯截面系数与抗扭截面系数分别为

$$W = \frac{\pi d^3}{32}, \quad W_t = \frac{\pi d^3}{16} = 2W \tag{10-16}$$

围绕 C_1 点分别用横截面、径向纵截面和周向圆柱面截取单元体,可得 C_1 点处的应力状态(如图 10-19(g)所示)。显然,C_1 点处于平面应力状态,其三个主应力为

$$\left.\begin{array}{c}\sigma_1\\\sigma_3\end{array}\right\} = \frac{\sigma}{2} \pm \frac{1}{2}\sqrt{\sigma^2 + 4\tau^2}, \quad \sigma_2 = 0$$

对于用塑性材料制成的杆件,选用第三或第四强度理论来建立强度条件,即 $\sigma_r \leqslant [\sigma]$。

若用第三强度理论,则相当应力为
$$\sigma_{r3}=\sigma_1-\sigma_3=\sqrt{\sigma^2+4\tau^2} \qquad (10-17a)$$
若用第四强度理论,则相当应力为
$$\sigma_{r4}=\sqrt{\sigma_1^2+\sigma_3^2-\sigma_1\sigma_3}=\sqrt{\sigma^2+3\tau^2} \qquad (10-17b)$$
将(10-15)、(10-16)两式代入式(10-17a、b),相当应力表达式可改写为
$$\sigma_{r3}=\sqrt{\left(\frac{M}{W}\right)^2+4\left(\frac{T}{W_t}\right)^2}=\frac{\sqrt{M^2+T^2}}{W} \qquad (10-18a)$$
$$\sigma_{r4}=\sqrt{\left(\frac{M}{W}\right)^2+3\left(\frac{T}{W_t}\right)^2}=\frac{\sqrt{M^2+0.75T^2}}{W} \qquad (10-18b)$$

在求得危险截面的弯矩 M 和扭矩 T 后,就可直接利用式(10-18a、b)建立**弯矩组合强度条件**,进行强度计算。式(10-18a、b)同样适用于空心圆杆,而只需将式中的 W 改用空心圆截面的抗弯截面系数。

应该注意的是,式(10-17a、b)适用于如图 10-19(g)所示的平面应力状态,而不论正应力 σ 是由弯曲还是由其他变形引起的,不论切应力是由扭转还是由其他变形引起的,也不论正应力和切应力是正值还是负值。工程中有些杆件,如船舶推进轴,有止推轴承的传动轴等除了承受弯曲和扭转变形外,同时还受到轴向压缩(拉伸),其危险点处的正应力 σ 等于弯曲正应力与轴向拉(压)正应力之和,相当应力表达式(10-17a、b)仍然适用。但式(10-18a、b)仅适用于扭转与弯曲组合变形下的圆截面杆。

通过以上举例,对传动轴等进行静力强度计算时一般可按下列步骤进行:
(1)外力分析(确定杆件组合变形的类型);
(2)内力分析(确定危险截面的位置);
(3)应力分析(确定危险截面上的危险点);
(4)强度计算(选择适当的强度理论进行强度计算)。

例 10-6 机轴上的两个齿轮(如图 10-20(a)所示),受到切线方向的力 $P_1=5$ kN,$P_2=10$ kN 作用,轴承 A 及 D 处均为铰支座,轴的许用应力 $[\sigma]=100$ MPa,求轴所需的直径 d。

解 ① 外力分析。把 P_1 及 P_2 向机轴轴心简化成为竖向力 P_1、水平力 P_2 及力偶矩
$$M_e=P_1\times\frac{d_1}{2}=P_2\times\frac{d_2}{2}=10\times\frac{150\times10^{-3}}{2}=0.75 \text{ kN·m}$$
两个力使轴发生弯曲变形,两个力偶矩使轴在 BC 段内发生扭转变形。

②内力分析。BC 段内的扭矩为
$$T=M_e=0.75 \text{ kN·m}$$
扭矩图如图(d)所示。轴在竖向平面内因 P_1 作用而弯曲,弯矩图如图 10-20(b)所示,引起 B、C 处的弯矩分别为
$$M_{B1}=\frac{P_1(l+a)a}{l+2a}, \quad M_{C1}=\frac{P_1 a^2}{l+2a}$$
轴在水平面内因 P_2 作用而弯曲,在 B、C 处的弯矩分别为
$$M_{B2}=\frac{P_2 a^2}{l+2a}, \quad M_{C2}=\frac{P_2(l+a)a}{l+2a}$$

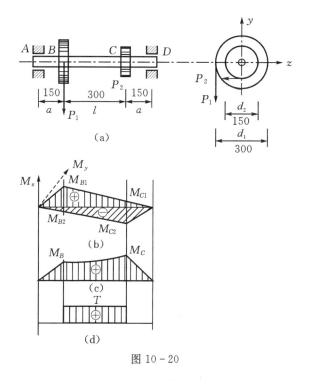

图 10-20

B、C 两个截面上的合成弯矩为

$$M_B = \sqrt{M_{B1}^2 + M_{B2}^2} = \sqrt{\frac{P_1^2(l+a)^2 a^2}{(l+2a)^2} + \frac{P_2^2 a^4}{(l+2a)^2}} = 0.676 \text{ kN·m}$$

$$M_C = \sqrt{M_{C1}^2 + M_{C2}^2} = \sqrt{\frac{P_1^2 a^4}{(l+2a)^2} + \frac{P_2^2(l+a)^2 a^2}{(l+2a)^2}} = 1.27 \text{ kN·m}$$

轴内每一截面的弯矩都由两个弯矩分量合成,且合成弯矩的作用平面各不相同,但因为圆轴的任一直径都是形心主轴,抗弯截面系数 W 都相同,所以可将各截面的合成弯矩画在同一张图内(如图 10-20(c)所示)。

③ 强度计算。

按第四强度理论建立强度条件

$$\sigma_{r4} = \frac{\sqrt{M^2 + 0.75 T^2}}{W} \leqslant [\sigma]$$

$$W = \frac{\pi d^3}{32} \geqslant \frac{\sqrt{(1.27 \times 10^3)^2 + 0.75 \times (0.75 \times 10^3)^2}}{100 \times 10^6}$$

解之得

$$d \geqslant 0.053 \text{ m} = 53 \text{ mm}$$

习 题

10-1 图示直径为 $D=50$ mm,$l=0.6$ m 圆截面钢杆,受作用在端面中心的横向载荷 $F=600$ N 及扭力偶矩为 $M_e=0.4$ kN·m 的共同作用,试按第三强度理论校核杆的强度,已知许用应力$[\sigma]=150$ MPa。

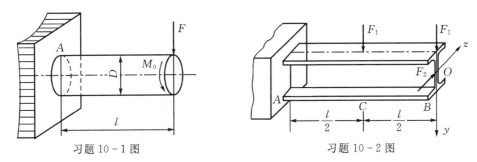

习题 10-1 图　　　　　　　　　习题 10-2 图

10-2　14号工字钢悬臂梁受力情况如图所示。已知$l=0.8$ m，$F_1=2.5$ kN，$F_2=1.0$ kN，试求危险截面上的最大正应力。

（答案：$\sigma_{max}=79.1$ MPa）

10-3　受集度为q的均布荷载作用的矩形截面简支梁，其荷载作用面与梁的纵向对称面间的夹角为$\alpha=30°$，如图所示。已知该梁材料的弹性模量$E=10$ GPa；梁的尺寸为$l=4$ m，$h=160$ mm，$b=120$ mm；许用应力$[\sigma]=12$ MPa；许用挠度$[w]=l/150$。试校核梁的强度和刚度。

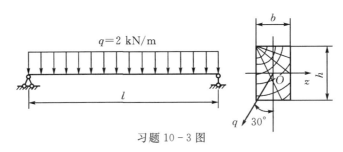

习题 10-3 图

（答案：$\sigma_{max}=11.974$ MPa$<[\sigma]$，$w_{max}=0.0202$ m$<[w]=0.0267$ m）

10-4　悬臂梁受集中力F作用如图所示。已知横截面的直径$D=120$ mm，$d=30$ mm，材料的许用应力$[\sigma]=160$ MPa。试求中性轴的位置，并按照强度条件求梁的许可荷载$[F]$。

（答案：$[F]=11.763$ kN）

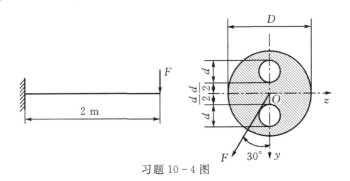

习题 10-4 图

10-5　图示一楼梯木料梁的长度$l=4$ m，截面为0.2 m$\times 0.1$ m的矩形，受均布荷载作用，$q=2$ kN/m。试作梁的轴力图和弯矩图，并求横截面上的最大拉应力与最大压应力。

($\sigma_{t,max}=5.097$ MPa；$\sigma_{c,max}=-5.297$ MPa)

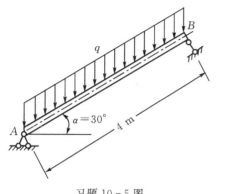

习题 10-5 图   习题 10-6 图

10-6 砖砌烟囱高 $h=30$ m,底截面 $m-m$ 的外径 $d_1=3$ m,内径 $d_2=2$ m,自重 $P_1=2000$ kN,受 $q=1$ kN/m 的风力作用。试求：

(1)烟囱底截面上的最大压应力；

(2)若烟囱的基础埋深 $h_0=4$ m,基础及填土自重按 $P_1'=1000$ kN 计算,土壤的许用压应力 $[\sigma]=0.3$ MPa,圆形基础的直径 D 应为多大？

注：计算风力时,可略去烟囱直径的变化,把它看作是等截面的。

(答案：(1) $\sigma_{c,max}=0.72$ MPa；(2) $D \geqslant 4.17$ m)

10-7 螺旋夹紧器立臂的横截面为 $a \times b$ 的矩形,如图所示。已知该夹紧器工作时承受的夹紧力 $F=16$ kN,材料的许用应力 $[\sigma]=160$ MPa,立臂厚 $a=20$ mm,偏心距 $e=140$ mm。试求立臂宽度 b。

(答案：$b=67.356$ mm)

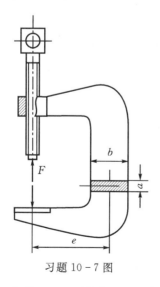   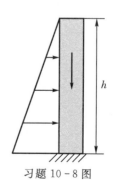

习题 10-7 图   习题 10-8 图

10-8 有一高为 1.2 m、厚为 0.3 m 的混凝土墙,浇筑于牢固的基础上,用作挡水用的小坝。试求：

(1) 当水位达到墙顶时,墙底处的最大拉应力和最大压应力(高混凝土的密度为 $2.45 \times 10^3 \text{ kN/m}^3$);

(2) 如果要求混凝土中没有拉应力,试问最大许可水深 h 为多大?

(答案:(1) $\sigma_{t,\max} = -\dfrac{G}{A} + \dfrac{M}{W_z} = 0.159$ MPa(左),$\sigma_{c,\max} = -\dfrac{G}{A} - \dfrac{M}{W_z} = -0.217$ MPa(右);

(2) $h = 0.642$ m)

10-9 受拉构件形式状如图,已知截面尺寸为 $40 \text{ mm} \times 5 \text{ mm}$,承受轴向拉力 $F = 12$ kN。现拉杆开有切口,如不计应力集中影响,当材料的 $[\sigma] = 100$ MPa 时,试确定切口的最大许可深度,并绘出切口截面的应力变化图。

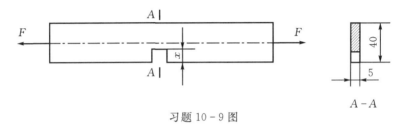

习题 10-9 图

(答案:$x = 5.25$ mm(最大值))

10-10 一圆截面杆受偏心力作用,偏心距 $e = 20$ mm,杆的直径为 70 mm,许用应力 $[\sigma]$ 为 120 MPa。试求杆的许可偏心拉力值。

(答案:$F_{\max} = 140.481$ kN)

10-11 图示一浆砌块石挡土墙,墙高 4 m,已知墙背承受的土压力 $F = 137$ kN,并且与铅垂线成夹角 $\alpha = 45.7°$,浆砌石的密度为 $2.35 \times 10^3 \text{ kg/m}^3$,其他尺寸如图所示。试取 1 m 长的墙体作为计算对象,试计算作用在截面 AB 上 A 点和 B 点处的正应力。又砌体的许用压应力 $[\sigma_c]$ 为 3.5 MPa,许用拉应力为 0.14 MPa,试作强度校核。

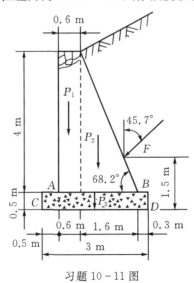

习题 10-11 图

(答案:$\sigma_A=-0.189$ MPa,$\sigma_B=-0.0153$ MPa)

10-12 试确定图示截面的截面核心边界。

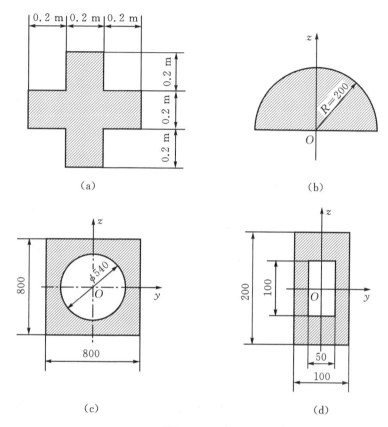

习题 10-12 图

10-13 图示矩形截面钢杆,用应变片测得其上、下表面的轴向正应变分别为 $\varepsilon_a=1.0\times10^{-3}$ 与 $\varepsilon_b=0.4\times10^{-3}$,材料的弹性模量 $E=210$ GPa。试绘横截面上的正应力分布图,并求拉力 F 及偏心距 e 的数值。

(答案:$F=18.38$ mm,$e=1.785$ mm)

习题 10-13 图

10-14 曲拐受力如图所示,其圆杆部分的直径 $d=50$ mm。试画出表示 A 点处应力状态的单元体,并求其主应力及最大切应力。

(答案:$\sigma_1=33.45$ MPa,$\sigma_2=0$,$\sigma_3=-9.97$ MPa;$\tau_{\max}=21.71$ MPa)

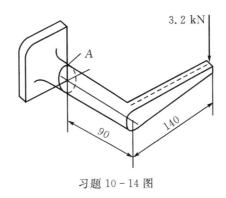

习题 10-14 图

10-15 铁道路标圆信号板，装在外径 $D=60$ mm 的空心圆柱上，所受的最大风载 $q=2$ kN/m², $[\sigma]=60$ MPa。试按第三强度理论选定空心柱的厚度。

（答案：$\delta \geqslant 2.65$ mm）

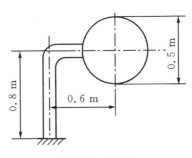

习题 10-15 图

10-16 一手摇绞车如图所示。已知轴的直径 $d=25$ mm，材料为 Q235 钢，其许用应力 $[\sigma]=80$ MPa。试用第四强度理论求绞车的最大起吊重量 P。

（答案：$P_{\max}=0.618P$）

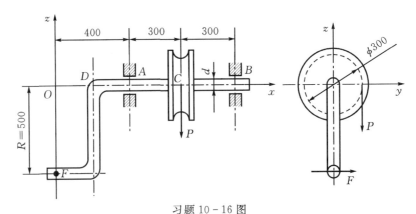

习题 10-16 图

10-17 图(a)所示的齿轮轮传动装置中，第Ⅱ轴的受力情况及尺寸如图(b)所示。轴上大齿轮 1 的半径 $r_1=85$ mm，受周向力 F_{t1} 和径向力 F_{r1} 作用，且 $F_{r1}=0.364F_{t1}$；小齿轮 2 的半径 $r_2=32$ mm，受周向力 F_{t2} 和径向力 F_{r2} 作用，且 $F_{r2}=0.364F_{t2}$。已知轴工作时传递

功率 $P=73.5$ kW,转速 $n=2000$ r/min,轴的材料为合金钢,其许用应力$[\sigma]=150$ MPa。试按第三强度理论计算轴的直径。

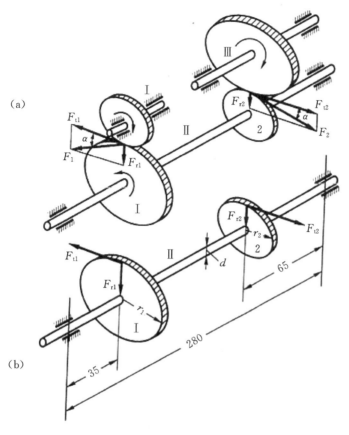

习题 10-17 图

(答案:$d \geqslant \sqrt[3]{\dfrac{5939346}{150}} = 34.1$ mm)

10-18 一框架由直径为 d 的圆截面杆组成,受力如图所示。试给出各杆危险截面上危险点处单元体的上应力状态。设 $F=56$ kN,$l=15$ cm,$d=2$ cm,$E=200$ GPa,$G=$

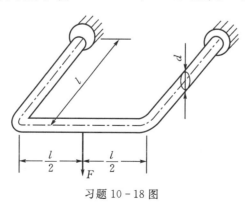

习题 10-18 图

80 GPa。

10-19 两根直径为 d 的立柱，上、下端分别与强劲的顶、底块刚性连接，并在两端承受扭转外力偶矩 M_e，如图所示。试分析杆的受力情况，绘出内力图，并写出第三强度条件的表达式。

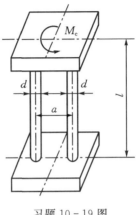

习题 10-19 图

(答案：$\sigma_{r3} = \dfrac{\sqrt{M^2 + T^2}}{W_z} \leqslant [\sigma]$，式中，杆顶端截面上 $M = -\dfrac{M_e}{2\left(\dfrac{a}{l}\right) + \dfrac{4}{3}\left(\dfrac{l}{a}\right) \cdot \dfrac{G}{E}}$，

$T = \dfrac{M_e}{2 + 3 \cdot \left(\dfrac{a}{l}\right)^2 \cdot \dfrac{E}{G}}$，$F_s = \dfrac{M_e a}{a^2 + \dfrac{2}{3}\dfrac{G}{E}l^2}$)

第11章 压杆稳定

11.1 压杆稳定性的概念

在第2章中,曾讨论过受压杆件的强度问题,并且认为只要压杆满足了强度条件,就能保证其正常工作。但是,实践与理论证明,这个结论仅对短粗的压杆才是正确的,对细长压杆不能应用上述结论,因为细长压杆丧失工作能力的原因,不是因为强度不够,而是由于出现了与强度问题截然不同的另一种失效形式,这就是本章将要讨论的压杆稳定性问题。

当短粗杆受压时(图 11-1(a)),在压力 F 由小逐渐增大的过程中,杆件始终保持原有的直线平衡形式,直到压力 F 达到屈服强度载荷 F_s(或抗压强度载荷 F_b),杆件发生强度破坏时为止。但是,如果用相同的材料,做一根与图 11-1(a)所示的同样粗细而比较长的杆件(图 11-1(b)),当压力 F 比较小时,这一较长的杆件尚能保持直线的平衡形式,而当压力 F 逐渐增大至某一数值 F_1 时,杆件将突然变弯,不再保持原有的直线平衡形式,因而丧失了承载能力。我们把受压直杆突然变弯的现象,称为**丧失稳定**或**失稳**。此时,F_1 可能远小于 F_s(或 F_b)。可见,细长杆在尚未产生强度破坏之前,就因失稳而不能正常工作。这是因为失稳后一般会发生较大变形,产生很大的附加内力而使构件发生破坏。

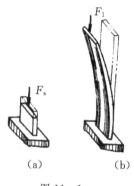

图 11-1

失稳现象并不限于压杆,例如狭长的矩形截面梁,在横向载荷作用下,会出现侧向弯曲和绕轴线的扭转(图 11-2);受外压作用的圆柱形薄壳,当外压过大时,其形状可能突然变成椭圆(图 11-3);圆环形拱受径向均布压力时,也可能产生失稳(图 11-4),而使拱轴线形状发生较大改变。本章中,我们只研究受压杆件的稳定性。

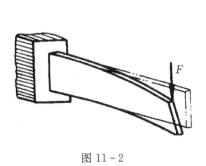

图 11-2

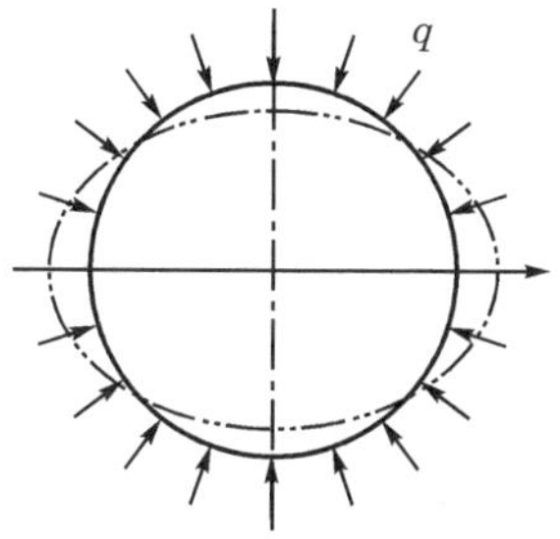

图 11-3

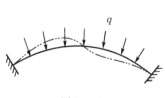

图 11-4

为了理解稳定性的概念,我们借助于刚性小球处于三种平衡状态的情况来形象地加以说明。

第一种状态,小球在凹面内的最低点 O 点处于平衡状态,如图 11-5(a)所示。先用外加干扰力使其偏离原有的平衡位置,然后再把干扰力去掉,小球能回到原来的平衡位置。因此,我们称小球原有的平衡状态为稳定平衡。

第二种状态,小球在凸面上的最高点 O 点处于平衡状态,如图 11-5(c)所示。当用外加干扰力使其偏离原有的平衡位置后,小球将继续下滚,不再回到原来的平衡位置。因此,我们称小球原有的平衡状态为不稳定平衡。

第三种状态,小球在平面上的 O 点处于平衡状态,如图 11-5(b)所示,当用外加干扰力使其偏离原有的平衡位置后,把干扰力去掉后,小球将在新的位置 O_1 再次处于平衡,既没有恢复原位的趋势,也没有继续偏离的趋势。因此,我们称小球原有的平衡状态为随遇平衡。

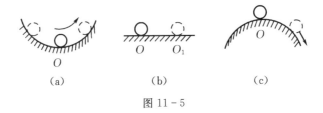

图 11-5

压杆的稳定性是指杆件保持原有直线平衡形式的能力。理论分析中的压杆是理想中心受压直杆,也就是其轴线绝对直,受到的压力严格通过轴线。从理论上说,这样的压杆没有外界干扰是不会自行弯曲的。为了判别原有平衡状态的稳定性,必须使压杆偏离其原有的平衡位置。因此,在研究压杆稳定时,我们也用一微小横向干扰力使处于直线平衡状态的压杆偏离原有的位置,如图 11-6(a)所示。当轴向压力 F 由小变大的过程中,可以观察到:

(1)当压力值 F_1 较小时,给其一横向干扰力,杆件偏离原来的平衡位置。若去掉横向干扰力后,压杆将在直线平衡位置左右摆动,最终将恢复到原来的直线平衡位置,如图 11-6(b)所示。所以,该杆原有直线平衡状态是**稳定平衡**。

(2)当压力值 F_2 超过其一限度 F_{cr} 时,平衡状态的性质发生了质变。这时,只要有一轻微的横向干扰,压杆就会继续弯曲,去掉横向干挠力后,压杆也不再恢复原直线平衡,如图 11-6(d)所示。因此,该杆原有直线平衡状态是**不稳定平衡**。

(3)界于前二者之间,存在着一种临界状态。当压力值正好等于 F_{cr} 时,一旦去掉横向干扰力,压杆将在微弯状态下达到新的平衡,既不恢复原状,也不再继续弯曲,如图 11-6(c)所

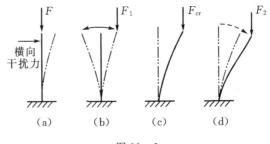

图 11-6

示。因此,该杆原有直线平衡状态是**随遇平衡**,该状态又称为临界状态。

临界状态是杆件从稳定平衡向不稳定平衡转化的极限状态。压杆处于临界状态时的轴向压力称为临界力或**临界载荷**,用 F_{cr} 表示。

由上述可知,压杆的原有直线平衡状态是否稳定,与所受轴向压力大小有关。当轴向压力达到临界力时,压杆即向失稳过渡。所以,对于压杆稳定性的研究,关键在于确定压杆的临界力。

这里,我们要区分压杆失稳和实际工程中的压杆受压变弯两种现象的本质区别。工程实际中的受压杆件,由于存在初始曲率和压力偏心等原因,受压时横截面产生附加弯矩,发生弯曲。而失稳是指横向干挠的作用下,平衡状态的突变,由直线平衡过渡到曲线平衡,失稳也称为屈曲。

11.2 两端铰支细长压杆的临界力

图 11-7(a)为一两端为球形铰支的细长压杆,现推导其临界压力公式。

根据前节的讨论,轴向压力到达临界力时,压杆的直线平衡状态将由稳定转变为不稳定。在微小横向干扰力解除后,它将在微弯状态下保持平衡。因此,可以认为能够保持压杆在微弯状态下平衡的最小轴向压力,即为临界力。

选取坐标系如图 11-7(a)所示,假想沿任意截面将压杆截开,保留部分如图 11-7(b)所示。由保留部分的平衡得

$$M(x) = -F_{cr}w \quad (11-1)$$

在式(11-1)中,轴向压力 F_{cr} 取绝对值。这样,在图示的坐标系中弯矩 M 与挠度 w 的符号总相反,故式(11-1)中加了一个负号。当杆内应力不超过材料比例极限时,根据挠曲线近似微分方程有

$$\frac{d^2w}{dx^2} = \frac{M(x)}{EI} = -\frac{F_{cr}w}{EI} \quad (11-2)$$

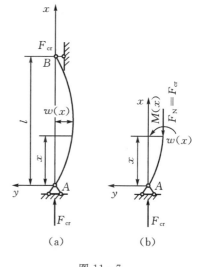

图 11-7

由于两端是球铰支座,它对端截面在任何方向的转角都没有限制。因而,杆件的微小弯曲变形一定发生于抗弯能力最弱的纵向平面内,所以上式中的 I 应该是横截面的最小惯性矩。令

$$k^2 = \frac{F_{cr}}{EI} \quad (11-3)$$

式(11-2)可改写为

$$\frac{d^2w}{dx^2} + k^2w = 0 \quad (11-4)$$

此微分方程的通解为

$$w = C_1 \sin kx + C_2 \cos kx \quad (11-5)$$

式中 C_1、C_2 为积分常数。由压杆两端铰支这一边界条件

$$x=0, \quad w=0 \tag{11-6a}$$

$$x=l, \quad w=0 \tag{11-6b}$$

将式(11-6a)代入式(11-5)，得 $C_2=0$，于是

$$w=C_1\sin kx \tag{11-7}$$

式(11-6b)代入式(11-7)，有

$$C_1\sin kl=0 \tag{11-8}$$

在式(11-8)中，积分常数 C_1 不能等于零，否则将使有 $w\equiv0$，这意味着压杆处于直线平衡状态，与事先假设压杆处于微弯状态相矛盾，所以只能有

$$\sin kl=0 \tag{11-9}$$

由式(11-9)解得 $kl=n\pi(n=0,1,2,\cdots)$

$$k=\frac{n\pi}{l} \tag{11-10}$$

则

$$k^2=\frac{n^2\pi^2}{l^2}=\frac{F_{cr}}{EI}$$

或

$$F_{cr}=\frac{n^2\pi^2 EI}{l^2} \quad (n=0,1,2,\cdots) \tag{11-11}$$

因为 n 可取 $0,1,2,\cdots$ 中任一个整数，所以式(11-11)表明，使压杆保持曲线形态平衡的压力，在理论上是多值的。而这些压力中，使压杆保持微小弯曲的最小压力，才是临界力。取 $n=0$，没有意义，只能取 $n=1$。于是得两端铰支细长压杆临界力公式

$$F_{cr}=\frac{\pi^2 EI}{l^2} \tag{11-12}$$

式(11-12)又称为**欧拉公式**。

在此临界力作用下，$k=\dfrac{\pi}{l}$，则式(11-7)可写成

$$w=C_1\sin\frac{\pi x}{l} \tag{11-13}$$

可见，两端铰支细长压杆在临界力作用下处于微弯状态时的挠曲线是条半波正弦曲线。将 $x=\dfrac{l}{2}$ 代入式(11-13)，可得压杆跨长中点处挠度，即压杆的最大挠度

$$w_{x=\frac{l}{2}}=C_1\sin\frac{\pi}{l}\frac{l}{2}=C_1=w_{\max} \tag{11-14}$$

C_1 是任意微小位移值。C_1 之所以没有一个确定值，是因为式(11-2)中采用了挠曲线的近似微分方程式。如果采用挠曲线的精确微分方程式

$$\frac{d\theta}{ds}=\frac{-M(x)}{EI}=\frac{-F_{cr}w}{EI} \tag{11-15}$$

将上式两边对 s 取导数，并注意到 $\dfrac{dw}{ds}=\sin\theta$，其中 θ 为挠曲线的转角，则有

$$\frac{d^2\theta}{ds^2} = \frac{-F_{cr}}{EI}\sin\theta \qquad (11-16)$$

由上式可解得挠曲线中点的挠度 C_1 与压力 F 之间的近似关系式为

$$C_1 = \frac{2\sqrt{2}l}{\pi}\sqrt{\frac{F}{F_{cr}}-1}\left[1-\frac{1}{2}\left(\frac{F}{F_{cr}}-1\right)\right] \qquad (11-17)$$

这就是最大挠度 w_{max} 与压力 F 之间的理论关系,式(11-17)可用图 11-8 的 OAB 曲线表示,切线在 A 点的切线是水平的。此曲线表明,当压力小于临界力 F_{cr} 时,F 与挠度 w_{max} 之间的关系是直线 OA,说明压杆一直保持直线平衡状态。当压力超过临界力 F_{cr} 时,压杆在微弯平衡形态下,压力与挠度 w_{max} 间存在一一对应的关系,压杆挠度随压力急剧增加。

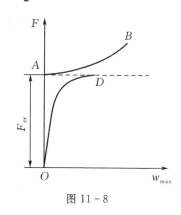

图 11-8

在以上讨论中,假设压杆轴线是理想直线,压力 F 是轴向压力,压杆材料均匀连续。但工程实际中的压杆的轴线难以避免有一些初弯曲,压力也无法保证没有偏心,材料也经常有不均匀或存在缺陷的情况。实际压杆的这些与理想压杆不符的因素,就相当于作用在杆件上的压力有一个微小的偏心距 e。试验结果表明,实际压杆的 F 与 w_{max} 的关系如图 11-8 中的曲线 OD 表示,偏心距愈小,曲线 OD 愈靠近 OAB。

11.3 不同杆端约束细长压杆的临界力

压杆临界力公式(11-13)是在两端铰支的情况下推导出来的。由推导过程可知,临界力与约束有关。约束条件不同,压杆的临界力也不相同,即杆端的约束对临界力有影响。但是,不论杆端具有怎样的约束条件,都可以仿照两端铰支临界力的推导方法求得其相应的临界力计算公式,这里不详细讨论,仅用类比的方法导出几种常见约束条件下压杆的临界力计算公式。

1. 一端固定另一端自由细长压杆的临界力

图 11-9 为一端固定另一端自由的压杆。当压杆处于临界状态时,它在曲线形式下保持平衡。将挠曲线 AB 对称于固定端 A 向下延长,如图中假想线 AC 所示。延长后挠曲线是一条半波正弦曲线,与 11.2 节中两端铰支细长压杆的挠曲线一样。所以,对于一端固定另一端自由且长为 l 的压杆,其临界力等于两端铰支长为 $2l$ 的压杆的临界力,即

$$F_{cr} = \frac{\pi^2 EI}{(2l)^2} \qquad (11-18a)$$

2. 两端固定细长压杆的临界力

在这种杆端约束条件下,挠曲线如图 11-10 所示。该曲线的两个拐点 C 和 D 分别在距上、下端为 $\frac{l}{4}$ 处。居于中间的 $\frac{l}{2}$ 长度内,挠曲线是半波正弦曲线。所以,对于两端固定且长为 l 的压杆,其临界力等于两端铰支长为 $\frac{l}{2}$ 的压

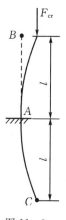

图 11-9

杆的临界力，即

$$F_{cr} = \frac{\pi^2 EI}{\left(\dfrac{l}{2}\right)^2} \tag{11-18b}$$

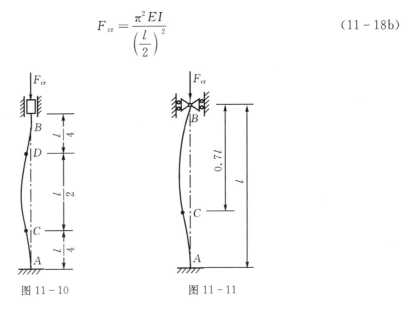

图 11-10   图 11-11

3. 一端固定另一端铰支细长压杆的临界力

在这种杆端约束条件下，挠曲线形状如图 11-11 所示。在距铰支端 B 为 $0.7l$ 处，该曲线有一个拐点 C。因此，在 $0.7l$ 长度内，挠曲线是一条半波正弦曲线。所以，对于一端固定另一端铰支且长为 l 的压杆，其临界力等于两端铰支长为 $0.7l$ 的压杆的临界力，即

$$F_{cr} = \frac{\pi^2 EI}{(0.7l)^2} \tag{11-18c}$$

综上所述，只要引入相当长度的概念，将压杆的实际长度转化为相当长度，便可将任何杆端约束条件的临界力统一写

$$F_{cr} = \frac{\pi^2 EI}{(\mu l)^2} \tag{11-19}$$

此式称为欧拉公式的一般形式。由式（11-19）可见，杆端约束对临界力的影响表现在系数 μ 上，称 μ 为**长度系数**，μl 为压杆的**相当长度**，表示把长为 l 的压杆折算成两端铰支压杆后的长度。几种常见约束情况下的长度系数 μ 列入表 11-1 中。

表 11-1 压杆的长度系数 μ

压杆的约束条件	长度系数
两端铰支	$\mu = 1$
一端固定，另一端自由	$\mu = 2$
两端固定	$\mu = 1/2$
一端固定，另一端铰支	$\mu \approx 0.7$

表 11-1 中所列的只是几种典型情况，实际问题中压杆的约束情况可能更复杂，对于这些复杂约束的长度系数可以从有关设计手册中查得。

11.4 欧拉公式的适用范围和经验公式

11.4.1 临界应力和柔度

将式(11-19)的两端同时除以压杆横截面面积 A，得到的应力称为压杆的临界应力 σ_{cr}

$$\sigma_{cr} = \frac{F_{cr}}{A} = \frac{\pi^2 EI}{(\mu l)^2 A} \tag{11-20}$$

引入截面的**惯性半径** i

$$i^2 = \frac{I}{A} \tag{11-21}$$

将上式代入式(11-20)，得

$$\sigma_{cr} = \frac{\pi^2 E}{\left(\dfrac{\mu l}{i}\right)^2}$$

若令

$$\lambda = \frac{\mu l}{i} \tag{11-22}$$

则有

$$\sigma_{cr} = \frac{\pi^2 E}{\lambda^2} \tag{11-23}$$

式(11-23)就是计算压杆临界应力的公式，是欧拉公式的另一表达形式。式中，$\lambda = \dfrac{\mu l}{i}$ 称为压杆的**柔度**或**长细比**，它集中反映了压杆的长度、约束条件、截面尺寸和形状等因素对临界应力的影响。从式(11-23)可以看出，压杆的临界应力与柔度的平方成反比，柔度越大，则压杆的临界应力越低，压杆越容易失稳。因此，在压杆稳定问题中，柔度 λ 是一个很重要的参数。

11.4.2 欧拉公式的适用范围

在推导欧拉公式时，曾使用了弯曲时挠曲线近似微分方程式 $\dfrac{d^2 w}{d x^2} = \dfrac{M(x)}{EI}$，而这个方程是建立在材料服从胡克定律基础上的。试验已证实，当临界应力不超过材料比例极限 σ_p 时，由欧拉公式得到的理论曲线与试验曲线十分相符，而当临界应力超过 σ_p 时，两条曲线随着柔度减小相差得越来越大（如图 11-12 所示）。这说明欧拉公式只有在临界应力不超过材料比例极限时才适用，即

$$\sigma_{cr} = \frac{\pi^2 E}{\lambda^2} \leqslant \sigma_p \quad \text{或} \quad \lambda \geqslant \pi\sqrt{\frac{E}{\sigma_p}} \tag{11-24}$$

若用 λ_p 表示对应于临界应力等于比例极限 σ_p 时的柔度值，则

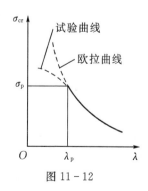

图 11-12

$$\lambda_p = \pi\sqrt{\frac{E}{\sigma_p}} \qquad (11-25)$$

λ_p 仅与压杆材料的弹性模量 E 和比例极限 σ_p 有关。例如,对于常用的 Q235 钢,$E=200$ GPa,$\sigma_p=200$ MPa,代入式(11-25),得

$$\lambda = \pi\sqrt{\frac{200\times 10^9}{200\times 10^6}} = 99.3$$

从以上分析可以看出:当 $\lambda \geqslant \lambda_p$ 时,$\sigma_{cr} \leqslant \sigma_p$,这时才能应用欧拉公式来计算压杆的临界力或临界应力。满足 $\lambda \geqslant \lambda_p$ 的压杆称为细长杆或大柔度杆。

11.4.3 中柔度压杆的临界应力公式

在工程中常用的压杆,其柔度往往小于 λ_p。实验结果表明,这种压杆丧失承载能力的原因仍然是失稳。但此时临界应力 σ_{cr} 已大于材料的比例极限 σ_p,欧拉公式已不适用,这是超过材料比例极限压杆的稳定问题。对于这类失稳问题,曾进行过许多理论和实验研究工作,得出理论分析的结果。但工程中对这类压杆的计算,一般使用以试验结果为依据的经验公式。在这里我们介绍两种经常使用的经验公式:直线公式和抛物线公式。

1. 直线公式

把临界应力与压杆的柔度表示成如下的线性关系。

$$\sigma_{cr} = a - b\lambda \qquad (11-26)$$

式中 a、b 是与材料性质有关的系数,可以查相关手册得到,部分材料的 a、b 值如表 11-2 所示。由式(11-26)可见,临界应力 σ_{cr} 随着柔度 λ 的减小而增大。

表 11-2 部分材料的 a、b 值

材料(σ_b、σ_s 的单位为 MPa)		a/MPa	b/MPa
Q235 钢	$\sigma_b \geqslant 372$ $\sigma_s = 235$	304	1.12
优质碳钢	$\sigma_b \geqslant 471$ $\sigma_s = 306$	461	2.568
硅钢	$\sigma_b \geqslant 510$ $\sigma_s = 353$	578	4.744
铬钼钢		980.7	5.296
铸铁		332.2	1.454
强铝		373	2.15
松木		28.7	0.19

必须指出,直线公式虽然是以 $\lambda < \lambda_p$ 的压杆建立的,但绝不能认为凡是 $\lambda < \lambda_p$ 的压杆都可以应用直线公式。因为当 λ 值很小时,按直线公式求得的临界应力较高,可能早已超过了材料的屈服强度 σ_s 或抗压强度 σ_b,这是杆件强度条件所不允许的。因此,只有在临界应力 σ_{cr} 不超过屈服强度 σ_s(或抗压强度 σ_b)时,直线公式才能适用。若以塑性材料为例,它的应用

条件可表示为

$$\sigma_{cr} = a - b\lambda \leqslant \sigma_s \quad \text{或} \quad \lambda \geqslant \frac{a-\sigma_s}{b}$$

若用 λ_s 表示对应于 σ_s 时的柔度值,则

$$\lambda_s = \frac{a-\sigma_s}{b} \tag{11-27}$$

这里,柔度值 λ_s 是直线公式成立时压杆柔度 λ 的最小值,它仅与材料有关。对 Q235 钢来说,$\sigma_s = 235$ MPa,$a = 304$ MPa,$b = 1.12$ MPa。将这些数值代入式(11-27),得

$$\lambda_s = \frac{304-235}{1.12} = 61.6$$

当压杆的柔度 λ 值满足 $\lambda_s \leqslant \lambda < \lambda_p$ 条件时,临界应力用直线公式计算,这样的压杆被称为中柔度杆或中长杆。

2. 抛物线公式

把临界应力 σ_{cr} 与柔度 λ 的关系表示为如下形式

$$\sigma_{cr} = \sigma_s \left[1 - a \left(\frac{\lambda}{\lambda_c} \right)^2 \right] \quad (\lambda \leqslant \lambda_c) \tag{11-28}$$

式中 σ_s 是材料的屈服强度,a 是与材料性质有关的系数,λ_c 是欧拉公式与抛物线公式适用范围的分界柔度,对低碳钢和低锰钢,$a \approx 0.43$

$$\lambda_c = \pi \sqrt{\frac{E}{0.57\sigma_s}} \tag{11-29}$$

11.4.4　小柔度压杆

当压杆的柔度 λ 满足 $\lambda < \lambda_s$ 条件时,这样的压杆称为小柔度杆或短粗杆。实验证明,小柔度杆主要是由于应力达到材料的屈服强度 σ_s(或抗压强度 σ_b)而发生破坏,破坏时很难观察到失稳现象。这说明小柔度杆是由于强度不足而引起破坏的,应当以材料的屈服强度或抗压强度作为极限应力,这属于第 2 章所研究的受压直杆的强度计算问题。若形式上也作为稳定问题来考虑,则可将材料的屈服强度 σ_s(或抗压强度 σ_b)看作临界应力 σ_{cr},即

$$\sigma_{cr} = \sigma_s (\text{或 } \sigma_b)$$

11.4.5　临界应力总图

综上所述,压杆的临界应力随着压杆柔度变化情况可用图 11-13 的曲线表示,该曲线是采用直线公式的临界应力总图,总图说明如下:

(1)当 $\lambda \geqslant \lambda_p$ 时,是细长杆,存在材料比例极限内的稳定性问题,临界应力用欧拉公式计算。

(2)当 λ_s(或 λ_b)$< \lambda < \lambda_p$ 时,是中长杆,存在超过比例极限的稳定问题,临界应力用直线或抛物线公式计算。

(3)当 $\lambda < \lambda_s$(或 λ_b)时,是短粗杆,不存在稳定性问题,只有强度问题,临界应力就是屈服强度 σ_s 或抗压强度 σ_b。

由图 11-13 还可以看到,随着柔度的增大,压杆的破坏性质由强度破坏逐渐向失稳破

坏转化。

由式(11-23)和式(11-28),可以绘出采用抛物线公式时的临界应力总图,如图11-14所示。

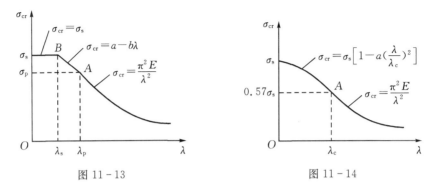

图 11-13　　　　　　　　　　图 11-14

11.5　压杆稳定性计算

从上节可知,对于不同柔度的压杆总可以计算出它的临界应力,将临界应力乘以压杆横截面面积,就得到临界力。值得注意的是,因为临界力是由压杆整体变形决定的,局部削弱(如开孔、槽等)对杆件整体变形影响很小,所以计算临界应力或临界力时可采用未削弱前的横截面面积 A 和惯性矩 I。

压杆的临界力 F_{cr} 与压杆实际承受的轴向压力 F 之比值,为压杆的**工作安全系数** n,它表明了压杆实际压力与临界压力的接近程度,它应该不小于规定的**稳定安全系数** n_{st},比值越大,说明实际压力离临界值越远,压杆越安全。因此压杆的**稳定工作条件**为

$$n = \frac{F_{cr}}{F} \geqslant n_{st} \tag{11-30}$$

由稳定性条件便可对压杆稳定性进行计算,在工程中主要是稳定性校核。通常,n_{st} 规定得比强度安全系数高,原因是一些难以避免的因素(例如压杆的初弯曲、材料不均匀、压力偏心以及支座缺陷等)对压杆稳定性影响远远超过对强度的影响。

式(11-30)是用安全系数形式表示的稳定性条件,在工程中还可以用应力形式表示稳定性条件

$$\sigma = \frac{F}{A} \leqslant [\sigma]_{st} \tag{11-31}$$

其中

$$[\sigma]_{st} = \frac{\sigma_{cr}}{n_{st}} \tag{11-32}$$

式中 $[\sigma]_{st}$ 为稳定许用应力。由于临界应力 σ_{cr} 随压杆的柔度而变,而且对不同柔度的压杆又规定不同的稳定安全系数 n_{st},所以,$[\sigma]_{st}$ 是柔度 λ 的函数。在某些结构设计中,常常把材料的强度许用应力 $[\sigma]$ 乘以一个小于1的系数 φ 作为稳定许用应力 $[\sigma]_{st}$,即

$$[\sigma]_{st} = \varphi [\sigma] \tag{11-33}$$

式中 φ 称为**折减系数**。因为 $[\sigma]_{st}$ 是柔度 λ 的函数,所以 φ 也是 λ 的函数,且总有 $\varphi < 1$。几

种常用材料压杆的折减系数列于表 11-3 中,引入折减系数后,式(11-31)可写为

$$\sigma = \frac{F}{A} \leqslant \varphi [\sigma] \tag{11-34}$$

表 11-3 Q235 钢 a 类截面中心受压杆件的折减系数 φ

λ	0	1.0	2.0	3.0	4.0	5.0	6.0	7.0	8.0	9.0
0	1.000	1.000	1.000	1.000	0.999	0.999	0.998	0.998	0.997	0.996
10	0.995	0.994	0.993	0.992	0.991	0.989	0.988	0.986	0.985	0.983
20	0.981	0.979	0.977	0.976	0.974	0.972	0.970	0.968	0.966	0.964
30	0.963	0.961	0.959	0.957	0.955	0.952	0.950	0.948	0.946	0.944
40	0.941	0.939	0.937	0.934	0.932	0.929	0.927	0.924	0.921	0.919
50	0.916	0.913	0.910	0.907	0.904	0.900	0.897	0.894	0.890	0.886
60	0.883	0.879	0.875	0.871	0.867	0.863	0.858	0.851	0.849	0.844
70	0.830	0.834	0.829	0.824	0.818	0.813	0.807	0.801	0.795	0.789
80	0.788	0.776	0.770	0.763	0.757	0.750	0.743	0.736	0.728	0.721
90	0.714	0.706	0.699	0.691	0.684	0.676	0.668	0.661	0.653	0.645
100	0.638	0.630	0.622	0.615	0.607	0.600	0.592	0.585	0.577	0.570
110	0.563	0.555	0.548	0.541	0.534	0.527	0.520	0.514	0.507	0.500
120	0.494	0.488	0.481	0.475	0.469	0.463	0.457	0.451	0.445	0.440
130	0.434	0.429	0.423	0.418	0.412	0.407	0.402	0.397	0.392	0.387
140	0.383	0.378	0.373	0.369	0.364	0.360	0.356	0.351	0.347	0.343
150	0.339	0.335	0.331	0.327	0.323	0.320	0.316	0.312	0.309	0.305
160	0.302	0.298	0.295	0.292	0.289	0.285	0.282	0.279	0.276	0.273
170	0.270	0.267	0.264	0.262	0.259	0.256	0.253	0.251	0.248	0.246
180	0.243	0.241	0.238	0.236	0.233	0.231	0.229	0.226	0.224	0.222
190	0.220	0.218	0.215	0.213	0.211	0.209	0.207	0.205	0.203	0.201
200	0.199	0.198	0.196	0.194	0.192	0.190	0.189	0.187	0.185	0.183
210	0.182	0.180	0.179	0.177	0.175	0.174	0.172	0.171	0.169	0.168
220	0.166	0.165	0.164	1.162	0.161	0.159	0.158	0.157	0.155	0.154
230	0.153	0.152	0.150	0.149	0.148	0.147	0.146	0.144	0.143	0.142
240	0.141	0.140	0.139	0.138	0.136	0.135	0.134	0.133	0.132	0.131
250	0.130									

例 11-1 图 11-15 为一用 20a 工字钢制成的压杆,材料为 Q235 钢,$E = 200$ GPa,$\sigma_p = 200$ MPa,压杆长度 $l = 5$ m,$F = 200$ kN。若 $n_{st} = 2$,试校核压杆的稳定性。

解 ① 计算 λ。

由附录中的型钢表查得 $i_y = 2.12$ cm,$i_z = 8.51$ cm,$A = 35.5$ cm^2。压杆在 i 最小的纵向

平面内抗弯刚度最小,柔度最大,临界应力将最小。因而压杆失稳一定发生在压杆 $\lambda_{\max}$ 的纵向平面内

$$\lambda_{\max} = \frac{\mu l}{i_y} = \frac{0.5 \times 5}{2.12 \times 10^{-2}} = 117.9$$

②计算临界应力,校核稳定性。

$$\lambda_p = \pi \sqrt{\frac{E}{\sigma_p}} = \pi \sqrt{\frac{200 \times 10^9}{200 \times 10^6}} = 99.3$$

因为 $\lambda_{\max} > \lambda_p$,此压杆属细长杆,要用欧拉公式来计算临界应力

$$\sigma_{cr} = \frac{\pi^2 E}{\lambda_{\max}^2} = \frac{\pi^2 \times 200 \times 10^3}{117.9^2} \text{ MPa} = 142 \text{ MPa}$$

$$F_{cr} = A \sigma_{cr} = 35.5 \times 10^{-4} \times 142 \times 10^6$$
$$= 504.1 \times 10^3 \text{ N} = 504.1 \text{ kN}$$

$$n = \frac{F_{cr}}{F} = \frac{504.1}{200} = 2.57 > n_{st}$$

所以此压杆稳定。

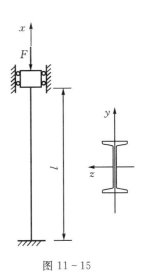

图 11-15

例 11-2 如图 11-16 所示连杆,材料为 Q235 钢,其弹性模量 $E = 200$ MPa,比例极限 $\sigma_p = 200$ MPa,屈服极限 $\sigma_s = 235$ MPa,承受轴向压力 $F = 110$ kN。若 $n_{st} = 3$,试校核连杆的稳定性。

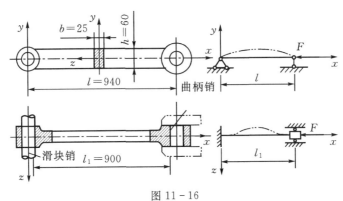

图 11-16

解 根据图 11-16 中连杆端部约束情况,在 xy 纵向平面内可视为两端铰支;在 xz 平面内可视为两端固定约束。又因压杆为矩形截面,所以 $I_y \neq I_z$。

根据上面的分析,首先应分别算出杆件在两个平面内的柔度,以判断此杆将在哪个平面内失稳,然后再根据柔度值选用相应的公式来计算临界力。

①计算 λ。

在 xy 纵向平面内,$\mu = 1$,z 轴为中性轴

$$i_z = \sqrt{\frac{I_z}{A}} = \frac{h}{2\sqrt{3}} = \frac{6}{2\sqrt{3}} = 1.732 \text{ cm}$$

$$\lambda_z = \frac{\mu l}{i_z} = \frac{1 \times 94}{1.732} = 54.3$$

在 xz 纵向平面内，$\mu=0.5$，y 轴为中性轴

$$i_y = \sqrt{\frac{I_y}{A}} = \frac{b}{2\sqrt{3}} = \frac{2.5}{2\sqrt{3}} = 0.722 \text{ cm}$$

$$\lambda_y = \frac{\mu l}{i_y} = \frac{0.5 \times 90}{0.722} = 62.3$$

$\lambda_y > \lambda_z$，$\lambda_{\max} = \lambda_y = 62.3$。连杆若失稳必发生在 xz 纵向平面内。

② 计算临界力，校核稳定性。

$$\lambda_p = \pi\sqrt{\frac{E}{\sigma_p}} = \pi\sqrt{\frac{200 \times 10^9}{200 \times 10^6}} \approx 99.3$$

$\lambda_{\max} < \lambda_p$，该连杆不属细长杆，不能用欧拉公式计算其临界力。这里采用直线公式，查表 11-2，Q235 钢的 $a=304$ MPa，$b=1.12$ MPa，则

$$\lambda_s = \frac{a - \sigma_s}{b} = \frac{304 - 235}{1.12} = 61.6$$

$\lambda_s < \lambda_{\max} < \lambda_p$，属中柔度杆，因此

$$\sigma_{cr} = a - b\lambda_{\max} = 304 - 1.12 \times 62.3 = 234.2 \text{ MPa}$$

$$F_{cr} = A\sigma_{cr} = 6 \times 2.5 \times 10^{-4} \times 234.2 \times 10^3 = 351.3 \text{ kN}$$

$$n_{st} = \frac{F_{cr}}{F} = \frac{351.3}{110} = 3.2 > [n]_{st}$$

该连杆稳定。

例 11-3 螺旋千斤顶如图 11-17 所示。起重丝杠内径 $d=5.2$ cm，最大长度 $l=50$ cm。材料为 Q235 钢，$E=200$ GPa，$\sigma_s=240$ MPa，千斤顶起重量 $F=100$ kN。若 $n_{st}=3.5$，试校核丝杠的稳定性。

解 ① 计算 λ。

丝杠可简化为下端固定，上端自由的压杆

$$i = \sqrt{\frac{I}{A}} = \sqrt{\frac{\pi d^4/64}{\pi d^2/4}} = \frac{d}{4}$$

$$\lambda = \frac{\mu l}{i} = \frac{4\mu l}{d} = \frac{4 \times 2 \times 50}{5.2} \approx 77$$

② 计算 F_{cr}，校核稳定性。

$$\lambda_c = \pi\sqrt{\frac{E}{0.57\sigma_s}} = \pi\sqrt{\frac{200 \times 10^9}{0.57 \times 240 \times 10^6}} \approx 120$$

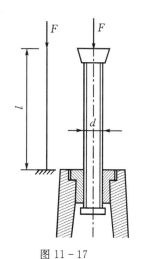

图 11-17

$\lambda < \lambda_c$，采用抛物线公式计算临界应力

$$\sigma_{cr} = \sigma_s\left[1 - a\left(\frac{\lambda}{\lambda_c}\right)^2\right] = 240 \times \left[1 - 0.43 \times \left(\frac{77}{120}\right)^2\right] = 197.5 \text{ MPa}$$

$$F_{cr} = A\sigma_{cr} = \frac{\pi \times 5.2^2 \times 10^{-4}}{4} \times 197.5 \times 10^3 = 419.5 \text{ kN}$$

$$n_{st} = \frac{F_{cr}}{F} = \frac{419.5}{100} = 4.2 > [n]_{st}$$

千斤顶的丝杠稳定。

例 11-4 某液压缸活塞杆承受轴向压力作用。已知活塞直径 $D=65$ mm，油压 $p=1.2$ MPa。活塞杆长度 $l=1250$ mm，两端视为铰支，材料为碳钢，$\sigma_p=220$ MPa，$E=210$ GPa。取 $[n]_{st}=6$，试设计活塞直径 d。

解 ① 计算 F_{cr}。

活塞杆承受的轴向压力

$$F=\frac{\pi}{4}D^2p=\frac{\pi}{4}(65\times10^{-3})^2\times1.2\times10^6=3982 \text{ N}$$

活塞杆工作时不失稳所应具有的临界力值为

$$F_{cr}\geqslant n_{st}F=6\times3982=23892 \text{ N}$$

② 设计活塞杆直径。

因为直径未知，无法求出活塞杆的柔度，不能判定用怎样的公式计算临界力。为此，在计算时可先按欧拉公式计算活塞杆直径，然后再检查是否满足欧拉公式的条件

$$F_{cr}=\frac{\pi^2EI}{(\mu l)^2}=\frac{\pi^2E\frac{\pi d^4}{64}}{l^2}\geqslant23892 \text{ N}$$

$$d\geqslant\sqrt[4]{\frac{64\times23892\times1.25^2}{\pi^3\times210\times10^9}}=0.0246 \text{ m}$$

可取 $d=25$ mm，然后检查是否满足欧拉公式的条件

$$\lambda=\frac{\mu l}{i}=\frac{4\mu l}{d}=\frac{4\times1250}{25}=200$$

$$\lambda_p=\pi\sqrt{\frac{E}{\sigma_p}}=\pi\sqrt{\frac{210\times10^9}{220\times10^6}}\approx97$$

由于 $\lambda>\lambda_p$，所以用欧拉公式计算是正确的。

例 11-5 简易吊车摇臂如图 11-18 所示，两端铰接的 AB 杆由钢管制成，材料为 Q235 钢，其强度许用应力 $[\sigma]=140$ MPa，试校核 AB 杆的稳定性。

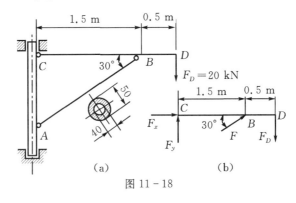

图 11-18

解 ① 求 AB 杆所受轴向压力，由平衡方程

$$\sum M_C=0,\quad F\times1500\times\sin30°-2000F_D=0$$

得

$$F=53.3 \text{ kN}$$

② 计算 λ。

$$i = \sqrt{\frac{I}{A}} = \frac{1}{4}\sqrt{D^2+d^2} = \frac{1}{4} \times \sqrt{50^2+40^2} = 16 \text{ mm}$$

$$\lambda = \frac{\mu l}{i} = \frac{1 \times \dfrac{1500}{\cos 30°}}{16} = 108$$

③ 校核稳定性。

据 $\lambda=108$，查表 11-3 得折减系数 $\varphi=0.577$，稳定许用应力

$$[\sigma]_{st} = \varphi[\sigma] = 0.577 \times 140 = 80.8 \text{ MPa}$$

AB 杆工作应力

$$\sigma = \frac{F}{A} = \frac{53.3 \times 10^{-3}}{\dfrac{\pi}{4}(50^2-40^2) \times 10^{-6}} = 75.4 \text{ MPa}$$

$\sigma < [\sigma]_{st}$，所以 AB 杆稳定。

例 11-6 由压杆挠曲线的微分方程，导出一端固定，另一端铰支压杆的欧拉公式。

解 一端固定、另一端铰支的压杆失稳后，计算简图如图 11-19 所示。为使杆件平衡，上端铰支座应有横向反力 F。于是挠曲线的微分方程为

$$\frac{d^2 w}{dx^2} = \frac{M(x)}{EI} = -\frac{F_{cr} w}{EI} + \frac{F}{EI}(l-x)$$

设 $k^2 = \dfrac{F_{cr}}{EI}$，则上式可写为

$$\frac{d^2 w}{dx^2} + k^2 w = \frac{F}{EI}(l-x)$$

以上微分方程的通解为

$$w = A \sin kx + B \cos kx + \frac{F}{F_{cr}}(l-x)$$

由此求出 w 的一阶导数为

$$\frac{dw}{dx} = Ak \cos kx - Bk \sin kx - \frac{F}{F_{cr}}$$

压杆的边界条件为

$$x=0 \text{ 时}, \quad w=0, \frac{dw}{dx}=0$$

$$x=l \text{ 时}, \quad w=0$$

把以上边界条件代入 w 及 $\dfrac{dw}{dx}$ 中，可得

$$B + \frac{F}{F_{cr}} l = 0$$

$$Ak - \frac{F}{F_{cr}} = 0$$

$$A \sin kl + B \cos kl = 0$$

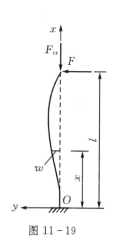

图 11-19

这是关于 A，B 和 $\dfrac{F}{F_{cr}}$ 的齐次线性方程组。因为 A，B 和 $\dfrac{F}{F_{cr}}$ 不能都为零，所以其系数行列式应等于零，即

$$\begin{vmatrix} 0 & 1 & l \\ k & 0 & -1 \\ \sin kl & \cos kl & 0 \end{vmatrix}=0$$

展开得

$$\tan kl=kl$$

上式超越方程可用图解法求解。以 kl 为横坐标，作直线 $y=kl$ 和曲线 $y=\tan kl$（图 11-20），其第一个交点得横坐标 $kl=4.49$ 显然是满足超越方程的最小根。由此求得

$$F_{cr}=k^2EI=\dfrac{20.16EI}{l^2}\approx\dfrac{\pi^2EI}{(0.7l)^2}$$

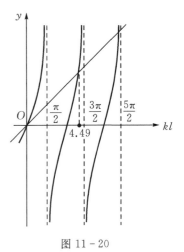

图 11-20

11.6 提高压杆稳定性的措施

通过以上讨论可知,影响压杆稳定性的因素有:压杆的截面形状,压杆的长度、约束条件和材料的性质等。因而,当讨论如何提高压杆的稳定性时,也应从这几方面入手。

1. 选择合理截面形状

从欧拉公式可知,截面的惯性矩 I 越大,临界力 F_{cr} 越高。从经验公式可知,柔度 λ 越小,临界应力越高。由于 $\lambda=\dfrac{\mu l}{i}$,所以提高惯性半径 i 的数值就能减小 λ 的数值。可见,在不增加压杆横截面面积的前提下,应尽可能把材料放在离截面形心较远处,以取得较大的 I 和 i,提高临界压力。例如,空心圆环截面就要比实心圆截面合理。

如果压杆在过其主轴的两个纵向平面约束条件相同或相差不大,那么应采用圆形或正多边形截面;若约束不同,应采用对两个主形心轴惯性半径不等的截面形状,例如矩形截面或工字形截面,以使压杆在两个纵向平面内有相近的柔度值。这样,在两个相互垂直的主惯性纵向平面内有接近相同的稳定性。

2. 尽量减小压杆长度

由式(11-22)可知,压杆的柔度与压杆的长度成正比。在结构允许的情况下,应尽可能减小压杆的长度;甚至可改变结构布局,将压杆改为拉杆等等。

3. 改善约束条件

由 11.3 节的讨论可知,改变压杆的支座条件直接影响临界力的大小。例如长为 l 两端铰支的压杆,其 $\mu=1$，$F_{cr}=\dfrac{\pi^2EI}{l^2}$。若在这一压杆的中点增加一个中间支座或者把两端改为固定端约束(图 11-21),则相当长度变为 $\mu l=\dfrac{l}{2}$,临界力变为

$$F_{cr}=\dfrac{\pi^2EI}{\left(\dfrac{l}{2}\right)^2}=\dfrac{4\pi^2EI}{l^2}$$

可见临界力变为原来的四倍。一般说增加压杆的约束,使其更不容易发生弯曲变形,都可以提高压杆的稳定性。

4.合理选择材料

由欧拉公式(11-23)可知,临界应力与材料的弹性模量 E 有关。然而,由于各种钢材的弹性模量 E 大致相等,所以对于细长杆,选用优质钢材或低碳钢并无很大差别。对于中等杆,无论是根据经验公式或理论分析,都说明临界应力与材料的强度有关,优质钢材在一定程度上可以提高临界应力的数值。至于短粗杆,本来就是强度问题,选择优质钢材自然可以提高其强度。

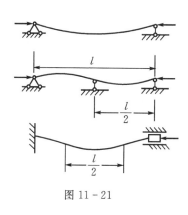

图 11-21

习 题

11-1 图示各根压杆的材料及直径均相同,试判断哪一根最容易失稳,哪一根最不容易失稳。

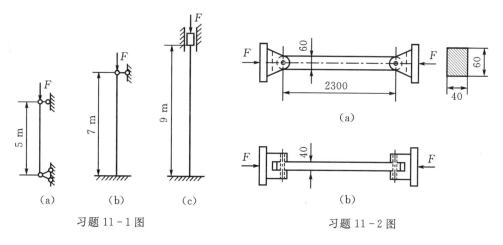

习题 11-1 图　　　　　　　习题 11-2 图

11-2 图示压杆的材料为 Q235 钢,在图(a)平面内弯曲时两端为铰支,在图(b)平面内弯曲时两端为固定,试求其临界力。

11-3 图中所示为某型飞机起落架中承受轴向压力的斜撑杆。杆为空心圆管,外径 $D=52$ mm 内径 $d=44$ mm,$l=950$ mm。材料为 30CrMnSiNi2A,$\sigma_b=1600$ MPa,$\sigma_p=1200$ MPa,$E=210$ GPa。试求斜撑杆的临界压力 F_{cr} 和临界应力 σ_{cr}。

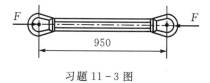

习题 11-3 图

11-4 三根圆截面压杆,直径均为 $d=160$ mm,材料为 Q235 钢,$E=200$ GPa,$\sigma_s=235$ MPa。两端均为铰支,长度分别为 l_1、l_2 和 l_3,且 $l_1=2l_2=4l_3=5$ m,试求各杆的临界压力 F_{cr}。

11-5 无缝钢管厂的穿孔顶杆如图所示。杆端承受压力。杆长 $l=4.5$ m,横截面直径 $d=15$ cm。材料为低合金钢,$E=210$ GPa。两端可简化为铰支座,规定的稳定安全系数为 $n_{st}=3.3$。试求顶杆的许可载荷。

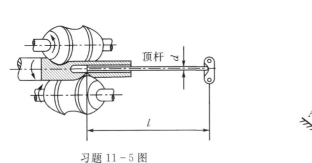
习题 11-5 图

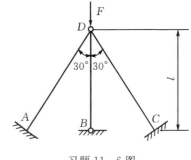
习题 11-6 图

11-6 图示结构 ABCD 由三根直径均为 d 的圆截面钢杆组成,在 B 点铰支,而在 A 点和 C 点固定,D 为铰接点,$\dfrac{l}{d}=10\pi$。若结构由于杆件在平面 ABCD 内弹性失稳而丧失承载能力,试确定作用于结点 D 处的荷载 F 的临界值。

(答案:$F_{cr}=36.024\dfrac{EI}{l^2}$)

11-7 在图示铰接杆系 ABC 中,AB 和 BC 皆为细长压杆,且截面相同,材料相同。若因在 ABC 平面内失稳而破坏,并现定 $0<\theta<\dfrac{\pi}{2}$,试确定 F 为最大值时的 θ 角。

(答案:$\theta=\arctan(\cot^2\beta)$)

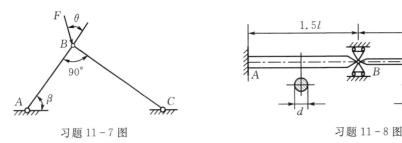

习题 11-7 图

习题 11-8 图

11-8 在图示结构中,AB 为圆截面杆,直径 $d=80$ mm,BC 杆为正方形截面,边长 $a=70$ mm,两材料均为 Q235 钢,$E=210$ GPa。它们可以各自独立发生弯曲而互不影响,已知 A 端固定,B、C 为球铰,$l=3$ m,稳定安全系数 $n_{st}=2.5$。试求此结构的许用载荷 $[F]$。

11-9 万能铣床工作台升降丝杠的内径为 22 mm,螺距 $P=5$ mm。工作台升至最高位置时,$l=500$ mm。丝杆钢材的 $E=210$ GPa,$\sigma_s=300$ MPa,$\sigma_p=260$ MPa。若伞齿轮的传动比为 1/2,即手轮旋转一周丝杆旋转半周,且手轮半径为 10 cm,手轮上作用的最大圆周力为 200 N，试求丝杆的工作安全系数。

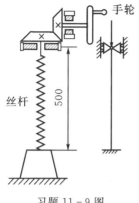

习题 11-9 图

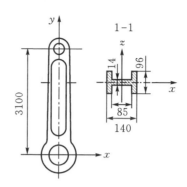

习题 11-10 图

11-10 蒸汽机车的连杆如图所示，截面为工字形，材料为 Q235 钢。连杆所受最大轴向压力为 465 kN。连杆在摆动平面（xy 平面）内发生弯曲时，两端可认为铰支，在与摆动平面垂直的 yz 平面内发生弯曲时，两端可认为是固定支座。试确定其工作安全系数。

11-11 某厂自制的简易起重机如图所示，其压杆 BD 为 20 号槽钢，材料为 Q235 钢。起重机的最大起重量是 $P=40$ kN。若规定的稳定安全系数为 $n_{st}=5$，试校核 BD 杆的稳定性。

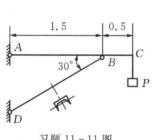

习题 11-11 图

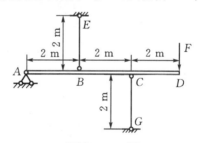

习题 11-12 图

11-12 图示结构中 CG 为铸铁圆杆，直径 $d_1=100$ mm，许用压应力 $\sigma_c=120$ MPa。BE 为 Q235 钢圆杆，直径 $d_2=50$ mm，$[\sigma]=160$ MPa，横梁 ABCD 视为刚体，试求结构的许可载荷 $[F]$。已知 $E_{铁}=120$ GPa，$E_{钢}=200$ GPa。

11-13 图示结构中 AB 梁可视为刚体，CD 及 EG 均为细长杆，抗弯刚度均为 EI。因变形微小，故可认为压杆受力达到 F_{cr} 后，其承受能力不能再提高。试求结构所受载荷 F 的极限值 F_{max}。

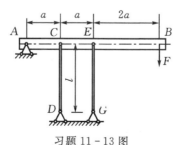

习题 11-13 图

11-14 10号工字梁的 C 端固定，A 端铰支于空心钢管 AB 上。钢管的内径和外径分别为 30 mm 和 40 mm，B 端亦为铰支。梁及钢管同为 Q235 钢。当重为 300 N 的重物落于梁的 A 端时，试校核 AB 杆的稳定性。规定稳定安全系数 $n_{st}=2.5$。

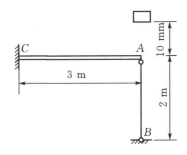

习题 11-14 图

11-15 两端固定的管道长为 2 m，内径 $d=30$ mm，外径 $D=40$ mm。材料为 Q235 钢，$E=210$ GPa，线膨胀系数 $\alpha=125\times10^{-7}/℃$。若安装管道时的温度为 10℃，试求不引起管道失稳的最高温度。

11-16 由压杆挠曲线的微分方程式，导出一端固定、另一端自由的压杆的欧拉公式。

11-17 压杆的一端固定，另一端自由如图(a)所示。为提高其稳定性，在中点增加支座，如图(b)所示。试求加强后压杆的欧拉公式，并与加强前的压杆比较。

11-18 图(a)为万能机的示意图，四根立柱的长度为 $l=3$ m。钢材的 $E=210$ GPa。立柱丧失稳定后的变形曲线如图(b)所示。若 F 的最大值为 1000 kN，规定的稳定安全系数为 $n_{st}=4$，试按稳定条件设计立柱的直径。

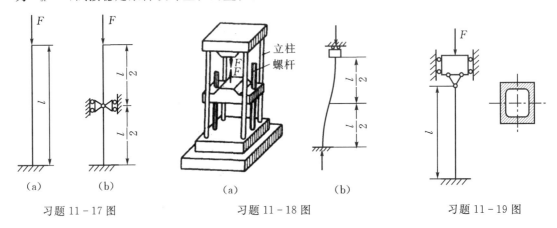

习题 11-17 图   习题 11-18 图   习题 11-19 图

11-19 下端固定、上端铰支、长 $l=4$ m 的压杆，由两根 10 号槽钢焊接而成，如图所示，并符合钢结构设计规范中实腹式 b 类截面中心受压杆的要求。已知杆的材料为 Q235 钢，强度许用应力 $[\sigma]=170$ MPa，试求压杆的许可荷载。

(答案：$[F]=130$ kN)

11-20 如果杆分别由下列材料制成：
(1) 比例极限 $\sigma_p=220$ MPa，弹性模量 $E=190$ GPa 的钢；
(2) $\sigma_p=490$ MPa，$E=215$ GPa，含镍 3.5% 的镍钢；

(3)$\sigma_p=20$ MPa,$E=11$ GPa 的松木。

试求可用欧拉公式计算临界力的压杆的最小柔度。

(答案:(1)$\lambda\geqslant 92.3$;(2)$\lambda\geqslant 65.8$;(3)$\lambda\geqslant 73.7$)

11-21 两端铰支、强度等级为 TC13 的木柱,截面为 150 mm×150 mm 的正方形,长度 $l=3.5$ m,强度许用应力 $[\sigma]=10$ MPa。试求木柱的许可荷载。

(答案:$[F]=88.4$ kN)

11-22 图示结构由钢曲杆 AB 和强度等级为 TC13 的木杆 BC 组成。已知结构所有的连接均为铰连接,在 B 点处承受竖直荷载 $F=1.3$ kN,木材的强度许用应力 $[\sigma]=10$ MPa。试校核 BC 杆的稳定性。

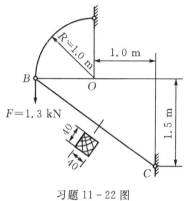

习题 11-22 图

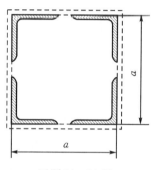

习题 11-23 图

11-23 一支柱由 4 根 80 mm×80 mm×6 mm 的角钢组成(如图),并符合钢结构设计规范中实腹式 b 类截面中心受压杆的要求。支柱的两端为铰支,柱长 $l=6$ m,压力为 450 kN。若材料为 Q235 钢,强度许用应力 $[\sigma]=170$ MPa,试求支柱横截面边长 a 的尺寸。

(答案:$a=191$ mm)

11-24 某桁架的受压弦杆长 4 m,由缀板焊成一体,并符合钢结构设计规范中实腹式 b 类截面中心受压杆的要求,截面形式如图所示,材料为 Q235 钢,$[\sigma]=170$ MPa。若按两端铰支考虑,试求杆所能承受的许可压力。

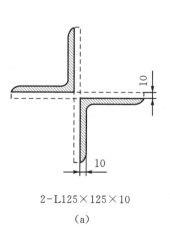

习题 11-24 图

(答案:[F]=557 kN)

11-25 图示结构中,BC 为圆截面杆,其直径 $d=80$ mm;AC 边长 $a=70$ mm 的正方形截面杆。已知该结构的约束情况为 A 端固定,B、C 为球形铰。两杆的材料均为 Q235 钢,弹性模量 $E=210$ GPa,可各自独立发生弯曲互不影响。若结构的稳定安全系数 $n_{st}=2.5$,试求所能承受的许可压力。

(答案:[F]=376 kN)

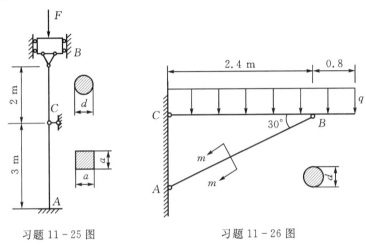

习题 11-25 图 习题 11-26 图

11-26 图示一简单托架,其撑杆 AB 为圆截面木杆,强度等级为 TC15。若架上受集度为 $q=50$ kN/m 的均布荷载作用,AB 两端为柱形铰,材料的强度许用应力$[\sigma]=11$ MPa,试求撑杆所需的直径 d。

(答案:$d=0.19$ m)

11-27 图示结构中杆 AC 与 CD 均由 Q235 钢制成,C,D 两处均为球铰。已知 $d=20$ mm,$b=100$ mm,$h=80$ mm;$E=200$ GPa,$\sigma_s=235$ MPa,$\sigma_b=400$ MPa;强度安全因数 $n=2.0$,稳定安全因数 $n_{st}=3.0$。试确定该结构的许可荷载。

(答案:[F]=15.5 kN)

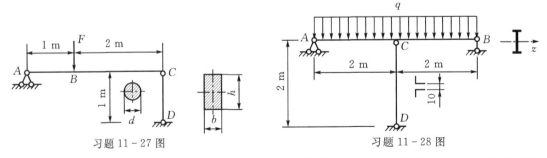

习题 11-27 图 习题 11-28 图

11-28 图示结构中,钢梁 AB 及立柱 CD 分别由 16 号工字钢和连成一体的两根 63 mm×63 mm×5 mm 角钢组成,杆 CD 符合钢结构设计规范中实腹式 b 类截面中心受压杆的要求。均布荷载集度 $q=48$ kN/m。梁及柱的材料均为 Q235 钢,$[\sigma]=170$ MPa,$E=210$ GPa。试验算梁和立柱是否安全。

第 12 章 能量方法

当变形体受外力作用发生变形时,外力在变形引起的位移上作功,变形体内将储存能量,该能量称为应变能或变形能。对于弹性固体,在弹性范围内其变形过程是可逆的,即解除外力后,弹性固体可完全恢复其原来的形状,释放出储存的应变能而做功。

基于功、能概念及其相互关系原理从总体上分析变形体系统的受力与应力、变形之间关系的方法称为能量法。在桁架、刚架等复杂结构的位移计算、超静定结构的分析等问题中,能量法都有广泛的应用,而且简便、有效。能量方法也是有限元法求解力学问题的重要基础。本章讲述利用能量法求结构的位移。

12.1 杆件基本变形的应变能

12.1.1 作用在弹性构件上外力的功

如图 12-1 所示,当弹性体受外力作用发生变形,外力从零缓慢增加到 F,对应的变形也从零增加到 δ。此时若给外力一个增量 dF,则变形相应有增量 $d\delta$,力 F 在增量变形 $d\delta$ 上所作元功为

$$dW = F d\delta$$

外力从零缓慢增加到 F 的过程中所做的功为

$$W = \int dW = \int_0^\delta F d\delta$$

在线弹性范围内,外力 F 与变形 δ 之间呈线性关系,此积分等于该直线与横坐标轴所围的三角形的面积[注],所以

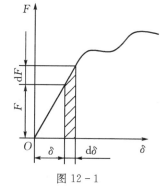

图 12-1

$$W = \int_0^\delta F d\delta = \frac{1}{2} F \delta \quad (12-1)$$

上式表明,**线弹性体在静载荷作用下发生弹性变形时,外力在其对应位移上所做的功,等于外力与对应位移乘积的一半**。式中的力为广义力,可以是集中力或集中力偶;位移为广义位移,与集中力对应的是力的作用点沿作用力方向的线位移,与集中力偶对应的是该力偶作用面的转角位移。

注:此积分也可通过外力 F 与变形 δ 之间呈线性关系,将 $F = k\delta$(k 为刚度系数)代入得到。

12.1.2 构件在基本变形形式下的应变能

1. 轴向拉伸(压缩)杆件的应变能

根据功能原理,弹性体在外力作用下变形时储存的应变能等于外力所做的功。等截面直杆的轴向拉伸(图 12-2(a)),载荷为 F 时,对应的轴向变形为 Δl,则在线弹性范围内(图 12-2(b)),杆件的应变能为

$$U_\varepsilon = W = \frac{1}{2} F \Delta l$$

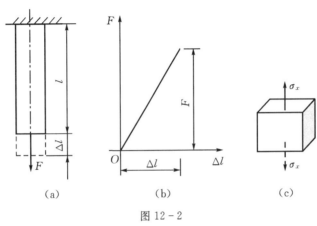

图 12-2

将胡克定律 $\Delta l = \dfrac{Fl}{EA}$,代入上式得

$$U_\varepsilon = \frac{F^2 l}{2EA} = \frac{(\Delta l)^2 EA}{2l} \tag{12-2}$$

其中 F 为轴向外力,l 为杆长,A 为横截面面积,EA 为抗(压)拉刚度。

当轴力 F_N 沿杆件轴线变化时,则 dx 微段杆内伸长为 $\dfrac{F_N(x) dx}{EA}$,微段的变形能

$$dU_\varepsilon = \frac{F_N(x) F_N(x)}{2EA} dx \tag{12-3a}$$

整个杆件的应变能为

$$U_\varepsilon = \int_l \frac{F_N(x) F_N(x)}{2EA} dx = \int_l \frac{F_N^2(x) dx}{2EA} \tag{12-3b}$$

单位体积的应变能称为应变能密度或应变比能,以 u_ε 表示,国际单位制中其单位为 J/m^3。在 dx 微段处取微元体积 $A dx$,故直杆轴向拉伸时的应变能密度为

$$u_\varepsilon = \frac{dU_\varepsilon}{A dx} = \frac{F_N(x) F_N(x)}{2EAA} = \frac{1}{2} \sigma \varepsilon$$

上述结果可以推广到更一般的单向应力情况。设弹性体中某点处于单向应力状态,如图 12-2(c),以该主应力的方向为 x 轴,该主应力记为 σ_x,在垂直于 x 轴的平面内任选两个正交的方向为 y 轴和 z 轴,取微元体积 $dV = dx dy dz$,则单元体平行于 x 轴的棱边在力 $\sigma_x dy dz$ 作用下变形量 $\Delta(dx) = \varepsilon_x dx = \dfrac{\sigma_x}{E} dx$,于是单元体的变形能 $dU_\varepsilon = \dfrac{1}{2} \sigma_x dy dz \Delta(dx)$,在

省略下标 x 的情况下,单位体积的变形能可以写为

$$u_\varepsilon = \frac{dU_\varepsilon}{dV} = \frac{1}{2}\sigma\varepsilon = \frac{\sigma^2}{2E} = \frac{1}{2}E\varepsilon^2 \tag{12-4}$$

整个杆件的变形能

$$U_\varepsilon = \int_V u_\varepsilon dV$$

2. 纯扭转杆件的应变能

当等截面圆直杆件受扭转外力偶矩 M_e 作用时(图 12-3(a)),在线弹性范围内,两端面扭转角与施加的外力偶矩成正比。外力偶矩与扭转角之间的关系如图 12-3(b)所示。图中直线所围的面积表示扭矩由零逐渐增至 M_e 时所做的功,此功即为杆件的扭转应变能

$$U_\varepsilon = W = \frac{1}{2}M_e\varphi$$

又 $\varphi = \dfrac{Tl}{GI_p}, M_e = T$,所以

$$U_\varepsilon = \frac{T^2 l}{2GI_p} = \frac{\varphi^2 GI_p}{2l} \tag{12-5}$$

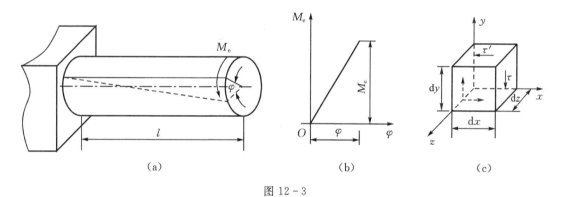

图 12-3

等截面圆轴受扭时,圆轴内的点(除轴线上的点外)处于纯剪切应力状态,用无限接近的两个横截面,两个纵向面及两个圆柱面截取单元体,如图 12-3(c)所示,同推导式(12-4)过程类似,可以得到纯剪切单元体的应变能密度为

$$u_\varepsilon = \frac{1}{2}\tau\gamma = \frac{\tau^2}{2G} \tag{12-6}$$

当横截面上的扭矩连续变化时,取体积元素 $dV = \rho d\rho d\varphi dx$,整个杆件的变形能

$$U_\varepsilon = \int_V u_\varepsilon dV = 2\pi\iint u_\varepsilon \rho d\rho dx$$

3. 纯弯曲杆件的应变能

图 12-4(a)所示梁发生纯弯曲时,两端面的相对转角 θ 与施加的外力偶矩 M_e 成正比如图所示。梁的变形能等于外力偶矩所做的功

$$U_\varepsilon = W = \frac{1}{2}M_e\theta$$

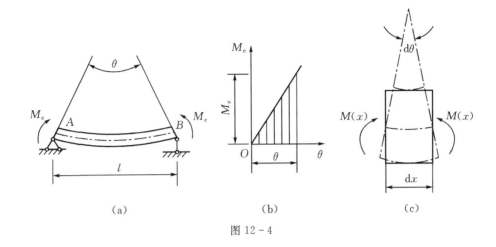

图 12 - 4

又由纯弯曲公式 $\theta=\dfrac{M_e l}{EI}$，且任意横截面弯矩等于外力偶矩，即 $M=M_e$，可得

$$U_\varepsilon = \dfrac{M^2 l}{2EI}$$

自梁内取出一微段 dx，设其两端面的相对转角为 $d\theta$。在线弹性范围内，当载荷由零增加至最后值时，此微段内储存的弯曲应变能为

$$dU_\varepsilon = \dfrac{M d\theta}{2}$$

图 12 - 5 所示梁发生横力弯曲时，横截面上的内力既有弯矩 M，也有剪力 F_s，梁同时发生弯曲变形和剪切变形。但对于细长梁，剪切变形产生的应变能很小，通常忽略不计，只计算弯曲应变能。

由于梁左右两侧横截面上的弯矩分别为 $M(x)$，$M(x)+dM(x)$。忽略弯矩增量 $dM(x)$，视其为纯弯曲，由 $d\theta=\dfrac{M}{EI}dx$，则微段内的弯曲应变能 $dU_\varepsilon=\dfrac{M^2(x)dx}{2EI}$，所以全梁内的弯曲应变能为

$$U_\varepsilon = \int_l dU_\varepsilon = \int_l \dfrac{M^2(x)dx}{2EI} \qquad (12-7)$$

又因为 $EIw''=M$，代入上式得弯曲应变能的另一表达形式

$$U_\varepsilon = \int_l \dfrac{1}{2} EI (w'')^2 dx$$

12.1.3 应变能的一般表达式

由上述讨论可知，对于受拉伸（压缩）、扭转或弯曲变形的杆件，其应变能可统一写成如下形式

$$U_\varepsilon = W = \dfrac{1}{2} F \delta \qquad (12-8)$$

上式即为杆件应变能的一般表达式。式中，力 F 和位移 δ 均是广义的。

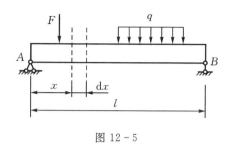

图 12-5

而且还可看出应变能 U_ε 是内力(F_N, T, M)或变形($\Delta l, \varphi, w''$)的二次函数,故一般说来,应变能不能叠加。如果构件上有两种载荷,其中一种载荷在另一种载荷引起的位移上如不作功,则此两种载荷单独作用时的应变能可以叠加,以得到同时作用时的应变能。

对于非线性弹性固体,变形能在数值上仍然等于外力功,但应力与应变、力与位移都不是线性关系。仿照线弹性情况,变形能和变形能密度仍是 F-δ 和 σ-ε 曲线以下的面积,其应变能和应变能密度的表达式为

$$U_\varepsilon = W = \int_0^\delta F \mathrm{d}\delta \quad \text{或} \quad u_\varepsilon = \int_0^\varepsilon \sigma \mathrm{d}\varepsilon \qquad (12-9)$$

由于应力与应变、力与位移是非线性关系,要给出具体关系才能计算出积分,一般积分结果没有 1/2 这一项。

例 12-1 图 12-6 所示直杆沿杆承受均布荷载 q,试求杆内的应变能。

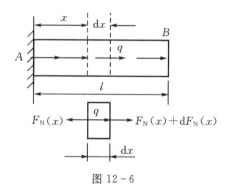

图 12-6

解 沿杆轴线长为 x 处取微段 $\mathrm{d}x$ 作为研究对象,如图 12-6 所示,则微段直杆 $\mathrm{d}x$ 左右截面的内力分别为 $F_N(x), F_N(x) + \mathrm{d}F_N(x)$。其中,$F_N(x) = q(l-x)$,故代入直杆的轴向拉伸应变能公式可得

$$U_\varepsilon = \int_l \frac{F_N^2(x)\mathrm{d}x}{2EA} = \frac{1}{2EA} \int_0^l q^2 (l-x)^2 \mathrm{d}x = \frac{q^2 l^3}{6EA}$$

例 12-2 试计算图 12-7(a)所示悬臂梁的应变能。其中 EI 为常数,忽略剪力的作用。

解 由于悬臂梁 BC 段不受力,故弯矩为零。且 AC 段的弯矩方程为

$$M(x) = M_e - \frac{q}{2}x^2 \quad (0 < x < l)$$

由梁的弯曲应变能公式,可得梁的应变能为

$$U_\varepsilon = \int_l \frac{M^2(x)\mathrm{d}x}{2EI} = \int_0^l \frac{1}{2EI}\left(M_e^2 - M_e q x^2 + \frac{q^2}{4}x^4\right)\mathrm{d}x = \frac{M_e^2 l}{2EI} - \frac{M_e q l^3}{6EI} + \frac{q^2 l^5}{40EI}$$

另外单独求出悬臂梁在载荷 M_e 和 q 单独作用(图 12-6(b),(c))时的应变能分别为

$$U_{\varepsilon 1} = \frac{M_e^2 l}{2EI}, \quad U_{\varepsilon 2} = \frac{q^2 l^5}{40EI}$$

显然

$$U_\varepsilon \neq U_{\varepsilon 1} + U_{\varepsilon 2}$$

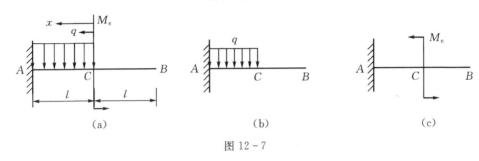

图 12-7

本例的结果表明,应变能的计算一般不满足叠加原理。

12.2 虚功原理

本节讨论变形体力学中的一个重要原理,即虚功原理或虚位移原理。

首先理解对于变形体结构,**虚位移**是指满足边界约束条件、连续条件,符合小变形要求的无限小可能位移。"虚"字表示这一位移与变形体因原有外力作用而产生的真实位移无关。在虚位移中,变形体结构的原有外力和内力保持不变,即物体的平衡状态不因产生虚位移而改变。而**虚功**是指真实力在虚位移上所作的功。

下面利用对图 12-8 所示简支梁来证明虚功原理。首先给梁在其平衡位置附近以任意的虚位移 w^*。由于它是一种可能位移,故 w^* 是 x 的连续函数,并且此虚位移满足下列边界条件,即

$$w^*(0) = w^*(l) = 0 \quad (12-10)$$

所以,作用在梁上的分布载荷 $q(x)$ 在虚位移上所作的功即为外力的虚功 δW

$$\delta W = \int_l q(x) w^*(x) \mathrm{d}x \quad (12-11)$$

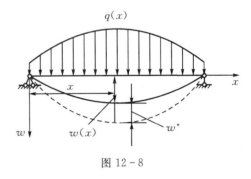

图 12-8

而且在小变形条件下,梁的载荷与弯矩之间满足

$$\frac{\mathrm{d}M^2(x)}{\mathrm{d}x^2} = q(x)$$

代入式(12-11),并采用分部积分得

$$\delta W = \int_l q(x) w^* \mathrm{d}x$$

$$= \frac{\mathrm{d}M(x)}{\mathrm{d}x}w^* \bigg|_0^l - M(x)\frac{\mathrm{d}w^*}{\mathrm{d}x}\bigg|_0^l + \int_0^l M(x)\frac{\mathrm{d}^2 w^*}{\mathrm{d}x^2}\mathrm{d}x \qquad (12-12)$$

代入边界条件(12-10),可得

$$\frac{\mathrm{d}M(x)}{\mathrm{d}x}w^* \bigg|_0^l = 0$$

而且在简支梁的两端支座处,$M(0)=M(l)=0$,所以

$$M(x)\frac{\mathrm{d}w^*}{\mathrm{d}x}\bigg|_0^l = 0$$

从而式(12-12)变为只剩最后一项积分

$$\delta W = \int_l q(x)w^*(x)\mathrm{d}x = \int_0^l M(x)\frac{\mathrm{d}^2 w^*}{\mathrm{d}x^2}\mathrm{d}x \qquad (12-13)$$

又有 $\dfrac{\mathrm{d}^2 w^*}{\mathrm{d}x^2} = \dfrac{\mathrm{d}\theta^*}{\mathrm{d}x}$,代入得

$$\delta W = \int_l q(x)w^*(x)\mathrm{d}x = \int_0^l M(x)\mathrm{d}\theta^* \qquad (12-14)$$

其中,$M(x)\mathrm{d}\theta^*$ 表示载荷在长度为 $\mathrm{d}x$ 的微段梁上引起的弯矩(忽略剪力)在虚相对转角 $\mathrm{d}\theta^*$ 上完成的虚功。这一虚功可称为内力的虚变形功,即是梁的总虚变形功,可简称为内力虚功。

所以可知,在外力作用下处于平衡的梁,给它一个符合约束条件的任一虚位移,则**外力在虚位移上完成的外力虚功等于梁内所有微段上内力在虚变形上完成的虚变形功或内力虚功**,此谓之**虚功原理**。即如果给在外力作用下处于静平衡状态的变形体结构以微小虚位移,则外力在虚位移上所作的虚功等于结构的内力在相应虚变形上所做的虚功。

上述虚功原理同样也适用于杆系结构。还要指出的是,在推导虚功原理时,仅利用了小变形条件,并没有涉及材料的应力-应变关系,因此虚功原理对于载荷与变形之间成线性关系的线性结构以及载荷与变形之间成非线性关系的非线性结构均适用,而且虚功原理与材料的性能无关。此外利用虚功原理还可以方便地导出莫尔定理等其他与能量方法有关的定理。

12.3 单位荷载法与莫尔积分

求结构位移的应变能法有很多种,其中单位载荷法(也称为莫尔定理)比较方便,现在用图 12-9 所示的梁为例来说明此法求位移的原理。

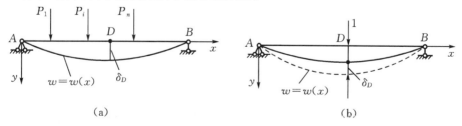

图 12-9

设图 12-9(a)所示 AB 梁受一组广义外力 $P_1, P_2, \cdots, P_n$ 作用,现在求梁上任一点 D 的挠度 δ_D。首先在梁的 D 点处加一个大小为 1 的单位力,然后再把原来的外力系引起的梁的挠曲线 $w(x)$ 当作虚位移加在梁上(图 12-9(b))。由虚功原理得

$$1 \cdot \delta_D = \int_0^l \overline{M}(x) \frac{\mathrm{d}^2 w(x)}{\mathrm{d}x^2} \mathrm{d}x \qquad (12-15)$$

式中,$\overline{M}(x)$ 是单位力所引起的弯矩。对于线弹性材料,满足 $w''(x) = \frac{M(x)}{EI}$ 代入式(12-10),得

$$\delta_D = \int_l \frac{M(x)\overline{M}(x)}{EI} \mathrm{d}x$$

由于 D 点是任意选取的,故该公式适用于求弯曲梁上任意点的变形。即弯曲变形梁上任一点的变形或位移为

$$\delta = \int_l \frac{M(x)\overline{M}(x)}{EI} \mathrm{d}x \qquad (12-16)$$

那么相同的道理,对横截面上只有轴力的受拉伸(压缩)杆件,有

$$\delta = \int_l \overline{F}_N \mathrm{d}\Delta l \qquad (12-17)$$

由 n 根杆组成的杆系结构,将 $\Delta l = \frac{F_N l}{EA}$ 代入上式,得

$$\delta = \sum_{i=1}^n \frac{F_{Ni} \overline{F}_{Ni} l_i}{E_i A_i} \qquad (12-18)$$

对于受扭转杆件,欲求某一横截面的扭转角,则用单位扭转力偶作用于该截面,它引起的扭矩为 $\overline{T}(x)$,则扭转角为

$$\delta = \int_l \overline{T}(x) \mathrm{d}\varphi \qquad (12-19)$$

式中,$\mathrm{d}\varphi$ 为微段左右两侧横截面的相对扭转角。对线弹性杆件,$\mathrm{d}\varphi = \frac{T(x)\mathrm{d}x}{GI_P}$,代入上式得

$$\delta = \int_l \frac{T(x)\overline{T}(x)\mathrm{d}x}{GI_P} \qquad (12-20)$$

式(12-16),(12-18)和(12-20)统称为**莫尔定理**,也可称为**单位载荷法**,它只适用于线弹性结构。对于需要求结构上两点的相对位移的问题,只要在这两点处沿两点的连线方向作用一对方向相反的单位力,再用莫尔定理即可求得两点的相对位移。对于需要求受弯构件两截面相对转角的问题,只要在这两点处加一对等值反向的单位力偶,再用莫尔定理即可求得两截面的相对转角。

例 12-3 如图 12-10 所示外伸梁的 EI 为常数,C 点作用集中力 $F = ql$,AB 段作用均布载荷 q。求:

(1)C 点处铅垂方向的位移 δ_C;

(2)B 截面的转角 θ_B。

解 (1)求 C 点铅垂方向的位移 δ_C。首先给 C 点加铅垂方向的单位力(图 12-10(b)),则单位力作用下梁的弯矩方程为

$$\overline{M}(x_1) = -x_1 \quad (0 \leqslant x_1 \leqslant l)$$

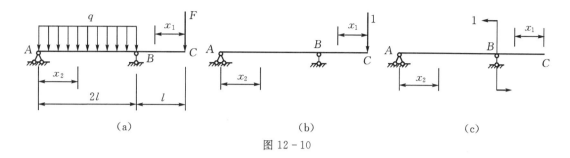

图 12-10

$$\overline{M}(x_2) = -\frac{1}{2}x_2 \quad (0 \leqslant x_2 \leqslant 2l)$$

梁在原载荷(图 12-10(a))作用下的弯矩方程为

$$M(x_1) = -qlx_1 \quad (0 \leqslant x_1 \leqslant l)$$

$$M(x_2) = -\frac{1}{2}q(x_2^2 - lx_2) \quad (0 \leqslant x_2 \leqslant 2l)$$

代入莫尔积分公式(12-16)可得

$$\begin{aligned}
\delta_C &= \int_0^l \frac{M(x_1)\overline{M}(x_1)}{EI}dx_1 + \int_0^{2l} \frac{M(x_2)\overline{M}(x_2)}{EI}dx_2 \\
&= \int_0^l \frac{(-x_1)(-qlx_1)}{EI}dx_1 + \int_0^{2l} \frac{1}{EI}\left(-\frac{1}{2}x_2\right)\left[-\frac{q}{2}(x_2^2 - lx_2)\right]dx_2 \\
&= \frac{2ql^4}{3EI}
\end{aligned}$$

结果为正值,表示 C 点的位移方向与题设单位力方向相同。

(2) 求 B 截面的转角 θ_B。同上在所求变形处加单位载荷,故在 B 截面处加单位力偶(图 12-10(c)),得单位力偶作用下梁的弯矩方程为

$$\overline{M}(x_1) = 0 \quad (0 \leqslant x_1 \leqslant l)$$

$$\overline{M}(x_2) = \frac{x_2}{2l} \quad (0 \leqslant x_2 \leqslant 2l)$$

其中梁的原载荷作用下的弯矩同(1)中所求,故代入莫尔积分公式得 B 截面的转角为

$$\begin{aligned}
\theta_B &= \int_0^l \frac{M(x_1)\overline{M}(x_1)}{EI}dx_1 + \int_0^{2l} \frac{M(x_2)\overline{M}(x_2)}{EI}dx_2 \\
&= \int_0^{2l} \frac{1}{EI} \cdot \frac{x_2}{2l} \cdot \left[-\frac{q}{2}(x_2^2 - lx_2)\right]dx_2 \\
&= -\frac{ql^3}{3EI}
\end{aligned}$$

结果为负值,表示 B 截面的转角方向与单位力偶方向相反。

例 12-4 图 12-11(a)所示的正方形杆系结构,由五根相同材料的钢制杆铰接而成,在铰接点 A、B 分别作用一对力 F,且各杆横截面面积相同,EA 为常数。求 A、B 两点的相对位移。

解 为了求 A、B 两点的相对位移,根据之前叙述的方法,在遇到求结构上两点的相对位移的问题时,就在这两点处沿两点的连线方向作用一对方向相反的单位力。故在 A、B 两

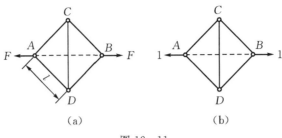

图 12-11

点加一对等值反向的单位力(图 12-11(b)),则杆系中各杆在单位力作用下的轴力为

$$\overline{F}_{NAC}=\overline{F}_{NAD}=\overline{F}_{NBC}=\overline{F}_{NBD}=\frac{\sqrt{2}}{2}, \quad \overline{F}_{NCD}=1$$

而各杆在原载荷 F 作用下的轴力为

$$F_{NAC}=F_{NAD}=F_{NBC}=F_{NBD}=\frac{\sqrt{2}}{2}F, \quad F_{NCD}=F$$

代入莫尔积分公式(12-18)得

$$\delta_{AB}=\sum_{i=1}^{5}\frac{F_{Ni}\overline{F}_{Ni}l_i}{EA}=\frac{(2+\sqrt{2})Fl}{EA}$$

结果为正,表示 A、B 两点的相对位移方向与所设单位力方向一致,两点受拉。

12.4 卡氏定理

上一节研究了用莫尔定理(单位载荷法)求结构的变形,其实除了这种方法以外,还有一种求变形的方法,即卡氏定理。

设任一线弹性结构,如图 12-12 所示,在一组外力 $F_1, F_2, \cdots, F_n$ 作用下发生变形,设各力均为静力。由于是线弹性结构,故结构在外力作用下储存的应变能等于外力所作的功。故将应变能视为外力 $F_1, F_2, \cdots, F_n$ 的函数,可表示为

$$U_\varepsilon = f(F_1, F_2, \cdots, F_n)$$

每个外力均视为独立变量,则**弹性体内的应变能对某一外力的偏导数,等于弹性体在该外力处沿该力作用方向的位移**。此定理称之为**卡氏第二定理**,简称**卡氏定理**。其数学表达式为

$$\delta_i = \frac{\partial U_\varepsilon}{\partial F_i} \quad (i=1,2,\cdots,n) \qquad (12-21)$$

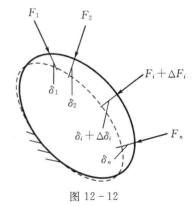

图 12-12

下面来证明卡氏定理,依据的原理是弹性体内的应变能只决定于作用于弹性体上所受外力的最终值,而与外力加载的先后次序无关。

仍然以图 12-12 所示的线弹性体为例来研究,给第 i 个外力 F_i 一个增量 ΔF_i,设它在第 i 个力 F_i 的方向上引起的位移增量为 $\Delta\delta_i$,则在外力 $F_1, F_2, \cdots, F_n$ 和 ΔF_i 共同作用下弹

性体内储存的应变能为
$$U_\varepsilon = U_\varepsilon(F_1, F_2, \cdots, F_i + \Delta F_i, \cdots, F_n)$$
把 $F_1, F_2, \cdots, F_n$ 看作第一组力，ΔF_i 作为第二组力。那么该结构在加载第一组力 $F_1, F_2, \cdots, F_n$ 之后，弹性体内储存的应变能为
$$U_\varepsilon' = U_\varepsilon'(F_1, F_2, \cdots, F_i, \cdots, F_n)$$
然后，再加载第二组力 ΔF_i，其储存的应变能为
$$U_{\varepsilon 2} = \frac{1}{2} \Delta F_i \times \Delta \delta_i$$
同时还在已经加载的第一组力上作功，大小为 $F_i \times \Delta \delta_i = \Delta F_i \times \delta_i$，所以结构总的应变能为
$$U_\varepsilon = U_\varepsilon' + \frac{1}{2} \Delta F_i \times \Delta \delta_i + \Delta F_i \times \delta_i$$
那么增加载荷 ΔF_i 后对应的应变能改变量与载荷改变量比值为
$$\frac{\Delta U_\varepsilon}{\Delta F_i} = \frac{U_\varepsilon - U_\varepsilon'}{\Delta F_i} = \frac{\Delta \delta_i}{2} + \delta_i$$
所以，当 $\Delta F_i \to 0$ 时，$\Delta \delta_i \to 0$，则由偏导数的定义得
$$\delta_i = \frac{\partial U_\varepsilon}{\partial F_i}$$

上述证明是针对线弹性结构而得到的结果，故卡氏定理只适用于线弹性材料在小变形条件下位移的计算，且式(12-21)中的力和位移都是广义的。

下面具体介绍几种常见情形下卡氏定理的应用。

1. 横力弯曲

将横力弯曲时的应变能计算公式(12-7)代入卡氏定理表达式(12-21)，得
$$\delta_i = \frac{\partial U_\varepsilon}{\partial F_i} = \frac{\partial}{\partial F_i} \left[\int_l \frac{M^2(x) \mathrm{d}x}{2EI} \right]$$
由于是连续函数，可以改变计算顺序，将先积分后求导改为先求导后积分，有
$$\delta_i = \int_l \frac{M(x)}{EI} \cdot \frac{\partial M(x)}{\partial F_i} \mathrm{d}x \tag{12-22}$$

2. 桁架结构

桁架结构中的每根杆都是二力杆，只受拉伸或压缩，其应变能用式(12-3a、b)计算。对于由 n 根杆组成的桁架，其总的应变能为每根杆应变能之和，即
$$U_\varepsilon = \sum_{j=1}^{n} \frac{F_{Nj}^2 l_j}{2(EA)_j} \tag{12-23}$$
由卡氏定理，得
$$\delta_i = \frac{\partial U_\varepsilon}{\partial F_i} = \sum_{j=1}^{n} \frac{F_{Nj} l_j}{(EA)_j} \frac{\partial F_{Nj}}{\partial F_i} \tag{12-24}$$

例 12-5 等截面直梁所受载荷图 12-13 所示，EI 已知，试求梁自由端 C 点的挠度。

解 ①求梁的支反力（图 12-13(b)）为
$$F_A = \frac{Fa}{l}, \quad F_B = F\left(1 + \frac{a}{l}\right)$$

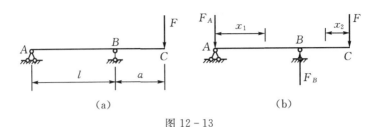

图 12-13

② 求梁的弯矩方程为

$$M(x_1) = -\frac{Fa}{l}x_1 \quad (0 \leqslant x_1 \leqslant l)$$

$$M(x_2) = -Fx_2 \quad (0 \leqslant x_2 \leqslant a)$$

分别求偏导数得

$$\frac{\partial M(x_1)}{\partial F} = -\frac{a}{l}x_1, \quad \frac{\partial M(x_2)}{\partial F} = -x_2$$

③ 代入卡氏定理可得梁 C 点的挠度为

$$\delta_C = \int_l \frac{M(x)}{EI} \cdot \frac{\partial M(x)}{\partial F} \mathrm{d}x = \int_0^l \frac{Fa^2}{EIl^2}x_1^2 \mathrm{d}x_1 + \int_0^a \frac{F}{EI}x_2^2 \mathrm{d}x_2 = \frac{Fa^2(l+a)}{3EI}$$

例 12-6 如图 12-14(a)所示一悬臂梁,梁上作用了均布载荷 q,梁的 EI 已知,试求梁自由端 B 点的挠度。

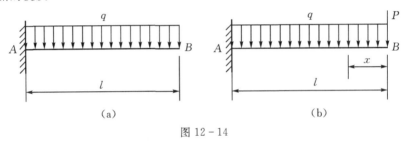

图 12-14

解 由于题目所求 B 截面处没有作用与其挠度相对应的载荷,所以不能直接应用卡氏定理,这时一般采用附加力法。即在 B 点沿竖直方向虚加一个力 P,然后再用卡氏定理求解,最后再令 P 等于零,如图 12-14(b)所示。

首先求得梁的弯矩方程及其偏导数为

$$M(x_1) = -Px - \frac{q}{2}x^2, \quad \frac{\partial M}{\partial P} = -x$$

那么代入卡氏定理可得 B 点的挠度为

$$w_B = \frac{\partial U_\varepsilon}{\partial P} = \int_l \frac{M(x)}{EI} \cdot \frac{\partial M(x)}{\partial P} \mathrm{d}x = \int_0^l \frac{1}{EI}\left(-Px - \frac{q}{2}x^2\right)(-x)\mathrm{d}x$$

$$= \frac{1}{EI}\left(\frac{Pl^3}{3} + \frac{ql^4}{8}\right)$$

这时再让 $P=0$,即得到只有均布载荷 q 作用时的 B 点挠度

$$w_B = \frac{ql^4}{8EI}$$

或者在代入积分式前就令附加力 P 等于零,可以简化计算过程。

12.5 最小势能原理

利用能量方法求结构的变形或位移,除了可以用前两节所述的莫尔定理和卡氏定理以外,还有一种求变形的方法,即最小势能原理。

我们先来说明一下结构系统的势能,如图 12-15 所示的梁 AB,整个系统的势能应包含梁和其上所作用的载荷 P_1、P_2 所具有的势能。研究势能,必须首先选取参考状态,选参考状态为梁 AB 的水平状态 ACB。当梁在受到其上载荷作用而发生变形后的位置 $AC'B$,到预先选取的参考位置 ACB 时所有作用力所作的功,就是此结构系统处

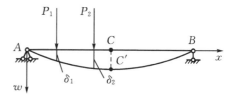

图 12-15

于变形状态时所具有的**势能**。而在此过程中,当梁从弯曲状态回到其卸载状态时所作的功,实际上就是梁在弯曲状态时所具有的**应变能** U_ε。但是由于载荷从弯曲状态的 $AC'B$ 位置到梁的原始状态的过程中,都是作负功,即为 $-P_1\delta_1$ 和 $-P_2\delta_2$。所以载荷处于梁的弯曲状态时所具有的势能是负的,即势能为 $-P_1\delta_1-P_2\delta_2$。可知图示的结构系统的**总势能**是

$$\Pi = U_\varepsilon - P_1\delta_1 - P_2\delta_2$$

此处应注意,载荷 P_1、P_2 的势能与加载过程中载荷所作的功是不同的,势能是指载荷最终值从其最终位置(由于梁的变形所致)回到参考位置(梁的原始状态)时所作的功。而加载过程中载荷所作的功是指加载时载荷由零逐渐增至最终值所作的功。

下面来推导最小势能原理,以图 12-16 所示的结构为例。此时图中的 $w(x)$ 为梁的真实挠曲线,则该结构系统的势能为

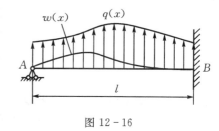

图 12-16

$$\Pi = \frac{1}{2}\int_0^l EI\,(w'')^2\,\mathrm{d}x - \int_0^l q(x)w(x)\,\mathrm{d}x - M_A w'(0) \tag{12-25}$$

其中,$w'(0)$ 表示 A 端的真实转角,在 $\mathrm{d}x$ 段上的载荷 $q(x)\mathrm{d}x$ 从变形后的位置回到原始直线位置(即 x 轴时)时作负功 $-q(x)\mathrm{d}x\cdot w(x)$,故整个梁上分布载荷的势能是上式右方的第二项积分所示。在上式中用 w' 表示 $\mathrm{d}w/\mathrm{d}x$,用 w'' 表示 $\mathrm{d}^2w/\mathrm{d}x^2$。

接着,假设梁的挠曲线从其真实挠曲线 $w(x)$ 开始发生任一微小改变,这种改变值设为 $W(x)$,且设 $W(x)$ 是一连续函数并满足梁的约束条件,即

$$W(0)=0,\quad W(l)=0,\quad W'(l)=0 \tag{12-26}$$

那么,结构具有的势能为梁的挠曲线从 $w(x)$ 变为 $w(x)+W(x)$ 时所具有的势能为

$$\Pi+\Delta\Pi = \frac{1}{2}\int_0^l EI\,[(w+W)'']^2\,\mathrm{d}x - \int_0^l q(w+W)\,\mathrm{d}x - M_A[w'(0)+W'(0)]$$

$$\tag{12-27}$$

再令式(12-27)-式(12-25)得

$$\Delta \Pi = \int_0^l EIw''W''\mathrm{d}x - \int_0^l qW\mathrm{d}x - M_A W'(0) + \frac{1}{2}\int_0^l EI(W'')^2\mathrm{d}x$$

$$= \delta\Pi + \frac{1}{2}\int_0^l EI(W'')^2\mathrm{d}x \tag{12-28}$$

对 $\delta\Pi$ 的表示式中的第一项进行两次分部积分法,并将条件式(12-26)代入,可得

$$\delta\Pi = [EIw''W']_0^l - \int_0^l W'\mathrm{d}(EIw'') - \int_0^l qW\mathrm{d}x - M_A W'(0)$$

$$= -EIw''(0)W'(0) - \int_0^l (EIw'')'W'\mathrm{d}x - \int_0^l qW\mathrm{d}x - M_A W'(0)$$

$$= -[(EIw'')'W]_0^l + \int_0^l W\mathrm{d}(EIw'')' - \int_0^l qW\mathrm{d}x - [M_A + EIw''(0)]W'(0)$$

$$= \int_0^l [(EIw'')'' - q]W\mathrm{d}x - [M_A + EIw''(0)]W'(0)$$

由于 $w(x)$ 是梁的真实挠曲线,所以

$$EIw''(0) = M(0) = -M_A$$
$$(EIw'')'' - q = M'' - q = 0$$

因此
$$\delta\Pi = 0$$

由此可得,**在满足梁的约束的所有挠曲线中,只有真实挠曲线 $w(x)$ 使结构的势能值为驻值**。因此式(12-28)变为

$$\Delta\Pi = \frac{1}{2}\int_0^l EI(W'')^2\mathrm{d}x$$

当随便给梁的挠曲线以任意微小改变 $W(x)$,上式积分始终是一个非负值的量,故知
$$\Delta\Pi \geqslant 0$$

因此,**满足梁的约束的所有挠曲线中只有真实的挠曲线使梁的势能取最小值,此结论即为最小势能原理**。在上述证明过程中,势能的表示式(12-25)式中梁的应变能采用了

$$U = \int_l \frac{1}{2}EI(w'')^2\mathrm{d}x$$

故最小势能原理只适用线弹性结构,同样也适用于杆系结构。

例 12-7 图 12-17 示一悬臂梁,刚度 EI,试用最小势能原理求 B 点挠度的近似值。

解 为了应用最小势能原理求梁变形的近似值,需要假设一合理的近似挠曲线,而且此近似挠曲线必须满足梁的边界约束条件。因此设图示悬臂梁的近似挠曲线为

$$w = a_1\left(1 - \cos\frac{\pi x}{2l}\right) \tag{12-29}$$

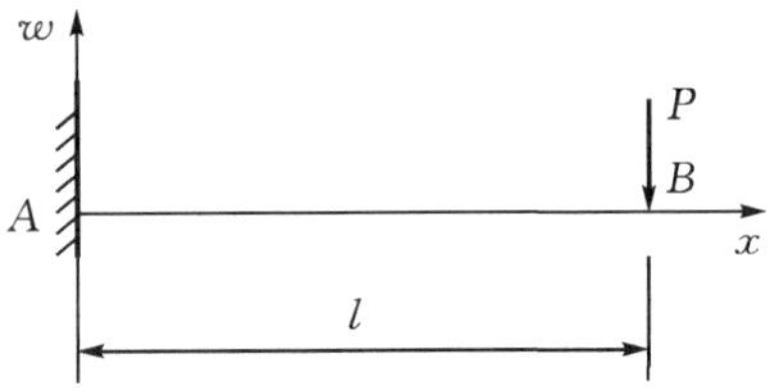

图 12-17

其中 a_1 为一待定的未知参数。上式应满足梁的边界条件,即 $W(0)=0, W'(0)=0$。假设挠曲线为上式时,那么 P 力作用点的挠度即为 $W(l) = a_1$,故梁的势能为

$$\Pi = \frac{EI}{2}\int_0^l (w'')^2\mathrm{d}x - Pa_1 \tag{12-30}$$

把式(12-29)代入式(12-30),得到

$$\Pi = a_1^2 \times \frac{\pi^4}{64l^3}EI - Pa_1$$

选择参数 a_1 使 Π 为最小,故要求

$$\frac{\mathrm{d}\Pi}{\mathrm{d}a_1} = 0 = \frac{\pi^4 a_1 EI}{32l^3} - P$$

所以

$$a_1 = \frac{32Pl^3}{\pi^4 EI}$$

此时 B 点挠度是

$$W(l) = a_1 = \frac{32Pl^3}{\pi^4 EI} = 0.3285\frac{Pl^3}{EI}$$

B 点挠度的真值是 $\frac{Pl^3}{3EI}$,故上面给出的近似值的误差约为 1.4%。利用式(12-29)可求出弯矩的近似值

$$M(x) = EIw'' = EIa_1\frac{\pi^2}{4l^2}\cos\frac{\pi x}{2l}$$

则固定端处的弯矩 $M(0) = \frac{8Pl}{4\pi^2} = 0.811Pl$,此值与真值 Pl 相比误差高达 19%。

本题所述的方法是先假设一符合边界约束条件的挠曲线近似式,其中包括有待定参数。然后利用此挠曲线计算结构的势能,再选择参数使势能为最小,这样即可求出近似的挠曲线。这种方法称为里兹法。由上述例题可看出,里兹法给出的挠曲线的精度是比较高的,而给出的内力的精度则低些。为了提高计算的精度可在挠曲线的近似表示式中包括较多的参数。

习 题

12-1 计算图示杆件的应变能。已知杆的拉伸刚度 EA,$F_1 = F_2 = F$。

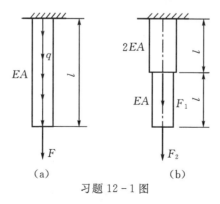

习题 12-1 图

(答案:图(a):$U_\varepsilon = \frac{l}{2EA}\left(F^2 + Fql + \frac{1}{3}q^2l^2\right)$;图(b):$U_\varepsilon = \frac{3F^2l}{2EA}$)

12-2 计算图示杆件的应变能。已知各杆的刚度 EI,$M_e = ql^2$。

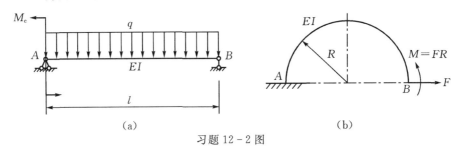

习题 12-2 图

(答案:图(a): $U_\varepsilon = \dfrac{31q^2l^5}{240EI}$; 图(b): $U_\varepsilon = \dfrac{\pi F^2 R^3}{2EI}$)

12-3 图示桁架,各杆的刚度均为 EA,用功能原理求 C 点铅垂方向的位移。

(答案:$\delta_{Cy} = (6+4\sqrt{2})\dfrac{Fa}{EA}$(向下))

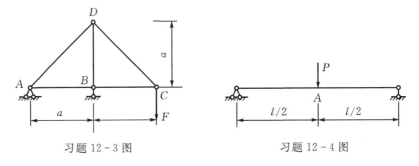

习题 12-3 图   习题 12-4 图

12-4 简支梁如图所示,抗弯刚度为 EI,用莫尔定理计算梁 A 点的挠度。

(答案:$w_A = \dfrac{Pl^3}{48EI}$(向下))

12-5 图示刚架,EI 为常数。用卡氏定理计算 C 点处的水平位移和铅垂位移。

(答案:$\delta_{C,H} = \dfrac{14qa^4}{3EI}$, $\delta_{C,V} = \dfrac{qa^4}{3EI}$)

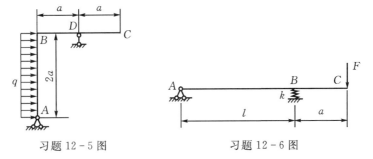

习题 12-5 图   习题 12-6 图

12-6 外伸梁 A 端为固定铰支,B 处为线弹性支座,自由端 C 处受集中力 F,弹簧的刚度为 k,梁的 EI 为常数。用卡氏定理求 C 点的铅垂位移。

(答案:$\delta_C = \dfrac{Fa^2(l+a)}{3EI} + \dfrac{F(l+a)^2}{kl^2}$)

12-7 用卡氏定理计算图示结构 C 点处的铅垂位移。梁的刚度为 EI，拉杆的刚度为 EA。

(答案：$\delta_{C,v} = \dfrac{9Fa}{4EA} + \dfrac{Fl^3}{8EI}$)

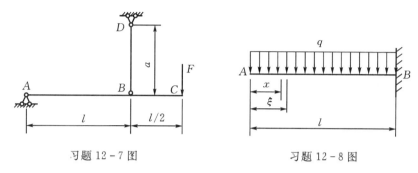

习题 12-7 图　　　　　习题 12-8 图

12-8 用莫尔定理推导出悬臂梁在均布载荷作用下的挠曲线方程（梁的弯曲刚度为 EI）。所谓求挠曲线方程即是求出任一截面 x 处的挠度 $w(x)$，这时只需在截面 x 处加一个单位力然后再利用莫尔定理求解，即

$$1 \times w(x) = \int \frac{M(\xi)\overline{M}(\xi)}{EI} \mathrm{d}\xi$$

(答案：$w(x) = -\dfrac{ql^4}{8EI}\left(1 - \dfrac{4x}{3l} + \dfrac{x^4}{3l^4}\right)$)

12-9 用莫尔定理求图示梁 C 截面转角 θ_C 和挠度 w_C（梁的弯曲刚度为 EI）。

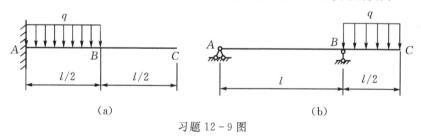

(a)　　　　　(b)

习题 12-9 图

(答案：图(a)：$w_C = \dfrac{7ql^4}{384EI}$，$\theta_C = \dfrac{ql^3}{48EI}$；图(b)：$w_C = \dfrac{11ql^4}{384EI}$，$\theta_C = \dfrac{ql^3}{16EI}$)

12-10 用卡氏定理求图示开口框架 A、B 两点的相对铅垂位移。

(答案：$\delta_{AB,v} = \dfrac{16Fa^3}{3EI}$)

12-11 图示桁架中，已知各杆的拉伸、压缩刚度均为 EA，用莫尔定理求 B、D 两点的相对位移。

(答案：$\delta_{BD} = -\left(2 + \dfrac{\sqrt{2}}{2}\right)\dfrac{Fl}{EA}$)

12-12 计算图示线弹性梁在 D 点的挠度和 B 点处的转角。梁 AC、BC 的刚度均为 EI。

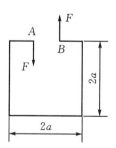

习题 12-10 图

（答案：$w_D = \dfrac{Fa^3}{4EI}$, $\theta_B = \dfrac{Fa^2}{3EI}$）

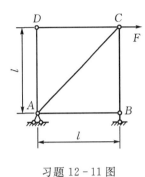

习题 12-11 图

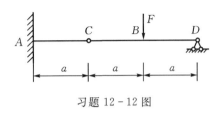

习题 12-12 图

12-13 求图示梁 C 截面转角 θ_C 和挠度 w_C（梁的弯曲刚度为 EI）。

（答案：$w_C = \left(\dfrac{41}{12}ql^2 + 3M_e\right)\dfrac{l^2}{2EI}$, $\theta_C = \left(\dfrac{7}{6}ql^2 + M_e\right)\dfrac{l}{EI}$）

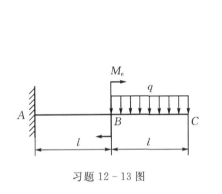

习题 12-13 图

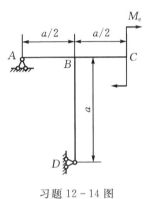

习题 12-14 图

12-14 图示刚架，抗弯刚度 EI 为常数，求 A 截面的转角和 D 截面的铅直位移。

（答案：$\theta_A = \dfrac{M_e a}{3EI}$, $\delta_D = \dfrac{M_e a^2}{6EI}$）

12-15 图示结构中，已知 AB、CE 梁的弯曲刚度为 EI，杆 BD 的拉伸刚度为 EA，求 D 点的铅垂位移 δ_D。

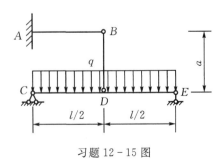

习题 12-15 图

(答案：$\delta_D = \left[1 - \dfrac{Al^3}{3(Al^3 + 16aI)}\right]\dfrac{5ql^4}{384EI}$)

12-16 对照习题 12-4 图，用卡氏定理求 A 点挠度。

(答案：同 12-4)

12-17 对照习题 12-4 图，假设坐标原点取在左支座处，试用最小势能原理求中点挠度的近似值，假设近似挠曲线为 $w = a\sin\dfrac{\pi x}{l}$，$a$ 为一待定参数。

(答案：$w_A = \dfrac{2Pl^3}{\pi^4 EI} = 0.0205\dfrac{Pl^3}{EI}$)

12-18 对照习题 12-4 图，假设坐标原点取在左支座处，试用最小势能原理求中点挠度的近似值，假设近似挠曲线为 $w = a\sin\dfrac{\pi x}{l} + b\sin\dfrac{3\pi x}{l}$，$a$、$b$ 为待定参数。

(答案：$w\left(\dfrac{l}{2}\right) = \dfrac{164Pl^3}{81\pi^4 EI} = 0.02078\dfrac{Pl^3}{EI}$)

12-19 对照 12-8 图，假设近似挠曲线为 $w = C(2l^3 - 3l^2 x + x^3)$，此挠曲线满足 $x = l$ 处 $w = 0$ 及 $w' = 0$，其中 C 为待定参数。试用最小势能原理求 A 点挠度的近似值。

(答案：$w_A = \dfrac{ql^4}{8EI}$)

第13章 超静定问题

超静定结构也称为超静定结构,和相应的静定结构相比,具有强度高、刚度大的优点,因此工程实际中的结构大多是超静定结构。本章主要介绍超静定结构的定义、超静定次数的判断以及超静定结构的求解方法,重点介绍用力法求解超静定结构。

13.1 超静定结构的概念

13.1.1 外力及内力超静定

在各种受力情况下的支座约束力和内力,仅利用静力学平衡方程就可全部求得,这类结构称为静定结构。例如图 13-1(a)所示的被车削工件,图 13-2(a)所示的桁架都是静定结构。它们上面作用的载荷和支座约束力构成平面一般力系,有 3 个独立的平衡方程,正好可解出 3 个未知的支座约束力,其内力也可由截面法或节点法所列的平衡方程求得。

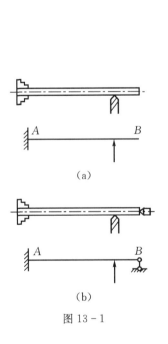

图 13-1

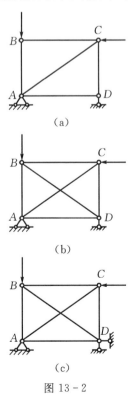

图 13-2

为了满足构件对强度、刚度的要求，常常会增加一些约束。例如为了提高图 13-1(a)所示工件的车削精度，在自由端 B 处增加了一个尾架，以增加其刚度，如图 13-1(b)所示。这样未知的支座约束力由原来的 3 个增加到 4 个，仅仅利用平衡方程已不能求出全部的支座约束力，这类结构称为外力超静定结构。又如图 13-2(a)所示桁架中增加了一个杆 BD，如图 13-2(b)所示，虽然支座约束力仍为 3 个，仍能由静力学平衡方程确定，但是杆件的内力却不能全部由平衡方程求出，这类结构称为内力超静定结构。此外，还有的结构既是外力超静定的，又是内力超静定的，如图 13-2(c)所示。凡是用静力学平衡方程无法求出全部支座约束力和内力的结构，统称为超静定结构或超静定系统。

在图 13-1(a)及 13-2(a)所示结构中，原有的约束对于维持结构的平衡是必要的，充分的。而由于其他原因在静定结构上增加的约束，如图 13-1(b)中的尾架，图 13-2(b)中的 BD 杆以及图 13-2(c)中的杆 BD 杆和 D 处的水平支座链杆，对于结构的平衡来说，则是多余的。因此称它们为"多余约束"，相应的支座约束力或内力，则称为"多余约束力"。当然"多余约束"对工程实际来说并非多余，它们都是为了提高强度或刚度而加上去的。

13.1.2 超静定次数

1. 外力超静定结构

首先由约束的性质确定支座约束力所含未知量的数目，再根据结构所受到的力系的性质确定独立平衡方程的数目，二者之差即为结构的超静定次数。例如图 13-1(b)中，A 端固定有 3 个支座约束力，B 端可动铰支座有 1 个支座约束力，共 4 个支座约束力；结构受平面一般力系作用，有 3 个独立的平衡方程。支座约束力数与平衡方程数之差为 1，所以此结构为 1 次外超静定。

2. 内力超静定结构

用截面法将结构切开一个或几个截面（即去掉内部多余约束），使它变成静定的，那么切开截面上的内力分量的总数（即原结构内部多余约束数目）就是超静定次数。

在平面结构（结构轴线与载荷均在同一平面内）中：

(1) 切开一个链杆（二力杆），截面上只有 1 个内力分量（轴力 F_N），相当于去掉 1 个多余约束。

(2) 切开一个单铰，截面上有 2 个内力分量（轴力 F_N、剪力 F_s），相当于去掉 2 个多余约束。

(3) 切开一处刚性联结，截面上有 3 个内力分量（轴力 F_N、剪力 F_s、弯矩 M），相当于去掉 3 个多余约束。

(4) 将刚性联结换为单铰，或将单铰换为链杆，均相当于去掉 1 个多余约束。

例如图 13-2(b)中，切开链杆 BD（切开其他任何一根也可），结构就变成静定的，所以此结构为 1 次内超静定。又如图 13-3(a)中所示结构，从中间铰 C 处切开，就变成静定的（图 13-3(b)），切开截面上有 2 个内力分量（图 13-3(c)），所以此结构为 2 次内超静定。再如图 13-4(a)中所示结构，将任何一处刚性联结切断就变成静定的（图 13-4(b)），切开截面上有 3 个内力分量（图 13-4(c)），所以此结构为 3 次内超静定。

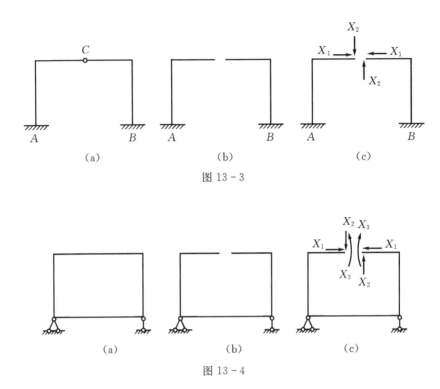

图 13 - 3

图 13 - 4

3. 既是外力超静定又是内力超静定结构

首先判断其外力超静定次数,再判断其内力超静定次数,二者之和即为此结构的超静定次数。例如图 13 - 2(c) 中所示结构,外力超静定次数为 1,内力超静定次数也为 1,所以此结构为 2 次超静定。

13.2 简单的超静定问题

13.2.1 求解超静定问题的基本方法

由于多余约束的存在,使问题由静力学可解变为静力学不可解,这只是问题的一个方面。问题的另一方面是,由于多余约束对结构位移或变形有着确定的限制,而位移或变形又是与力相联系的,因而多余约束又为求解超静定问题提供了条件。

根据以上分析,求解超静定问题,除了平衡方程外,还需要根据多余约束对位移或变形的限制,建立各部分位移或变形之间的几何关系,即建立几何方程,称为变形协调方程,并建立力与位移或变形之间的物理关系,即物理方程或称本构方程。将这二者联立才能找到求解超静定问题所需的补充方程。

可见,求解超静定问题,需要综合考察结构的平衡、变形协调与物理等三方面,这就是求解超静定问题的基本方法。这与第 4、6 章中分析扭转切应力与弯曲正应力的方法是相似的。

13.2.2 几种简单的超静定问题

1.拉压超静定问题

这类超静定结构中构件只承受轴力。

例 13-1 图 13-5 中所示桁架,A、B、C、D 四处均为铰链,求 1、2、3 的内力。

解 图 13-5 中所示桁架,A、B、C、D 四处均为铰链,故 1、2、3 三均为二力杆,设其轴力分别为 F_{N1},F_{N2},F_{N3}。由图 13-5(b) 受力图可知,,其中有三个力是未知的,而平衡方程只有两个,故为一次超静定结构。

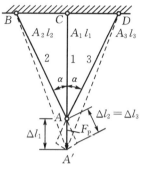
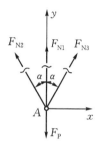

图 13-5

由平衡方程得

$$\sum F_x = 0$$

$$F_{N2}\sin\alpha - F_{N3}\sin\alpha = 0$$

$$\sum F_y = 0$$

$$F_{N1} + F_{N2}\cos\alpha + F_{N3}\cos\alpha - F_P = 0$$

变形协调方程为

$$\Delta l_2 = \Delta l_3 = \Delta l_1 \cos\alpha$$

物性方程为

$$\Delta l_1 = \frac{F_{N1} l_1}{E_1 A_1}, \quad \Delta l_2 = \Delta l_3 = \frac{F_{N2} l_2}{E_2 A_2}$$

由平衡方程、变形协调方程、物性关系联立解出

$$F_{N1} = \frac{F_P}{1 + \dfrac{2 E_2 A_2 l_1}{E_1 A_1 l_2}}$$

$$F_{N2} = F_{N3} = \frac{\dfrac{E_2 A_2 l_1}{E_1 A_1 l_2}}{1 + \dfrac{2 E_2 A_2 l_1}{E_1 A_1 l_2}} F_P$$

2.扭转超静定问题

考察图 13-6(a) 中两端固定、承受扭转的圆截面直杆,设两端的约束力偶分别为 M_{eA}、M_{eB},其方向如图 13-6(b) 所示,而独立的平衡方程只有 1 个,即 $\sum M_x(F) = 0$。因此,为一次超静定结构。

根据前述分析过程,不难确定:

平衡方程为

$$M_{eA} - M_{eB} = 0 \tag{13-1}$$

几何方程为

$$\varphi_{CA} + \varphi_{DB} = \varphi_{CD} \tag{13-2}$$

物理方程为

$$\varphi_{AC} = \frac{M_{eA}l}{GI_p}, \quad \varphi_{DB} = \frac{M_{eB}l}{GI_p}, \quad \varphi_{CD} = \frac{(M_e - M_{eA})l}{GI_p} \tag{13-3}$$

综合式(13-2),(13-3)可得补充方程

$$\frac{M_{eA}l}{GI_p} + \frac{M_{eB}l}{GI_p} = \frac{(M_e - M_{eA})l}{GI_p} \tag{13-4}$$

由式(13-1),(13-4)解得

$$M_{eA} = M_{eB} = \frac{M_e}{3}$$

于是,可以化出杆的扭矩图,如图 13-6(c)所示。

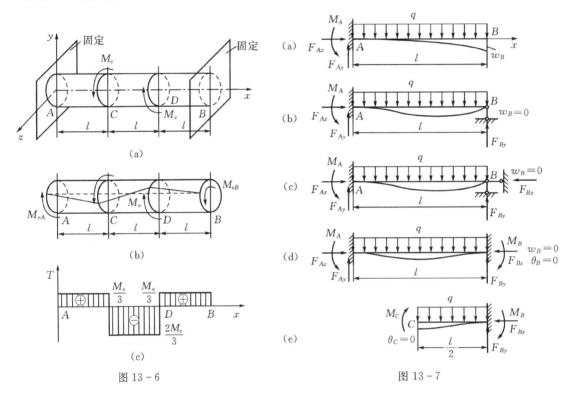

图 13-6

图 13-7

3.简单的超静定梁

考察图 13-7(a)、(b)、(c)、(d)中四种支承不完全相同、而其他条件均相同的梁。根据约束的性质,它们的未知约束力的个数分别为 3、4、5、6,而平面力系独立平衡方程都只有 3个,故除图 13-7(a)中所示为静定梁外,图 13-7(b)、(c)、(d)所示分别为 1 次、2 次和 3 次超静定梁。

例 13-2 如图 13-8 所示梁,已知梁的弯曲刚度为 EI、长度为 l。求梁的约束力。

解 图示梁未知约束力的个数分别为 4,平面力系独立平衡方程都只有 3 个,只有 1 个多余约束力。求解定问题只需 1 个补充方程。

平衡方程为

$$F_{Ax} = 0$$
$$F_{Ay} + F_B - ql = 0$$
$$M_A - F_B l + ql^2/2 = 0$$

变形协调方程为
$$w_B = w_B(q) + w_B(F_B) = 0$$

物理方程为
$$w_B(q) = \frac{ql^4}{8EI}$$
$$w_B(F_B) = \frac{F_B l^3}{3EI}$$

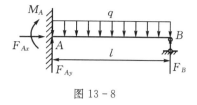

图 13-8

由平衡方程、变形协调方程、物理方程联立解出
$$F_B = \frac{3}{8}ql$$
$$F_{Ax} = 0, \quad F_{Ay} = \frac{5}{8}ql, \quad M_A = \frac{1}{8}ql^2$$

13.3 力法求解超静定结构

13.3.1 基本静定系和相当系统

去掉超静定结构上原有载荷,只考虑结构本身,那么解除多余约束后得到的静定结构,称为原超静定结构的**基本静定系**。在基本静定系上,用相应的多余未知力代替被解除的多余约束,并加上原有载荷,则称为原超静定结构的**相当系统**。

基本静定系可以有不同的选择,并不是唯一的,与之相应的相当系统也随基本静定系的选择而不同。例如图 13-9(a) 所示结构,可以选取 B 端的可动铰支座为多余约束,基本静定系是一个悬臂梁(图 13-9(b)),相应的相当系统表示在图 13-9(c)中;也可以选取 A 端阻止该截面转动的约束为多余约束,基本静定系是一个简支梁(图 13-9(d)),相应的相当系统表示在图 13-9(e)中。又如图 13-10(a) 所示的 3 次超静定结构,其相当系统可以选取多种形式,分别表示在图 13-10(b)、(c)、(d)、(e) 及 (f) 中。选取不同的相当系统所得的最终

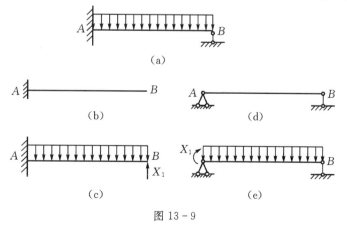

图 13-9

结果是一样的,但计算过程却有繁简之分,所以选择相当系统也是很重要的。

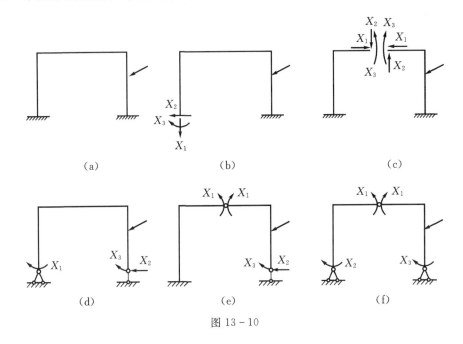

图 13 - 10

13.3.2 力法求解简单超静定结构

下面以图 13-11(a)所示超静定梁为例,说明力法的思路和步骤。
(1)判断超静定次数:本例为 1 次超静定。
(2)选定基本静定系及相当系统分别如图 13-11(b)及(c)所示。
(3)建立位移协调条件,以保证相当系统的变形和位移与原超静定结构完全相同。本例

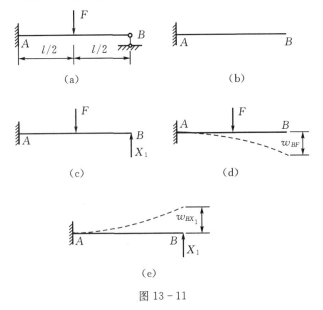

图 13 - 11

中原结构在多余约束 B 处是可动铰，上下不能移动，应有 $w_B=0$，所以相当系统中点 B 的挠度也应为零，即

$$w_B = w_{BF} + w_{BX_1} = 0$$

式中 w_{BF} 为原载荷 F 在 B 处引起的挠度，w_{BX_1} 为多余约束力 X_1 在 B 处引起的挠度，分别如图 13-11(d) 及 (e) 所示。

(4) 由物理条件将变形或位移表达为力的函数，本例中梁的挠度以向上为正

$$w_{BF} = -\frac{5Fl^3}{48EI}, \quad w_{BX_1} = \frac{X_1 l^3}{3EI}$$

这两个挠度值可由第 6 章中的方法求得。

(5) 将物理条件代入位移协调方程，求解多余未知力，本例中有

$$-\frac{5Fl^3}{48EI} + \frac{X_1 l^3}{3EI} = 0$$

解得

$$X_1 = \frac{5}{16}F \quad (\uparrow)$$

X_1 就是原超静定结构 B 端的支座约束力，A 端的 3 个支座约束力可由 3 个独立的静力平衡方程求出。

X_1 求出后，原来的超静定结构就相当于在 F 和 X_1 共同作用下的静定梁（相当系统）。进一步可按静定梁的方法作 F_s，M 图，求应力和变形，进行强度和刚度计算。经计算可知，本例中的 $|M|_{\max}$ 仅为相应静定悬臂梁的 $\frac{3}{8}$，而挠度的最大值 $|w|_{\max}$ 仅为相应静定悬臂梁的 $\frac{1}{33}$。由此可以看出超静定结构具有强度高、刚度大的优点，因此在工程实际中得到广泛应用。

13.3.3 力法正则方程

研究上例中的位移协调方程

$$w_B = w_{BF} + w_{BX_1}$$

为表示规范，将位移统一以 Δ 表示，因为 B 处是多余未知力 X_1 作用处，所以将 B 改写为 1，则有 $w_{BX_1} = \Delta_{1X_1}$，$w_{BF} = \Delta_{1F}$，$w_B = \Delta_1$，所以位移协调方程改写为

$$\Delta_{1X_1} + \Delta_{1F} = \Delta_1$$

设 X_1 为单位力，即 $\overline{X}_1 = 1$ 时引起 B 点沿 X_1 方向的位移为 δ_{11}，则由力与位移的线性关系，X_1 引起的位移为 $\delta_{11} X_1$，因此上式可写为

$$\delta_{11} X_1 + \Delta_{1F} = \Delta_1 \tag{13-5}$$

上式称为**力法正则方程**，式中凡是有两个下标的地方，第一个下标表示位移发生的地点和方向，第二个下标表示位移发生的原因，位移是由哪个因素（这里为力）引起的。下面进一步阐明各项的确切含义。

式中：X_1——多余未知力，这里的 X_1 指广义力，它可以是力，也可以是力偶矩，可以是外约束力，也可以是内约束力；

Δ_1——原超静定结构上，X_1 作用处沿 X_1 方向的位移，这里的位移也指广义位移，它可

以是线位移,也可以是角位移,可以是绝对位移,也可以是相对位移;

δ_{11}——在相当系统中,只保留 X_1,并使 $X_1=1$,由它引起的 X_1 作用处沿 X_1 方向的位移(广义位移);

Δ_{1F}——在相当系统上,只保留原已知载荷 F(广义力),由所有原已知载荷引起的在 X_1,作用处沿 X_1 方向的位移(广义位移)。

在式(13-5)中,第一项 $\delta_{11}X_1$ 表示在相当系统上,只考虑 X_1 的作用,X_1 在自身作用点和方向上引起的位移;第二项 Δ_{1F} 表示在相当系统上,不考虑 X_1,只考虑原有载荷,所有原已知载荷在 X_1 作用点沿 X_1 方向引起的位移;由叠加原理,二者之和应等于原结构在 X_1 作用点沿 X_1 方向的位移。

对于高次超静定结构,一般都采用规范化了的正则方程求解。n 次超静定结构的**力法正则方程**为

$$\left.\begin{array}{l}\delta_{11}X_1+\delta_{12}X_2+\cdots+\delta_{1n}X_n+\Delta_{1F}=\Delta_1\\ \delta_{21}X_1+\delta_{22}X_2+\cdots+\delta_{2n}X_n+\Delta_{2F}=\Delta_2\\ \cdots\cdots\\ \delta_{n1}X_1+\delta_{n2}X_2+\cdots+\delta_{nn}X_n+\Delta_{nF}=\Delta_n\end{array}\right\} \quad (13-6)$$

上式即为力法正则方程的标准形式,也可表达为矩阵形式

$$\begin{pmatrix}\delta_{11}&\cdots&\delta_{1n}\\ \vdots& &\vdots\\ \delta_{n1}&\cdots&\delta_{nn}\end{pmatrix}\begin{pmatrix}X_1\\ \vdots\\ X_n\end{pmatrix}+\begin{pmatrix}\Delta_{1F}\\ \vdots\\ \Delta_{nF}\end{pmatrix}=\begin{pmatrix}\Delta_1\\ \vdots\\ \Delta_n\end{pmatrix}$$

在很多情况下原超静定结构在 n 个多余约束处的位移均为零,那么力法正则方程可写为

$$\begin{pmatrix}\delta_{11}&\cdots&\delta_{1n}\\ \vdots& &\vdots\\ \delta_{n1}&\cdots&\delta_{nn}\end{pmatrix}\begin{pmatrix}X_1\\ \vdots\\ X_n\end{pmatrix}+\begin{pmatrix}\Delta_{1F}\\ \vdots\\ \Delta_{nF}\end{pmatrix}=0 \quad (13-7)$$

从力法正则方程(11-7)可以看出,只要求出全部的系数 δ_{ij} 及自由项 Δ_{iF} 就可以解出全部多余未知力。这样就把求解超静定的问题转化为在静定结构上求一系列位移 δ_{ij},Δ_{iF} 的问题,而这些位移可以用求静定结构位移的知识去求。

另外有一个问题要特别加以说明。

用正则方程解得多余未知力 X_1 后,若想求出原超静定结构的内力,例如弯矩,可用叠加法。

$$M=M_F+\sum_{i=1}^{n}X_i\overline{M_i}$$

式中:M_F 为相当系统上只保留原已知载荷 F 时的弯矩,$\overline{M_i}$ 为相当系统上只保留 X_i,并使 $X_i=1$ 时的弯矩,"+"号表示按代数值叠加。

超静定结构的内力求出后,可进一步求危险截面上危险点的应力,解决强度计算问题。

例 13-3 桁架结构受力及尺寸如图 13-12(a)所示,已知 1、3 两杆的拉压刚度为 E_1A_1,杆 2 的拉压刚度为 E_2A_2,试求各杆轴力。

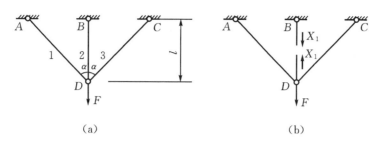

图 13-12

解 此题为1次超静定结构。

①取杆2为多余约束,相当系统如图13-12(b)所示。
②力法正则方程为
$$\delta_{11}X_1 + \Delta_{1F} = 0 \tag{a}$$
此处 $\Delta_1 = 0$ 是因为杆2在没切开之前,切口两侧截面沿 X_1 方向的相对位移为零。
③计算 δ_{11} 及 Δ_{1F}。
相当系统上只作用 F 时
$$F_{N1F} = F_{N3F} = \frac{F}{2\cos\alpha}, \quad F_{N2F} = 0$$
相当系统上只作用 X_1,且 $X_1 = 1$ 时
$$\overline{F}_{N1} = \overline{F}_{N3} = -\frac{1}{2\cos\alpha}, \quad \overline{F}_{N2} = 1$$
则有
$$\delta_{11} = \sum_{i=1}^{3} \frac{(\overline{F}_{Ni})^2 l_i}{E_i A_i} = \frac{2}{E_1 A_1}\left(-\frac{1}{2\cos\alpha}\right)^2 \frac{l}{\cos\alpha} + \frac{1}{E_2 A_2}(1 \times 1)l$$
$$= \frac{l}{2E_1 A_1 \cos^3\alpha} + \frac{l}{E_2 A_2} \tag{b}$$
$$\Delta_{1F} = \sum_{i=1}^{3} \frac{F_{NiF}\overline{F}_{Ni} l_i}{E_i A_i} = -\frac{2}{E_1 A_1}\left(\frac{F}{2\cos\alpha} \cdot \frac{1}{2\cos\alpha} \cdot \frac{l}{\cos\alpha}\right)$$
$$= -\frac{Fl}{2E_1 A_1 \cos^3\alpha} \tag{c}$$

④求各杆轴力。
将式(b)、(c)代入式(a),求得
$$X_1 = -\frac{\Delta_{1F}}{\delta_{11}} = \frac{F}{1 + \dfrac{2E_1 A_1}{E_2 A_2}\cos^3\alpha}$$

即杆2的轴力 F_{N2} 为
$$F_{N2} = X_1 = \frac{F}{1 + \dfrac{2E_1 A_1}{E_2 A_2}\cos^3\alpha} \quad (拉)$$

另两杆的轴力可由点 D 的平衡方程求得,也可由下式求得

实际各杆轴力为
$$F_{Ni} = F_{NiF} + \overline{F}_{Ni} X_1$$
即杆 1 和杆 3 的轴力为
$$F_{N1} = F_{N3} = \frac{F}{2\cos\alpha} + \left[-\frac{1}{2\cos\alpha} \cdot \frac{F}{1 + \frac{2E_1 A_1}{E_2 A_2}\cos^3\alpha} \right]$$
$$= \frac{F\cos^2\alpha}{\frac{E_2 A_2}{E_1 A_1} + 2\cos^3\alpha} \quad (拉)$$

由本例可以看出,超静定结构中各部分的内力分配与各部分间的相对刚度有关,这是超静定结构的一个特点。

例 13 - 4 两端固定的圆轴 AB,尺寸如图 13 - 13(a)所示,在横截面 C 上受扭转力偶矩 M_t 的作用,若圆轴的扭转刚度 GI_p 为已知,试求两固定端的约束力偶矩 M_A 和 M_B。

解 此题为 1 次超静定结构。

① 取 B 端的固定端约束为多余约束,相当系统如图 13 - 13(b)所示。

② 力法正则方程为
$$\delta_{11} X_1 + \Delta_{1F} = 0 \qquad (a)$$

③ 计算 δ_{11} 及 Δ_{1F}。
$$\delta_{11} = \frac{a+b}{GI_p} \qquad (b)$$
$$\Delta_{1F} = -\frac{M_1 a}{GI_p} \qquad (c)$$

④ 将式(b)、(c)代及式(a),求得
$$X_1 = -\frac{\Delta_{1F}}{\delta_{11}} = \frac{M_1 a}{a+b}$$

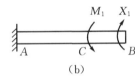

图 13 - 13

⑤ 求约束力偶矩 M_A 和 M_B。
$$M_B = X_1 = \frac{M_1 a}{a+b} \quad (方向同 X_1)$$
$$M_A = M_1 - M_B = \frac{M_1 b}{a+b} \quad (力偶矩矢量沿截面外法线方向)$$

例 13 - 5 结构受力及尺寸如图 13 - 14(a)所示,AB 梁的弯曲刚度 EI 及 BD 杆的拉压刚度 EA 均为已知,试求 BD 杆的轴力 F_N。

解 此题为 1 次超静定结构,可选取不同的基本静定系,下面用两种方法求解。

解法一

① 相当系统如图 13 - 14(b)所示。

② 正则方程为
$$\delta_{11} X_1 + \Delta_{1F} = -\frac{X_1 a}{EA} \qquad (a)$$

式中右端负号是因为原超静定结构在 B 处位移向下,与 X_1 方向相反。

③计算 δ_{11} 及 Δ_{1F}。

相当系统上只保留 X_1，并使 $X_1=1$，作出 $\overline{M}$ 图如图 13-14(c)所示，相当系统上只保留

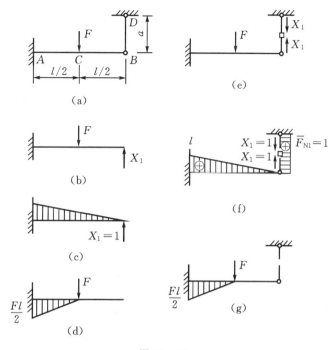

图 13-14

力 F，作出 M_F 图如图 13-14(d)所示。由图乘法

$$\delta_{11}=\frac{1}{EI}\left[\left(\frac{1}{2}\times l\times l\right)\times\frac{2}{3}l\right]=\frac{l^3}{3EI} \tag{b}$$

$$\Delta_{1F}=-\frac{1}{EI}\left[\left(\frac{1}{2}\times\frac{l}{2}\times\frac{Fl}{2}\right)\times\frac{5}{6}l\right]=-\frac{5Fl^3}{48EI} \tag{c}$$

④将式(b)、(c)代入式(a)，求得

$$X_1=\frac{5FAl^3}{16(Al^3+3Ia)}$$

⑤杆 BD 的轴力为

$$F_N=X_1=\frac{5FAl^3}{16(Al^3+3Ia)} \quad (拉)$$

解法二

①相当系统如图 13-14(e)所示。

②正则方程为

$$\delta_{11}X_1+\Delta_{1F}=0 \tag{d}$$

③ $\overline{M}_1$ 图及 $\overline{F}_{N1}$ 图如图 13-14(f)所示，$\overline{M}_F$ 图如图 13-14(g)所示，由图乘法可得

$$\delta_{11}=\frac{l^3}{3EI}+\frac{a}{EA} \tag{e}$$

$$\Delta_{1F} = -\frac{5Fl^3}{48EI} \tag{f}$$

④将式(e)及(f)代入式(d),可得

$$X_1 = \frac{5FAl^3}{16(Al^3 + 3Ia)}$$

⑤杆 BD 轴力为

$$F_N = X_1 = \frac{5FAl^3}{16(Al^3 + 3Ia)} \quad (拉杆)$$

由本例可以看出,选取不同的基本静定系,正则方程是不同的,方程中各项的值也不会完全相同,但最终结果却是相同的。

例 13-6 刚架受力及尺寸如图 13-15(a)所示,已知刚架的弯曲刚度为 EI,试作刚架的弯矩图。

解 此题为 2 次超静定结构。
①相当系统如图 13-15(b)所示。
②力法正则方程为

$$\left.\begin{array}{l}\delta_{11}X_1 + \delta_{12}X_2 + \Delta_{1F} = 0 \\ \delta_{21}X_1 + \delta_{22}X_2 + \Delta_{2F} = 0\end{array}\right\} \tag{a}$$

③(规定各杆内侧受拉为正)$\overline{M}_1$ 图如图 13-15(c)所示,$\overline{M}_2$ 图如图 13-15(d)所示,M_F 图如图 13-15(e)所示,由图乘法 $\overline{M}_1$ 图自身相乘得

$$\delta_{11} = \frac{1}{EI}\left[3 \times \left(\frac{1}{2} \times a \times a\right) \times \frac{2}{3}a + (a \times a) \times a\right] = \frac{2a^3}{EI} \tag{b}$$

$\overline{M}_1$ 图与 $\overline{M}_2$ 图相乘得

$$\delta_{21} = \delta_{12} = -\frac{1}{EI}\left[\left(\frac{1}{2} \times a \times a\right) \times a\right] = -\frac{a^3}{2EI} \tag{c}$$

$\overline{M}_2$ 图自身相乘得

$$\delta_{22} = \frac{1}{EI}\left[\left(\frac{1}{2} \times a \times a\right) \times \frac{2}{3}a + (a \times 2a) \times a\right] = \frac{7a^3}{3EI} \tag{d}$$

M_F 图与 $\overline{M}_1$ 图相乘得

$$\Delta_{1F} = -\frac{1}{EI}\left[\left(\frac{1}{3} \times 2a \times 2qa^2\right) \times \frac{1}{2}a\right] = -\frac{2qa^4}{3EI} \tag{e}$$

M_F 图与 $\overline{M}_2$ 图相乘得

$$\Delta_{2F} = -\frac{1}{EI}\left[\left(\frac{1}{3} \times 2a \times 2qa^2\right) \times a\right] = -\frac{4qa^4}{3EI} \tag{f}$$

④将式(b)~(f)代入式(a)得

$$\begin{cases}\dfrac{2a^3}{EI}X_1 - \dfrac{a^3}{2EI}X_2 - \dfrac{2qa^4}{3EI} = 0 \\ -\dfrac{a^3}{2EI}X_1 + \dfrac{7a^3}{3EI}X_2 - \dfrac{4qa^4}{3EI} = 0\end{cases}$$

解得

第13章 超静定问题

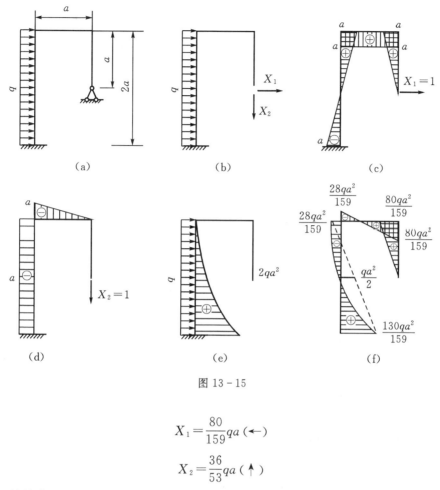

图 13-15

$$X_1 = \frac{80}{159} qa (\leftarrow)$$

$$X_2 = \frac{36}{53} qa (\uparrow)$$

⑤原结构弯矩图可由叠加法求作

$$M = M_F + X_1 \overline{M}_1 + X_2 \overline{M}_2$$

最终原超静定刚架的弯矩图表示在图 13-15(f)中。

例 13-7 刚架 ACD 受力及尺寸如图 13-16(a)所示，EI 为常量，试求点 B 的挠度。

解 (1)先求解超静定问题。

①超静定次数为 1 次。

②相当系统如图 13-16(b)所示。

③正则方程为

$$\delta_{11} X_1 + \Delta_{1F} = 0$$

④$\overline{M}_1$ 图如图 13-16(c)所示，M_F 图如图 13-16(d)所示。

$$\delta_{11} = \frac{1}{EI} \left[\left(\frac{1}{2} \times 2a \times 2a \right) \times \frac{2}{3} \times 2a \right] = \frac{8a^3}{3EI}$$

$$\Delta_{1F} = \frac{1}{EI} \left[\left(\frac{Fa}{2} \times 2a \right) \times \frac{1}{2} \times 2a \right] = \frac{Fa^3}{EI}$$

⑤系数 δ_{11}、Δ_{1F} 代入正则方程解得

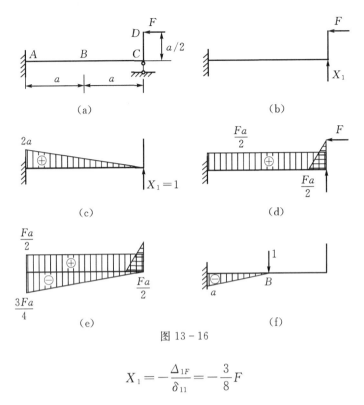

图 13-16

$$X_1 = -\frac{\Delta_{1F}}{\delta_{11}} = -\frac{3}{8}F$$

(2)求 w_B。

①由叠加法求得原超静定结构的 M 图,并分解为如图(e)所示的正负两个弯矩的叠加。
②在基本静定系上点 B 处施加单位力,并作出弯矩图如图(f)所示。
③将图(f)与图(e)相乘,得

$$w_B = \frac{1}{EI}\left[\left(\frac{1}{2} \times a \times a\right) \times \left(\frac{3Fa}{4} \times \frac{5}{6} - \frac{Fa}{2}\right)\right] = \frac{Fa^3}{16EI} \quad (\downarrow)$$

13.4 利用对称性简化超静定结构的计算

有很多工程实际中的结构具有对称性,有些载荷也具有对称性。利用这一特点,可以使计算得到很大简化。

平面结构的对称是指结构的几何形状,杆件的截面尺寸、材料的弹性模量等均对称于某一轴线,此轴线称为对称轴。若将结构沿对称轴对折,两侧部分的结构将完全重合。

如果平面结构沿对称轴对折后,其上作用载荷的分布、大小和方向或转向均完全重合,则称此种载荷为**对称载荷**。图 13-17(a)中所示的即为对称结构承受对称载荷的情况。如果结构对折后,载荷的分布及大小相同,但方向或转向相反,则称为**反对称载荷**。图 13-18(a)中所示的即为对称结构承受反对称载荷的情况。

结构对称,载荷也对称。其内力和变形必然也对称于对称轴;结构对称,载荷反对称,其内力和变形必然反对称于对称轴。注意,此处指内力,并非内力图。由于剪力的符号规定,对称的剪力画出剪力图是反对称的。

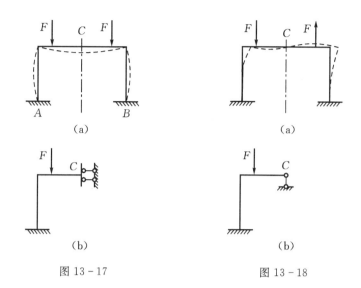

图 13-17   图 13-18

下面分为5种情况来讨论。

1. 结构对称,载荷也对称的奇数跨结构

以图 13-17(a)所示的 3 次超静定刚架为例。由于内力是对称的,所以在对称轴处的横截面 C 处,只可能有轴力和弯矩,不可能存在剪力;由于结构的变形和位移是对称的,如图中虚线所示,所以 C 处不可能产生水平方向位移和转角,只可能有铅垂方向位移。从以上两方面分析可知,在截面 C 处将结构切开,取其一半进行计算即可,在切口处用一个滑动支座来代替原有的刚性联结(如图 13-17(b)所示)。这样图 13-17(a)所示的 3 次超静定刚架的半边结构就等效为图 13-17(b)所示的 2 次超静定结构。

2. 结构对称,载荷反对称的奇数跨结构

以图 13-18(a)所示的 3 次超静定刚架为例,由于内力是反对称的,所以在横截面 C 处,只可能存在剪力,不可能有轴力和弯矩;由于结构的变形和位移是反对称的,如图中虚线所示,所以 C 处不可能产生铅垂方向位移,只可能有水平方向位移和转角。从以上分析可知,在截面 C 处将刚架切开,取其一半进行计算即可:在切口处用一个可动铰支座来代替原有的刚性联结(如图 13-18(b)所示)。这样图 13-18(a)所示的 3 次静不定刚架的半边结构就等效为图 13-18(b)所示的 1 次超静定结构。

3. 结构对称,载荷也对称的偶数跨结构

以图 13-19(a)所示的 6 次超静定刚架为例,此结构和图 13-17(a)所示结构相比较,再考虑到中间竖杆 CD 的长度变化可以忽略不计(由对称性知 CD 上只有轴力,刚架中轴力引起的变形可忽略),所以在 C 处只需用固定支座代替图 13-17(b)中含有约束力偶矩的滑动支座即可,如图 13-19(b)。这样图 13-19(a)所示的 6 次超静定刚架的半边结构就等效为图 13-19(b)所示的 3 次超静定结构。

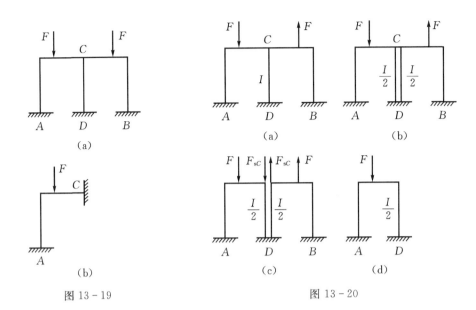

图 13-19　　　　　　　　　图 13-20

4. 结构对称，载荷反对称的偶数跨结构

以图 13-20(a) 所示结构为例，设想中间竖杆 CD 由两根惯性矩各为 $I/2$ 的竖杆组成，如图 13-20(b) 所示，这种情况显然与原结构等效。再设想从此两竖杆中间横梁的中点 C 处切开，由于结构对称载荷是反对称的，所以切口处只存在剪力 F_{sC}，如图 13-20(c) 所示。这一对剪力只能使两竖杆分别产生等值反号的轴力，而不影响其他杆的内力。而原有中间竖杆的内力等于此两竖杆的内力之和，故剪力 F_{sC} 对原结构的内力和变形均无影响，可将 F_{sC} 略去不计。只取刚架的半边结构进行计算，如图 13-20(d) 所示。这样图 13-20(a) 所示的 6 次超静定刚架的半边结构就等效为图 13-20(d) 所示的 3 次超静定结构。

5. 双对称结构

结构和载荷对两个互相垂直的轴都对称，就称为双对称结构；例如图 13-21 所示即为一双对称结构。可将结构在横截面 C 和 D 处切开，取四分之一结构进行计算，并在 C、D 两个截面处均采用含有约束力偶矩的滑动支座，如图 13-21(b) 所示。这样图 13-21(a) 所示的 3 次超静定刚架的四分之一结构就等效为图 13-21(b) 所示的 1 次超静定结构。

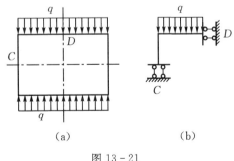

图 13-21

当对称结构承受一般载荷（既不对称，也不反对称）时，如图 13-22(a) 所示的情况，可以将其分解为对称和反对称两组载荷，如图 13-22(b) 及 (c) 所示。对这两组载荷的情况再分别利用对称和反对称性进行简化计算，然后再将二者结果叠加起来即可。

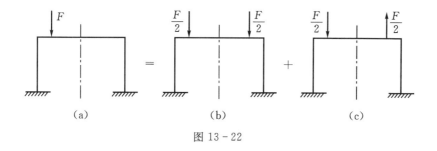

图 13-22

例 13-8 刚架受力及尺寸如图 13-23(a)所示,刚架的弯曲刚度 EI 为常量,试求支座约束力。

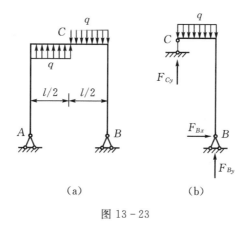

图 13-23

解 此结构为 1 次超静定,由于是结构对称,载荷反对称的单跨刚架,所以其一半结构可以等效为图 13-23(b)所示的静定结构,支座约束力可由平衡方程直接求出。

$$F_{By}=\frac{ql}{4}(\uparrow), \quad F_{Cy}=\frac{ql}{4}(\uparrow), \quad F_{Bx}=0$$

由反对称性可知

$$F_{Ay}=\frac{ql}{4}(\downarrow), \quad F_{Ax}=0$$

例 13-9 结构受力及尺寸如图 13-24(a)所示,弯曲刚度 EI 为常量,试求 CD 段 C 截面的弯矩 M_{CD}。

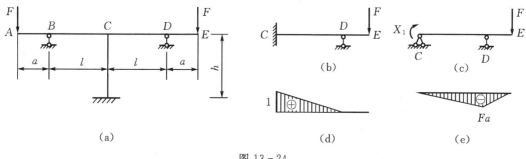

图 13-24

解 原结构为2次超静定。

① 由于是结构对称载荷对称的偶数跨结构,所以其一半可以等效为图13-24(b)所示的1次超静定结构,下面求解此结构。

② 相当系统如图13-24(c)所示。

③ 正则方程为

$$\delta_{11}X_1 + \Delta_{1F} = 0$$

④ $\overline{M}_1$ 图如图13-24(d)所示,M_F 图如图13-24(e)所示。

由图乘法

$$\delta_{11} = \frac{1}{EI}\left[\left(\frac{1}{2} \times l \times 1\right) \times \frac{2}{3}\right] = \frac{l}{3EI}$$

$$\Delta_{1F} = -\frac{1}{EI}\left[\left(\frac{1}{2} \times l \times Fa\right) \times \frac{1}{3}\right] = -\frac{Fla}{6EI}$$

⑤ 求解多余约束力

$$X_1 = -\frac{\Delta_{1F}}{\delta_{11}} = \frac{Fa}{2}$$

$$M_{CD} = X_1 = \frac{Fa}{2} \quad (下侧受拉)$$

习 题

13-1 试作图示等直杆的轴力图。

(答案:$F_{NBD} = -\frac{5F}{4}$, $F_{NCD} = \frac{-F}{4}$, $F_{NAC} = \frac{7F}{4}$)

13-2 图示支架承受荷载 $F = 10$ kN,1,2,3 各杆由同一种材料制成,其横截面面积分别为 $A_1 = 100$ mm^2, $A_2 = 150$ mm^2, $A_3 = 200$ mm^2。试求各杆的轴力。

(答案:$F_{N1} = 8.45$ kN; $F_{N2} = 2.68$ kN; $F_{N3} = 11.54$ kN)

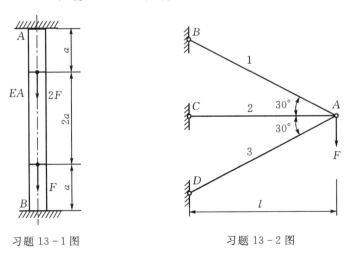

习题 13-1 图　　习题 13-2 图

13-3 一刚性板由四根支柱支撑,四根支柱的长度和截面都相同,如图所示。如果荷

载 F 作用在 A 点,试求这四根支柱各受多少力。

(答案:$F_{N1}=(\dfrac{1}{4}-\dfrac{e}{\sqrt{2}a})F$,$F_{N2}=F_{N4}=\dfrac{F}{4}$,$F_{N3}=(\dfrac{1}{4}+\dfrac{e}{\sqrt{2}a})F$)

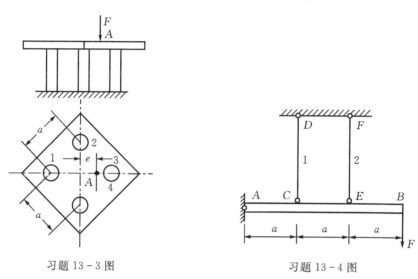

习题 13-3 图　　　　　　　　习题 13-4 图

13-4　刚性杆 AB 的左端铰支,两根长度相等、横截面面积相同的钢杆 CD 和 EF 使该刚性杆处于水平位置,如图所示。如已知 $F=50$ kN,两根钢杆的横截面面积 $A=1000$ mm^2,试求两杆的轴力和应力。

(答案:$F_{N1}=30$ kN,$F_{N2}=60$ kN)

13-5　图示刚性梁受均布荷载作用,梁在 A 端铰支,在 B 点和 C 点由两根钢杆 BD 和 CE 支承。已知钢杆 BD 和 CE 的横截面面积 $A_2=200$ mm^2 和 $A_1=400$ mm^2,钢杆的许用应力$[\sigma]=170$ MPa,试校核该钢杆的强度。

(答案:$|\sigma_1|=96.43$ MPa$<[\sigma]=170$ MPa)

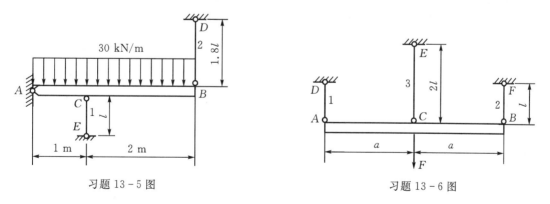

习题 13-5 图　　　　　　　　习题 13-6 图

13-6　试求图示结构的许可荷载$[F]$。已知杆 AD,CE,BF 的横截面面积均为 A,杆材料的许用应力为$[\sigma]$,梁 AB 可视为刚体。

(答案:$[F]=2.5[\sigma]A$)

13-7　横截面面积为 250 mm×250 mm 的短木柱,用四根 40 mm×40 mm×5 mm 的等

边角钢加固,并承受压力 F,如图所示。已知角钢的许用应力$[\sigma]_s=160$ MPa,弹性模量 $E_s=200$ GPa;木材的许用应力$[\sigma]_w=12$ MPa,弹性模量 $E_w=10$ GPa。试求短木柱的许可荷载$[F]$。

(答案:$[F]=742$ kN)

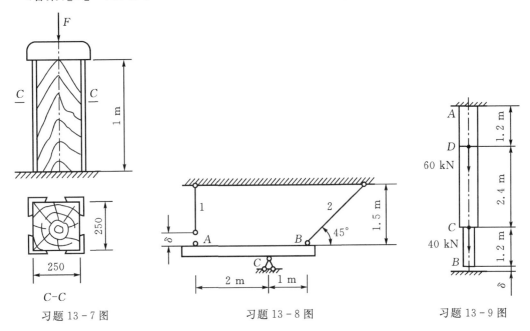

习题 13-7 图　　　　习题 13-8 图　　　　习题 13-9 图

13-8　水平刚性横梁 AB 上部由于某 1 杆和 2 杆悬挂,下部由铰支座 C 支承,如图所示。由于制造误差,杆 1 长度短了 $\delta=1.5$ mm。已知两杆的材料和横截面面积均相同,且 $E_1=E_2=200$ GPa,$A_1=A_2=A$。试求装配后两杆的应力。

(答案:$\sigma_1=16.24$ MPa,$\sigma_2=45.94$ MPa)

13-9　图示阶梯状杆,其上端固定,下端与支座距离 $\delta=1$ mm。已知上、下两段杆的横截面面积分别为 600 mm^2 和 300 mm^2,材料的弹性模量 $E=210$ GPa。试作图示荷载作用下杆的轴力图。

(答案:$N_{BC}=-15$ kN;$N_{CD}=25$ kN;$N_{AD}=85$ kN)

13-10　两端固定的阶梯状杆如图所示。已知 AC 段和 BD 段的横截面面积为 A,CD 段的横截面面积为 $2A$;杆的弹性模量为 $E=210$ GPa,线膨胀系数 $\alpha_l=12\times10^{-6}(℃)^{-1}$。试求当温度升高 30 ℃后,该杆各部分产生的应力。

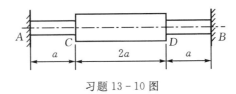

习题 13-10 图

(答案：$\sigma_{AC} = \sigma_{BD} = \dfrac{F_N}{A} = -100.8 \text{ MPa}$，$\sigma_{CD} = \dfrac{F_N}{2A} = -50.4 \text{ MPa}$)

13-11 图示为一两端固定的阶梯状圆轴，在截面突变处承受外力偶矩 M_e。若 $d_1 = 2d_2$，试求固定端的支反力偶矩 M_A 和 M_B，并作扭矩图。

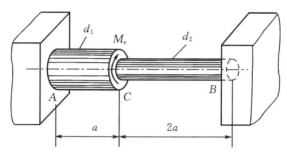

习题 13-11 图

(答案：$T_{BC} = M_B = \dfrac{M_e}{33}$，$T_{CA} = M_B - M_e = -\dfrac{32 M_e}{33}$)

13-12 图示一两端固定的钢圆轴，其直径 $d=60$ mm。轴在截面 C 处承受一外力偶矩 $M_e = 3.8$ kN·m。已知钢的切变模量 $G = 80$ GPa。试求截面 C 两侧横截面上的最大切应力和截面 C 的扭转角。

(答案：$\tau_{\max} = 59.8$ MPa，$\varphi_C = 0.714°$)

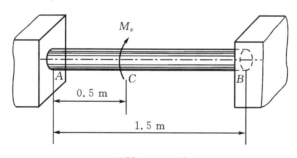

习题 13-12 图

13-13 一空心圆管套在实心圆杆 B 的一端，如图所示。两杆在同一截面处各有一直径相同的贯穿孔，但两孔的中心线构成一 β 角。现在杆 B 上施加外力偶使杆 B 扭转，以使两孔对准，并穿过孔装上销钉。在装上销钉后卸除施加在杆 B 上的外力偶。试问管 A 和杆

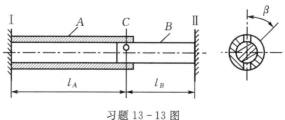

习题 13-13 图

B 横截面上的扭矩为多大？已知杆 A 和杆 B 的极惯性矩分别 I_{PA} 和 I_{PB}；两杆的材料相同，其切变模量为 G。

（答案：$T_A = T_B = M_2 = \dfrac{\beta G I_{PA} I_{PB}}{l_A I_{PB} + l_B I_{PA}}$）

13-14 图示圆截面杆 AC 的直径 $d_1 = 100$ mm，A 端固定，在截面 B 处承受外力偶矩 $M_e = 7$ kN·m，截面 C 的上、下两点处与直径均为 $d_2 = 20$ mm 的圆杆 EF、GH 铰接。已知各杆材料相同，弹性常数间的关系为 $G = 0.4E$。试求杆 AC 中的最大切应力。

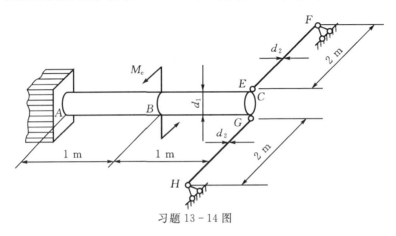

习题 13-14 图

（答案：$\tau_{\max} = 29.182$ MPa）

13-15 试求图示各超静定梁的支反力。

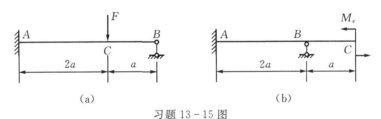

习题 13-15 图

（答案：图(a)：$F_A = \dfrac{13F}{27}$, $F_B = \dfrac{14F}{27}$, $M_A = \dfrac{4Fa}{9}$；图(b)：$F_A = \dfrac{3M_e}{4a}$, $F_B = -\dfrac{3M_e}{4a}$, $M_A = \dfrac{M_e}{2a}$）

13-16 荷载 F 作用在梁 AB 及 CD 的连接处，试求每根梁在连接处所受的力。已知其跨长比和刚度比分别为：$\dfrac{l_1}{l_2} = \dfrac{3}{2}$ 和 $\dfrac{EI_1}{EI_2} = \dfrac{4}{5}$。

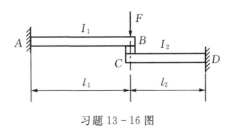

习题 13-16 图

(答案：$\dfrac{32F}{167}$)

13-17 梁 AB 因强度和刚度不足，用同一材料和同样截面的短梁 AC 加固，如图所示。试求：

(1)二梁接触处的压力 F_C；

(2)加固后梁 AB 的最大弯矩和 B 点的挠度减小的百分数。

(答案：(1)$F_C = \dfrac{5F}{4}$；(2) 39%)

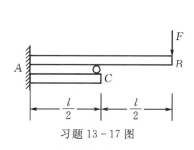

习题 13-17 图

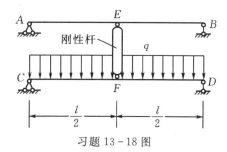

习题 13-18 图

13-18 图示结构中梁 AB 和梁 CD 的尺寸及材料均相同，已知 EI 为常量。试绘出梁 CD 的剪力图和弯矩图。

13-19 在一直线上打入 n 个半径为 r 的圆桩，桩间距均为 l。将厚度为 δ 的平钢板按图示方式插入圆桩之间，钢板的弹性模量为 E，试求钢板内产生的最大弯曲应力。

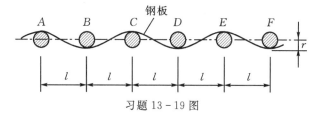

习题 13-19 图

(答案：$\sigma_{\max} = \dfrac{6\delta Er}{l^2}$)

13-20 直梁 ABC 在承受荷载前搁置在支座 A 和 C 上，梁与支座 B 间有一间隙 Δ。当加上均布荷载后，梁在中点处与支座 B 接触，因而三个支座都产生约束力。为使这三个约束力相等，试求其 Δ 值。

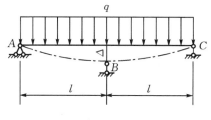

习题 13-20 图

(答案：$\Delta = \dfrac{7ql^4}{72EI}$)

13-21 梁 AB 的的两端均为固定端，当其左端转动了一个微小角度 θ 时，试确定梁的约束反力 M_A，F_A，M_B，F_B。

(答案：$F_A = \dfrac{6EI\theta}{l^2}$；$M_A = \dfrac{4EI\theta}{l}$，$F_B = \dfrac{6EI\theta}{l^2}$，$M_B = \dfrac{2EI\theta}{l}$)

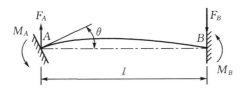

习题 13-21 图

13-22 梁 AB 的左端固定而右端铰支，如图所示。梁的横截面高为 h。设梁在安装后其顶面温度为 t_1，而底面温度为 t_2，设 $t_2 > t_1$，且沿截面高度 h 成线性变化。梁的弯曲刚度为 EI，材料的线膨胀系数为 α。试求梁的约束反力。

(答案：$F_B = \dfrac{3EI\alpha(t_2-t_1)}{2hl}$，$M_A = \dfrac{3EI\alpha(t_2-t_1)}{2h}$，$F_A = -\dfrac{3EI\alpha(t_2-t_1)}{2hl}$)

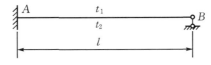

习题 13-22 图

第14章 动荷载与交变应力

以前各章所讨论的问题中,我们所研究的都是构件在静载荷作用下的强度、刚度以及稳定性问题,这时构件中各质点的加速度很小,因而可以忽略。而工程实际中,还会遇到动载荷问题。所谓动载荷是指随时间急剧变化的载荷,或者做加速运动的系统中构件的惯性力。例如起重机中以加速度提升重物的绳索,内燃机中高速运动的连杆和高速转动的飞轮等。

在材料力学中将动载荷问题分为四类:
(1)构件作变速运动时应力与变形的计算;
(2)在冲击载荷作用下构件中应力与变形的计算;
(3)构件作受迫运动时应力的计算;
(4)交变应力。

14.1 考虑惯性力的应力计算

构件作加速运动或转动时,构件内各质点将产生惯性力。按照达朗贝尔原理,若在构件各质点处加上惯性力,则质点系上原力系与惯性力系将组成一平衡力系,此时可按静力学的方法计算动载荷作用下构件的应力和变形。这种将动力学问题在形式上作为静力学问题来处理的方法称为动静法。这种方法的基本思路是,先分析构件的运动,确定构件上各点的加速度,相应地加上假想的惯性力,构件在实际外力与假想惯性力的作用下,处于形式上的平衡状态,因此可以用求解静载荷问题的方法来求解此类动载荷问题。

14.1.1 匀变速直线运动的构件动应力

一起重机绳索以加速度 a 提升一重为 G 的物体(图 14-1(a)),设绳索横截面面积为 A,绳索单位体积的重量为 γ,现求距绳索下端为 x 处的 m-m 截面上的应力。

设重力加速度为 g,则重物的惯性力为 $\dfrac{G}{g}a$,设沿绳索轴线每单位长度上的惯性力为 $\dfrac{\gamma A}{g}a$,其方向与加速度 a 相反。将这些惯性力加到绳索上就得到在平衡力系作用下的系统(图 14-1(b))。此后,用截面法在截面 m-m 处将绳索假想切开,保留截面 m-m 以下部分,设该截面上轴力为 F_{Nd}(图 14-1(c)),利用平衡方程可得

$$F_{\text{Nd}} = G + \frac{G}{g}a + \gamma Ax + \frac{\gamma Ax}{g}a$$

$$= \left(1 + \frac{a}{g}\right)(G + \gamma Ax) \tag{14-1}$$

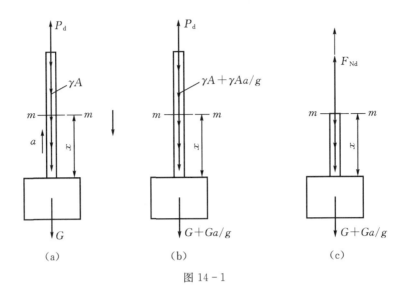

图 14-1

当系统处于静止时,绳索 $m-m$ 截面上的轴力为

$$F_{st} = G + \gamma A x \tag{14-2}$$

令

$$K_d = 1 + \frac{a}{g} \tag{14-3}$$

则(14-1)式可以改写为

$$F_{Nd} = K_d F_{st} \tag{14-4}$$

此处 K_d 称为**动荷因数**,绳索中出现的**动应力**为

$$\sigma_d = \frac{F_{Nd}}{A} = K_d \frac{F_{st}}{A} = K_d \sigma_{st} \tag{14-5}$$

上式中 σ_{st} 为静载荷下绳索中的静应力。

强度条件为

$$\sigma_d = K_d \sigma_{st} \leqslant [\sigma] \tag{14-6a}$$

上式也可改写为

$$\sigma_{st} \leqslant \frac{[\sigma]}{K_d} \tag{14-6b}$$

式中 $[\sigma]$ 为静载下材料的许用应力。上式表明动载荷问题可按静载荷处理,只须将许用应力 $[\sigma]$ 降至原值的 $1/K_d$。

当材料中的应力不超过比例极限时,载荷与变形成正比。因此,绳索在动载荷下的变形 δ_d 与静载荷下的变形 δ_{st} 之间有下述关系

$$\delta_d = K_d \delta_{st} \tag{14-7}$$

由此可见,只要将静载荷下的应力、变形乘以 K_d 即得动载荷下应力与变形。

14.1.2 匀速转动的构件的动应力

图 14-2(a)是一半径为 r 的薄圆环,环的厚度为 $t(t \ll r)$,宽为 b(垂直于图面),环以等

角速度 ω 绕 O 轴转动,现在求圆环中出现的动应力。

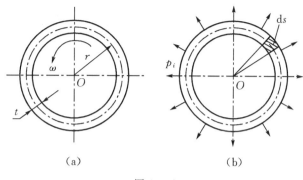

图 14-2

首先沿圆环中线取一弧段 ds(图 14-2(b)),则该弧段的惯性力为 $b \cdot ds \cdot t \cdot \dfrac{\gamma}{g}(r\omega^2)$。其中 γ 为材料的容重,$r\omega^2$ 是圆环中线上任一点的向心加速度。由于环很薄,所以认为圆环上各点的向心加速度均相同。然后将此惯性力除以 $b \cdot ds$,即可得到沿环壁单位面积上的惯性力 p_i,

$$p_i = \dfrac{t\gamma}{g} r\omega^2 \qquad (14-8)$$

依据达朗贝尔原理,沿圆环中线加上均布的沿半径方向的惯性力 p_i(图 14-2b)后,圆环就处于形式上的平衡状态,可按静载荷方法计算此时圆环中的动应力。这种情况与薄壁圆筒受内压相同,故圆环的环向应力为

$$\sigma_i = \dfrac{p_i r}{t} = \left(\dfrac{t\gamma}{g} r\omega^2\right)\dfrac{r}{t} = \dfrac{\gamma v^2}{g}$$

其中 $v = r\omega$ 是圆环上点的速度。由此可得,环向应力与速度的平方成正比。故环向应力的增长比圆环转速的增长更快。而且此环向应力与环的横截面面积无关,所以增大环的横截面面积并不能降低环向应力。所以要保证旋转的圆环不会因强度不够而发生失效现象,应注意限制圆环的转速。

例 14-1 如图 14-3(a)所示,两根绳索吊起一根钢梁,以匀加速度平行上升,已知梁的横截面面积为 A,加速度为 a,抗弯截面系数为 W,单位体积的重力为 γ。若只考虑梁的重量,而不计绳索的自重。试求梁的最大的应力和绳索的动应力。

解 梁以匀加速度 a 上升,每单位长度上的惯性力为 $\dfrac{A\gamma}{g}a$,且方向向下,再加上梁自身重力的作用,则梁上的均布载荷集度为

$$q_d = A\gamma + \dfrac{A\gamma}{g}a = A\gamma\left(1 + \dfrac{a}{g}\right)$$

根据动静法,作用于梁上的重力 $q_d l$、绳索的拉力 F_{Nd} 和惯性力组成平衡力系(图 14-3(b)),梁在横力作用下发生弯曲变形。由静平衡条件得

$$\sum F_y = 0, \quad 2F_{Nd} - q_d l = 0$$

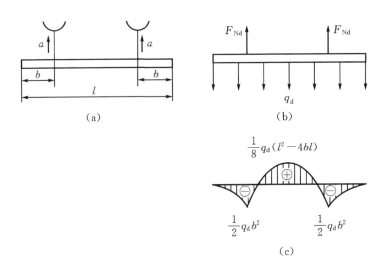

图 14-3

$$F_{Nd} = \frac{1}{2}q_d l = \frac{1}{2}A\gamma\left(1+\frac{a}{g}\right)l$$

绳索内的动应力为

$$\sigma_d = \frac{F_{Nd}}{A} = \frac{q_d l}{2A}$$

梁的弯矩图如图 14-3(c)所示,最大弯矩发生在梁中点处横截面上。

$$M_{d,max} = F_{Nd}\left(\frac{l}{2}-b\right) - \frac{1}{2}q_d\left(\frac{l}{2}\right)^2 = \frac{1}{2}A\gamma\left(1+\frac{a}{g}\right)\left(\frac{l}{4}-b\right)l$$

则梁的最大动应力为

$$\sigma_{d,max} = \frac{M_{d,max}}{W} = \frac{A\gamma}{2W}\left(\frac{l}{4}-b\right)l\left(1+\frac{a}{g}\right)$$

注意:在本题的解答过程中,惯性力与重力均为分布力系,不能简单地用一集中力来代替。

例 14-2 图 14-4 所示为一钢制圆轴,右端有一圆盘,圆盘对转轴 x 的转动惯量为 $J_x = 500 \text{ kg·m}^2$。轴的直径 $d = 100$ mm,轴的转速 $n = 100$ r/min。在使用制动器后,轴在 $\Delta t = 5$ s 内匀减速停止转动。设轴的质量忽略不计,试求在制动过程中轴内的最大切应力。

解 圆盘与轴转动的初角速度为

$$\omega_0 = \frac{2\pi n}{60} = \frac{100\pi}{30} = 10.5 \text{ rad/s}$$

角加速度为

$$\alpha = \frac{\omega - \omega_0}{\Delta t} = \frac{0 - 10.5}{5} = -2.1 \text{ rad/s}^2$$

负号表示角加速度与角速度 ω_0 方向相反,轴作减速运动。加于圆盘上的惯性力偶矩为

$$M_x = -J_x\alpha = -500 \times 2.1 = -1050 \text{ kN·m}$$

轴中最大切应力为

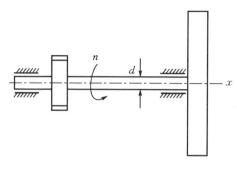

图 14-4

$$\tau_{\max} = \frac{T}{W_t} = \frac{16 M_x}{\pi d^3} = \frac{16 \times 1050 \times 10^3}{\pi 100^3} = 5.35 \text{ MPa}$$

14.2 杆件受冲击时的应力和变形

当物体以一定速度作用在构件上时,其速度发生急剧变化,从而使构件受到很大的作用力,这种现象称为冲击或撞击。如冲锻工件,打桩,凿孔,高速转动的飞轮被突然制动,这些都是冲击问题的实例。冲击问题的特点是:冲锻工件的锤头,打桩机上冲击桩柱的重块,凿孔的榔头等这些冲击物以一定的速度撞击到另一构件上,并在撞击的极短瞬间,冲击物的速度急剧下降到零,因此冲击过程中的惯性力很难确定。于是冲击物给予受冲击构件的力,即冲击载荷就难于准确确定。因此这类问题不能用动静法求解。此外,冲击时在接触区(碰撞区)的应力状态,冲击载荷随时间的变化以及冲击过程中的能量损失等等,这些问题都给精确分析带来很大困难。工程中常用能量方法近似地确定冲击过程中的最大冲击载荷及相应的动应力与动变形,其精度虽不甚高,但能正确给出这些物理量的量级。

冲击时,由于在相互冲击的构件表面上要产生塑性变形,致使构件局部硬化;冲击物与被冲击物之间的压力作用时间极短,应力不会立即传播到整个构件,因而形成应力波,以高速度向构件内传播,以致引起构件的振动;与此同时,材料的性质也要发生改变,问题的求解非常复杂。所以,为了简化计算,作如下假设:

(1)由于在冲击过程中冲击物的变形很小,可忽略不计,冲击物视为刚体;
(2)受冲击物的质量忽略不计;
(3)忽略冲击过程中能量的损失;
(4)认为在冲击过程中受冲击物仍处在弹性范围内,即满足胡克定律。

14.2.1 自由落体冲击

图 14-5(a)所示的弹簧代表一受冲击的弹性构件,在实际问题中,它可以是一个梁(图 14-5(b)),一个杆(图 14-5(c))等其他构件,只是受冲击物不同,弹性系数不同而已。设有重量为 G 的重物自高度 h 处自由下落,当重物下落至即将与梁接触时,重物的速度为 v,与梁接触以后重物即附着在构件上并向下移至最低点。此时重物的速度为零,弹簧变形达到最大,冲击处产生的动变形为 Δ_d,根据弹性范围内载荷与变形成正比关系,构件上承受的冲

击载荷也达到最大值 F_d。

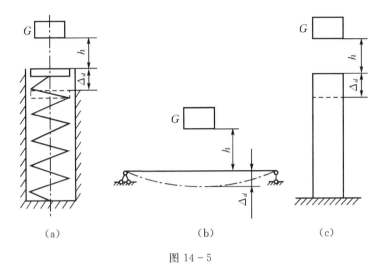

图 14-5

根据能量守恒定律：在冲击过程中，忽略热能等其他能量，冲击物失去的总能量 E 应等于弹簧获得的弹性应变能 U_d，即

$$E = U_d \tag{14-9}$$

重物即将与弹簧接触时具有的动能为 T，当重物下落至最低位置时，动能减少为零，位能减少 V，故它失去的总能量为

$$T + V = U_d \tag{14-10}$$

其中，由于冲击物的初速度和末速度都等于零，所以动能无变化，在图 14-5(a)所示情况下，冲击物减少的位能为

$$V = G(h + \Delta_d) \tag{14-11}$$

故受冲击构件弹簧的应变能 U_d 等于冲击载荷 F_d 在冲击过程中所做的功。冲击载荷 F_d 和弹簧变形 Δ_d 都是从零开始增加到最大值，在材料服从胡克定律的情况下，受冲构件的应变能为

$$U_d = \frac{1}{2} F_d \Delta_d \tag{14-12}$$

将载荷 G 作为静载荷作用于弹簧顶端时，设产生的静变形（挠度）为 Δ_{st}，静应力为 σ_{st}，根据弹性范围内，应力、变形与载荷成正比的关系可得到以下关系

$$\frac{G}{F_d} = \frac{\Delta_{st}}{\Delta_d} = \frac{\sigma_{st}}{\sigma_d} \tag{14-13}$$

考虑到上式，弹簧获得的应变能为

$$U_d = \frac{1}{2} F_d \Delta_d = 0 + G(h + \Delta_d) = \frac{1}{2} \frac{\Delta_d^2}{\Delta_{st}} G$$

整理上式以后，可得

$$\Delta_d^2 - 2\Delta_d \Delta_{st} - 2h \Delta_{st} = 0$$

解得

$$\Delta_\mathrm{d} = \Delta_\mathrm{st}\left(1 \pm \sqrt{1 + \frac{2h}{\Delta_\mathrm{st}}}\right)$$

由于所求的是最大变形,故上式取正号,即

$$\Delta_\mathrm{d} = \Delta_\mathrm{st}\left(1 + \sqrt{1 + \frac{2h}{\Delta_\mathrm{st}}}\right)$$

引入符号

$$K_\mathrm{d} = \frac{\Delta_\mathrm{d}}{\Delta_\mathrm{st}} = 1 + \sqrt{1 + \frac{2h}{\Delta_\mathrm{st}}} \tag{14-14}$$

其中 K_d 称做冲击动荷因数,于是(14-13)式可改写为

$$F_\mathrm{d} = K_\mathrm{d} G, \quad \Delta_\mathrm{d} = K_\mathrm{d}\Delta_\mathrm{st}, \quad \sigma_\mathrm{d} = K_\mathrm{d}\sigma_\mathrm{st} \tag{14-15}$$

由上式可知,今后计算时可先将冲击物以静载荷的方式作用于受冲击构件上,求出受冲击构件的静变形、静应力,然后将冲击动荷因数乘以静载荷、静变形、静应力,就可以得到冲击时的动载荷、动变形、动应力。关于冲击动荷因数 K_d 需注意以下几点:

(1) 其中 Δ_st 为冲击物以静载荷方式作用到被冲击物上时,冲击点沿冲击方向的静位移;

(2) 如果在冲击开始时,冲击物的动能为 T_0,故冲击动荷因数的公式还能表示为能量形式:

$$K_\mathrm{d} = 1 + \sqrt{1 + \frac{2h}{\Delta_\mathrm{st}}} = 1 + \sqrt{1 + \frac{Gh}{\frac{1}{2}G\Delta_\mathrm{st}}} = 1 + \sqrt{1 + \frac{T_0}{V_\mathrm{st}}} \tag{14-16}$$

其中,$V_\mathrm{st} = \frac{1}{2}G\Delta_\mathrm{st}$ 是 G 以静载荷方式作用到被冲击物上时被冲击物的弹性应变能。

(3) 式中 h 是初速度为零的冲击物自由下落的高度。在做定性分析时,若冲击物自由下落的高度 h 数值较大(当 $\frac{h}{\Delta_\mathrm{st}} \geqslant 10$ 时),此时公式(14-16)根号中的 1 可以忽略,则冲击动荷因数可表示为

$$K_\mathrm{d} = 1 + \sqrt{1 + \frac{2h}{\Delta_\mathrm{st}}} \approx 1 + \sqrt{\frac{2h}{\Delta_\mathrm{st}}} \tag{14-17a}$$

若冲击物自由下落的高度数值很大(当 $\frac{h}{\Delta_\mathrm{st}} \geqslant 200$)时,此时公式(14-17a)根号前的 1 可以忽略,则冲击动荷因数可表示为

$$K_\mathrm{d} \approx \sqrt{\frac{2h}{\Delta_\mathrm{st}}} \tag{14-17b}$$

14.2.2 突然加载

若载荷突然作用于弹性体上,此时相当于在上述自由落体冲击当 $h=0$ 时的情况。故将 $h=0$ 代入式(14-14)可得

$$K_\mathrm{d} = 1 + \sqrt{1 + \frac{2h}{\Delta_\mathrm{st}}} = 2$$

即在突然加载情况下,动载荷是静载荷的两倍,弹性体产生的相应的动变形、动应力也是静载荷下的两倍。

14.2.3 水平冲击加载情况

如图 14-6 所示,水平放置的系统,在端点受到速度为 v 的重物的水平冲击。由于系统水平放置,故在冲击过程中,系统的位能不变,即 $V=0$。则在冲击过程中,冲击物只有动能的变化,动能 $T=\dfrac{1}{2}\dfrac{G}{g}v^2$,将 V、T 代入式(14-10)可得

$$\frac{1}{2}\frac{G}{g}v^2 + 0 = \frac{1}{2}F_d\Delta_d$$

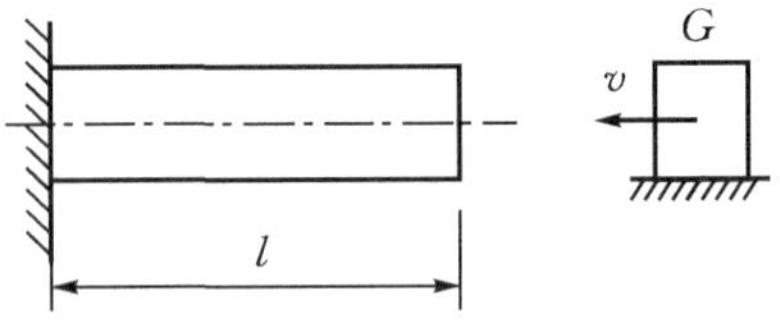

图 14-6

由于 $\dfrac{F_d}{G}=\dfrac{\Delta_d}{\Delta_{st}}$,故上式可改写为

$$\frac{1}{2}\frac{G}{g}v^2 = \frac{1}{2}\frac{\Delta_d^2}{\Delta_{st}}G$$

所以

$$\Delta_d = \sqrt{\frac{v^2}{g\Delta_{st}}}\Delta_{st}$$

由此可得水平冲击时的冲击动荷因数为

$$K_d = \sqrt{\frac{v^2}{g\Delta_{st}}}$$

式中,Δ_{st} 为大小等于 G 的静载荷沿水平方向施加到杆件上时,冲击点沿冲击方向的线位移。

上述根据能量法推出的计算公式,由于省略了冲击过程中诸如热能等其他能量,因此得到的应变能比实际数值大,故计算结果是偏安全的。构件在冲击载荷作用下的**强度条件**可写为

$$\sigma_{d,max} = K_d \sigma_{st,max} \leqslant [\sigma]$$

例 14-3 图 14-7(a)、(b)所示,分别表示不同支承方式的钢梁,承受相同的重物冲击,已知弹簧刚度 $K=300$ kN/m,$l=1$ m,$h=75$ mm,$G=150$ N,钢梁的截面为 50 mm × 50 mm,$E=200$ GPa,试比较两种情况的冲击应力及最大挠度。

解 (1)对于图 14-7(a)计算静应力和静变形。

① 将重物 G 以静载的方式沿冲击方向作用于冲击点上,可得

$$\Delta_{st} = \frac{Gl^3}{48EI} = \frac{12\times150\times1^3}{48\times2\times10^{11}\times50^4\times10^{-12}} = 30\times10^{-4}\text{ m}$$

$$\sigma_{st} = \frac{M_{max}}{W} = \frac{Gl}{4W} = \frac{6\times150\times1}{4\times50^3\times10^{-9}} = 1.8\times10^6\text{ Pa} = 1.8\text{ MPa}$$

② 计算冲击动荷因数。

$$K_d = 1+\sqrt{1+\frac{2h}{\Delta_{st}}} = 1+\sqrt{1+\frac{2\times75\times10^{-3}}{30\times10^{-6}}} = 71.7$$

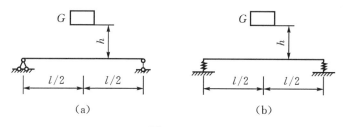

图 14-7

③求冲击应力和最大挠度。

冲击应力
$$\sigma_{d,max}=K_d\sigma_{st,max}=71.7\times1.8=129 \text{ MPa}$$

最大挠度应发生在梁的跨中截面,即冲击点处,该处也是最大静挠度发生处,故
$$\Delta_{d,max}=K_d\Delta_{st,max}=71.7\times30\times10^{-6}=2.15\times10^{-3} \text{ m}=2.15 \text{ mm}$$

(2)对于图 14-7(b)计算静应力和静变形。

①将重物 G 以静载的方式沿冲击方向作用于冲击点上,可得
$$\sigma'_{st}=\frac{M_{max}}{W}=\frac{Gl}{4W}=\frac{6\times150\times1}{4\times50^3\times10^{-9}}=1.8\times10^6 \text{ Pa}=1.8 \text{ MPa}$$

冲击点 C 处的静位移由梁弯曲引起的 C 点位移 Δ_{st1} 和弹簧压缩引起的位移 Δ_{st2} 两部分组成
$$\Delta'_{st}=\Delta_{st1}+\Delta_{st2}=\frac{Gl^3}{48EI}+\frac{G/2}{K}=\frac{12\times150\times1^3}{48\times2\times10^{11}\times50^4\times10^{-12}}+\frac{150}{2\times300\times10^3}$$
$$=2.8\times10^{-4} \text{ m}=0.28 \text{ mm}$$

②计算冲击动荷因数。
$$K'_d=1+\sqrt{1+\frac{2h}{\Delta'_{st}}}=1+\sqrt{1+\frac{2\times75\times10^{-3}}{2.8\times10^{-4}}}=24.2$$

③求冲击应力和最大挠度。

冲击动应力
$$\sigma'_{d,max}=K'_d\sigma'_{st,max}=24.2\times1.8=43.6 \text{ MPa}$$

最大挠度应发生在梁的跨中截面,即冲击点处,该处也是最大静挠度发生处,故
$$\Delta'_{d,max}=K'_d\Delta'_{st,max}=24.2\times2.8\times10^{-4}=6.78\times10^{-3} \text{ m}=6.78 \text{ mm}$$

由于图 14-7(b)采用了弹簧支座,减少了系统的刚度,因而使冲击动荷因数减小,这是降低冲击应力的有效方法。因此,在工程上常采用把刚性支座换成弹性支座的方法起缓冲作用,以降低构件的冲击应力,提高构件承受冲击的能力。

例 14-4 在例 14-2 中转动的圆轴如被制动器突然制动,试求此时轴内产生的最大切应力。轴材料的切变模量 $G=80 \text{ GPa}$,$l=2 \text{ m}$,其他数据同例 14-2。

解 由于使用制动器后飞轮转速瞬时降为零,圆轴受到扭转冲击作用。

制动前飞轮具有的动能为
$$T=\frac{1}{2}J_x\omega_0^2$$

制动时获得的应变能为

$$U_d = \frac{T_d^2 l}{2GI_p}$$

令 $T = U_d$，可解得

$$T_d = \omega_0 \sqrt{\frac{GI_p J_x}{l}}$$

将已知数据 $J_x = 500 \text{ kg·m}^2$、$d = 100 \text{ mm}$、$\omega_0 = 10.5 \text{ rad/s}$、$G = 80 \text{ GPa}$、$l = 2 \text{ m}$ 代入上式得

$$T_d = \omega_0 \sqrt{\frac{GI_p J_x}{l}} = 10.5 \sqrt{\frac{80 \times 10^3 \times \frac{\pi}{32} \times (100)^4 \times 500 \times 10^3}{2000}} = 1.47 \times 10^8 \text{ N·mm}$$

故，轴内产生的最大扭转切应力为

$$\tau_{d,\max} = \frac{T_d}{W_t} = \frac{16 \times 1.47 \times 10^8}{\pi 100^3} = 749 \text{ MPa}$$

此处求出的切应力数值远远超过一般钢材的剪切屈服极限，因为常用钢材扭转时的许用切应力为 $[\tau] = 80 \sim 100$ MPa。当然，即使是紧急制动，由动到静总要经过一段极短促的时间，故实际上切应力要比上述数值要小。不过由此例可以看出紧急制动对轴的强度是不利的。

例 14 – 5 图 14 – 8(a)所示，一根下端固定、长为 l 的铅直圆截面杆 AB，在距下端为 a 的 C 点处被一重为 G 的物体沿水平方向冲击，已知物体与杆接触时的速度为 v。试求杆内最大冲击应力。

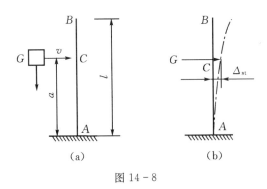

图 14 – 8

解 ① 求冲击动荷因数。

因为承受水平冲击，故冲击动荷因数为

$$K_d = \sqrt{\frac{v^2}{g\Delta_{st}}}$$

其中 $\Delta_{st} = \frac{Ga^3}{3EI}$，是杆在 C 点处承受数值与冲击物重量 G 相等的水平力作用时，该点的静挠度（图 14 – 8(b)）。

② 求最大冲击应力。

杆 AB 在 C 点处受水平力 G 作用时，杆内的最大应力发生在固定端 A 处的横截面最外

边缘处,大小为

$$\sigma_{st}=\frac{M_{max}}{W}=\frac{Ga}{W}$$

故,杆内的最大冲击应力为

$$\sigma_d=K_d\sigma_{st}=\sqrt{\frac{v^2}{g\Delta_{st}}}\cdot\frac{Ga}{W}$$

14.3 冲击韧性

工程上,许多机械在承受突然加载时,即使是塑性材料也会表现为脆性破坏。所以实际生产中需要对各种材料抗冲击能力进行衡量,即进行冲击试验。国家标准 GB/T 229—1994 规定,金属材料的抗冲击能力是以冲断具有切槽的标准试件所需要的能量多少为标志的。为了便于比较,采用标准试件,我国目前使用的标准试件是两端简支的弯曲试件(图 14-9 (a))。试件中央开有半圆形切槽,称为 U 形切槽试件。在试件上开有切槽,是为了使切槽区域高度应力集中,使得切槽附近区域集中吸收很多的能量。而且切槽底部越尖锐,越能满足上述要求,故还经常采用 V 形槽试件(图 14-9(b))。

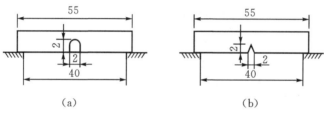

图 14-9

试验时,将试件放置于冲击试验机的两支承座上,并使切槽位于受拉一侧,即背向冲击方向(图 14-10)。然后使试验机的重摆从一定高度自由落下,冲断试样过程中,重摆重力所做的功 W 等于试件所吸收的能量。设试样切槽处的最小横截面面积为 A,现以重摆所做的

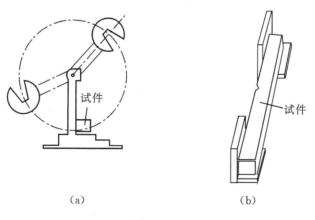

图 14-10

功除以试件断面面积 A，可得

$$\alpha_k = \frac{W}{A} \quad (14-18)$$

其中 α_k 称为**冲击韧性**，单位为焦耳/平方毫米（J/mm^2）。冲击韧性是材料抗冲击能力的指标之一，α_k 的数值与试件的尺寸、形状、支承条件、温度等因素有关。

试验表明，α_k 越大，材料的抗冲击的能力就越强。例如，作为塑性材料代表的低碳钢的抗冲击能力远高于脆性材料的代表铸铁，所以低碳钢的抗冲击能力大于铸铁。

由于冲击韧性 α_k 的测定一般是在室温下进行的，环境温度大幅变化会对某些材料的冲击韧性产生很大的影响。试验结果表明，α_k 的值随温度的降低而减少，在某一温度范围下，材料将变得很脆，α_k 的数值骤然下降，这就是冷脆现象。这一温度范围称为临界温度或韧性转变温度。一般来说，不同材料的 α_k 值与温度的关系及其临界温度均不相同。但是，并不是所有金属都有冷脆现象。例如铜、铝和某些高强度的合金钢，在很大的温度变化范围内，α_k 的数值变化很小，没有明显的冷脆现象。

14.4 交变应力与疲劳破坏

14.4.1 交变应力及应力-时间历程

转动的列车轮轴中部表面上任一点的弯曲正应力是时间的周期函数。桥梁构件危险点的应力随车流、风力风向的改变而反复变化。这种随时间作交替变化的应力称为**交变应力**。交变应力随时间而变化的过程，称为**应力-时间历程**（或称为**应力谱**）。

1. 应力-时间历程的分类

根据数学处理方法的不同，可对应力-时间历程分为确定性的和随机性的两大类。

如果应力与时间之间有确定的函数关系式，且能用这一关系式确定未来任一瞬时的应力，这种应力-时间历程称为确定性的应力-时间历程；否则，称为随机性应力-时间历程。

确定性的应力-时间历程又分为周期性应力-时间历程（应力是时间的周期函数）和非周期性应力-时间历程两类。

本章只研究具有周期性应力-时间历程的金属疲劳问题。

2. 周期性应力-时间历程的特征量

设周期性应力-时间历程如图 14-11 所示，其特征量有应力循环、最大应力、最小应力、平均应力、应力幅和应力比。

(1) 应力循环：应力由某值再变回该值的过程。

(2) 最大应力：一个应力循环中代数值的最大应力，用 σ_{max} 表示。

(3) 最小应力：一个应力循环中代数值的最小应力，用 σ_{min} 表示。

(4) 平均应力：最大应力与最小应力的均值，用 σ_m 表示为

$$\sigma_m = \frac{\sigma_{max} + \sigma_{min}}{2} \quad (14-19)$$

(5) 应力幅：由平均应力到最大或最小应力的变幅，用 σ_a 表示为

$$\sigma_a = \frac{\sigma_{max} - \sigma_{min}}{2} \quad (14-20)$$

应力的变动幅度还可用应力范围来描述,用 $\Delta\sigma$ 表示为

$$\Delta\sigma = 2\sigma_a \quad (14-21)$$

(6)应力比(应力循环特征):是一个用于描述应力变化不对称程度的量,用 r 表示为

$$r = \frac{\sigma_{\min}}{\sigma_{\max}} \quad (14-22)$$

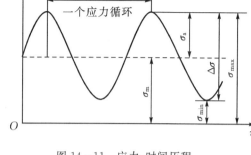

图 14-11 应力-时间历程

它的可能取值范围为 $-\infty < r < +\infty$。

在 5 个特征量 $\sigma_{\max}$、$\sigma_{\min}$、σ_m、σ_a(或 $\Delta\sigma$)、r 中,只有两个是独立的,即只要已知其中的任意两个,就可求出其他的量。

3. 应力循环的类型

应力循环按应力幅是否恒为常量,分为常幅应力循环和变幅应力循环。应力循环按应力比分类,可分为对称循环 $r=-1$ 和非对称循环 $r\neq-1$。非对称循环中又可以分为脉动循环 $r=0$ 或 $r=-\infty$,静应力 $r=1$ 和其他一般应力循环。

14.4.2 金属疲劳破坏的概念

1. 金属疲劳破坏的特征

金属材料发生疲劳破坏,一般有 3 个主要的特征。

(1)交变应力的最大值 $\sigma_{\max}$ 远小于材料的强度极限 σ_b,甚至比屈服极限 σ_s 也小得多。

(2)所有的疲劳破坏均表现为脆性断裂(即使材料塑性很好)。

(3)断裂面有光滑区及粗糙区,如图 14-12 所示为金属疲劳时的断面特征。

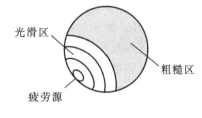

图 14-12

2. 疲劳破坏的过程

(1)无初始裂纹的塑性材料。构件在交变应力作用下,在构件内部应力最大或材质薄弱处,局部材料达到屈服,并逐渐形成微观裂纹(疲劳源)。这一阶段称为裂纹萌生阶段。

微观裂纹形成之后,在交变应力的作用下,裂纹缓慢稳定地扩展,直至裂纹尺寸达到一临界值。这一阶段称为裂纹(稳定)扩展阶段。由于裂纹反复地开闭,两裂纹面反复相互研磨,形成光滑面。可见,断口上的光滑区对应裂纹稳定扩展阶段。

裂纹的前沿为三向拉应力区,当裂纹尺寸达到临界尺寸后,裂纹发生快速扩展(又称失稳扩展)而断裂。这一阶段持续时间极短,称为断裂阶段,对应断口上的粗糙区。

(2)含裂纹的构件。许多构件上存在着初始裂纹,如焊缝在冷却后会产生小裂纹;材料的夹杂、孔隙,加工损伤都是裂纹源,在交变应力作用下,很快就会萌生裂纹,因此,也可视为初始裂纹。

有初始裂纹的构件,在交变应力作用下,疲劳破坏过程只有裂纹扩展阶段和断裂阶段。

14.4.3 金属材料的 $S-N$ 曲线和疲劳极限

材料的 $S-N$ 曲线,是由标准光滑试样测得的 $\sigma_{max}-N$(或 $\tau_{max}-N$)曲线。S 为广义应力记号,泛指正应力和切应力。若为拉、压交变或反复弯曲交变,S 为正应力 σ 值;若为反复扭转交变,则 S 为切应力 τ 值。N 为在应力循环的应力比 r、最大应力 σ_{max} 不变的情况下,试样破坏前所经历的应力循环次数,又称为**疲劳寿命**。

一般来说,应力越低,寿命越高。对于寿命 N 大于 10^4 的疲劳问题,称为高周疲劳问题,反之,称为低周疲劳问题。

标准试样在变交应力作用下,经历无限次应力循环而不发生破坏的最大应力值,称为材料的**疲劳极限**,用 σ_r 表示,角标 r 表示应力比。

材料的 $S-N$ 曲线或疲劳极限除了与材料本身的材质有关外,还与变形形式、应力比有关,需要通过试验测定。试验选择的变形形式要尽量与构件的变形形式相符。应力比通常选择对称循环,这主要是因为对称循环下的疲劳极限最低,且对称循环加载容易实现。为了贴近实际情况,也常会选择脉动循环。

1. 疲劳试验

(1)试验标准。试验标准是试验的依据。应根据构件的使用环境、疲劳类型和变形形式来选择适当的试验标准。例如,对于在常温、无腐蚀环境中承受高周疲劳的杆类构件,若交变应力为弯曲应力,可选用 GB/T 4337 金属旋转弯曲疲劳实验方法;若交变应力为轴向拉、压应力,应选用 GB/T 3075 金属轴向疲劳试验方法;若交变应力为扭转切应力,则需选用 GB/T 12443 金属扭应力疲劳试验方法。

(2)试样。测定材料的疲劳性能标准,必须采用试验标准中的规定的试样,称为标准试样。这种试样尺寸较小,加工质量较高,所以又称光滑小试样。

测定材料的 $S-N$ 曲线需要一组(设有 n 个)同样的试样。为了提高 $S-N$ 曲线的精度,应增加试样的数量。

(3)试验机。疲劳试验机可分高周疲劳试验机和低周疲劳试验机两大类。按给试样施加的变形形式,又有旋转弯曲疲劳试验机、拉压疲劳试验机和扭转疲劳试验机等。

选择试验机的依据是构件的疲劳类型和变形形式。

(4)试验方法。试验标准中都详细地给出了试验方法。

值得注意的是,为了提高试验的效率和效果,应当用心地设计一组试样中各试样将要承受的应力值。常常需要根据已测得的数据调整后续试验中试样的应力值。

按照相同的应力比及设定的最大应力,对每个试样逐一进行疲劳试验,记下最大应力和破坏时试样已经历的应力循环数(即疲劳寿命):(σ_{max}, N_i),$i=1,2,\cdots,n$。

建立以疲劳寿命的对数为横坐标 $\lg N$、最大应力 σ_{max} 为纵坐标的坐标系,根据试验测得的数据 (σ_{max}, N_i),$i=1,2,\cdots,n$,利用描点作图法或数理统计拟合法作出 $\sigma_{max}-N$ 曲线,即 $S-N$ 曲线。

2. $S-N$ 曲线与疲劳极限

如图 14-13 所示为低碳钢和铝合金在对称循环弯曲交变应力下的 $S-N$ 曲线示意图。

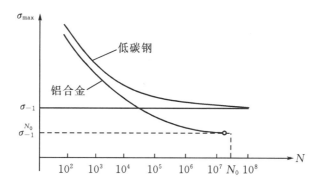

图 14-13　低碳钢和铝合金在对称循环弯曲交变应力下的 S-N 曲线

低碳钢、铸铁等金属材料的 S-N 曲线有一水平渐近线,这条渐近线的纵坐标就是材料的疲劳极限 σ_{-1}。显然,当材料的最大应力低于该值时,将不会发生疲劳破坏。

铝合金等有色金属材料的 S-N 曲线没有水平渐近线,不存在疲劳极限。在这种情况下,通常用一个指定的寿命 N_0 所对应的最大应力作为材料的疲劳极限,又称为条件疲劳极限,用 $\sigma_{-1}^{N_0}$ 表示,如图 14-13 所示。一般规定 $N_0 = 5\times10^5 \sim 5\times10^7$。

14.4.4　钢结构构件及其连接部位的 S-N 曲线

焊接是制造钢构件的主要工艺,而焊缝是构件疲劳破坏的主要部位。这是因为焊缝处存在着很高的残余拉应力和烧伤、夹渣及初始裂纹等缺陷。由于这些因素在小试样中不可能充分再现,使得小试样的疲劳试验结果与实际出入较大。因此,人们不得不花费昂贵的代价做构件的疲劳试验。美国公路研究协作规划(NCHRP)管理机构在 1970 年和 1974 年发表的 102 和 147 报告中载有 531 根钢筋的疲劳试验结果。我国等一些国家,也进行了一定数量的构件疲劳试验。这些成果,为制定钢结构规范提供了依据。

1. 影响构件焊接部位疲劳寿命的因素

焊接钢梁的常幅疲劳试验结果表明了如下因素的影响情况。

(1) 应力范围。应力范围 $\Delta\sigma$ 是影响钢梁焊接部位疲劳寿命的重要因素,而名义最大应力 $\sigma_{\max}$(或平均应力 σ_m)的影响很小。这是因为焊缝处很大的残余拉应力使得这里实际的最大应力 $\sigma'_{\max}$ 恒为屈服极限 σ_s。按照卸载规律,应力循环中实际的最小应力 $\sigma'_{\min} = \sigma_s - \Delta\sigma$。可见,在交变应力各特征值中,对焊接部位的疲劳强度起控制作用的是应力范围 $\Delta\sigma$,它被用来作为疲劳强度的应力指标。

(2) 焊接工艺。焊接工艺和质量对焊接部位的疲劳强度有显著影响,是规范中对构造部位分类的主要依据。

2. S-N 曲线

用常温、无腐蚀环境下的常幅高频疲劳试验结果:(σ_i, N_i), $i=1,2,\cdots,n$,在坐标系 $\Delta\sigma_i$-N_i 中绘制的曲线,在双对数坐标系 $\lg\Delta\sigma_i$-$\lg N_i$(S-N 曲线)中是一条直线(如图 14-14 所示),其表达式为

$$\lg\Delta\sigma = \frac{1}{\beta}(\lg a - \lg N) \tag{14-23a}$$

或

$$\Delta\sigma = \left(\frac{a}{N}\right)^{\frac{1}{\beta}} \quad (14-23\text{b})$$

式中,a 和 β 是由试验结果统计得到的常数,$-\dfrac{1}{\beta}$ 为上述直线的斜率,$\dfrac{\lg a}{\beta}$ 为直线在 $\Delta\sigma$ 轴上的截距。

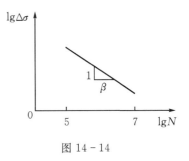

图 14-14

14.4.5 钢结构构件及其连接部位的疲劳计算

1. 常幅应力循环下的疲劳计算

(1) 许用疲劳强度曲线。

由构件及其连接部位在常温、无腐蚀环境下的常幅高频疲劳 $\Delta\sigma_i - N_i$ 曲线,即式 (14-23b),引进安全系数,可得到许用疲劳强度曲线,即许用应力范围-寿命曲线($[\Delta\sigma] - N$)曲线),图形依然如图 14-14 所示,其表达式为

$$[\Delta\sigma] = \left(\frac{C}{N}\right)^{\frac{1}{\beta}} \quad (14-24)$$

式中,参数 C 和 β 的值从表 14-1 中查取(表 14-1 摘自 GB 50017—2003《钢结构设计规范》)。

表 14-1 参数 C、β 的值

构件和连接类别	1	2	3	4	5	6	7	8
C	1940×10^{12}	861×10^{12}	3.26×10^{12}	2.18×10^{12}	1.47×10^{12}	0.96×10^{12}	0.65×10^{12}	0.41×10^{12}
β	4	4	3	3	3	3	3	3

(2) 疲劳强度条件。

常幅疲劳强度条件为

$$\Delta\sigma \leqslant [\Delta\sigma] \quad (14-25\text{a})$$

式中,$\Delta\sigma$ 为危险点处应力循环中的应力范围,对于焊接部位有

$$\Delta\sigma = \sigma_{\max} - \sigma_{\min}$$

对于非焊接部位,因无残余拉应力,考虑到其实际平均应力较低,《钢结构设计规范》(GB 50017—2003)推荐取为

$$\Delta\sigma = \sigma_{\max} - 0.7\sigma_{\min} \quad (14-25\text{b})$$

其中,$\sigma_{\max}$、$\sigma_{\min}$ 应按弹性连续体计算而得到。

《钢结构设计规范》(GB 50017—2003)要求,当应力循环次数 $N \geqslant 10^5$ 时,应进行疲劳强度计算,而在应力循环中不出现拉应力的部位,则可不必验算疲劳强度。

例 14-6 一焊接工字形截面的简支梁如图 14-15 所示。附梁跨中作用有一脉动常幅交变荷载 F,其 $F_{\max} = 800$ kN。该梁由手工焊接而成,属第 4 类构件,已知构件在服役期内

荷载的交变次数为 2.4×10^6，截面的惯性矩 $I_z=2.041\times10^{-3}$ m⁴，材料为 Q235 钢。试校核梁 AB 的疲劳强度。

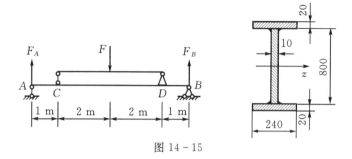

图 14-15

解 ① 求危险点的应力范围。疲劳强度的危险截面为跨中截面 D，该截面上有
$$M_{\max}=400 \text{ kN·m}, \quad M_{\min}=0$$
疲劳强度危险点位于截面 D 上焊缝 a 处，有
$$\sigma_{\max}=\frac{M_{\max}y_{\max}}{I_z}=\frac{400\times10^3\times0.42}{2.041\times10^{-3}}=82.29 \text{ MPa}$$
$$\sigma_{\min}=0$$
$$\Delta\sigma=\sigma_{\max}-\sigma_{\min}=82.29 \text{ MPa}$$

② 许用应力范围。该梁焊缝为第 4 类连接，从表 14-1 中查得
$$C=2.18\times10^{12}, \quad \beta=3$$
则许用应力范围为
$$[\Delta\sigma]=\left(\frac{C}{N}\right)^{\frac{1}{\beta}}=\left(\frac{2.18\times10^{12}}{2.4\times10^6}\right)^{\frac{1}{3}}=96.85 \text{ MPa}$$
最大弯曲正应力发生在截面 D 下边缘上。

③ 校核疲劳强度。
$$\Delta\sigma<[\Delta\sigma]$$
由此可见，该梁在服役期内能满足疲劳强度要求。

2. 变幅应力循环下的疲劳计算

设变幅应力循环由 k 级常幅循环构成，如图 14-16 所示，其中 $\Delta\sigma_i$、n_i 为第 i 级常幅应力循环的应力范围和循环数，$i=1,2,\cdots,k$。

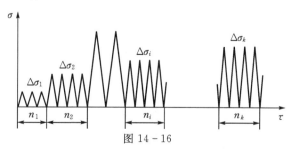

图 14-16

(1) 迈因纳 (Miner, M.A.) 法则。

在交变应力作用下，疲劳破坏是一渐进的过程，是损伤逐渐累积的结果。计算累积损伤的法则已有多种，但以迈因纳的线性累积损伤理论应用最为广泛。

① 常幅应力循环时的线性累积损伤计算法则。假设每一次应力循环对构件造成的损伤都相同，若寿命为 N，则每次应力循环的损伤度（率）为 $1/N$，n 次循环累积损伤度则为

$$D = \frac{n}{N} \tag{14-26}$$

当 $n = N$，即 $D = 1$ 时，构件发生疲劳破坏。

因为累积损伤度与循环次数 n 成线性关系，故这种计算累积损伤的法则称为线性累积损伤法则。

② 变幅应力循环时的线性累积损伤计算。在多级常幅应力循环交变应力（图 14-16）作用下，构件的损伤度为

$$D = \sum \frac{n_i}{N_i} \tag{14-27}$$

当 $D = 1$ 时，发生疲劳破坏。式中，N_i 是仅在应力范围为 $\Delta\sigma_i$ 的常幅应力循环下构件的疲劳寿命。

(2) 等效应力范围。

上述的多级常幅交变应力的总循环次数为 $n = \sum n_i$，造成的累积损伤为

$$D = \sum \frac{n_i}{N_i} \tag{14-28a}$$

设构件在应力范围为 $\Delta\sigma_c$ 的常幅循环应力下疲劳寿命为 N，当循环次数等于多级常幅交变应力的总循环次数 n 时，造成的损伤度也等于多级常幅交变应力造成的累积损伤度，即

$$\frac{\sum n_i}{N} = D \tag{14-28b}$$

这时称 $\Delta\sigma_c$ 为等效应力范围。

由式 (14-28a) 和式 (14-28b) 得

$$\frac{\sum n_i}{N} = \sum \frac{n_i}{N_i} \tag{14-28c}$$

由式 (14-23b) 可求出

$$N_i = \frac{a}{(\Delta\sigma_i)^\beta}, \quad N = \frac{a}{(\Delta\sigma_c)^\beta}$$

代入式 (14-28c)，可得到

$$\Delta\sigma_c = \left\{ \frac{\sum [n_i (\Delta\sigma_i)^\beta]}{\sum n_i} \right\}^{\frac{1}{\beta}} \tag{14-29}$$

(3) 疲劳强度条件。

采用等效应力范围，由式 (14-25a)，可建立起多级常幅循环应力下的疲劳强度条件为

$$\Delta\sigma_c < [\Delta\sigma] \tag{14-30}$$

对于一般的变幅应力循环，需要选用计数法（如雨流法）进行处理，变换成如图 14-16 所示的多级常幅应力循环问题，再用上述方法进行疲劳强度计算。详细的介绍请参见有关

的专著。

3.提高疲劳强度的措施

提高构件的疲劳强度,就是提高构件各部位的许用应力范围$[\Delta\sigma]$。由式(14-24)画出各类构件和连接的$[\Delta\sigma]$-N曲线,比较图中各类别的$[\Delta\sigma]$-N曲线可知,类别号越低,疲劳强度越高。为了提高构件的疲劳强度,在设计和制造构件时,应尽量选择类别号较低的构件和连接的设计形式和制造工艺。

因为疲劳裂纹大多发生在有应力集中的部位、焊缝及构件表面,所以,一般来说,提高构件疲劳强度应从减缓应力集中、提高加工质量等方面入手,基本措施如下。

(1)合理设计构件形状,减缓应力集中。构件上应避免出现有内角的孔和带尖角的槽;在截面变化处,应使用较大的过渡圆角或斜坡;在角焊缝处,应采用坡口焊接。

(2)选择合适的焊接工艺,提高焊接质量。要保证较高的焊接质量,最好的方法是采用自动焊接设备。

(3)提高构件表面质量。制造中,应尽量降低构件表面的粗糙度;使用中,应尽量避免构件表面发生机械损伤和化学损伤(如腐蚀、锈蚀等)。

(4)增加表层强度。适当地进行表层强化处理,可以显著提高构件的疲劳强度。如采用高频淬火热处理方法,渗碳、氮化等化学处理方法,滚压、喷丸等机械处理方法。这些方法在机械零件制造中应用较多。

(5)采用止裂措施。当构件上已经出现了宏观裂纹后,可以通过在裂尖钻孔、热熔等措施,减缓或终止裂纹扩展,提高构件的疲劳强度。

习　题

14-1　图示CD杆以匀角速度ω绕竖直的轴转动,杆横截面面积A,杆材料单位体积重量为γ。试求CD杆内产生的最大正应力,并画出CD杆的轴力图,由自重引起的弯曲应力很小,可忽略不计。

(答案:$\sigma_{d,max}=\dfrac{\gamma\omega^2 l^2}{2g}$,发生在$x=l$处)

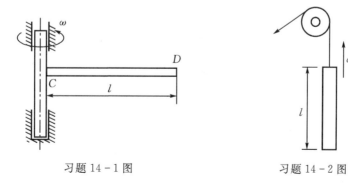

习题 14-1 图　　　　习题 14-2 图

14-2　如图所示的杆长为l,横截面面积为A,现以加速度a向上提升,材料的单位体积重量为γ,试求杆内的最大应力。

(答案：$\sigma_{d,max} = \gamma l \left(1 + \dfrac{a}{g}\right)$)

14-3 同习题 14-1 图，若材料的弹性模量为 E，求 D 端的轴向位移。

(答案：$\Delta = \dfrac{\gamma \omega^2 l^3}{3Eg}$)

14-4 如图所示，铸铁飞轮以转速 $n=6$ r/s 匀速转动，轮缘的平均直径 $D=2.5$ m，铸铁材料的单位体积重量为 $\gamma=78$ kN/m³，轮缘厚度 $t \ll D$，忽略轮辐的影响。若铸铁许用应力 $[\sigma]=40$ MPa，试

(1)校核飞轮强度；
(2)确定飞轮的最大转速。

(答案：(1)$\sigma_\theta = 16.5$ MPa $<[\sigma]$；(2)$n_{max}=9.33$ r/s)

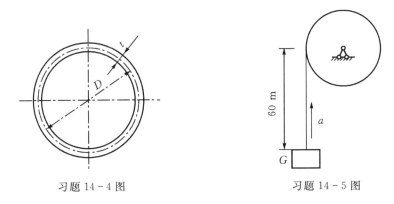

习题 14-4 图　　　　习题 14-5 图

14-5 如图所示，起重机绳索匀加速度提升重为 $G=50$ kN 的物体，在一开始的 3 s 内物体被提升 9 m，若绳索单位体积重量为 $\gamma=80$ kN/m³，许用应力 $[\sigma]=60$ MPa，试求绳索直径 d。

(答案：$d=37.6$ mm)

14-6 如图所示，重为 G 的物体从高度 H 自由下落冲击梁上的点 C。已知梁的 E、I 及抗弯截面系数 W。试求梁内最大正应力及梁中点处的挠度。

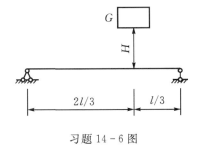

习题 14-6 图

(答案：$\sigma_{d,max} = \dfrac{2Gl}{9W}\left(1+\sqrt{1+\dfrac{243EIH}{2Gl^3}}\right)$，$w_{1/2} = \dfrac{23Gl^3}{1296EI}\left(1+\sqrt{1+\dfrac{243EIH}{2Gl^3}}\right)$)

14-7 如图所示材料相同的两杆,一个等截面,一个变截面,$a = 200$ mm,$A = 10$ mm²,$E = 200$ GPa。另有一重为 $G = 10$ N 的重物从高度 $h = 100$ mm 处自由下落。试用近似公式 $K_d = \sqrt{2h/\Delta_{st}}$ 求此两杆的冲击应力。

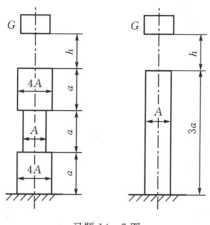

习题 14-7 图

(答案:a 杆 $\sigma = 115.5$ MPa;b 杆 $\sigma = 81.6$ MPa)

14-8 梁的支撑情况如图所示,已知重为 $G = 2$ kN 的物体,从高度 $h = 30$ mm 处冲击到梁上,其中弹簧刚度为 $K = 100$ N/mm,弹性模量 $E = 200$ GPa,试求梁 1、2 截面处的最大冲击应力及动挠度。

(答案:1 截面:$\sigma_{d,max} = 47.3$ MPa,$\Delta_d = 24.5$ mm;

2 截面:$\sigma_{d,max} = 31.6$ MPa,$\Delta_d = 9.34$ mm)。

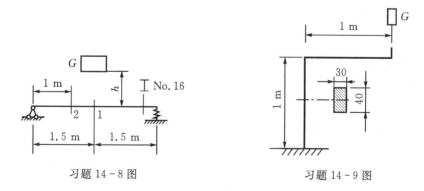

习题 14-8 图   习题 14-9 图

14-9 如图所示等截面刚架,物体的重为 $G = 300$ N,从高度 $h = 50$ mm 处自由下落,其中 $E = 200$ GPa,刚架自身质量不计,试求截面 A 处的最大铅垂位移和刚架内的最大正应力。

(答案:$\sigma_{d,max} = 168.5$ MPa;$\Delta_{d,max} = 74.4$ mm)

14-10 如图所示重为 $G = 1$ kN 的物体从高度 $h = 40$ mm 处自由下落到悬臂梁 AB 上,其中梁长 $l = 2$ m,弹性模量 $E = 10$ GPa,试求冲击时梁内的最大正应力及梁的最大挠度。(图中尺寸单位:mm)

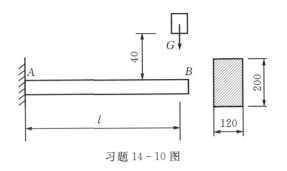

习题 14-10 图

(答案：$\sigma_{d,max}=15$ MPa，$w_{max}=20$ mm)

14-11 如图所示一直杆 OC 一端连有重为 G 的重物，杆的重量忽略不计，杆 OC 在水平面内以角速度 ω 绕固定点 O 转动，其中(a)图是俯视图，在杆转动的过程中，因在 B 点处突然受阻而停止转动，如图(b)所示，试求此时杆内的最大冲击应力。

(答案：最大冲击应力发生在 B 截面处，$\sigma_{d,max}=\dfrac{\omega}{W}\sqrt{\dfrac{3EIlG}{g}}$)

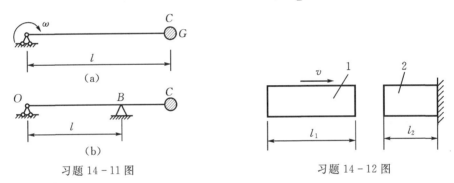

习题 14-11 图　　　　　　　　习题 14-12 图

14-12 如图所示有两杆分别用 1、2 表示，杆的横截面积均为 A，弹性模量均为 E，长度分别为 l_1、l_2，现在杆 1 以水平速度 v 冲击到杆 2 的端部。设在冲击时，1 杆内各质点产生相同但与速度方向相反的加速度。试求冲击时杆中的最大正应力。材料的单位体积重量为 γ。

(答案：$\sigma_{d,max}=\sqrt{\dfrac{3\gamma l_1 E}{g(l_1+3l_2)}}\,v$)

14-13 如图所示 16 号工字钢梁 AB 受到重为 $G=1$ kN 的物体的冲击，$h=50$ mm，$l=4$ m，$E=200$ GPa，试计算以下问题：

(1)不考虑梁本身质量的影响，求梁内的最大正应力；
(2)考虑梁本身质量的影响，求梁内的最大正应力。
(答案：(1)$\sigma_{d,max}=100$ MPa；(2)$\sigma_{d,max}=82.9$ MPa)

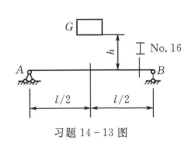

习题 14-13 图

14-14 试求图 14-14 所示交变应力的平均应力、应力幅及循环特征。

(答案：$\sigma_m = 80$ MPa, $\sigma_a = 40$ MPa, $r = \dfrac{1}{3}$)

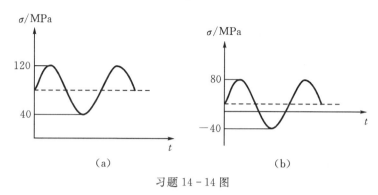

习题 14-14 图

14-15 减速器主动轴如图所示，轴上键槽为端铣加工，截面 1-1 处直径 $D = 50$ mm，该截面弯矩 $M = 860$ N·m。轴的材料为普通碳钢，$\sigma_b = 500$ MPa，$\sigma_{-1} = 220$ MPa，表面磨削加工，若规定安全系数 $n = 1.4$，试校核轴在 1-1 截面处的疲劳强度。

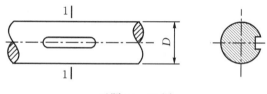

习题 14-15 图

(答案：$n_\sigma = 1.53$)

14-16 火车轮轴受力情况如图所示。$a = 500$ mm，$l = 1435$ mm，轮轴中段直径 $d = 150$ mm。若 $F = 50$ kN，试求轮轴中段表面上任一点的最大应力 σ_{max}、最小应力 σ_{min}、循环特征 r，并作出 σ-t 曲线。

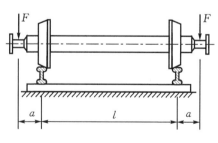

习题 14-16 图

(答案：$\sigma_{max} = 75.53$ MPa，$\sigma_{min} = -75.53$ MPa，$r = \dfrac{\sigma_{min}}{\sigma_{max}} = -1$)

14-17 如图所示，货车轮轴两端载荷 $F = 110$ kN，材料为车轴钢，$\sigma_b = 500$ MPa，$\sigma_{-1} = 240$ MPa。规定安全因数 $n = 1.5$。试校核 Ⅰ-Ⅰ 和 Ⅱ-Ⅱ 截面的强度。

(答案：$n_{\sigma 1} = 1.60 > n = 1.5$，$n_{\sigma 2} = 2.03 > n = 1.5$)

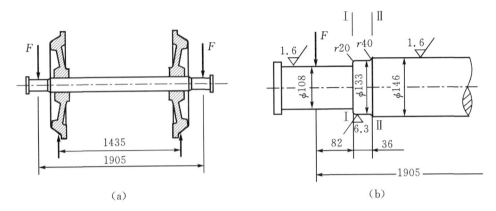

(a)　　　　　　　　　　(b)

习题 14-17 图

14-18　卷扬机阶梯圆轴的某段需要安装一滚珠轴承,因滚珠轴承内座圈上圆角半径很小,如装配时不用定距环(图(a)),则轴上的圆角半径应为 $r_1=1$ mm,如增加定距环(图(b)),则轴上的圆角半径可增加为 $r_2=5$ mm。已知材料为 Q275 钢,$\sigma_b=520$ MPa,$\sigma_{-1}=220$ MPa,$\beta=1$,规定的安全因数 $n=1.7$。试比较轴在图(a)和图(b)两种情况下,对称循环的许用弯矩 $[M]$。

(答案:$[M_1]=409$ N·m,$[M_2]=636$ N·m)

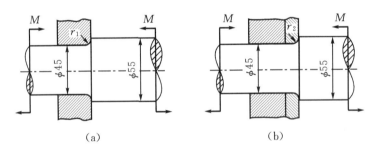

(a)　　　　　　　　　　(b)

习题 14-18 图

附　录

附录Ⅰ　截面的几何性质

F.1.1　截面的静矩和形心

如图 F-1 所示，平面图形代表一任意截面，yOz 为其所在平面内的直角坐标系，以下两积分

$$\left.\begin{array}{l}S_z = \int_A y\,\mathrm{d}A \\ S_y = \int_A z\,\mathrm{d}A\end{array}\right\} \quad (\text{F}-1)$$

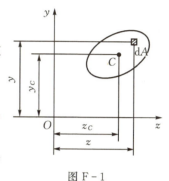

图 F-1

分别定义为该截面对于 z 轴和 y 轴的静矩，其中 y,z 为微面积 $\mathrm{d}A$ 的坐标，A 为平面图形的面积。

静矩可用来确定截面的形心位置。由静力学中确定物体重心的公式可得

$$\left.\begin{array}{l}y_C = \dfrac{\int_A y\,\mathrm{d}A}{A} \\ z_C = \dfrac{\int_A z\,\mathrm{d}A}{A}\end{array}\right\}$$

其中 y_C, z_C 为形心坐标。利用公式(F-1)，上式可写成

$$\left.\begin{array}{l}y_C = \dfrac{\int_A y\,\mathrm{d}A}{A} = \dfrac{S_z}{A} \\ z_C = \dfrac{\int_A z\,\mathrm{d}A}{A} = \dfrac{S_y}{A}\end{array}\right\} \quad (\text{F}-2)$$

或

$$\left.\begin{array}{l}S_z = Ay_C \\ S_y = Az_C\end{array}\right\} \quad (\text{F}-3)$$

由式(F-3)可知，某一面积对其所在平面内坐标轴 z 轴的静矩，等于其面积与形心的 y 坐标的乘积；对坐标轴 y 轴的静矩，等于其面积与形心的 z 坐标的乘积。静矩常用来确定组合平面图形形心的位置。

如果一个平面图形是由若干个简单图形组成的组合图形，则由静矩的定义可知，**整个图形对某一坐标轴的静矩应该等于各简单图形对同一坐标轴的静矩的代数和**，即

$$\left.\begin{aligned} S_z &= \sum_{i=1}^{n} A_i y_{Ci} \\ S_y &= \sum_{i=1}^{n} A_i z_{Ci} \end{aligned}\right\} \quad (F-4)$$

式中 A_i、y_{Ci} 和 z_{Ci} 分别表示某一组成部分的面积和其形心坐标，n 为简单图形的个数。

将式(F-4)代入式(F-2)，得到组合图形形心坐标的计算公式为

$$y_C = \frac{\sum_{i=1}^{n} A_i y_{Ci}}{\sum_{i=1}^{n} A_i}, \quad z_C = \frac{\sum_{i=1}^{n} A_i z_{Ci}}{\sum_{i=1}^{n} A_i} \quad (F-5)$$

例 F-1　图 F-2 所示为对称 T 形截面，求该截面的形心位置。

解　建立直角坐标系 zOy，其中 y 为截面的对称轴。因图形相对于 y 轴对称，其形心一定在该对称轴上，因此 $z_C = 0$，只需计算 y_C 值。将截面分成 I、II 两个矩形，则

$$A_I = 0.072 \text{ m}^2, \quad A_{II} = 0.08 \text{ m}^2$$
$$y_I = 0.46 \text{ m}, \quad y_{II} = 0.2 \text{ m}$$

$$y_C = \frac{\sum_{i=1}^{n} A_i y_{Ci}}{\sum A_i} = \frac{A_I y_I + A_{II} y_{II}}{A_I + A_{II}}$$

$$= \frac{0.072 \times 0.46 + 0.08 \times 0.2}{0.072 + 0.08} = 0.323 \text{ m}$$

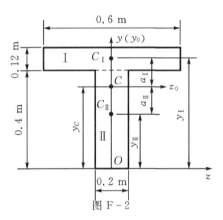

图 F-2

F.1.2　惯性矩、惯性积和极惯性矩

如图 F-3 所示平面图形代表一任意截面，在图形平面内建立直角坐标系 zOy。现在图形内取微面积 dA，dA 的形心在坐标系 zOy 中的坐标为 y 和 z，到坐标原点的距离为 ρ。现定义 $y^2 dA$ 和 $z^2 dA$ 为微面积 dA 对 z 轴和 y 轴的惯性矩，$\rho^2 dA$ 为微面积 dA 对坐标原点的极惯性矩，而以下三个积分

$$I_z = \int_A y^2 dA \quad (F-6a)$$

$$I_y = \int_A z^2 dA \quad (F-6b)$$

$$I_p = \int_A \rho^2 dA \quad (F-6c)$$

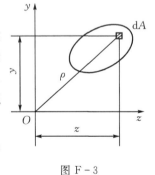

图 F-3

分别为截面对 z、y 轴的惯性矩及对坐标原点的极惯性矩。

由图(F-2)可见，$\rho^2 = y^2 + z^2$，所以有

$$I_p = \int_A \rho^2 dA = \int_A (y^2 + z^2) dA = I_z + I_y \quad (F-7)$$

即任意截面对一点的极惯性矩，等于截面对以该点为原点的两任意正交坐标轴的惯性矩之和。

另外,微面积 dA 与它的两个坐标的乘积 zydA,称为微面积 dA 对 y、z 轴的惯性积,而积分

$$I_{yz} = \int_A zy\,\mathrm{d}A \tag{F-8}$$

定义为该截面对于 y、z 轴的惯性积。

从上述定义可见,同一截面对于不同坐标轴的惯性矩和惯性积一般是不同的。惯性矩的数值恒为正值,而惯性积则可能为正,可能为负,也可能等于零。惯性矩和惯性积的常用单位是 m^4 或 mm^4。

有时为了应用的方便,将惯性矩表示为截面面积 A 与某一长度平方的乘积,该长度称为惯性半径,即任意形状的截面图形的面积为 A(图 F-3),则图形对 y 轴和 x 轴的惯性半径分别定义为

$$i_y = \sqrt{\frac{I_y}{A}}, \quad i_z = \sqrt{\frac{I_z}{A}} \tag{F-9a}$$

惯性半径是对某一坐标轴定义的,惯性半径的数值恒取正,单位为 m 或 mm。若知道截面对轴的惯性半径,则惯性矩为

$$I_y = i_y^2 A, \quad I_z = i_z^2 A \tag{F-9b}$$

F.1.3 平行移轴和转轴公式

1. 惯性矩、惯性积的平行移轴公式

图 F-4 所示为一任意截面,z、y 为通过截面形心的一对正交轴,z_1、y_1 为与 z、y 平行的坐标轴,截面形心 C 在坐标系 $z_1 O y_1$ 中的坐标为 (b, a),已知截面对 z、y 轴惯性矩和惯性积为 I_z、I_y、I_{yz},下面求截面对 z_1、y_1 轴惯性矩和惯性积 I_{z1}、I_{y1}、I_{y1z1}。

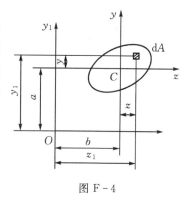

图 F-4

$$I_{y1} = \int_A z_1^2 \mathrm{d}A = \int_A (b+z)^2 \mathrm{d}A$$
$$= \int_A (b^2 + 2bz + z^2)\mathrm{d}A$$
$$= b^2 A + I_y + 2b\int_A z\,\mathrm{d}A$$

上式中最后一个积分为图形对 y 轴的静矩,因 y 轴通过截面形心,因此该积分为零。因此

$$I_{y1} = I_y + b^2 A \tag{F-10}$$

同理可得

$$I_{z1} = I_z + a^2 A \tag{F-11}$$

式(F-10)、(F-11)称为惯性矩的**平行移轴公式**。即:**截面对面内任意轴的惯性矩,等于截面对于通过其形心且平行于该轴的形心轴的的惯性矩与两轴距离平方乘以截面积之和**。

下面求截面对 y_1、z_1 轴的惯性积 I_{y1z1}。根据定义

$$I_{y1z1} = \int_A z_1 y_1 \mathrm{d}A = \int_A (z+b)(y+a)\mathrm{d}A$$
$$= \int_A zy\,\mathrm{d}A + a\int_A z\,\mathrm{d}A + b\int_A y\,\mathrm{d}A + ab\int_A \mathrm{d}A$$
$$= I_{yz} + aS_y + bS_z + abA$$

由于 z、y 轴是截面的形心轴,所以 $S_z = S_y = 0$,即

$$I_{y1z1} = I_{yz} + abA \qquad (F-12)$$

式(F-12)称为**惯性积的平行移轴公式**。即:截面对面内任意两正交轴的惯性积,等于截面对于通过其形心且平行于该两轴的形心轴的的惯性积与形心坐标乘以截面积之和。

例 F-2 试求图 F-5 中所示截面图形对形心轴的惯性矩。

解 此图形为矩形截面中挖去一圆形截面,计算时可把圆形看成负的面积。C 点为图形的形心,选 y_C、z 轴为参考坐标轴,由于 y_C 为组合图形的对称轴,所以有 $\overline{z}_C = 0$。z_{C1} 轴和 z_{C2} 轴分别过矩形和圆形的形心,且和 z 轴平行。

由组合图形的形心计算公式得

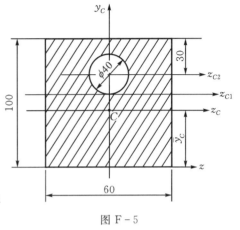

$$\overline{y}_C = \frac{100 \times 60 \times 50 - \frac{\pi}{4} \times 40^2 \times (50+20)}{100 \times 60 - \frac{\pi}{4} \times 40^2} = 44.7 \text{ mm}$$

图 F-5

利用矩形截面和圆形截面对各自形心轴的惯性矩计算式,并由平行移轴公式得

$$I_{yC} = I_{yC1} - I_{yC2} = \frac{100 \times 60^3}{12} - \frac{\pi \times 40^4}{64} = 1.67 \times 10^6 \text{ mm}^4$$

$$I_{zC} = [I_{zC1} + (50-\overline{y}_C)^2 A_1] - \left[I_{zC2} + \left(50-\overline{y}_C + \frac{d}{2}\right)^2 A_2\right]$$

$$= \left[\frac{60 \times 100^3}{12} + (50-44.7)^2 \times 100 \times 60\right] - \left[\frac{\pi \times 40^4}{64} + (50-44.7+20)^2 \times \frac{\pi}{4} \times 40^2\right]$$

$$= 4.24 \times 10^6 \text{ mm}^4$$

2.惯性矩、惯性积的转轴公式

图 F-6 所示为一任意截面,z、y 为过任一点 O 的一对正交轴,截面对 z、y 轴惯性矩和惯性积分别为 I_z、I_y、I_{yz}。现将 z、y 轴绕 O 点旋转 α 角(以逆时针方向为正)得到另一对正交轴 z_1、y_1 轴,下面求截面对 z_1、y_1 轴惯性矩和惯性积 I_{z1}、I_{y1}、I_{y1z1}。

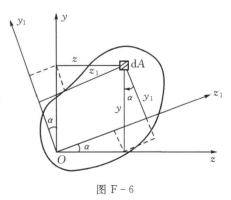

图 F-6

由图 F-6,微面积 dA 在新旧两个坐标系的坐标关系为

$$\left. \begin{array}{l} z_1 = z\cos\alpha + y\sin\alpha \\ y_1 = y\cos\alpha - z\sin\alpha \end{array} \right\}$$

由定义

$$I_{z1} = \int_A y_1^2 \text{d}A = \int (y\cos\alpha - z\sin\alpha)^2 \text{d}A$$

$$= \cos^2\alpha \int_A y^2 \mathrm{d}A + \sin^2\alpha \int_A z^2 \mathrm{d}A - 2\sin\alpha\cos\alpha \int_A yz \mathrm{d}A$$

$$= I_z \cos^2\alpha + I_y \sin^2\alpha - I_{yz} \sin2\alpha$$

利用三角公式可得

$$I_{z1} = \frac{I_z + I_y}{2} + \frac{I_z - I_y}{2}\cos2\alpha - I_{yz}\sin2\alpha \qquad (\text{F}-13)$$

同理可得

$$I_{y1} = \frac{I_z + I_y}{2} - \frac{I_z - I_y}{2}\cos2\alpha + I_{yz}\sin2\alpha \qquad (\text{F}-14)$$

$$I_{y1z1} = \frac{I_z - I_y}{2}\sin2\alpha + I_{yz}\cos2\alpha \qquad (\text{F}-15)$$

式(F-13)、(F-14)称为**惯性矩的转轴公式**,式(F-15)称为**惯性积的转轴公式**。

F.1.4 形心主轴和形心主惯性矩

1.主惯性轴、主惯性矩

由式(F-15)可以发现,当 $\alpha = 0°$,即两坐标轴互相重合时,$I_{y1z1} = I_{yz}$;当 $\alpha = 90°$时,$I_{y1z1} = -I_{yz}$,因此必定有这样的一对坐标轴,使截面对它的惯性积为零。通常把这样的一对坐标轴称为截面的**主惯性轴**,简称**主轴**,截面对主轴的惯性矩叫做**主惯性矩**。

假设将 z、y 轴绕 O 点旋转 α_0 角得到主轴 z_0、y_0,由主轴的定义

$$I_{y0z0} = \frac{I_z - I_y}{2}\sin2\alpha_0 + I_{yz}\cos2\alpha_0 = 0$$

从而得

$$\tan2\alpha_0 = \frac{-2I_{yz}}{I_z - I_y} \qquad (\text{F}-16)$$

上式就是确定一点主轴方位的公式,式中负号放在分子上,为的是和下面两式相符。这样确定的 α_0 角就使得 I_{z0} 等于 I_{max}。

由式(F-16)及三角公式可得

$$\cos2\alpha_0 = \frac{I_z - I_y}{\sqrt{(I_z - I_y)^2 + 4I_{yz}^2}}$$

$$\sin2\alpha_0 = \frac{-2I_{yz}}{\sqrt{(I_z - I_y)^2 + 4I_{yz}^2}}$$

将此二式代入到式(F-13)、(F-14)便可得到截面对主轴 z_0、y_0 的主惯性矩

$$\left.\begin{array}{l} I_{z0} = \dfrac{I_z + I_y}{2} + \dfrac{1}{2}\sqrt{(I_z - I_y)^2 + 4I_{yz}^2} \\ I_{y0} = \dfrac{I_z + I_y}{2} - \dfrac{1}{2}\sqrt{(I_z - I_y)^2 + 4I_{yz}^2} \end{array}\right\} \qquad (\text{F}-17)$$

可以证明:通过一点的所有轴中,截面对一对主轴的惯性矩分别为最大值与最小值。

$$I_{y0} + I_{z0} = I_y + I_z \qquad (\text{F}-18)$$

即截面对通过其上任一点的两个正交轴的惯性矩之和为常数。

2.形心主轴、形心主惯性矩

通过截面上的任何一点均可找到一对主轴。通过截面形心的主轴叫做**形心主轴**,截面对形心主轴的惯性矩叫做**形心主惯性矩**。

例 F-3 求例 F-1 中截面的形心主惯性矩。

解 在例题 F-1 中已求出形心位置为
$$z_C = 0, \quad y_C = 0.323 \text{ m}$$
过形心的主轴 z_0、y_0 如图 F-2 所示，z_0 轴到两个矩形形心的距离分别为
$$a_{\text{I}} = 0.137 \text{ m}, \quad a_{\text{II}} = 0.123 \text{ m}$$
截面对 z_0 轴的惯性矩为两个矩形对 z_0 轴的惯性矩之和，即
$$I_{z0} = I_{z\text{I}}^{\text{I}} + A_{\text{I}} a_{\text{I}}^2 + I_{z\text{II}}^{\text{II}} + A_{\text{II}} a_{\text{II}}^2$$
$$= \frac{0.6 \times 0.12^3}{12} + 0.6 \times 0.12 \times 0.137^2 + \frac{0.2 \times 0.4^3}{12} + 0.2 \times 0.4 \times 0.123^2$$
$$= 0.37 \times 10^{-2} \text{ m}^4$$
截面对 y_0 轴惯性矩为
$$I_{y0} = I_{y0}^{\text{I}} + I_{y0}^{\text{II}} = \frac{0.12 \times 0.6^3}{12} + \frac{0.4 \times 0.2^3}{12} = 0.242 \times 10^{-2} \text{ m}^4$$

习　题

F-1 求图所示各图形中阴影部分对 z 轴的静矩。

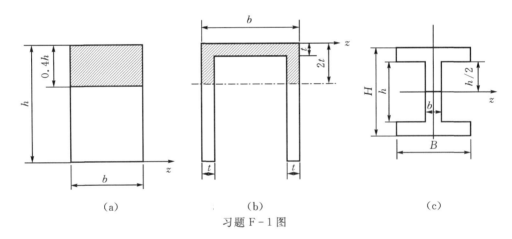

习题 F-1 图

F-2 求图所示各图形的形心位置。

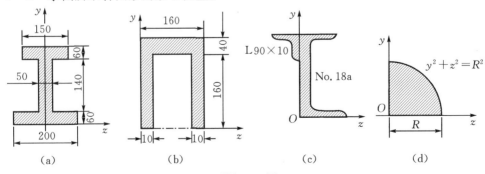

习题 F-2 图

F-3 求图所示截面对 z、y 轴的惯性矩和惯性积。

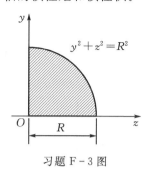

习题 F-3 图

F-4 求图所示各图形对 z、y 轴的惯性矩和惯性积。

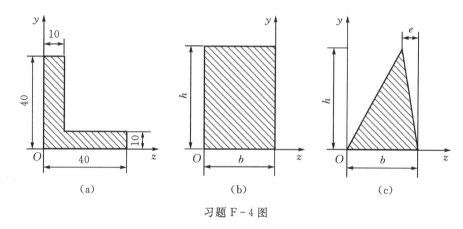

习题 F-4 图

F-5 图所示矩形 $b=\dfrac{2}{3}h$，在左右两侧切去两个半圆形（$d=\dfrac{h}{2}$）。试求切去部分的面积与原面积的百分比和惯性矩 I_z、I_y 比原来减少了百分之几。

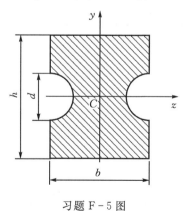

习题 F-5 图

F-6 试求图所示各图形的形心位置。

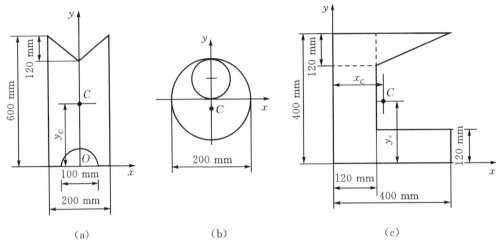

习题 F-6 图

(答案：图(a)：$y_C = 280.6$ mm；图(b)：$y_C = -16.7$ mm；
图(c)：$y_C = 133.97$ mm；$y_C = 179.5$ mm)

F-7 试求图所示各平面图形关于形心轴 xCy 的惯性矩 I_x。

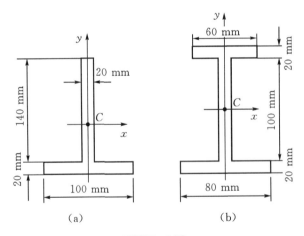

习题 F-7 图

(答案：图(a)：$y_C = 56.7$ mm；$I_x = 1.211 \times 10^7$ mm^4，$I_{xy} = 0$；
图(b)：$y_C = 65$ mm；$I_x = 1.172 \times 10^7$ mm^4，$I_{xy} = 0$)

F-8 试求图所示各图形关于 x 轴的惯性矩 I_x。

(答案：图(a)：$I_x = 0.727R^4$；图(b)：$I_x = \dfrac{\pi d^4}{64} - \dfrac{bh^3}{3} - \dfrac{bhd^2}{4} + \dfrac{bh^2 d}{2} \approx \dfrac{\pi d^4}{64} - \dfrac{bhd^2}{4}$)

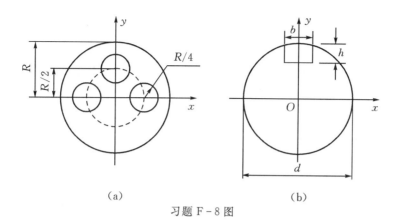

(a)   (b)

习题 F-8 图

F-9 图所示截面系由一个长为 l 的正方形挖去一个边长为 $l/2$ 的正方形,试求该截面关于 x 轴的惯性矩 I_x。

(答案:$I_x = 0.0781 l^4$)

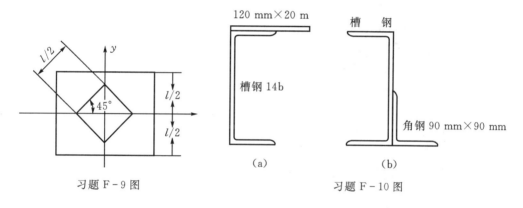

(a)   (b)

习题 F-9 图   习题 F-10 图

F-10 试求图所示型钢组合截面的形心主轴及形心主惯矩。

(答案:图(a):$I_{max} = 1.50 \times 10^7$ mm^4;$I_{min} = 3.98 \times 10^6$ mm^4;

      图(b):$I_{max} = 2.62 \times 10^7$ mm^4;$I_{min} = 3.27 \times 10^6$ mm^4)

F-11 图示为由两个 No.18a 号槽钢组成的组合截面,如欲使此截面对两个对称轴的惯性矩相等,问两根槽钢的间距 a 应为多少?

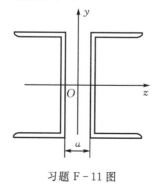

习题 F-11 图

(答案：$a = 9.76 \times 10^{-2}$ m)

F-12 在图示的对称截面中 $a = 0.16$ m，$h = 0.36$ m，$b_1 = 0.6$ m，$b_2 = 0.4$ m，求截面对形心主轴 z_0 的惯性矩。

(答案：$I_{z0} = 1.15 \times 10^{-2}$ m⁴，$y_C = 0.302$ m)

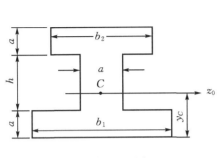
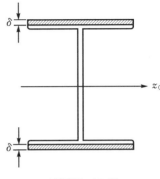

习题 F-12 图 习题 F-13 图

F-13 图示为工字钢与钢板组成的组合截面，已知工字钢的型号为 40a，钢板的厚度 $\delta = 20$ mm，求组合截面对形心主轴 z_0 轴的惯性矩。

(答案：$I_{z0} = 0.468 \times 10^{-3}$ m⁴)

F-14 试求下列各截面的形心位置。

(答案：图(a)：$z_C = \dfrac{a}{2} + c$，$y_C = \dfrac{3a + 2c}{6(a+c)} h$；图(b)：$z_C = 0$，$y_C = 68$ mm)

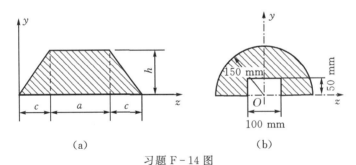

习题 F-14 图

F-15 图示 T 形截面，已知 $h/b = 6$。试求截面形心的位置及对截面形心轴的惯性矩。

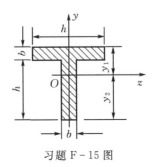

习题 F-15 图

（答案：$y_1=\dfrac{9b}{4}$，$y_2=\dfrac{19b}{4}$，$I_y=\dfrac{bh^3}{12}+\dfrac{hb^3}{12}$，$I_z=\dfrac{hb^3}{12}+\dfrac{49hb^3}{16}+\dfrac{bh^3}{12}+\dfrac{49bh^3}{16}$）

F-16 试求图示截面图形对其形心轴 y,z 的惯性矩。

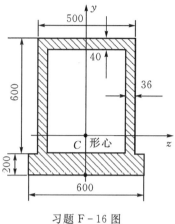

习题 F-16 图

（答案：$I_z=1180\times10^7$ mm^4，$I_y=619\times10^7$ mm^4）

F-17 图示四块 100 mm×100 mm×10 mm 的等边角钢组成的图形，已知 $\delta=12$ mm。试求图形对形心轴的惯性矩。

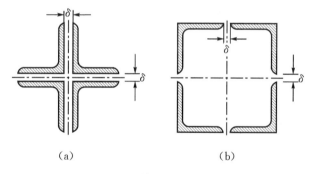

习题 F-17 图

（答案：图(a)：1629.8×10^4 mm^4；图(b)：5357.4×10^4 mm^4）

附录 Ⅱ 常用截面的几何性质计算公式

截面形状和形心轴的位置	面积 A	惯性矩 I_x	惯性矩 I_y	惯性半径 i_x	惯性半径 i_y
矩形	bh	$\dfrac{bh^3}{12}$	$\dfrac{b^3h}{12}$	$\dfrac{h}{2\sqrt{3}}$	$\dfrac{b}{2\sqrt{3}}$
直角三角形	$\dfrac{bh}{2}$	$\dfrac{bh^3}{36}$	$\dfrac{b^3h}{36}$	$\dfrac{h}{3\sqrt{2}}$	$\dfrac{b}{3\sqrt{2}}$
圆形	$\dfrac{\pi d^2}{4}$	$\dfrac{\pi d^4}{64}$	$\dfrac{\pi d^4}{64}$	$\dfrac{d}{4}$	$\dfrac{d}{4}$
圆环 $\alpha=\dfrac{d}{D}$	$\dfrac{\pi D^2}{4}(1-\alpha^2)$	$\dfrac{\pi D^4}{4}(1-\alpha^4)$	$\dfrac{\pi D^4}{4}(1-\alpha^4)$	$\dfrac{D}{4}\sqrt{1+\alpha^2}$	$\dfrac{D}{4}\sqrt{1+\alpha^2}$
薄壁圆环 $\delta \ll r_0$	$2\pi r_0 \delta$	$\pi r_0^3 \delta$	$\pi r_0^3 \delta$	$\dfrac{r_0}{\sqrt{2}}$	$\dfrac{r_0}{\sqrt{2}}$
椭圆	πab	$\dfrac{\pi ab^3}{4}$	$\dfrac{\pi a^3 b}{4}$	$\dfrac{b}{2}$	$\dfrac{a}{2}$

续表

截面形状和形心轴的位置	面积 A	惯性矩		惯性半径	
		I_x	I_y	i_x	i_y
(图：扇形截面，$\frac{d}{2}$，$\frac{d\sin\theta}{3\theta}$)	$\dfrac{\theta d^2}{4}$	$\dfrac{d^4}{64}\left(\theta+\sin\theta\cos\theta-\dfrac{16\sin^2\theta}{9\theta}\right)$	$\dfrac{d^4}{64}(\theta-\sin\theta\cos\theta)$		
(图：弧形薄壁截面) $y_1=\dfrac{d-\delta}{2}\left(\dfrac{\sin\theta}{\theta}-\cos\theta\right)+\dfrac{\delta\cos\theta}{2}$	$\theta\left[\left(\dfrac{d}{2}\right)^2-\left(\dfrac{d}{2}-\delta\right)^2\right]$ $\approx\theta\delta d$	$\dfrac{\delta(d-\delta)^3}{8}\left(\theta+\sin\theta\cos\theta-\dfrac{2\sin^2\theta}{\theta}\right)$	$\dfrac{\delta(d-\delta)^3}{8}(\theta-\sin\theta\cos\theta)$		

注：在本附录中所用的坐标系与本书各章中所用的不同。在有关对称弯曲的问题中，截面的中性轴可以是本附录中的 x 轴或 y 轴；但对本附录中的三角形截面，则 x、y 轴均非这样的中性轴。希予注意。

附录Ⅲ 简单载荷作用下梁的转角和挠度

序号	梁的简图	挠曲线方程	挠度和转角
1	悬臂梁，自由端 B 受集中力 F，长 l	$w = \dfrac{Fx^2}{6EI}(x-3l)$	$w_B = -\dfrac{Fl^3}{3EI}$ $\theta_B = -\dfrac{Fl^2}{2EI}$
2	悬臂梁，距 A 为 a 处受集中力 F	$w = \dfrac{Fx^2}{6EI}(x-3a),\ (0\leqslant x\leqslant a)$ $w = \dfrac{Fa^2}{6EI}(a-3x),\ (a\leqslant x\leqslant l)$	$w_B = -\dfrac{Fa^2(3l-a)}{6EI}$ $\theta_B = -\dfrac{Fa^2}{2EI}$
3	悬臂梁，受均布载荷 q	$w = \dfrac{qx^2}{24EI}(4lx - 6l^2 - x^2)$	$w_B = -\dfrac{ql^4}{8EI}$ $\theta_B = -\dfrac{ql^3}{6EI}$
4	悬臂梁，自由端受力偶 M_e	$w = -\dfrac{M_e x^2}{2EI}$	$w_B = -\dfrac{M_e l^2}{2EI}$ $\theta_B = -\dfrac{M_e l}{EI}$
5	悬臂梁，距 A 为 a 处受力偶 M_e	$w = -\dfrac{M_e x^2}{2EI},\ (0\leqslant x\leqslant a)$ $w = -\dfrac{M_e a}{EI}\left(-\dfrac{a}{2}+x\right),\ (a\leqslant x\leqslant l)$	$w_B = -\dfrac{M_e a}{EI}\left(l-\dfrac{a}{2}\right)$ $\theta_B = -\dfrac{M_e a}{EI}$
6	简支梁，跨中 C 受集中力 F，跨度 l	$w = \dfrac{Fx}{12EI}\left(x^2 - \dfrac{3l^2}{4}\right),\ \left(0\leqslant x\leqslant \dfrac{l}{2}\right)$	$w_C = -\dfrac{Fl^3}{48EI}$ $\theta_A = -\theta_B = -\dfrac{Fl^2}{16EI}$

续表

序号	梁的简图	挠曲线方程	挠度和转角
7	(简支梁,集中力 F 距 A 端 a,距 B 端 b)	$w = \dfrac{Fbx}{6lEI}(x^2 - l^2 + b^2)$, $(0 \leqslant x \leqslant a)$ $w = \dfrac{Fa(l-x)}{6lEI}(x^2 + a^2 - 2lx)$, $(a \leqslant x \leqslant l)$	$w_{max} = -\delta = -\dfrac{Fb(l^2-b^2)^{3/2}}{9\sqrt{3}\,lEI}$ $\left(\text{位于 } x = \sqrt{\dfrac{l^2-b^2}{3}} \text{ 处}\right)$ $\theta_A = -\dfrac{Fb(l^2-b^2)}{6lEI}$, $\theta_B = \dfrac{Fa(l^2-a^2)}{6lEI}$
8	(简支梁,均布载荷 q)	$w = \dfrac{qx}{24EI}(2lx^2 - x^3 - l^3)$	$w_{max} = -\delta = -\dfrac{5ql^4}{384EI}$ (位于 $x = l/2$ 处) $\theta_A = -\theta_B = -\dfrac{ql^3}{24EI}$
9	(简支梁,B 端受力偶矩 M_e)	$w = \dfrac{M_e x}{6lEI}(l^2 - x^2)$	$w_{max} = -\delta = -\dfrac{M_e l^2}{9\sqrt{3}\,EI}$ (位于 $x = l/\sqrt{3}$ 处) $\theta_A = \dfrac{M_e l}{6EI}$, $\theta_B = \dfrac{M_e l}{3EI}$
10	(简支梁,C 处受力偶矩 M_e,距 A 端 a,距 B 端 b)	$w = \dfrac{M_e x}{6lEI}(l^2 - 3b^2 - x^2)$, $(0 \leqslant x \leqslant a)$ $w = \dfrac{M_e}{6lEI}\left[-x^3 + 3l(x-a)^2 + (l^2-3b^2)x\right]$, $(a \leqslant x \leqslant l)$	$\delta_1 = \dfrac{M_e(l^2-3b^2)^{3/2}}{9\sqrt{3}\,lEI}$, (位于 $x = \sqrt{l^2-3b^2/\sqrt{3}}$ 处) $\delta_2 = \dfrac{M_e(l^2-3a^2)^{3/2}}{9\sqrt{3}\,lEI}$ (位于距 B 端 $x = \sqrt{l^2-3a^2/\sqrt{3}}$ 处) $\theta_A = \dfrac{M_e(l^2-3b^2)}{6lEI}$, $\theta_B = \dfrac{M_e(l^2-3a^2)}{6lEI}$ $\theta_C = \dfrac{M_e(l^2-3a^2-3b^2)}{6lEI}$

附录 IV 型钢表

表 1 热轧等边角钢（GB 9787—88）

符号意义：
- b——边宽度；
- d——边厚度；
- r——内圆弧半径；
- r_1——边端内圆弧半径；
- I——惯性矩；
- i——惯性半径；
- W——截面系数；
- z_0——重心距离。

角钢号数	尺寸/mm			截面面积 /cm²	理论质量 /(kg/m)	外表面积 /(m²/m)	参考数值									
							$x-x$			x_0-x_0			y_0-y_0			x_1-x_1	z_0 /cm
	b	d	r				I_x /cm⁴	i_x /cm	W_x /cm³	I_{x0} /cm⁴	i_{x0} /cm	W_{x0} /cm³	I_{y0} /cm⁴	i_{y0} /cm	W_{y0} /cm³	I_{x1} /cm⁴	
2	20	3	3.5	1.132	0.889	0.078	0.40	0.59	0.29	0.63	0.75	0.45	0.17	0.39	0.20	0.81	0.60
2	20	4	3.5	1.459	1.145	0.077	0.50	0.58	0.36	0.78	0.73	0.55	0.22	0.38	0.24	1.09	0.64
2.5	25	3	3.5	1.432	1.124	0.098	0.82	0.76	0.46	1.29	0.95	0.73	0.34	0.49	0.33	1.57	0.73
2.5	25	4	3.5	1.859	1.459	0.097	1.03	0.74	0.59	1.62	0.93	0.92	0.43	0.48	0.40	2.11	0.76

续表

角钢号数	尺寸/mm				截面面积/cm²	理论质量/(kg/m)	外表面积/(m²/m)	参考数值										z_0/cm
	b	d		r				$x-x$			x_0-x_0				y_0-y_0			
								I_x/cm⁴	i_x/cm	W_x/cm³	I_{x0}/cm⁴	i_{x0}/cm	W_{x0}/cm³	I_{y0}/cm⁴	i_{y0}/cm	W_{y0}/cm³	x_1-x_1 I_{x1}/cm⁴	
3	30	3		4.5	1.749	1.373	0.117	1.46	0.91	0.68	2.31	1.15	1.09	0.61	0.59	0.51	2.71	0.85
		4			2.276	1.786	0.117	1.84	0.90	0.87	2.92	1.13	1.37	0.77	0.58	0.62	3.63	0.89
3.6	36	3			2.109	1.656	0.141	2.58	1.11	0.99	4.09	1.39	1.61	1.07	0.71	0.76	4.68	1.00
		4			2.756	2.163	0.141	3.29	1.09	1.28	5.22	1.38	2.05	1.37	0.70	0.93	6.25	1.04
		5			3.382	2.654	0.141	3.95	1.08	1.56	6.24	1.36	2.45	1.65	0.70	1.09	7.84	1.07
4	40	3			2.359	1.852	0.157	3.59	1.23	1.23	5.69	1.55	2.01	1.49	0.79	0.96	6.41	1.09
		4		5	3.086	2.422	0.157	4.60	1.22	1.60	7.29	1.54	2.58	1.91	0.79	1.19	8.56	1.13
		5			3.791	2.976	0.156	5.53	1.21	1.96	8.76	1.52	3.10	2.30	0.78	1.39	10.74	1.17
4.5	45	3			2.659	2.088	0.177	5.17	1.40	1.58	8.20	1.76	2.58	2.14	0.89	1.24	9.12	1.22
		4			3.486	2.736	0.177	6.65	1.38	2.05	10.56	1.74	3.32	2.75	0.89	1.54	12.18	1.26
		5			4.292	3.369	0.176	8.04	1.37	2.51	12.74	1.72	4.00	3.33	0.88	1.81	15.25	1.30
		6			5.076	3.985	0.176	9.33	1.36	2.95	14.76	1.70	4.64	3.89	0.88	2.06	18.36	1.34
5	50	3		5.5	2.971	2.332	0.197	7.18	1.55	1.96	11.37	1.96	3.22	2.98	1.00	1.57	12.50	1.34
		4			3.897	3.059	0.197	9.26	1.54	2.56	14.70	1.94	4.16	3.82	0.99	1.96	16.69	1.38
		5			4.803	3.770	0.196	11.21	1.53	3.13	17.79	1.92	5.03	4.64	0.98	2.31	20.90	1.42
		6			5.688	4.465	0.196	13.05	1.52	3.68	20.68	1.91	5.85	5.42	0.98	2.63	25.14	1.46

续表

角钢号数	尺寸/mm			截面面积/cm²	理论质量/(kg/m)	外表面积/(m²/m)	参考数值										
							$x-x$			x_0-x_0			y_0-y_0			x_1-x_1	z_0/cm
	b	d	r				I_x/cm⁴	i_x/cm	W_x/cm³	I_{x0}/cm⁴	i_{x0}/cm	W_{x0}/cm³	I_{y0}/cm⁴	i_{y0}/cm	W_{y0}/cm³	I_{x1}/cm⁴	
5.6	56	3	6	3.343	2.624	0.221	10.19	1.75	2.48	16.14	2.20	4.08	4.24	1.13	2.02	17.56	1.48
		4		4.390	3.446	0.220	13.18	1.73	3.24	20.92	2.18	5.28	5.46	1.11	2.52	23.43	1.53
		5		5.415	4.251	0.220	16.02	1.72	3.97	25.42	2.17	6.42	6.61	1.10	2.98	29.33	1.57
		8		8.367	6.568	0.219	23.63	1.68	6.03	37.37	2.11	9.44	9.89	1.09	4.16	47.24	1.68
6.3	63	4	7	4.978	3.907	0.248	19.03	1.96	4.13	30.17	2.46	6.78	7.89	1.26	3.29	33.35	1.70
		5		6.143	4.822	0.248	23.17	1.94	5.08	36.77	2.45	8.25	9.57	1.25	3.90	41.73	1.74
		6		7.288	5.721	0.247	27.12	1.93	6.00	43.03	2.43	9.66	11.20	1.24	4.46	50.14	1.78
		8		9.515	7.469	0.247	34.46	1.90	7.75	54.56	2.40	12.25	14.33	1.23	5.47	67.11	1.85
		10		11.657	9.151	0.246	41.09	1.88	9.39	64.85	2.36	14.56	17.33	1.22	6.36	84.31	1.93
7	70	4	8	5.570	4.372	0.275	26.39	2.18	5.14	41.80	2.74	8.44	10.99	1.40	4.17	45.74	1.86
		5		6.875	5.397	0.275	32.21	2.16	6.32	51.08	2.73	10.32	13.34	1.39	4.95	57.21	1.91
		6		8.160	6.406	0.275	37.77	2.15	7.48	59.93	2.71	12.11	15.61	1.38	5.67	68.73	1.95
		7		9.424	7.398	0.275	43.09	2.14	8.59	68.35	2.69	13.81	17.82	1.38	6.34	80.29	1.99
		8		10.667	8.373	0.274	48.17	2.12	9.68	76.37	2.68	15.43	19.98	1.37	6.98	91.92	2.03

续表

角钢号数	尺寸/mm				截面面积/cm²	理论质量/(kg/m)	外表面积/(m²/m)	参考数值										
								$x-x$			x_0-x_0			y_0-y_0			x_1-x_1	z_0/cm
	b	d	r					I_x/cm⁴	i_x/cm	W_x/cm³	I_{x0}/cm⁴	i_{x0}/cm	W_{x0}/cm³	I_{y0}/cm⁴	i_{y0}/cm	W_{y0}/cm³	I_{x1}/cm⁴	
7.5	75	5	9		7.412	5.818	0.295	39.97	2.33	7.32	63.30	2.92	11.94	16.63	1.50	5.77	70.56	2.04
		6			8.797	6.905	0.294	46.95	2.31	8.64	74.38	2.90	14.02	19.51	1.49	6.67	84.55	2.07
		7			10.160	7.976	0.294	53.57	2.30	9.93	84.96	2.89	16.02	22.18	1.48	7.44	98.71	2.11
		8			11.503	9.030	0.294	59.96	2.28	11.20	95.07	2.88	17.93	24.86	1.47	8.19	112.97	2.15
		10			14.126	11.089	0.293	71.98	2.26	13.64	113.92	2.84	21.48	30.05	1.46	9.56	141.71	2.22
8	80	5	9		7.912	6.211	0.315	48.79	2.48	8.34	77.33	3.13	13.67	20.25	1.60	6.66	85.36	2.15
		6			9.397	7.376	0.314	57.35	2.47	9.87	90.98	3.11	16.08	23.72	1.59	7.65	102.50	2.19
		7			10.860	8.525	0.314	65.58	2.46	11.37	104.07	3.10	18.40	27.09	1.58	8.58	119.70	2.23
		8			12.303	9.658	0.314	73.49	2.44	12.83	116.60	3.08	20.61	30.39	1.57	9.46	136.97	2.27
		10			15.126	11.874	0.313	88.43	2.42	15.64	140.09	3.04	24.76	36.77	1.56	11.08	171.74	2.35
9	90	6	10		10.637	8.350	0.354	82.77	2.79	12.61	131.26	3.51	20.63	34.28	1.80	9.95	145.87	2.44
		7			12.301	9.656	0.354	94.83	2.78	14.54	150.47	3.50	23.64	39.18	1.78	11.19	170.30	2.48
		8			13.944	10.946	0.353	106.47	2.76	16.42	168.97	3.48	26.55	43.97	1.78	12.35	194.80	2.52
		10			17.167	13.476	0.353	128.58	2.74	20.07	203.90	3.45	32.04	53.26	1.76	14.52	244.07	2.59
		12			20.306	15.940	0.352	149.22	2.71	23.57	236.21	3.41	37.12	62.22	1.75	16.49	293.76	2.67

续表

角钢号数	尺寸/mm				截面面积/cm²	理论质量/(kg/m)	外表面积/(m²/m)	参考数值											
								$x-x$			x_0-x_0			y_0-y_0			x_1-x_1	z_0/cm
	b	d	r					I_x/cm⁴	i_x/cm	W_x/cm³	I_{x0}/cm⁴	i_{x0}/cm	W_{x0}/cm³	I_{y0}/cm⁴	i_{y0}/cm	W_{y0}/cm³	I_{x1}/cm⁴	
10	100	6	12		11.932	9.366	0.393	114.95	3.10	15.68	181.98	3.90	25.74	47.92	2.00	12.69	200.07	2.67
		7			13.796	10.830	0.393	131.86	3.09	18.10	208.97	3.89	29.55	54.74	1.99	14.26	233.54	2.71
		8			15.638	12.276	0.393	148.24	3.08	20.47	235.07	3.88	33.24	61.41	1.98	15.75	267.09	2.76
		10			19.261	15.120	0.392	179.51	3.05	25.06	284.68	3.84	40.26	74.35	1.96	18.54	334.48	2.84
		12			22.800	17.898	0.391	208.90	3.03	29.48	330.95	3.81	46.80	86.84	1.95	21.08	402.34	2.91
		14			26.256	20.611	0.391	236.53	3.00	33.73	374.06	3.77	52.90	99.00	1.94	23.44	470.75	2.99
		16			29.627	23.257	0.390	262.53	2.98	37.82	414.16	3.74	58.57	110.89	1.94	25.63	539.80	3.06
11	110	7			15.196	11.928	0.433	177.16	3.41	22.05	280.94	4.30	36.12	73.38	2.20	17.51	310.64	2.96
		8			17.238	13.532	0.433	199.46	3.40	24.95	316.49	4.28	40.69	82.42	2.19	19.39	355.20	3.01
		10			21.261	16.690	0.432	242.19	3.38	30.60	384.39	4.25	49.42	99.98	2.17	22.91	444.65	3.09
		12			25.200	19.782	0.431	282.55	3.35	36.05	448.17	4.22	57.62	116.93	2.15	26.15	534.60	3.16
		14			29.056	22.809	0.431	320.71	3.32	41.31	508.01	4.18	65.31	133.40	2.14	29.14	625.16	3.24
12.5	125	8	14		19.750	15.504	0.492	297.03	3.88	32.52	470.89	4.88	53.28	123.16	2.50	25.86	521.01	3.37
		10			24.373	19.133	0.491	361.67	3.85	39.97	573.89	4.85	64.93	149.46	2.48	30.62	651.93	3.45
		12			28.912	22.696	0.491	423.16	3.83	41.17	671.44	4.82	75.96	174.88	2.46	35.03	783.42	3.53
		14			33.367	26.193	0.490	481.65	3.80	54.16	763.73	4.78	86.41	199.57	2.45	39.13	915.61	3.61

续表

角钢号数	尺寸/mm			截面面积 /cm²	理论质量 /(kg/m)	外表面积 /(m²/m)	参考数值										z_0 /cm
							$x-x$			x_0-x_0			y_0-y_0			x_1-x_1	
	b	d	r				I_x /cm⁴	i_x /cm	W_x /cm³	I_{x0} /cm⁴	i_{x0} /cm	W_{x0} /cm³	I_{y0} /cm⁴	i_{y0} /cm	W_{y0} /cm³	I_{x1} /cm⁴	
14	140	10	14	27.373	21.488	0.551	514.65	4.34	50.58	817.27	5.46	82.56	212.04	2.78	39.20	915.11	3.82
		12		32.512	25.522	0.551	603.68	4.31	59.80	958.79	5.43	96.85	248.57	2.76	45.02	1099.28	3.90
		14		37.567	29.490	0.550	688.81	4.28	68.75	1093.56	5.40	110.47	284.06	2.75	50.45	1284.22	3.98
		16		42.539	33.393	0.549	770.24	4.26	77.46	1221.81	5.36	123.42	318.67	2.74	55.55	1470.07	4.06
16	160	10	16	31.502	24.729	0.630	779.53	4.98	66.70	1237.30	6.27	109.36	321.76	3.20	52.76	1365.33	4.31
		12		37.441	29.391	0.630	916.58	4.95	78.98	1455.68	6.24	128.67	377.49	3.18	60.74	1639.57	4.39
		14		43.296	33.987	0.629	1048.36	4.92	90.05	1665.02	6.20	147.17	431.70	3.16	68.24	1914.68	4.47
		16		49.067	38.518	0.629	1175.08	4.89	102.63	1865.57	6.17	164.89	484.59	3.14	75.31	2190.82	4.55
18	180	12	16	42.241	33.159	0.710	1321.35	5.59	100.82	2100.10	7.05	165.00	542.61	3.58	78.41	2332.80	4.89
		14		48.896	38.383	0.709	1514.48	5.56	116.25	2407.42	7.02	189.14	621.53	3.56	88.38	2723.48	4.97
		16		55.467	43.542	0.709	1700.99	5.54	131.13	2703.37	6.98	212.40	698.60	3.55	97.83	3115.29	5.05
		18		61.955	48.634	0.708	1875.12	5.50	145.64	2988.24	6.94	234.78	762.01	3.51	105.14	3502.43	5.13
20	200	14	18	54.642	42.894	0.788	2103.55	6.20	144.70	3343.26	7.82	236.40	863.83	3.98	111.82	3734.10	5.46
		16		62.013	48.680	0.788	2366.15	6.18	163.65	3760.89	7.79	265.93	971.41	3.96	123.96	4270.39	5.54
		18		69.301	54.401	0.787	2620.64	6.15	182.22	4164.54	7.75	294.48	1076.74	3.94	135.52	4808.13	5.62
		20		76.505	60.056	0.787	2867.30	6.12	200.42	4554.55	7.72	322.06	1180.04	3.93	146.55	5347.51	5.69
		24		90.661	71.168	0.785	3338.25	6.07	236.17	5294.97	7.64	374.41	1381.53	3.90	166.65	6457.16	5.87

注：截面图中的 $r_1=1/3d$ 及表中 r 值的数据用于孔型设计，不做交货条件。

表 2 热轧不等边角钢（GB 9788—88）

符号意义：
b——短边宽度；　　　　I——惯性矩；
B——长边宽度；　　　　W——抗弯截面系数；
d——边厚度；　　　　　i——惯性半径；
r——内圆弧半径；　　　y_0——形心坐标；
r_1——边端内弧半径；　　x_0——形心坐标。

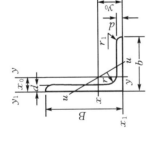

角钢号数	尺寸/mm				截面面积 /cm²	理论质量 /(kg/m)	外表面积 /(m²/m)	参考数值												
								$x-x$			$y-y$			x_1-x_1		y_1-y_1		$u-u$		
	B	b	d	r				I_x /cm⁴	i_x /cm	W_x /cm³	I_y /cm⁴	i_y /cm	W_y /cm³	I_{x1} /cm⁴	y_0 /cm	I_{y1} /cm⁴	x_0 /cm	I_u /cm⁴	i_u /cm	W_u /cm³	tanα
2.5/1.6	25	16	3	3.5	1.162	0.912	0.080	0.70	0.78	0.43	0.22	0.44	0.19	1.56	0.86	0.43	0.42	0.14	0.34	0.16	0.392
			4		1.499	1.176	0.079	0.88	0.77	0.55	0.27	0.43	0.24	2.09	0.90	0.59	0.46	0.17	0.34	0.20	0.381
3.2/2	32	20	3		1.492	1.171	0.102	1.53	1.01	0.72	0.46	0.55	0.30	3.27	1.08	0.82	0.49	0.28	0.43	0.25	0.382
			4		1.939	1.220	0.101	1.93	1.00	0.93	0.57	0.54	0.39	4.37	1.12	1.12	0.53	0.35	0.42	0.32	0.374
4/2.5	40	25	3	4	1.890	1.484	0.127	3.08	1.28	1.15	0.93	0.70	0.49	5.39	1.32	1.59	0.59	0.56	0.54	0.40	0.385
			4		2.467	1.936	0.127	3.93	1.26	1.49	1.18	0.69	0.63	8.53	1.37	2.14	0.63	0.71	0.54	0.52	0.381
4.5/2.8	45	28	3	5	2.149	1.687	0.143	4.45	1.44	1.47	1.34	0.79	0.62	9.10	1.47	2.23	0.64	0.80	0.61	0.51	0.383
			4		2.806	2.203	0.143	5.69	1.42	1.91	1.70	0.78	0.80	12.13	1.51	3.00	0.68	1.02	0.60	0.66	0.380

续表

角钢号数	尺寸/mm				截面面积 /cm²	理论质量 /(kg/m)	外表面积 /(m²/m)	$x-x$				$y-y$			x_1-x_1		y_1-y_1		$u-u$			
	B	b	d	r				I_x /cm⁴	i_x /cm	W_x /cm³		I_y /cm⁴	i_y /cm	W_y /cm³	I_{x1} /cm⁴	y_0 /cm	I_{y1} /cm⁴	x_0 /cm	I_u /cm⁴	i_u /cm	W_u /cm³	$\tan\alpha$
5/3.2	50	32	3	5.5	2.431	1.908	0.161	6.24	1.60	1.84		2.02	0.91	0.82	12.49	1.60	3.31	0.73	1.20	0.70	0.68	0.404
			4		3.177	2.494	0.160	8.02	1.59	2.39		2.58	0.90	1.06	16.65	1.65	4.45	0.77	1.53	0.69	0.87	0.402
5.6/3.6	56	36	3	6	2.743	2.153	0.181	8.88	1.80	2.32		2.92	1.03	1.05	17.54	1.78	4.70	0.80	1.73	0.79	0.87	0.408
			4		3.590	2.818	0.180	11.45	1.78	3.03		3.76	1.02	1.37	23.39	1.82	6.33	0.85	2.23	0.79	1.13	0.408
			5		4.415	3.466	0.180	13.86	1.77	3.71		4.49	1.01	1.65	29.25	1.87	7.94	0.88	2.67	0.79	1.36	0.404
6.3/4	63	40	4	7	4.058	3.185	0.202	16.49	2.02	3.87		5.23	1.14	1.70	33.30	2.04	8.63	0.92	3.12	0.88	1.40	0.398
			5		4.993	3.920	0.202	20.02	2.00	4.74		6.31	1.12	2.71	41.63	2.08	10.86	0.95	3.76	0.87	1.71	0.396
			6		5.908	4.638	0.201	23.36	1.96	5.59		7.29	1.11	2.43	49.98	2.12	13.12	0.99	4.34	0.86	1.99	0.393
			7		6.802	5.339	0.201	26.53	1.98	6.40		8.24	1.10	2.78	58.07	2.15	15.47	1.03	4.97	0.86	2.29	0.389
7/4.5	70	45	4	7.5	4.547	3.570	0.226	23.17	2.26	4.86		7.55	1.29	2.17	45.92	2.24	12.26	1.02	4.40	0.98	1.77	0.410
			5		5.609	4.403	0.225	27.95	2.23	5.92		9.13	1.28	2.65	57.10	2.28	15.39	1.06	5.40	0.98	2.19	0.407
			6		6.647	5.218	0.225	32.54	2.21	6.95		10.62	1.26	3.12	68.35	2.32	18.58	1.09	6.35	0.93	2.59	0.404
			7		7.657	6.011	0.225	37.22	2.20	8.03		12.01	1.25	3.57	79.99	2.36	21.84	1.13	7.16	0.97	2.94	0.402

续表

角钢号数	尺寸/mm				截面面积/cm²	理论质量/(kg/m)	外表面积/(m²/m)	参考数值													
	B	b	d	r				x-x			y-y			x_1-x_1		y_1-y_1		u-u			
								I_x/cm⁴	i_x/cm	W_x/cm³	I_y/cm⁴	i_y/cm	W_y/cm³	I_{x1}/cm⁴	y_0/cm	I_{y1}/cm⁴	x_0/cm	I_u/cm⁴	i_u/cm	W_u/cm³	tanα
(7.5/5)	75	50	5	8	6.125	4.808	0.245	34.86	2.39	6.83	12.61	1.44	3.30	70.00	2.40	21.04	1.17	7.41	1.10	2.74	0.435
			6		7.260	5.699	0.245	41.12	2.38	8.12	14.70	1.42	3.88	84.30	2.44	25.37	1.21	8.54	1.08	3.19	0.435
			8		9.467	7.431	0.244	52.39	2.35	10.52	18.53	1.40	4.99	112.50	2.52	34.23	1.29	10.87	1.07	4.10	0.429
			10		11.590	9.098	0.244	62.71	2.33	12.79	21.96	1.38	6.04	140.80	2.60	43.43	1.36	13.10	1.06	4.99	0.423
8/5	80	50	5	8	6.375	5.005	0.255	41.96	2.56	7.78	12.82	1.42	3.32	85.21	2.60	21.06	1.14	7.66	1.10	2.74	0.388
			6		7.560	5.935	0.255	49.49	2.56	9.25	14.95	1.41	3.91	102.53	2.65	25.41	1.18	8.85	1.08	3.20	0.387
			7		8.724	6.848	0.255	56.16	2.54	10.58	16.96	1.39	4.48	119.33	2.69	29.82	1.21	10.18	1.08	3.70	0.384
			8		9.867	7.745	0.254	62.83	2.52	11.92	18.85	1.38	5.03	136.41	2.73	34.32	1.25	11.38	1.07	4.16	0.381
9/5.6	90	56	5	9	7.212	5.661	0.287	60.45	2.90	9.92	18.32	1.59	4.21	121.32	2.91	29.53	1.25	10.98	1.23	3.49	0.385
			6		8.557	6.717	0.286	71.03	2.88	11.74	21.42	1.58	4.96	145.59	2.95	35.58	1.29	12.90	1.23	4.18	0.384
			7		9.880	7.756	0.286	81.01	2.86	13.49	24.36	1.57	5.70	169.66	3.00	41.71	1.33	14.67	1.22	4.72	0.382
			8		11.183	8.779	0.286	91.03	2.85	15.27	27.15	1.56	6.41	194.17	3.04	47.93	1.36	16.34	1.21	5.29	0.380
10/6.3	100	63	6	10	9.617	7.550	0.320	99.06	3.21	14.64	30.94	1.79	6.35	199.71	3.24	50.50	1.43	18.42	1.38	5.25	0.394
			7		11.111	8.722	0.320	113.45	3.20	16.88	35.26	1.78	7.29	233.00	3.28	59.14	1.47	21.00	1.38	6.02	0.394
			8		12.584	9.878	0.319	127.37	3.18	19.08	39.39	1.77	8.21	266.32	3.32	67.88	1.50	23.50	1.37	6.78	0.391
			10		15.467	12.142	0.319	153.81	3.15	23.32	47.12	1.74	9.98	333.06	3.40	85.73	1.58	28.33	1.35	8.24	0.387

续表

角钢号数	尺寸/mm				截面面积/cm²	理论质量/(kg/m)	外表面积/(m²/m)	参考数值													
								$x-x$			$y-y$			x_1-x_1		y_1-y_1		$u-u$			
	B	b	d	r				I_x /cm⁴	i_x /cm	W_x /cm³	I_y /cm⁴	i_y /cm	W_y /cm³	I_{x1} /cm⁴	y_0 /cm	I_{y1} /cm⁴	x_0 /cm	I_u /cm⁴	i_u /cm	W_u /cm³	$\tan\alpha$
10/8	100	80	6	10	10.637	8.350	0.354	107.04	3.17	15.19	61.24	2.40	10.16	199.83	2.95	102.68	1.97	31.65	1.72	8.37	0.627
			7		12.301	9.656	0.354	122.73	3.16	17.52	70.08	2.39	11.71	233.20	3.00	119.98	2.01	36.17	1.72	9.60	0.626
			8		13.944	10.946	0.353	137.92	3.14	19.81	78.58	2.37	13.21	266.61	3.04	137.37	2.05	40.58	1.71	10.80	0.625
			10		17.167	13.476	0.353	166.87	3.12	24.24	94.65	2.35	16.12	333.63	3.12	172.48	2.13	49.10	1.69	13.12	0.622
11/7	110	70	6	10	10.637	8.350	0.354	133.37	3.54	17.85	42.92	2.01	7.90	265.78	3.53	69.08	1.57	25.36	1.54	6.53	0.403
			7		12.301	9.656	0.354	153.00	3.53	20.60	49.01	2.00	9.09	310.07	3.57	80.82	1.61	28.95	1.53	7.50	0.402
			8		13.944	10.946	0.353	172.04	3.51	23.30	54.87	1.98	10.25	354.39	3.62	92.70	1.65	32.45	1.53	8.45	0.401
			10		17.167	13.467	0.353	208.39	3.48	28.54	65.88	1.96	12.48	443.13	3.70	116.83	1.72	39.20	1.51	10.29	0.397
12.5/8	125	80	7	11	14.096	11.066	0.403	227.98	4.02	26.86	74.42	2.30	12.01	454.99	4.01	120.32	1.80	43.81	1.76	9.92	0.408
			8		15.989	12.551	0.403	256.77	4.01	30.41	83.49	2.28	13.56	519.99	4.06	137.85	1.84	49.15	1.75	11.18	0.407
			10		19.712	15.474	0.402	312.04	3.98	37.33	100.67	2.26	16.56	650.09	4.14	173.40	1.92	59.45	1.74	13.64	0.404
			12		23.351	18.330	0.402	364.41	3.95	44.01	116.67	2.24	19.43	780.39	4.22	209.67	2.00	69.35	1.72	16.01	0.400
14/9	140	90	8	12	18.038	14.160	0.453	365.64	4.50	38.48	120.69	2.59	17.34	730.53	4.50	195.79	2.04	70.83	1.98	14.31	0.411
			10		22.261	17.475	0.452	445.50	4.47	47.31	146.03	2.56	21.22	913.20	4.58	245.92	2.21	85.82	1.96	17.48	0.409
			12		26.400	20.724	0.451	521.59	4.44	55.87	169.79	2.54	24.95	1096.09	4.66	296.89	2.19	100.21	1.95	20.54	0.406
			14		30.456	23.908	0.451	594.10	4.42	64.18	192.10	2.51	28.54	1279.26	4.74	348.82	2.27	114.13	1.94	23.52	0.403

续表

角钢号数	尺寸/mm				截面面积/cm²	理论质量/(kg/m)	外表面积/(m²/m)	参考数值													
	B	b	d	r				x−x			y−y			x₁−x₁		y₁−y₁		u−u			tanα
								I_x/cm⁴	i_x/cm	W_x/cm³	I_y/cm⁴	i_y/cm	W_y/cm³	I_{x1}/cm⁴	y_0/cm	I_{y1}/cm⁴	x_0/cm	I_u/cm⁴	i_u/cm	W_u/cm³	
16/10	160	100	10	13	25.315	19.872	0.512	668.69	5.14	62.13	205.03	2.85	26.56	1362.89	5.24	336.59	2.28	121.74	2.19	21.92	0.390
			12		30.054	23.592	0.511	784.91	5.11	73.49	239.09	2.82	31.28	1635.56	5.32	405.94	2.36	142.33	2.17	25.79	0.388
			14		34.709	27.247	0.510	896.30	5.08	84.56	271.20	2.80	35.83	1908.50	5.40	476.42	2.43	162.23	2.16	29.56	0.385
			16		39.281	30.835	0.510	1003.04	5.05	95.33	301.60	2.77	40.24	2181.79	5.48	548.22	2.51	182.57	2.16	33.44	0.382
18/11	180	110	10	14	28.373	22.273	0.571	956.25	5.80	78.96	278.11	3.13	32.49	1940.40	5.89	447.22	2.44	166.50	2.42	26.88	0.376
			12		33.712	26.464	0.571	124.72	5.78	93.53	325.03	3.10	38.32	2328.35	5.98	538.94	2.52	194.87	2.40	31.66	0.374
			14		38.967	30.589	0.570	1286.91	5.75	107.76	369.55	3.08	43.97	2716.60	6.06	631.95	2.59	222.30	2.39	36.32	0.372
			16		44.139	34.649	0.569	1443.06	5.72	121.64	411.85	3.06	49.44	3105.15	6.14	726.46	2.67	248.84	2.38	40.87	0.369
20/12.5	200	125	12	14	37.912	29.761	0.641	1570.90	6.44	116.73	483.16	3.57	49.99	3193.85	6.54	787.74	2.83	285.79	2.74	41.23	0.392
			14		43.867	34.436	0.640	1800.97	6.41	134.65	550.83	3.54	57.44	3726.17	6.62	922.47	2.91	326.58	2.73	47.34	0.390
			16		49.739	39.045	0.639	2023.35	6.38	152.18	615.44	3.52	64.69	4258.86	6.70	1058.86	2.99	366.21	2.71	53.32	0.388
			18		55.526	43.588	0.639	2238.30	6.35	169.33	677.19	3.49	71.74	4792.00	6.78	1197.13	3.06	404.83	2.70	59.18	0.385

注：① 括号内型号不推荐使用。

② 截面图中的 $r_1=1/3d$ 及表中 r 值的数据用于孔型设计，不做交货条件。

表3 热轧槽钢(GB 707—88)

符号意义:
b ——腿宽度;
h ——高度;
d ——腰厚度;
r ——内圆弧半径;
r_1 ——腿端圆弧半径;
I ——惯性矩;
t ——平均腿厚度;
i ——惯性半径;
W ——截面系数;
z_0 —— $y-y$ 轴与 y_0-y_0 轴的距离。

型号	尺寸/mm						截面面积 /mm²	理论质量 /(kg/m)	参考数值							
									$x-x$			$y-y$			y_0-y_0	z_0 /mm
	h	b	d	t	r	r_1			W_x /cm³	I_x /cm⁴	i_x /mm	W_y /cm³	I_y /cm⁴	i_y /mm	I_{y0} /cm⁴	
5	50	37	4.5	7.0	7.0	3.5	693	5.44	10.4	26.0	19.4	3.55	8.30	11.0	20.9	13.5
6.3	63	40	4.8	7.5	7.5	3.8	845	6.63	16.1	50.8	24.5	4.50	11.9	11.9	28.4	13.6
8	80	43	5.0	8.0	8.0	4.0	1024	8.04	25.3	101	31.5	5.79	16.6	12.7	37.4	14.3
10	100	48	5.3	8.5	8.5	4.2	1274	10.00	39.7	198	39.5	7.80	25.6	14.1	54.9	15.2
12.6	126	53	5.5	9.0	9.0	4.5	1569	12.37	62.1	391	49.5	10.2	38.0	15.7	77.1	15.9
14a	140	58	6.0	9.5	9.5	4.8	1851	14.53	80.5	564	55.2	13.0	53.2	17.0	107	17.1
14b	140	60	8.0	9.5	9.5	4.8	2131	16.73	87.1	609	53.5	14.1	61.1	16.9	121	16.7

续表

型号	尺寸/mm						截面面积/mm²	理论质量/(kg/m)	参考数值								
									$x-x$			$y-y$				y_0-y_0	z_0/mm
	h	b	d	t	r	r_1			W_x/cm³	I_x/cm⁴	i_x/mm	W_y/cm³	I_y/cm⁴	i_y/mm		I_{y0}/cm⁴	
16a	160	63	6.5	10.0	10.0	5.0	2195	17.23	108	866	62.8	16.3	73.3	18.3		144	18.0
16	160	65	8.5	10.0	10.0	5.0	2515	19.74	117	935	61.0	17.6	83.4	18.2		161	17.5
18a	180	68	7.0	10.5	10.5	5.2	2569	20.17	141	1270	70.4	20.0	98.6	19.6		190	18.8
18	180	70	9.0	10.5	10.5	5.2	2929	22.99	152	1370	68.4	21.5	111	19.5		210	18.4
20a	200	73	7.0	11.0	11.0	5.5	2883	22.63	178	1780	78.6	24.2	128	21.1		244	20.1
20	200	75	9.0	11.0	11.0	5.5	3283	25.77	191	1910	76.4	25.9	144	20.9		268	19.5
22a	220	77	7.0	11.5	11.5	5.8	3184	24.99	218	2390	86.7	28.2	158	22.3		298	21.0
22	220	79	9.0	11.5	11.5	5.8	3624	28.45	234	2570	84.2	30.1	176	22.1		326	20.3
25a	250	78	7.0	12.0	12.0	6.0	3491	27.47	270	3370	98.2	30.6	176	22.4		322	20.7
25b	250	80	9.0	12.0	12.0	6.0	3991	31.39	282	3530	94.1	32.7	196	22.2		353	19.8
25c	250	82	11.0	12.0	12.0	6.0	4491	35.32	295	3690	90.7	35.9	218	22.1		384	19.2
28a	280	82	7.5	12.5	12.5	6.2	4002	31.42	340	4760	109	35.7	218	23.3		388	21.0
28b	280	84	9.5	12.5	12.5	6.2	4562	35.81	366	5130	106	37.9	242	23.0		428	20.2
28c	280	86	11.5	12.5	12.5	6.2	5122	40.21	393	5500	104	40.3	268	22.9		463	19.5

续表

型号	尺寸/mm						截面面积/mm²	理论质量/(kg/m)	参考数值							
									x-x				y-y			z_0/mm
	h	b	d	t	r	r_1			W_x/cm³	I_x/cm⁴	i_x/mm	W_y/cm³	I_y/cm⁴	i_y/mm	y_0-y_0 I_{y0}/cm⁴	
32a	320	88	8.0	14	14	7	4870	38.22	475	7600	125	46.5	305	25.0	552	22.4
32b	320	90	10.0	14	14	7	5510	43.25	509	8140	122	49.2	336	24.7	593	21.6
32c	320	92	12.0	14	14	7	6150	48.28	543	8690	119	52.6	374	24.7	643	20.9
36a	360	96	9.0	16	16	8	6089	47.8	660	11900	140	63.5	455	27.3	818	24.4
36b	360	98	11.0	16	16	8	6809	53.45	703	12700	136	66.9	497	27.0	880	23.7
36c	360	100	13.0	16	16	8	7529	59.11	746	13400	134	70.0	536	26.7	948	23.4
40a	400	100	10.5	18	18	9	7505	58.91	879	17600	153	78.8	592	28.1	1070	24.9
40b	400	102	12.5	18	18	9	8305	65.19	932	18600	150	82.5	640	27.8	1140	24.4
40c	400	104	14.5	18	18	9	9105	71.47	986	19700	147	86.2	688	27.5	1220	24.2

注：截面图和表中标注的圆弧半径 r、r_1 的数据用于孔型设计，不做交货条件。

表 4　热轧工字钢（GB 706—88）

符号意义：
b ——腿宽度；　　　　I ——惯性矩；
h ——高度；　　　　　t ——平均腿厚度；
d ——腰厚度；　　　　i ——惯性半径；
r ——内圆弧半径；　　W ——截面系数；
r_1 ——腿端圆弧半径；S ——半截面的静矩。

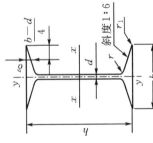

型号	尺寸/mm						截面面积 /mm²	理论质量 /(kg/m)	参考数值							
									$x-x$				$y-y$			
	h	b	d	t	r	r_1			I_x /cm⁴	W_x /cm³	i_x /mm	$I_x:S_x$ /mm	I_y /cm⁴	W_y /cm³	i_y /mm
10	100	68	4.5	7.6	6.5	3.3	1430	11.2	245	49.0	41.4	85.9	33.0	9.72	15.2
12.6	126	74	5.0	8.4	7.0	3.5	1810	14.2	488	77.5	52.0	108	46.9	12.7	16.1
14	140	80	5.5	9.1	7.5	3.8	2150	16.9	712	102	57.6	120	64.4	16.1	17.3
16	160	88	6.0	9.9	8.0	4.0	2610	20.5	1130	141	65.8	138	93.1	21.2	18.9
18	180	94	6.5	10.7	8.5	4.3	3060	24.1	1660	185	73.6	154	122	26.0	20.0
20a	200	100	7.0	11.4	9	4.5	3550	27.9	2370	237	81.5	172	158	31.5	21.2
20b	200	102	9.0	11.4	9	4.5	3950	31.1	2500	250	79.6	169	169	33.1	20.6

续表

型号	尺寸/mm						截面面积/mm²	理论质量/(kg/m)	参考数值						
									x-x				y-y		
	h	b	d	t	r	r_1			I_x/cm⁴	W_x/cm³	i_x/mm	$I_x:S_x$/mm	I_y/cm⁴	W_y/cm³	i_y/mm
22a	220	110	7.5	12.3	9.5	4.8	4200	33.0	3400	309	89.9	189	225	40.9	23.1
22b	220	112	9.5	12.3	9.5	4.8	4640	36.4	3570	325	87.8	187	239	42.7	22.7
25a	250	116	8.0	13	10	5	4850	38.1	5020	402	102	216	280	48.3	24.0
25b	250	118	10.0	13	10	5	5350	42.0	5280	423	99.4	213	309	52.4	24.0
28a	280	122	8.5	13.7	10.5	5.3	5545	43.4	7110	508	113	246	345	56.6	25.0
28b	280	124	10.5	13.7	10.5	5.3	6105	47.9	7480	534	111	242	379	61.2	24.9
32a	320	130	9.5	15	11.5	5.8	6705	52.7	11100	692	128	275	460	70.8	26.2
32b	320	132	11.5	15	11.5	5.8	7345	57.7	11600	726	126	271	502	76.0	26.1
32c	320	134	13.5	15	11.5	5.8	7995	62.8	12200	760	123	267	544	81.2	26.1
36a	360	136	10	15.8	12	6	7630	59.5	15800	875	144	307	552	81.2	26.9
36b	360	138	12	15.8	12	6	8350	65.6	16500	919	141	303	582	84.3	26.4
36c	360	140	14	15.8	12	6	9070	71.2	17300	962	138	299	612	87.4	26.0
40a	400	142	10.5	16.5	12.5	6.3	8610	67.6	21700	1090	159	341	660	93.2	27.7
40b	400	144	12.5	16.5	12.5	6.3	9410	73.8	22800	1140	156	336	692	96.2	27.1
40c	400	146	14.5	16.5	12.5	6.3	10200	80.1	23900	1190	152	332	727	99.6	26.5

续表

型号	尺寸/mm						截面面积/mm²	理论质量/(kg/m)	参考数值						
									$x-x$				$y-y$		
	h	b	d	t	r	r_1			I_x /cm⁴	W_x /cm³	i_x /mm	$I_x:S_x$ /mm	I_y /cm⁴	W_y /cm³	i_y /mm
45a	450	150	11.5	18	13.5	6.8	10200	80.4	32200	1430	177	386	855	114	28.9
45b	450	152	13.5	18	13.5	6.8	11100	87.4	33800	1500	174	380	894	118	28.4
45c	450	154	15.5	18	13.5	6.8	12000	94.5	35300	1570	171	376	938	122	27.9
50a	500	158	12	20	14	7	11900	93.6	46500	1860	197	428	1120	142	30.7
50b	500	160	14	20	14	7	12900	101	48800	1940	194	424	1170	146	30.1
50c	500	162	16	20	14	7	13900	109	50600	2080	190	418	1220	151	29.6
56a	560	166	12.5	21	14.5	7.3	13525	106	65600	2340	220	477	1370	165	31.8
56b	560	168	14.5	21	14.5	7.3	14645	115	68500	2450	216	472	1490	174	31.6
56c	560	170	16.5	21	14.5	7.3	15785	124	71400	2550	213	467	1560	183	31.6
63a	630	176	13	22	15	7.5	15490	121	93900	2980	246	542	1700	193	33.1
63b	630	178	15	22	15	7.5	16750	131	98100	3160	242	535	1810	204	32.9
63c	630	180	17	22	15	7.5	18010	141	102000	3300	238	529	1920	214	32.7

注:截面图和表中标注的圆弧半径 r,r_1 的数据用于孔型设计,不做交货条件。

表5 Q235号钢 b 类界面中心受压直杆的稳定折减系数 φ

λ	0.0	1.0	2.0	3.0	4.0	5.0	6.0	7.0	8.0	9.0
0.000	1.000	1.000	4.000	0.999	0.999	0.998	0.997	0.996	0.995	0.994
10.000	0.992	0.991	0.989	0.987	0.985	0.983	0.981	0.978	0.976	0.973
20.000	0.970	0.967	0.963	0.960	0.957	0.953	0.950	0.946	0.943	0.939
30.000	0.936	0.932	0.929	0.925	0.922	0.918	0.914	0.910	0.906	0.903
40.000	0.809	0.895	0.891	0.887	0.882	0.878	0.874	0.870	0.865	0.861
50.000	0.856	0.852	0.847	0.842	0.838	0.833	0.828	0.823	0.818	0.813
60.000	0.897	0.802	0.797	0.791	0.786	0.780	0.774	0.769	0.763	0.757
70.000	0.751	0.745	0.739	0.732	0.726	0.720	0.714	0.707	0.701	0.694
80.000	0.688	0.681	0.675	0.668	0.661	0.655	0.648	0.641	0.635	0.628
90.000	0.621	0.614	0.608	0.601	0.594	0.588	0.581	0.575	0.568	0.561
100.000	0.555	0.549	0.542	0.536	0.529	0.523	0.517	0.511	0.505	0.499
110.000	0.493	0.487	0.481	0.475	0.470	0.464	0.458	0.453	0.447	0.442
120.000	0.437	0.432	0.426	0.421	0.416	0.411	0.406	0.402	0.397	0.392
130.000	0.387	0.383	0.378	0.374	0.370	0.365	0.361	0.357	0.353	0.349
140.000	0.345	0.341	0.337	0.333	0.329	0.326	0.322	0.318	0.315	0.311
150.000	0.308	0.304	0.301	0.298	0.265	0.291	0.288	0.285	0.282	0.279
160.000	0.276	0.273	0.270	0.267	0.265	0.262	0.259	0.256	0.254	0.251
170.000	0.249	0.246	0.244	0.241	0.239	0.236	0.234	0.232	0.229	0.227
180.000	0.225	0.223	0.220	0.218	0.216	0.214	0.212	0.210	0.208	0.206
190.000	0.204	0.202	0.200	0.198	0.197	0.195	0.193	0.191	0.190	0.188
200.000	0.186	0.184	0.183	0.181	0.180	0.178	0.176	0.175	0.173	0.172
210.000	0.170	0.169	0.167	0.166	0.165	0.163	0.162	0.160	0.159	0.158
220.000	0.156	0.155	0.154	0.153	0.151	0.150	0.149	0.148	0.146	0.145
230.000	0.144	0.143	0.142	0.141	0.140	0.138	0.137	0.136	0.135	0.134
240.000	0.133	0.132	0.131	0.130	0.129	0.128	0.127	0.126	0.125	0.124
250.000	0.123									

参考文献

[1] 任述光.材料力学(上)[M].北京:国防工业出版社,2015.
[2] 刘鸿文.材料力学(Ⅰ)[M].5版.北京:高等教育出版社,2010.
[3] 孙训方,方孝淑,关来泰.材料力学(Ⅰ)[M].5版.北京:高等教育出版社,2008.
[4] 单辉祖.材料力学(Ⅰ)[M].3版.北京:高等教育出版社,2009,2
[5] 吴永端,邓宗白,周克印.材料力学[M].北京:高等教育出版社,2011.
[6] 苏翼林,王燕群,赵志刚,亢一澜.材料力学[M].天津:天津大学出版社,2001.
[7] 韦德俊.材料力学[M].北京:机械工业出版社,1995.
[8] 胡增强.固体力学基础[M].南京:东南大学出版社,1990.
[9] 杜庆华,熊祝华,陶学文.应用固体力学基础(上册)[M].北京:高等教育出版社,1987.
[10] 徐芝纶.弹性力学(上册)[M].2版.北京:人民教育出版社,1982.
[11] 王龙甫.弹性理论[M].北京:科学出版社,1978.
[12] 徐秉业,刘信声.结构塑性极限分析[M].北京:中国建筑工业出版社,1985.
[13] 中华人民共和国国家质量监督检验检疫总局.GB/T 228—2002.金属材料室温拉伸试验方法[S].
[14] 中华人民共和国建设部.GB 50017—2003.钢结构设计规范[S].
[15] 刘鸿文.材料力学:Ⅰ,Ⅱ[M].4版.北京:高等教育出版社,2004.
[16] 范钦珊.材料力学[M].北京:高等教育出版社,2000.
[17] 清华大学材料力学教研室.材料力学解题指导及习题集[M].2版.北京:高等教育出版社,1999.
[18] 力学指导书编写组.理论力学 材料力学 弹性力学指导书[M].武汉:华中工学院出版社,1983.
[19] Richard G. Budynas. Advanced Strength and Applied Stress Analysis:Second Edition[M].清华大学出版社,2001.